中国科学技术通史

（五卷本）

History of
Science and Technology
in China

总主编 江晓原

Ⅳ

中国科学技术通史

技进于道

图书在版编目(CIP)数据

中国科学技术通史.技进于道/江晓原主编.—上海:
上海交通大学出版社,2015
ISBN 978-7-313-14271-9

Ⅰ.①中… Ⅱ.①江… Ⅲ.①科学技术—技术史—中国 Ⅳ.①N092

中国版本图书馆CIP数据核字(2015)第301065号

中国科学技术通史·技进于道

主　　编:江晓原
出版发行:上海交通大学出版社　　地　　址:上海市番禺路951号
邮政编码:200030　　电　　话:021-64071208
出 版 人:韩建民
印　　制:当纳利(上海)信息技术有限公司　　经　　销:全国新华书店
开　　本:787mm×1092mm　1/16　　印　　张:33
字　　数:393千字
版　　次:2015年12月第1版　　印　　次:2015年12月第1次印刷
书　　号:ISBN 978-7-313-14271-9/N
定　　价:470.00元

《中国科学技术通史》总序

江晓原

关于中国科学技术史的通史类著作，在相当长的时期内曾缺乏合适读物。这种著作可以分为两大类型：一类是学术性的，编纂之初就没有打算提供给广大公众阅读，而是只供学术界使用的。另一类则面向较多读者，试图做到雅俗共赏。

第一类型中比较重要的，首先当数由李约瑟主持、英国剑桥大学出版社从1954年开始出版的《中国科学技术史》(*Science and Civilization in China*)，因写作计划不断扩充，达到七卷共数十分册，在李约瑟去世之后该计划虽仍继续，但完工之日遥遥无期。该书在20世纪70年代曾出版过若干中文选译本，至1990年起由科学出版社(最初和上海古籍出版社合作)出版完备的中译本，但进展更为缓慢。

进入21世纪，中国科学院自然科学史研究所主持了一个与上述李约瑟巨著类似的项目，书名也是《中国科学技术史》，由卢嘉锡总主编，科学出版社出版，凡3大类29卷，虽成于众手，但克竟全功。

第二类型中比较重要的，很长时间只有两卷本《中国科学技术史稿》，杜石然等六人编著，科学出版社1982年出版。此书虽不无少量讹误，且行文朴实平淡，但篇幅适中，提纲挈领，适合广大公众及初学中国科学技术史者阅读。

至2001年，始有上海人民出版社推出五卷本《中华科学文明史》，该书系李约瑟生前委托科林·罗南(Colin A. Ronan)将 *Science and Civilization in China* 已出各卷及分册改编而成的简编本,意在提供给更多的读者阅读。在李氏和罗南俱归道山之后,上海人民出版社从剑桥大学出版社购得中译版权,笔者组织了以上海交通大学科学史系师生为主的队伍完成翻译。后来上海人民出版社又将五卷本合并为两卷本,于2010、2014年两次重印。但此书中译本只有130余万字,且受制于李氏原书之远未完成,内容难免有所失衡,故对于一般公众而言,仍非中国科学技术史的理想读物。

笔者受命主编此五卷本《中国科学技术通史》之初,与诸同仁反复商议,咸以为前贤上述各书珠玉在前,新作如能在两大类型之间寻求一折衷兼顾之法,既有学术价值,亦能雅俗共赏,则庶几近于理想矣。有鉴于此,我们在本书编撰中作了一些大胆尝试,力求接近上述理想。择要言之,有如下数端:

其一,在作者队伍上,力求"阵容豪华"——尽可能约请各相关研究领域的领军人物和著名专家撰写。此举目的是确保各章节的学术水准,为此不惜容忍写作风格有所差异。中国科学技术史研究领域的"国家队"中国科学院自然科学史研究所两位前任所长刘钝教授(国际科学史与科学哲学联合会现任主席)和廖育群教授,以身垂范,率先为本书撰写他们最擅长的研究内容,群作者见贤思齐,无不认真从事,完成各自的写作任务。

其二,在内容上,本书不再追求面面俱到。事实上,如果全面贯彻措施一,必然导致某些内容暂时找不到合适的作者。所以本书呈现的结构,是在历史的时间轴上,疏密不等地分布着大大小小的点,而这些点都是术业有专攻的名家之作。

其三，在结构上，借鉴百科全书的"大条目"方式。全书按照大致的时间顺序分为五卷：I《源远流长》，II《经天纬地》，III《正午时分》，IV《技进于道》，V《旧命维新》。每卷中也按照大致的时间顺序设置大小不等的专题。

其四，全书设置了"名词简释"和"中西对照大事年表"，凡未能列入专题而又为了解中国科学技术史所需的有关情况及事件，可在这两部分中得到了解。

本书虽不能称卷帙浩繁，但全书达300余万字，篇幅介于上述第一类型和第二类型之间。在功能和读者对象方面，也力求将上述两大类型同时兼顾。

或曰：既然公众阅读130余万字的《中华科学文明史》尚且有篇幅过大之感，本书篇幅近其三倍，公众如何承受？这就要谈到"大条目"方式的优点了，公众如欲了解中国科学技术史上的某个事件或概念，只需选择阅读本书相应专题即可，并不需要通读全书。而借助全书目录及"名词简释"和"大事年表"，在其中查找相应专题却较在篇幅仅为本书三分之一的《中华科学文明史》更为便捷。

同时，"大条目"方式还使本书在相当程度上成为"中国科学技术史百科全书"，由于条目皆出名家手笔，采纳了中国科学技术史各个领域最新的研究成果，本书的学术价值显而易见。即使是专业的中国科学技术史研究者，也可以从本书中了解到许多新的专业成果和思想观念——而这些并不是在网上"百度"一下就可轻易获得的。

对于中国科学技术史的初学者（比如科学技术史专业的研究生），本书门径分明，而且直指堂奥，堪为常置案头之有用工具。即便是中国科学技术史的业余爱好者，仅仅出于兴趣爱好，对本书常加披阅，亦必趣味盎然，获益良多。

“一切历史都是当代史”，今世修史，自然有别于前代。吾人今日读史，所见所思，亦必与前代读者不同。读者读此书时，思往事，望来者，则作者编者俱幸甚矣。

2015年11月11日

于上海交通大学科学史与科学文化研究院

目录

技进于道

李文杰

中国古代制陶技术

如果以生产工具作为划分中国古代历史时代的标准，可以分为旧石器时代、新石器时代、铜石并用时代、青铜时代、铁器时代。旧石器时代只有打制石器；新石器时代除了打制石器以外，又出现了磨制石器，新石器时代可分早、中、晚三期；铜石并用时代除了石器以外，又出现了铜器，但以石器为主，目前发现铜器的地点和数量不多，例如山西襄汾县陶寺遗址出土一件铜铃，属于红铜，又如甘肃武威市皇娘娘台遗址出土小铜刀六件，也属于红铜，铜石并用时代可分早、晚两期；青铜时代从夏代至周代，战国时期出现了铁器；从秦汉开始进入了铁器时代。

什么叫考古学文化？考古学文化是历史上的人们共同体在生产、生活、军事、宗教等活动中所遗留下来的遗迹、遗物的总称，由于时代的不同，地区的差异，形成了许多个不同特征的考古学文化，隐藏在不同的考古学文化背后，实际上是存在着不同的人类共同体。人类共同体是指部落或部落联盟等组织。作为一个考古学文化必须有一群具有共同特征的典型遗迹、遗物，可以明显地与其他考古学文化区别开来。考古学文化以最先发现的地点来命名，例如仰韶文化以河南渑池县仰韶村来命名，龙山文化以山东章丘市龙山镇来命名，大溪文化以四川巫山县大溪遗址来命名。先民遗留下来的文化遗存包括遗迹、遗物两大类。遗迹例如房屋、窖穴、陶窑、墓葬等。遗物例如陶器、瓷器、石器、骨器、铜器、铁器等。其中以陶器出土数量最多，因为陶器是人们的日常生活用具。陶器具有以下特点：一是容易制造；二是容易破碎；三是容易更新换代，新的制法、新的造型、新的花纹装饰都会在陶器上反映出来，因此陶器是时代特征、文化特征最明显的器物，区分考古学文化往往以陶器群的特征为标准；四是陶器容易保存下来，因为陶器经过烧制，已经陶化，具有耐腐蚀的性能，即使破碎了，碎片还可以粘对在一起，复原成完整的器物。

在发明陶器之前，人类使用的器物都是利用天然物质制成的，例如石器、木器、骨器等。然而陶器不同于石器、木器、骨器，陶器是人类利用自然界存在的黏土烧制而成的器物，是将黏土加水后揉成泥料，利用泥料的可塑性制成坯体，干燥后置于火上烧制，使其产生物理、化学变化，成为人工制造的自然界不存在的第一种新型物质——陶质器物。

关于陶器是如何发明的问题，考古学家还没有找到答案，因为目前还没有发现属于起源阶段的陶器，笔者推测在距今 15 000 年之前的旧石器时代末期，人们用手将泥土捏塑成泥片或泥条，干燥后成为最原始的泥塑制品；在黏土地面上烧烤食物时，看到地面变成红烧土灶面，这种现象对于发明陶器具有启发作用。一旦人们将泥塑制品置于灶面上，经过火烧就会变成最原始的陶器。发明陶器的过程应是先出现泥塑制品，后出现在灶面上烧制的陶器；先出现片状或条状的陶器，后出现碗、钵、釜、罐等陶质生活用具。有了陶器，人们就可以将食物煮熟吃，使食物的营养更容易被人吸收，从而增强人类的体质，促进人类智力的发展，有了陶质生活用具，人们就可以过长期定居的生活，从而有利于采集经济、原始农业和畜牧业的发展。有了利用火来烧制陶器的技术，后来才会出现利用火来冶炼金属的技术，才会烧制砖瓦，出现以砖瓦作为建筑材料的土木工程技术，才会由制陶技术发展为制瓷技术。

中国古代制陶技术史可分 12 个时期（见表 1），现将各时期的主要成就介绍如下。

一、新石器时代早期的制陶技术

新石器时代早期（前 13000～前 7000）的遗址有 10 余处（见表 2）：广西桂林市庙岩，湖南道县玉蟾岩，江西万年县仙人洞、吊桶环，广西柳州市大

技进于道

表 1　中国古代制陶技术的分期和类型表

年代	分期		北方类型				南方类型		
			甘青文化区	中原文化区	山东文化区	燕辽文化区	长江中游文化区	江浙文化区	华南文化区
公元前	新石器时代	早期							庙岩
12 000									玉蟾岩
11 000									玉蟾岩
10 000							仙人洞		鲤鱼嘴
9 000				虎头梁					甑皮岩
8 000				南庄头					甑皮岩
7 000		中期		转年					甑皮岩
6 000				老官台；贾湖；裴李岗；磁山	后李	兴隆洼	彭头山		
5 000		晚期		师赵村一期	北辛	赵宝沟	城背溪；皂市下层	马家浜；河姆渡	
4 000				仰韶	大汶口	红山	大溪	崧泽；河姆渡	
3 000	铜石并用时代	早期	马家窑	庙底沟二期	大汶口	小河沿	屈家岭	良渚	
		晚期	菜园；齐家	陶寺；河南龙山	山东龙山		石家河	良渚	
2 000	夏商								
1 000	西周、春秋								
	战国、秦								
公元	汉								
	三国~隋								
1 000	唐								
	五代~清								

龙潭(鲤鱼嘴),河北阳原县虎头梁,河北徐水县南庄头,北京市怀柔区转年、门头沟区东胡林,广西桂林市甑皮岩,广西临桂县大岩,广东英德市牛栏洞等。这些遗址都有陶器出土。

表 2　新石器时代早期^{14}C测定年代数据表①

实验室编号	遗址名称	测定物质	实测^{14}C年代(按 5 730 年计)	
			距今(BP)	公元前(BC)
	广西桂林市庙岩	陶片	15 660±260	13710±260
		陶片	15 660±500	13610±500
	湖南道县玉蟾岩	陶片基质	14 810±230	12860±230
		木炭	14 490±230	12540±230
		陶片上的腐殖酸	12 320±120	10370±120
	江西万年仙人洞	木炭	12 430±80	10480±80
PV0402	广西柳州市大龙潭(鲤鱼嘴)	下层人骨	11 785±150	9835±150
PV0401			10 505±150	8555±150
PV0156	河北阳原县虎头梁	犀牛骨化石	11 000±210	9050±210
BK87088	河北徐水县南庄头	淤泥	10 815±140	8865±140
BK87075		木炭	10 510±100	8560±100
BK87086		淤泥	9 980±100	8030±100
BK86120		木头	9 875±160	7925±160
BK89064		木头	9 850±90	7900±90
BK87093		木头	9 810±100	7860±100
BK121		木头	9 690±95	7740±95
BK92056	北京怀柔区转年	木炭	9 210±100	7260±100

① 庙岩、仙人洞的数据引自张弛:"江西万年早期陶器和稻属植硅石遗存",玉蟾岩的数据引自袁家荣:"湖南道县玉蟾岩一万年以前的稻谷和陶器",两文都载于严文明、安田喜宪主编:《稻作、陶器和都市的起源》,文物出版社,2000 年版。虎头梁、大龙潭(鲤鱼嘴)的数据都引自《中国考古学中碳十四年代数据集(1965—1991)》,文物出版社,1991 年。南庄头的数据引自《考古》,1992 年,第 11 期,第 965 页。转年的数据引自《文物》,1996 年,第 6 期,第 91 页。

1. 制陶的原料

道县玉蟾岩遗址出土的陶釜，陶胎中的羼和料既有磨圆磨光的自然河砂，又有人工砸碎的有棱角的石英颗粒，这表明该遗址的陶器不是最原始的刚发明的陶器，制陶技术已经越过“就地取土”的阶段，进入“就地选土”的阶段，因为就地取来的土中不会有人工砸碎的石英颗粒。

2. 坯体的成型方法

桂林市甑皮岩遗址出土的陶罐（如图 1 所示），采用泥片贴筑法成型，从底部开始贴筑到口部。推测当时采用垫树叶制陶的方法，以树叶作为坯体与地面之间的隔离层，防止粘连。

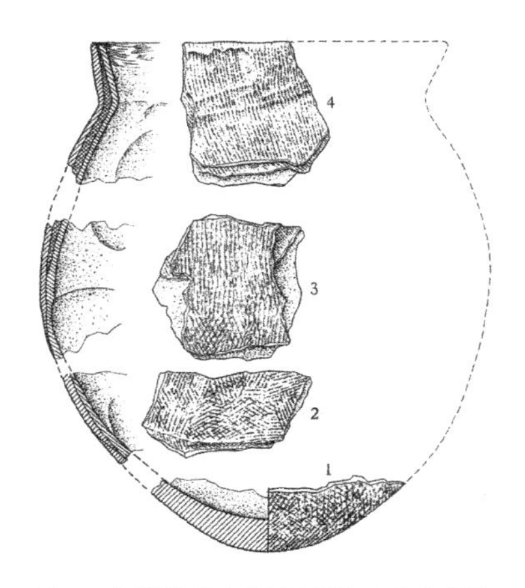

图 1　广西桂林市甑皮岩遗址出土的陶罐

3. 陶器的烧制

新石器时代早期陶器的特点是：烧成温度低，颜色不均匀，陶质松软，容易破碎。例如桂林市甑皮岩遗址的陶片经过测定，烧成温度只有 680＋20 摄氏度。推测先出现平地露天烧制的陶器，这是无窑烧制，后出现平地封泥烧制的陶器，这是从无窑烧制向有窑烧制的过渡形式，二者合称为平地堆烧。

4. 世界上陶器的起源是多元的

据说日本出土了公元前1万3、4千年的陶片，但其中有些陶片的烧成温度只有400～500摄氏度，是还没有完全陶化的土器。在俄罗斯远东区出土了公元前10000年以前的陶片，蒙古也发现了公元前10000年左右的陶片，在印度也发现了公元前9000至8000年的陶器，西亚最早的陶器不早于公元前7000年。世界各地早期陶器有不同的器形和纹饰，说明世界上陶器的起源是多元的。从现有资料来看，中国境内出现陶器的年代较早，最早的是广西桂林市庙岩遗址的陶器，为公元前13610±500年和公元前13710±260年。

二、新石器时代中期的制陶技术

新石器时代中期(前7000～前5000)的文化遗存有湖北的城背溪文化，河南的贾湖文化、裴李岗文化，陕西和甘肃的老官台文化(大地湾文化)，湖南的彭头山文化、高庙文化、皂市下层文化，河北的磁山文化，内蒙古的兴隆洼文化，山东的后李文化，北京的镇江营一期文化等。

1. 制陶的原料

以普通易熔黏土为主。湖南境内的高庙文化、皂市下层文化和湖北境内的城背溪文化都出现了白陶，其原料有两种：一种是高铝质耐火黏土(高岭土)，另一种是高镁质易熔黏土(滑石黏土)。

2. 垫板制陶

推测新石器时代中期出现了木板。制陶者用石斧将树干砍成木板，以木板垫在地上，在木板上采用泥片筑成法和泥条筑成法制陶。有了垫板，人可以原地不动，用手转动垫板，坯体就会随着转动，垫板已经是一种制陶工具。由于垫板没有轴，转动时不平稳，若干坯体出现歪斜现象，例如河南舞阳县贾湖遗址的罐形壶（如图 2 所示），采用倒筑泥片筑成法，从口部筑到底部，用 17 块泥片筑成坯体。底部的平面与口部的平面不平行，经过测定，器底的垂直线与器身中轴线之间形成的夹角达 4.5 度，因此器身明显歪斜。贾湖遗址的圆腹壶（如图 3 所示），采用泥条筑成法成型，内壁和内底有泥条痕迹。在贾湖遗址，泥片筑成法所占比重

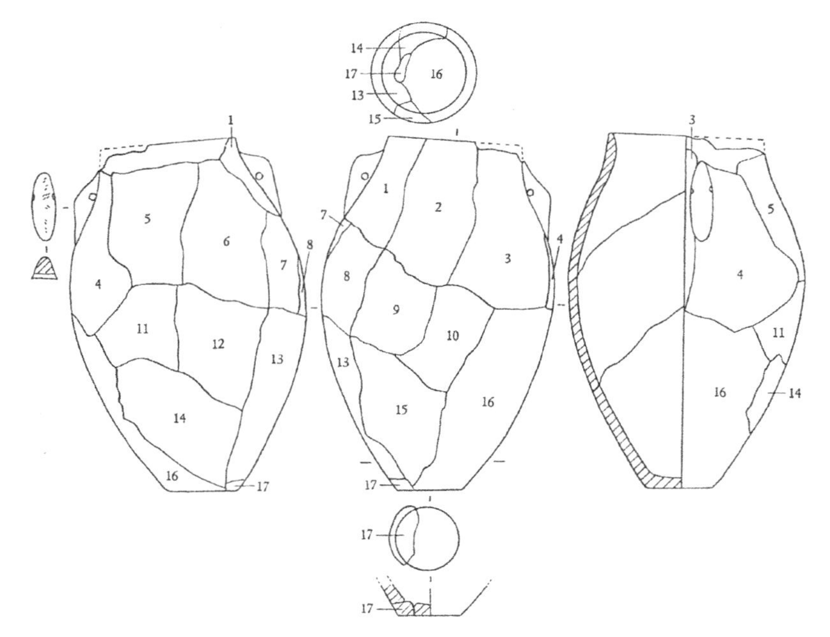

图 2　河南舞阳县贾湖遗址出土的罐形壶

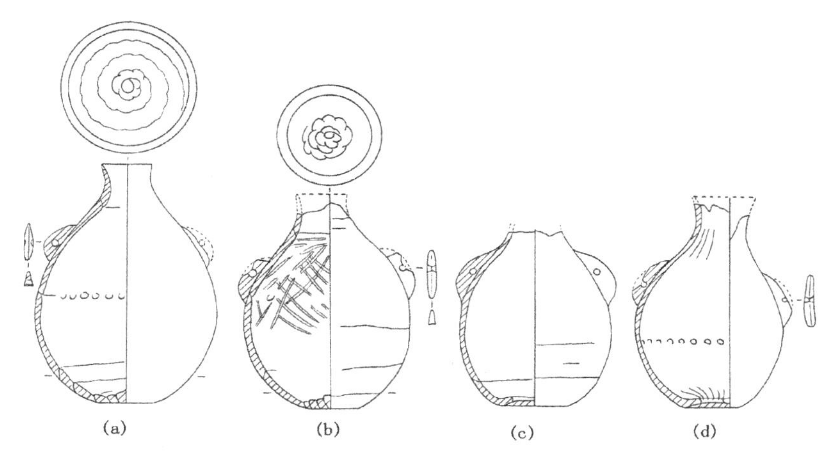

图 3　河南舞阳县贾湖遗址出土的圆腹壶

逐步减少，泥条筑成法所占比重逐步增加，有泥条筑成法逐渐取代泥片筑成法的趋势。

3. 慢轮制陶的起源

在长期使用垫板制陶过程中，制陶者发现将垫板中央置于树桩上，用手拨动垫板就会旋转，又发现用石凿在垫板下面中央凿一个圆洞，在地上栽一根木桩，再将垫板置于木桩上，垫板更便于旋转，垫板与木桩就变成最原始的慢轮装置，垫板变成轮盘，木桩变成车桩。后来制陶者发现这种慢轮旋转时很不平稳，轮盘的周边会上下摆动，于是就在轮盘下面中央装一个轴筒，最初可能利用竹筒，后来改用木筒，将轴筒套在车轴上，这样慢轮旋转时就比较平稳，因为轴筒有一定的长度，并且可以与轮盘保持垂直。起先是直接在木质轮盘上制陶，后来发现木质轮盘怕水，于是专门烧制了陶转盘，将它扣放在木质轮盘之上，作为坯体与木质轮盘之间的隔离层，在陶转盘的小平顶上制陶。从垫板制陶演变为慢轮制陶经历了一个漫长的过程。

贾湖遗址可分为3期,从第一期至第三期的陶器都是在垫板上制作而成。大岗遗址与贾湖遗址相距6公里,其年代晚于贾湖遗址第三期,属于贾湖文化晚期。大岗遗址出土了慢轮装置上的构件—帽式陶转盘(如图4(a)所示),为泥质红陶,这是中国境内目前所发现年代最早的帽式陶转盘,至于木质的慢轮装置本身应是由轮盘、轴筒和轴三部分构成,可是都已经腐朽,没有发现。这里需要强调的是,利用慢轮制陶时,坯体的成型这道关键工序还是沿用泥条筑成法,因此仍然属于手制范畴,不能将慢轮制陶称为轮制。但是坯体的修整方法发生了变化,已经采用慢轮修整,边用手或脚拨动轮盘旋转,边用手或刮板修整坯体,经过慢轮修整使坯体变得形状规整,各部位厚薄比较均匀,口部平面与底部平面呈现平行状态,器身歪斜的现象明显减少,器表留有慢轮修整的痕迹——细密轮纹,例如大岗遗址的陶盆(如图4(b)所示),口沿内壁和外表以及腹中部以上内壁都留有细密轮纹,这是中国境内目前所发现年代最早的经过慢轮修整的陶器。大岗遗址出现了彩陶,如彩陶罐(如图4(c)所示),利用慢轮边旋转,边在腹中部以上外表绘红彩平行条纹15周,这是

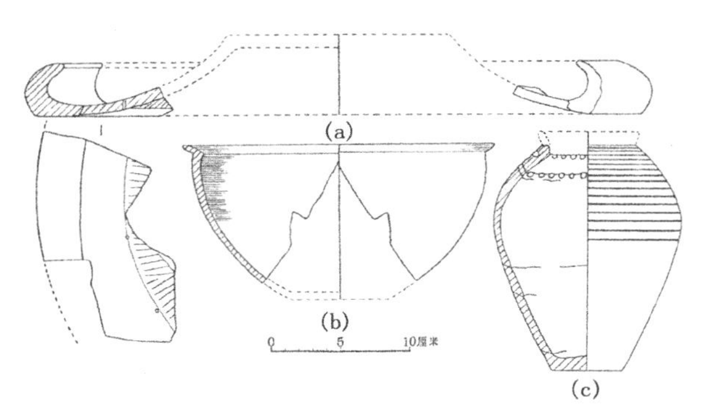

图4 河南舞阳县大岗遗址出土的陶器

(a)帽式陶转盘 (b)陶盆 (c)彩陶罐

中国境内目前所发现年代最早的轮绘而成的彩陶。

上述帽式陶转盘、经过慢轮修整的陶盆和轮绘的彩陶罐同时出现，互相印证，证实在中国境内新石器时代中期的最后阶段出现了慢轮制陶，从此进入了轮轴机械制陶的时期。

4. 陶窑的出现

前面说过，新石器时代早期的陶器采用平地堆烧的方法，包括平地露天烧制和平地封泥烧制。到新石器时代中期，贾湖文化和裴李岗文化都出现了陶窑，进入了有窑烧制的时期。例如贾湖遗址有 2 种陶窑：一种是坑穴形窑（如图 5 所示），在地里挖一个坑穴，铺上柴草，放进坯体，再盖上柴草，上面用泥封抹，再从一侧点火烧制；另一种是横穴形窑（如图 6 所示），在坑穴中央设一个火台，上面放置坯体，火台两侧有火道，坑穴一端有火门和火膛，另一端有烟道和出烟口。从火门点火，火膛内燃

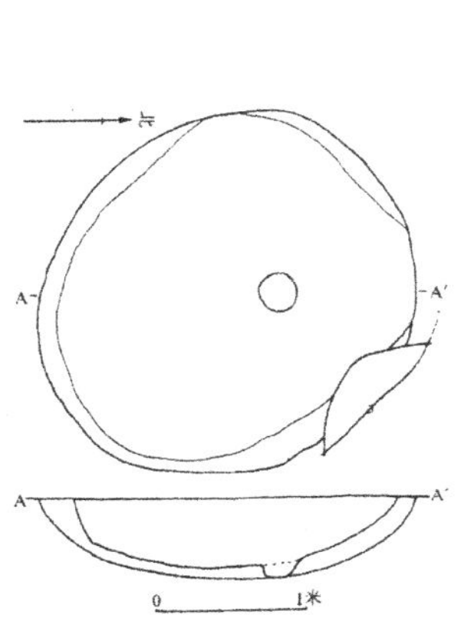

图 5　河南舞阳县贾湖遗址的坑穴形窑

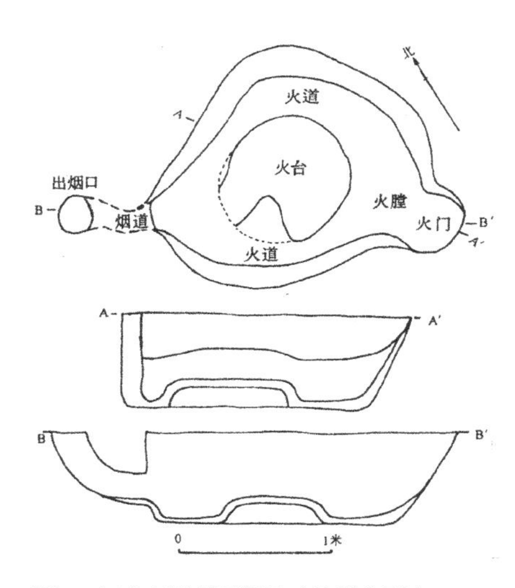

图 6　河南舞阳县贾湖遗址的横穴形窑

烧的火焰，沿着火道流动，经过坯体并且向坯体传热之后，废烟气经过烟道和出烟口排出窑外。坑穴形窑应是由平地封泥烧制向横穴形窑过渡的形式。2 种陶窑的坑壁都处于地面以下，有利于窑内保温，因而提高了陶器的烧成温度，例如贾湖遗址出土的 2 块质地较硬的陶片经过测定，烧成温度分别为 920 摄氏度和 960 摄氏度。

三、新石器时代晚期的制陶技术

新石器时代晚期（前 5000～前 3000）的文化遗存有山东的北辛文化，山东和安徽的大汶口文化，甘肃和陕西的师赵村一期文化（相当于北首岭下层类型），河南、陕西、山西的仰韶文化，湖南的汤家岗文化，广东的咸头岭文化，四川、湖北和湖南的大溪文化，浙江的河姆渡文化，浙江和江苏的马家浜文化，上海和江苏的崧泽文化，内蒙古的赵宝沟文化，内蒙古和辽宁的红山文化等。考古界将新石器时代晚期称为“仰韶时代”。

1. 湖南地区成为白陶制作工艺的中心

湖南盛产高铝质耐火黏土和高镁质易熔黏土，有利的资源使湖南成为白陶制作工艺的中心和发祥地。高铝质耐火黏土以低氧化硅、高氧化铝、低助熔剂为特征；高镁质易熔黏土以低氧化硅、贫氧化铝、富氧化镁为特征。二者的共同点是氧化铁含量都很低，因此制成的陶器都呈现为白色。白陶的装饰工艺复杂，例如湖南安乡县汤家岗遗址汤家岗文化的白陶圈足盘（如图 7 所示），装饰篦点纹，外底呈现八角纹图案。篦点纹是用竹片制成篦子，然后用篦子在坯体上戳印而成，经笔者测量，每平方厘米内有 5 至 7 个小方格状凹坑。此外，还有白衣红陶圈足盘，在红胎上涂刷白泥浆。湖南白陶制作工艺的影响范围很广，北至陕西南郑县龙岗寺遗址的仰韶文化，南至广东深圳市咸头岭遗址的咸头岭文化，东至浙江桐乡县罗家角遗址的马家浜文化。

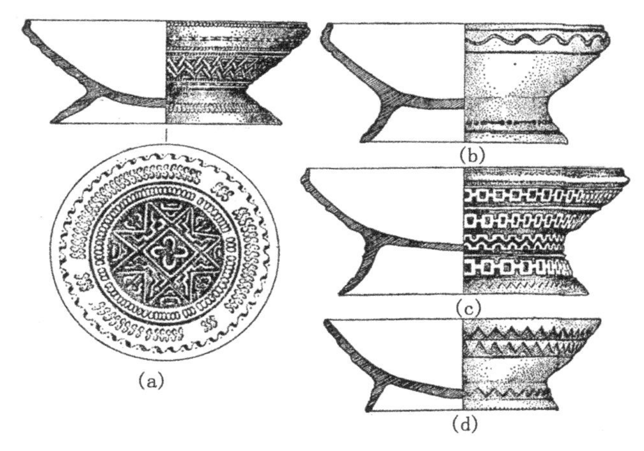

图 7　湖南安乡县汤家岗遗址出土的白陶圈足盘及白衣红陶圈足盘

2. 快轮制陶的起源

新石器时代晚期普遍流行慢轮制陶，泥条筑成法取代了泥片贴筑法，例如河南渑池县班村遗址仰韶文化的帽式陶转盘（如图 8(e)所示），是扣放在陶轮上使用的一个构件；小口尖底瓶（如图 9 所示），内壁有泥条痕迹。在长期使用慢轮的基础上，制陶者逐渐改进慢轮的结构，提高轮盘的转速，终于在新石器时代晚期的最后阶段出现了快轮制陶。快轮制陶简称为轮制，系指利用轮盘快速旋转所产生的离心力和惯性力，将置于轮盘中央、陶转盘的小平顶之上的泥料直接提拉成所需形状的坯体这一工艺过程。这里需要强调的是，快轮制陶与慢轮修整之间有质的区别。如果坯体加工不细，在内壁甚至外表留有螺旋式拉坯指痕，外底留

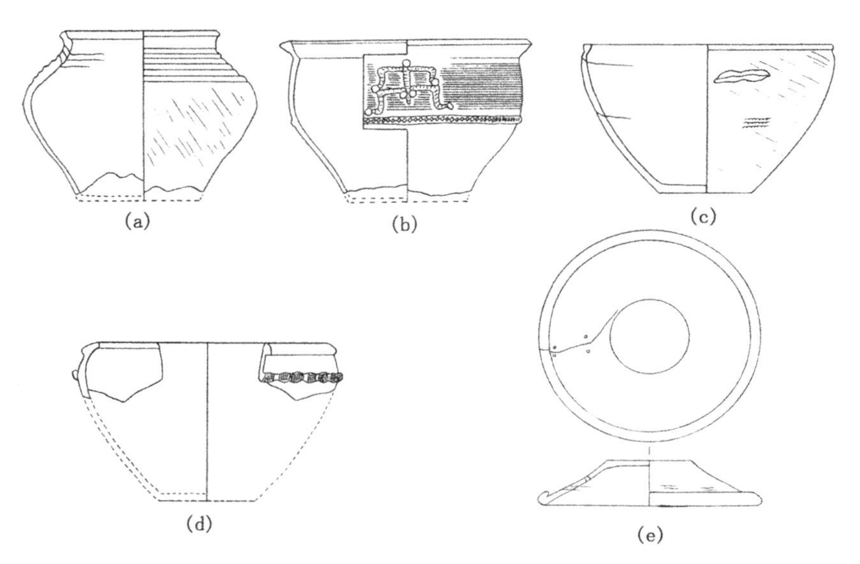

图 8　河南渑池县班村遗址仰韶文化的陶器

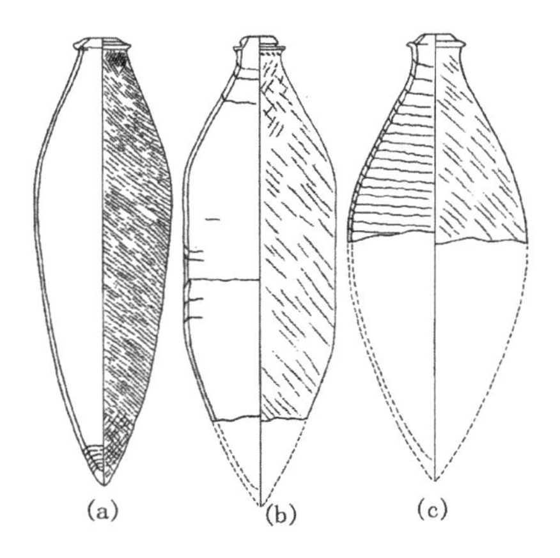

图 9　河南渑池县班村遗址仰韶文化的小口尖底瓶

有用线绳切割时形成的偏心涡纹。

现有资料表明,在中国境内,快轮制陶的起源是多元的,起源于 3 个地区及文化:一个是黄河下游地区的大汶口文化中期偏晚,例如山东曲阜市西夏侯遗址下层墓、上层墓;另一个是长江中游地区的大溪文化晚期，例如湖北枝江市关庙山遗址大溪文化第四期；还有一个是长江下游地区的崧泽文化晚期，例如上海市青浦县崧泽遗址中层墓葬第三期和青浦县福泉山遗址灰黑土层。西夏侯遗址没有测定过^{14}C年代数据，其余遗址经过^{14}C年代测定（见表3），最早的为公元前3606～前3142年，最晚的为公元前3360～前2944年。

表3　大溪文化晚期、崧泽文化晚期^{14}C年代数据表

实验室标本号	遗址	单位	文化性质及分期	标本物质	测定年代（^{14}C半衰期5 730）	树轮校正年代	
						按达曼表	按高精度表
ZK－0382	湖北枝江市关庙山	T51③	大溪文化第四期	木炭	4760±110	5330±145	BC3606－3142
ZK－1250	上海青浦县福泉山	灰黑土层	崧泽文化晚期	炭化木	4730±80	5295±120	BC3499－3142
ZK－0991	湖北枝江市庙关山	属于T76③层的一个柱坑，它打破③H180和④BF30的北火塘	大溪文化第四期	③层柱坑内的炭化木柱	4680±80	5235±120	BC3371－3101
ZK－437	上海青浦县崧泽	T4M87	中层墓葬第三期	人骨	4635±105	5180±140	BC3360－2944

在西夏侯遗址的下层墓和上层墓中都发现少量轮制的小陶器，有的小鼎（如图10(b)所示）内底有螺旋式拉坯指痕，这是快轮拉坯成型的痕迹；有的高柄杯（如图10(c)所示）内壁有细密轮纹，这是快轮慢用修整的痕迹；有的小豆（如图10(a)所示）底部有偏心涡纹，这是用线绳切割的痕迹。上述痕迹反映了轮制的全过程。

关庙山遗址大溪文化第四期轮制的陶器，例如碗形豆（如图10(d)所示)，圈足内壁有明显的螺旋式拉坯指痕，圈足外表的拉坯指痕隐约可见；碗形豆(如图 10(e)所示)，圈足内壁也有垃坯指痕。

崧泽遗址中层墓第三期的陶杯(如图 10(f)所示)，内底有清晰的轮旋痕，线图上表现出内底呈现凹凸状。福泉山遗址灰黑土层的陶壶(如图 10(g)所示)，内底也有轮旋痕，线图上表现出内底呈现凹凸状；陶壶(如图 10(h)所示)，从内底至内壁都有螺旋式拉坯指痕。

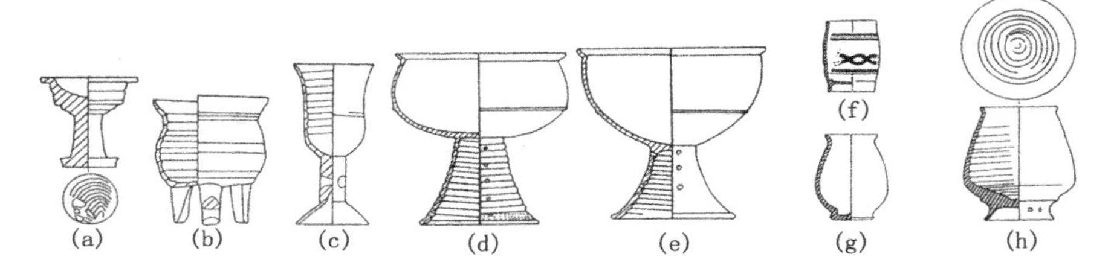

图 10　快轮所制的陶器

(a)～(c)西复侯遗址出土　(d)、(e)关庙山遗址出土　(f)崧泽遗址出土　(g)、(h)福泉山遗址出土

快轮是新石器时代晚期最先进的一种制坯工具，快轮的使用明显地提高了制陶手工业的劳动生产率，对后世的陶瓷生产具有深远的影响。

3. 彩陶制作工艺的发展

黄河中游地区仰韶文化庙底沟类型(也称庙底沟文化)彩陶最典型的图案——凹边三角纹，其影响范围很广，长江中游地区大溪文化的筒形瓶(如图 11(a)所示)上也有这种图案，这是南北地区之间文化交流的反映。

大溪文化的蛋壳彩陶碗(如图 12(a)、(c)、(d)所示)，蛋壳彩陶单耳杯(如图 13 所示)，胎壁厚度只有 0.7～1.5 毫米，都是手制成型之后再用工具刮薄的，外表绘有红彩点纹、黑彩点纹、曲线纹和曲线网格纹。这些蛋壳彩陶距今有 5 940～5 830 年的历史，是大溪文化中的艺术珍品。

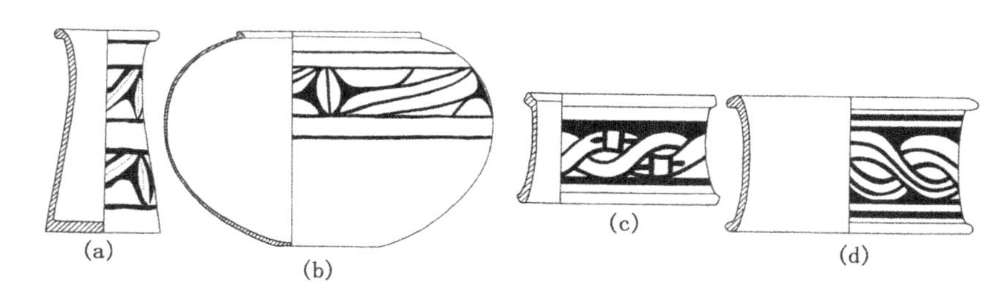

图 11　湖北枝江市关庙山遗址出土的大溪文化彩陶

(a)筒形瓶　(b)陶罐　(c)、(d)器座

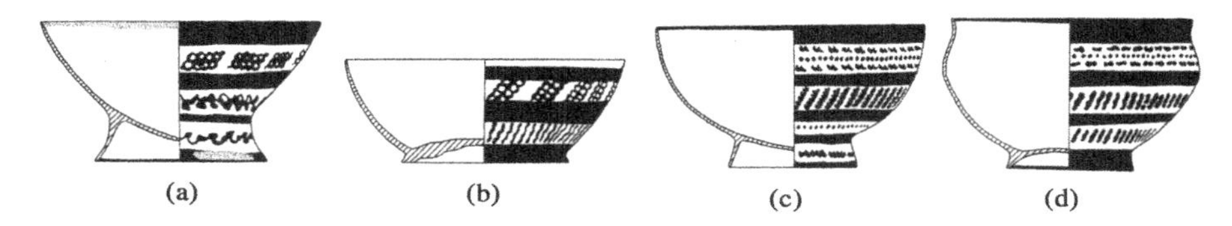

图 12　湖北枝江市关庙山遗址出土的彩陶碗

(a)、(c)、(d)为蛋壳彩陶

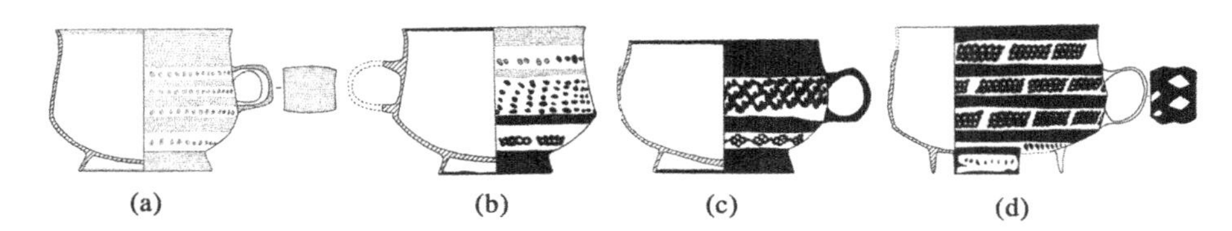

图 13　湖北枝江市关庙山遗址出土的蛋壳彩陶单耳杯

4. 升焰横穴式陶窑的改进

表现在燃烧室与烧成室已经分离，例如陕西西安市半坡遗址仰韶文化的陶窑（如图 14 所示），火膛在前方，窑室在后方，由火道和火眼使两部分相通。陶窑的改进使陶器烧成温度的上限达到 1 000 摄氏度左右。仰韶时代氧化烧成技术达到高峰，因此陶器以红色为主。

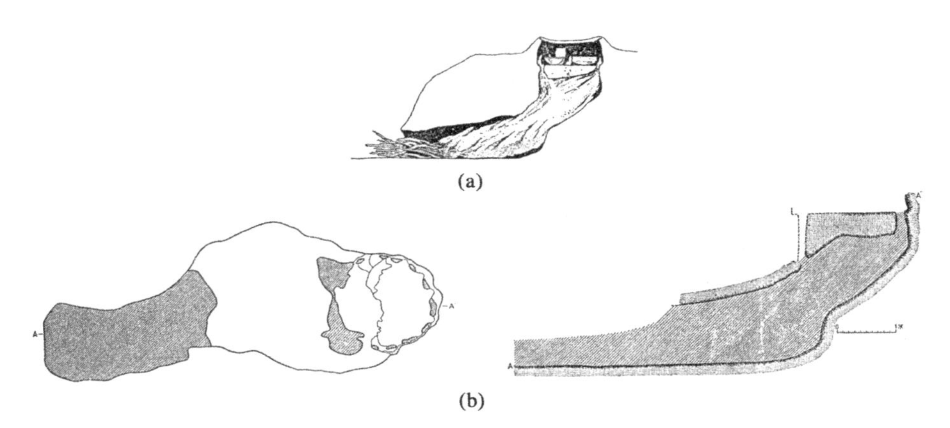

(a)

(b)

图 14　陕西西安市半坡遗址仰韶文化的陶窑

四、铜石并用时代早期的制陶技术

铜石并用时代早期(前 3000～前 2500)的文化遗存有甘肃和青海的马家窑文化,宁夏的菜园文化,河南、陕西和山西的庙底沟二期文化,湖北和湖南的屈家岭文化等。铜石并用时代早期是从"仰韶时代"向"龙山时代"过渡的时期,过渡表现在两方面:一是坯体的成型由手制技术向轮制技术的过渡;二是陶器的烧制由氧化烧成技术向还原烧成技术的过渡。

1. 快轮制陶技术发展不平衡

长江中游地区的屈家岭文化,在快轮制陶技术方面走在前列;黄河中游地区的庙底沟二期文化刚开始出现少量轮制陶器。可见南北两个地区的制陶技术发展不平衡。

2. 庙底沟二期文化首创模制法

这是一种新的成型方法，用陶质内模制作斝的袋足，例如山西垣曲县古城东关遗址庙底沟二期文化的斝(如图 15(b)所示)，器身为手制，采用泥条筑成法成型，袋足采用模制法成型，袋足内壁有竖向的反篮纹(阴纹)，是从内模的篮纹(阳纹)上翻印下来的。

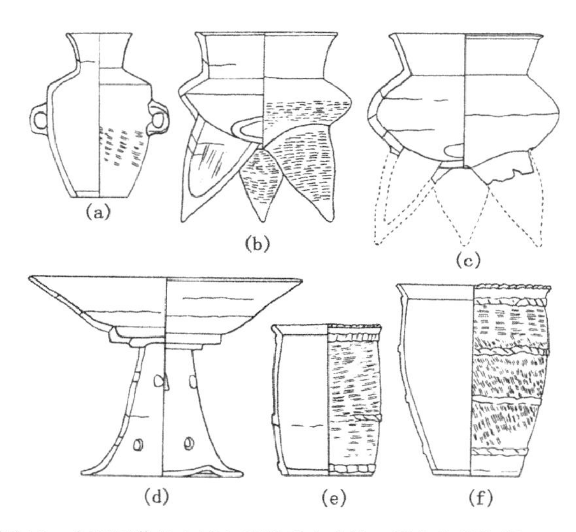

图 15　山西垣曲县古城东关遗址庙底沟二期文化的陶器

3. 黄河上游地区彩陶制作工艺高度发达

马家窑文化分为石岭下、马家窑、半山、马厂四个类型。马家窑文化的彩陶制作工艺高度发达，例如甘肃永靖三坪出土的马家窑类型彩陶瓮，高达 49.3 厘米，有“彩陶王”之称，绘黑彩漩涡纹。甘肃兰州市土谷台出土的马厂类型彩陶瓮，绘黑彩、红彩蛙纹。

4. 利用竖穴式升焰窑进行还原烧成

这是烧制技术上的一项创新。例如山西垣曲县古城宁家坡遗址庙底沟二期文化的两座陶窑(如图16,图17所示)都建在大壕沟旁边的断崖上,由火膛、火道、窑室、窑门、出烟窨水口构成。装窑后将窑门基本上封闭,只留一个观火孔。

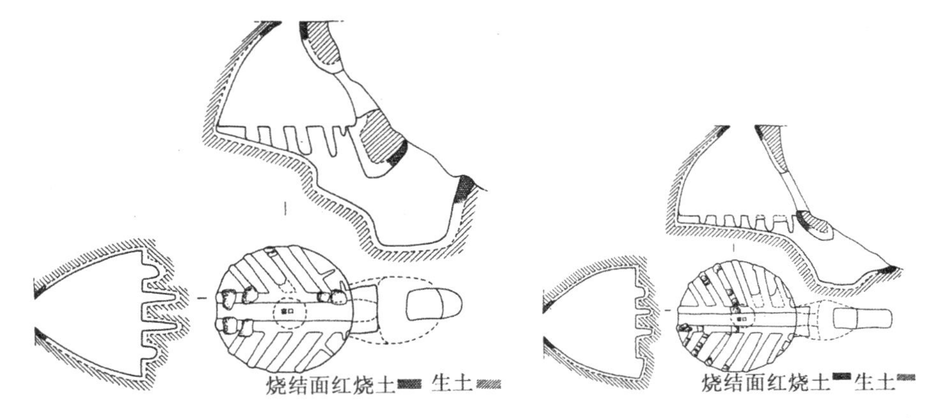

图16　山西垣曲县古城宁家坡遗址庙底沟二期文化的陶窑

图17　山西垣曲县古城宁家坡遗址庙底沟二期文化的陶窑

这种陶窑既可以烧氧化焰,又可以烧还原焰。推测烧还原焰的方法是:在氧化烧成之后,将火口的大部分加以覆盖,只留一个小口用来加柴、通风和掏灰;用石板或陶器将出烟窨水口封闭,上面覆盖草拌泥,并且用土埂围成一个窨水池;然后进行还原烧成,窑门上的观火孔成为临时的出烟口,窑内火焰的流向实际上变成半倒焰,火焰上升到封闭的窑顶便倒下来,向坯体传热后,废烟气从观火孔排出窑外。经过还原烧成,陶胎内的铁质大部分由红色的氧化铁还原成灰色的氧化亚铁。然后将观火孔和火口都完全封闭,将水慢慢地倒入窨水池内,水透过覆盖层逐渐渗入窑内,遇到高温立即变成蒸汽,呈现雾状,将陶器与外界隔绝,防止重新氧化,结果烧制出灰陶和灰褐陶。灰褐陶是还原不充分所致。

五、铜石并用时代晚期的制陶技术

铜石并用时代晚期(前2500～前2070)的文化遗存有山西的陶寺文化,河南龙山文化,山东龙山文化,湖北的石家河文化,浙江的良渚文化,陕西的客省庄二期文化,甘肃、青海和宁夏的齐家文化等。考古界将铜石并用时代晚期称为"龙山时代"。

1. 快轮制陶技术的第一次高潮

在黄河中下游地区和长江中下游地区普遍呈现出快轮制陶技术的第一次高潮,山东沿海地区成为轮制技术最发达的地区。例如山东龙山文化晚期的鬶(如图18(a)、(b)所)和甗(如图18(c)、(d)所示),3个袋足分别轮制,倒着拉坯成型,内壁和外表留有螺旋式拉坯指痕,3个袋足

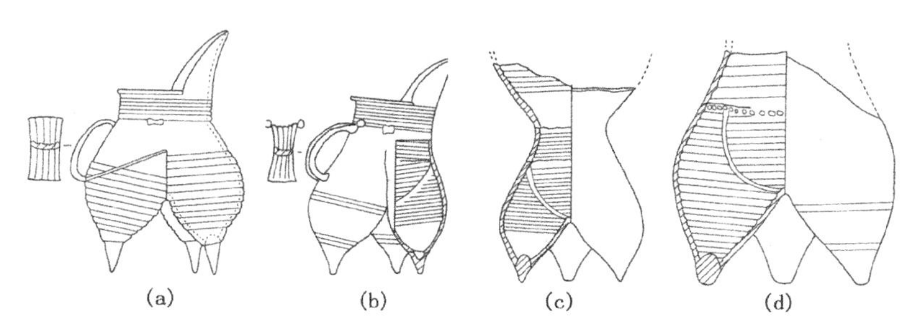

图18　山东龙山文化轮制的陶器

拼接在一起成为下半身，上半身另外轮制，再与下半身拼接在一起。薄胎高柄杯又称蛋壳黑陶高柄杯，代表了山东龙山文化轮制技术的最高水平。

胶州市三里河墓葬出土的31件薄胎高柄杯(如图19所示)具有以下特征：

一是从结构上看，可以分为3类：第一类，杯身底部与柄上端相接(如图19(a)～(d)所示)，共5件，占总数(31件)的13%；第二类，杯身下部垂入柄内成为胆(如图19(e)～h)、(j)～(l)所示)，共24件，占总数的77.42%；第三类，杯身全部下垂至柄内成为典型的胆(如图19(i)所示)，共2件，占总数的6.45%。将第二、第三类加在一起，有胆有壳的双层套杯共26件，占总数的83.87%。双层套杯是陶器结构上的创新。杯的各部分是分别轮制的，胆是倒着拉坯成型的，然后将各部分粘接在一起，达到严丝合缝。

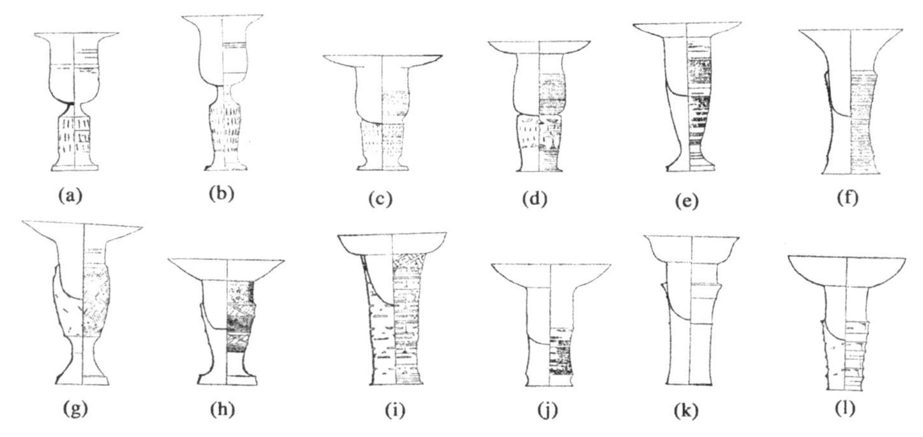

图19　山东胶州市三里河山东龙山文化墓葬的薄胎高柄杯

二是从纹饰上看，少数杯身有弦纹，多数柄部有弦纹或竹节纹，这些纹饰是在快轮慢用修整过程中加工而成的。一部分柄部有划纹或镂孔，这些纹饰是在轮修之后施加的。由此可见薄胎高柄杯是纹饰复杂的工艺美术品。

三是从口径、器高、胎厚及重量上看，口径在 9～15.3 厘米之间，平均值为 12.43 厘米；器高在 12～22.7 厘米之间，平均值为 16.60 厘米；胎厚在 0.3～1.5 毫米之间，平均值为 0.72 毫米。最有代表性的一件(如图 19(g)所示)，口径14.2厘米，胎厚 0.3 毫米，重量不及 40 克。由此可见，薄胎高柄杯的口径、器高适中，胎薄如蛋壳，重量极轻，制作时要求快轮装置的精密度高，轮盘旋转既要快速又要平稳，轮制技术精湛，在轮制技术史上是空前绝后的。

2. 黄河中游地区流行模制法

陶寺遗址陶寺文化的肥足鬲(如图 20 所示)，器身为手制成型，内壁布满错乱的麻点纹，是从陶垫上翻印下来的。3 个袋足为分别模制成型，内壁布满排列整齐的麻点纹，是从内模上翻印下来的。将 3 个袋足分别贴附在器身底部，然后在器身内壁切割成 3 个大圆洞，使器身内部与袋足内部相通。又如瘦足鬲(如图 21(b)～(e)，图 22 所示)，利用三足内模(如图 21(a)所示)3 个袋足合制，整体脱模。

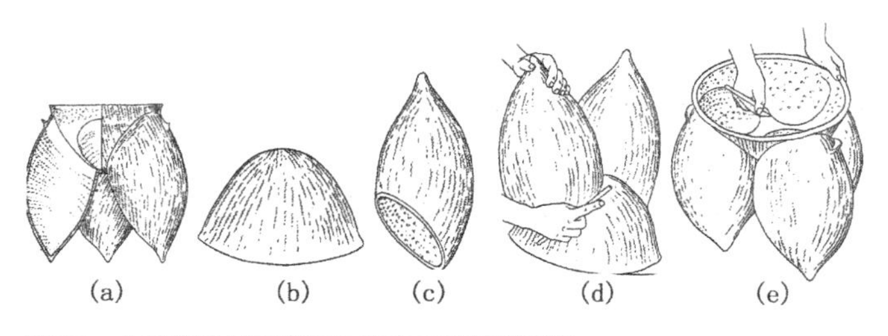

图 20　山西襄汾县陶寺遗址陶寺文化的肥足鬲

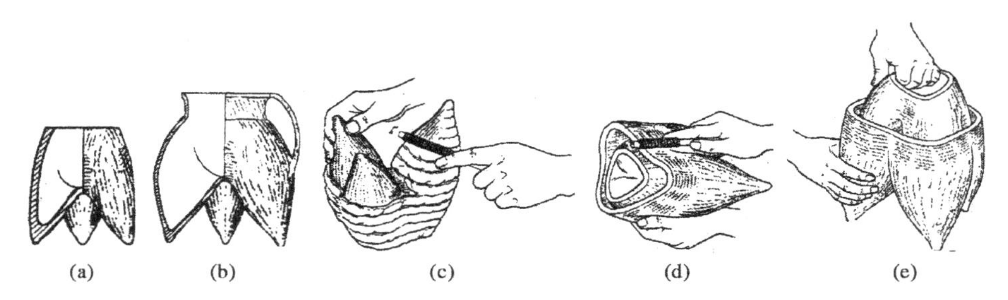

图 21　山西襄汾县陶寺遗址陶寺文化的瘦足鬲

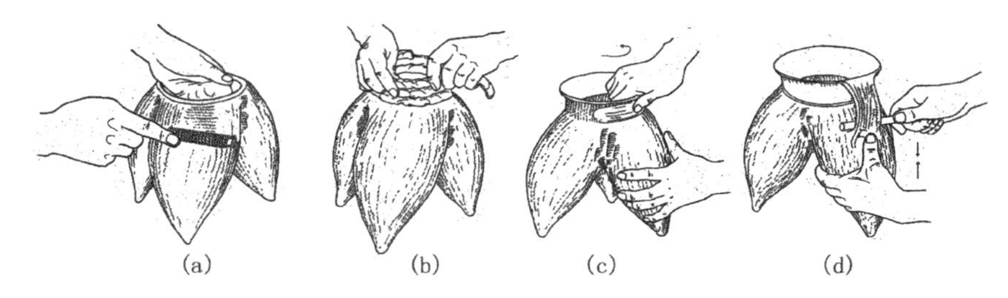

图 22　山西襄汾县陶寺遗址陶寺文化的瘦足鬲

3. 还原烧成技术和渗碳技术的成熟

由于还原烧成技术的普及和成熟，烧制出大批颜色纯正的灰陶。还原烧成的灰陶与氧化烧成的红陶相比，具有较强的耐酸碱腐蚀的性能，因而明显地提高了陶器的质量，还原烧成技术成熟的重要性就在于此。山东沿海地区成为渗碳技术最发达的地区，蛋壳黑陶高柄杯渗碳透彻，代表了渗碳技术的最高水平。由于渗碳是将微小的碳粒渗入到陶胎的孔隙之内，将孔隙堵塞，可以防止盛在陶器内的液体往外渗漏，因此，渗碳技术的成熟也具有重要意义。

4. 彩绘陶工艺有所发展

彩绘陶是在烧制后的陶器上用彩色颜料进行绘画装饰的陶器。例如山西襄汾县陶寺墓地出土的彩绘陶盘，在经过渗碳的黑衣陶上用朱砂绘成红色龙纹图案；彩绘陶壶，在黑衣陶上用朱砂和方解石绘成红、白两种颜色的变体动物图案。

六、夏商时代的制陶技术

夏代(前 2070～前 1600)、商代前期(前 1600～前 1300)、商代后期(前 1300～前 1046)，共经历了 1 000 多年。从夏代开始进入奴隶社会。夏商时代的文化中心在河南，典型的文化遗存有偃师二里头、偃师商城、郑州商城、安阳殷墟。此外还有河南渑池县郑窑遗址、内蒙古赤峰市敖汉旗大甸子夏家店下层文化墓地、山西垣曲商城、湖北黄陂盘龙城以及江西等地区的印纹硬陶。

1. 快轮制陶技术明显衰退

夏商时代的快轮制陶技术进入了低潮阶段，慢轮制陶、泥条筑成法重新上升到主要地位，例如渑池县郑窑遗址的陶器(如图 23 所示)，内壁有明显的泥条痕迹。

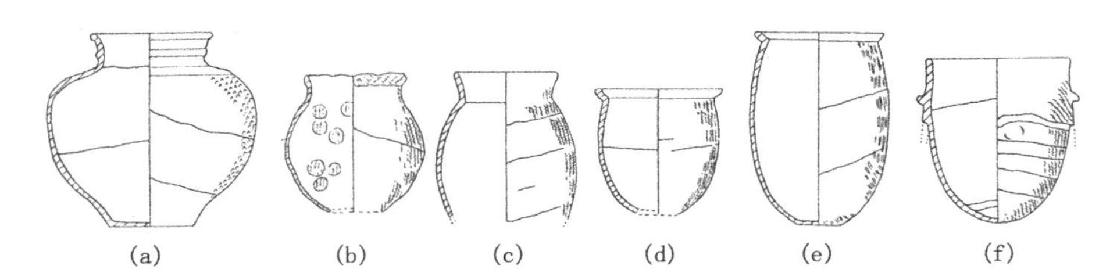

图 23　河南渑池县郑窑遗址泥条盘筑的陶器

2. 模制的陶鬲得到发展

例如偃师二里头遗址的鬲(如图 24(b)所示),三个袋足分别模制,拼接成下半身。足尖下安装实足跟。上半身为手制成型,然后与下半身相接。

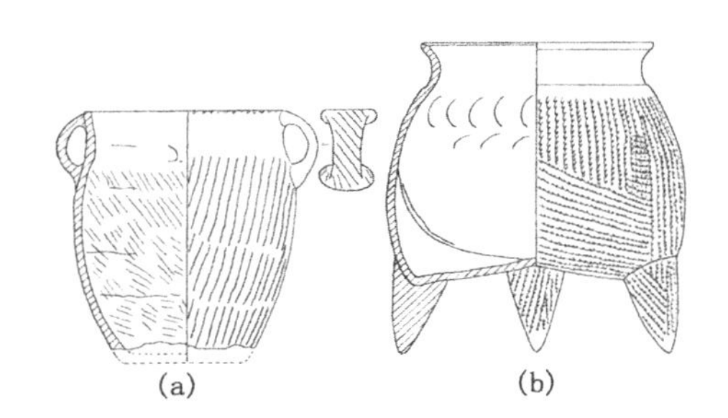

图 24　河南偃师县二里头遗址二里头文化模制的陶器

3. 印纹硬陶和原始瓷先后出现

夏代出现印纹硬陶,商代出现原始瓷,从此,制陶技术向制瓷技术过渡,整个过渡时期从夏代至汉代长达 2 000 多年。

印纹硬陶系指有拍印或滚印的纹饰、质地坚硬的陶器,例如福建闽侯黄土仑遗址出土的商代印纹硬陶豆，拍印雷纹。黄陂盘龙城出土的商代硬陶尊（如图 25(a)所示），也拍印雷纹。

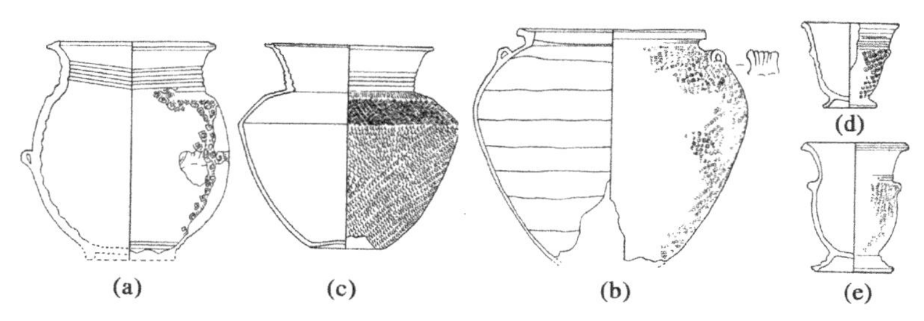

图 25　湖北黄陂盘龙城出土的商代硬陶和釉陶

印纹硬陶所用的原料是高硅质黏土，其特点是高氧化硅、低助熔剂、质地较粗、耐火度较高。由于质地较粗，不宜采用快轮拉坯成型，只好采用泥条筑成法成型，而且必须经过认真拍打或滚压以便加固，拍打或滚压的同时在坯体上产生拍印或滚印的纹饰即印纹；由于耐火度较高（这是内因），并且在窑温较高的平焰窑内烧制（这是外因），结果成为烧成温度相当高（达 1 150 摄氏度）、质地坚硬、吸水率低的印纹硬陶。江西鹰潭市角山窑址出土的商代陶拍（如图 26(b)所示）、陶棍（如图 26(a)、(c)所示），是在坯体上拍印或滚印纹饰时使用的工具，拍打外表时，内壁用陶垫（如图 26(d)(e)所示）作依托，防止坯体变形。

4. 平焰窑的出现

平焰窑俗称龙窑，例如江西清江县（今樟树市）吴城的商代平焰窑（如图 27(c)所示），呈长条状，窑炉一侧有九个投柴口，将燃烧室分散开来，从而使窑室内各部位的坯体均匀受热。浙江上虞县李家山的商代平

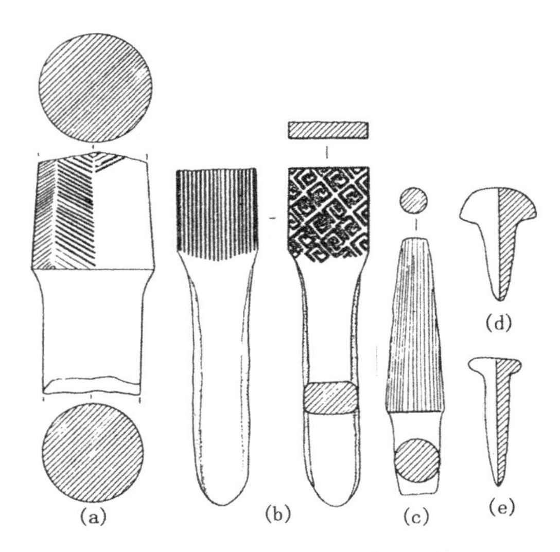

图 26　江西鹰潭市角山窑址出土的制陶工具

(a)、(c)陶棍　(b)陶拍　(d)、(e)陶垫

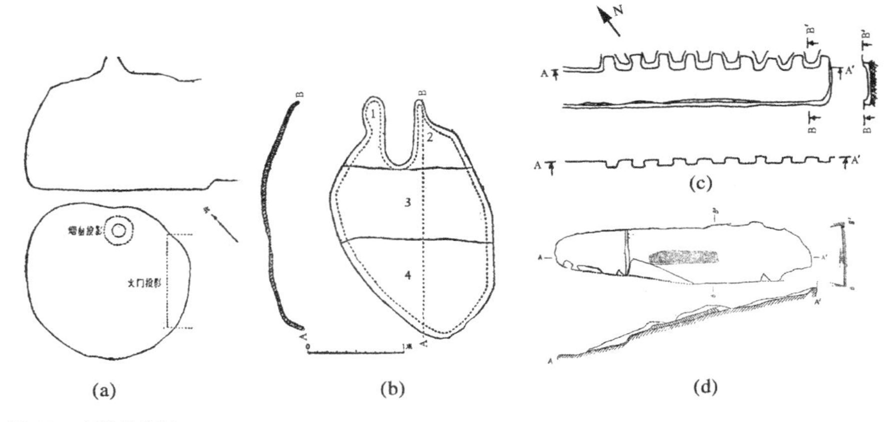

图 27　商代的窑址

焰窑(如图 27(d)所示),也呈长条状,窑底倾斜度为 16 度,因此对空气的抽力较大,升温速度较快。平焰窑容易维持还原气氛,有利于提高陶器的质量。

5. 彩绘陶工艺迅速发展

敖汉旗大甸子夏家店下层文化墓地处于夏商之际，出土彩绘陶（如图28所示）420件，约占随葬陶器总数（1 683件）的25%，彩绘的颜料有朱砂、赤铁矿粉，绘画工具应是毛笔，在经过低温烧制和窑内渗碳的黑色器表上绘成复杂的图案。彩绘陶的制作工艺一丝不苟，但是烧成工艺相当马虎，烧成温度多数为600～700摄氏度，硬度低，容易破碎，是专门为死者随葬之用而制作的明器，也称冥器。

图28 内蒙古敖汉旗大甸子夏家店下层文化的彩绘陶

七、西周春秋时代的制陶技术

西周（前1046～前771）和春秋（前770～前476）时代，仍然属于奴隶社会。文化遗存有陕西长安县张家坡西周墓地、山西曲沃县、翼城县天马-曲村居址和墓葬、山西侯马市上马墓地等。西周王朝的文王建丰邑，武王建镐京，张家坡墓地是丰镐遗址内的墓地。天马-曲村是早期晋都所在地，上马墓地是晚期晋都的墓地。

1. 陶器的成型工艺

仍然以泥条筑成法为主，例如天马-曲村出土的陶罐（如图29所示），内壁有泥条痕迹。张家坡西周墓地出土的陶鬲，均为手制。上马墓地出土的陶鬲(如图 30 所示),内壁有泥条痕迹,成型方法是先倒筑泥筒,后合拢成裆。周族大力推广手制的陶鬲,使手制陶鬲成为周代最有代表性的器物。上马墓地出土陶鬲 877 件,占随葬陶器总数 965 件的 90.88%,该墓地简直是一座陶鬲地下博物馆。

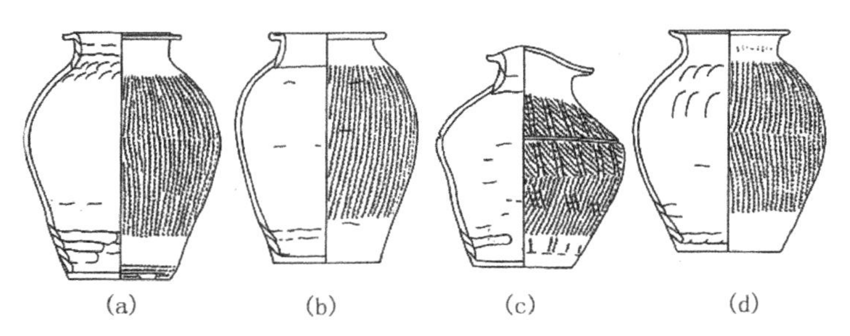

图 29　山西曲沃县、翼城县天马-曲村春秋居址出土的陶罐

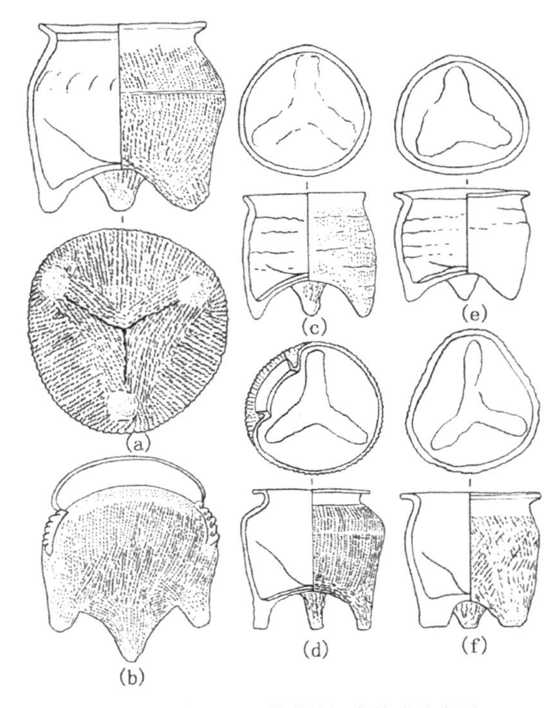

图 30　山西侯马市上马周代墓地泥条筑成的陶鬲

快轮制陶技术仍然处于低潮，天马-曲村春秋居址出土少量春秋晚期细柄豆（如图31所示），柄足内壁有螺旋式拉坯指痕和麻花状扭转皱纹，二者都是快轮所制陶器特有的现象，因而都是快轮制陶的直接证据。此外，在豆盘内壁和柄足外表装饰暗纹。

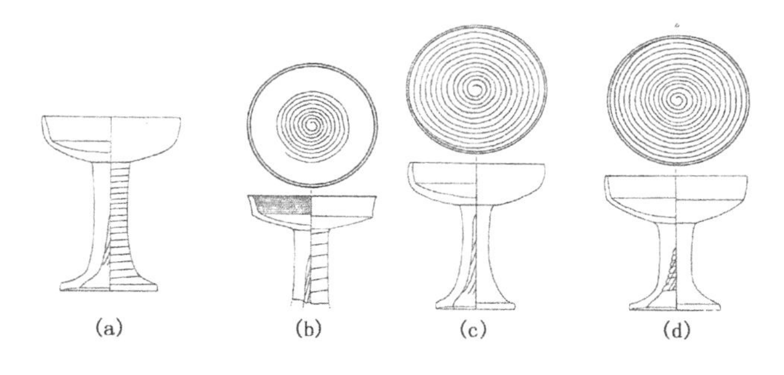

图31　山西曲沃县、翼城县天马-曲村春秋居址春秋晚期轮制的陶豆

2. 印纹硬陶流行于西周

例如江苏句容县浮山果园西周墓出土的印纹硬陶坛，器表拍印方格纹；印纹硬陶瓿，器表拍印曲折纹。

3. 半倒焰窑基本定型

例如天马-曲村春秋居址春秋中期的半倒焰式馒头窑（如图32所示），由窑门、火膛、窑床、完全封闭的窑顶、后壁的垂直竖烟道组成，在形式上属于同穴式窑，即火膛与窑室处于同一洞穴之内。半倒焰窑容易维持还原气氛，因而用它烧制而成的陶器，其质量明显高于用升焰窑烧制而成的陶器。

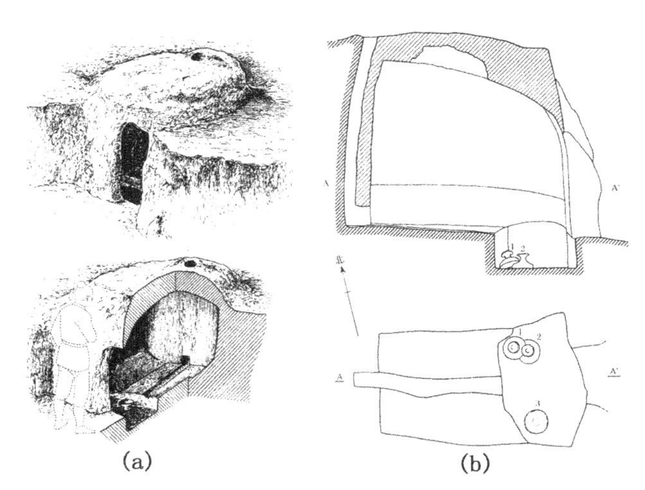

图 32　山西曲沃县、翼城县天马-曲村春秋居址春秋中期的陶窑

八、战国秦代的制陶技术

从战国(前 475～前 221)开始进入封建社会。秦始皇以武力兼并了韩、赵、魏、楚、燕、齐六国,结束了封建诸侯割据的历史,建立了统一的封建制国家秦帝国即秦代(前 221～前 207)。在陕西临潼县的秦始皇陵东侧发掘了秦代兵马俑坑 3 处,这是秦始皇陵园建筑的一部分,共出土陶俑 1 179 件,陶马 132 匹。

1. 秦始皇陵兵马俑集秦代制陶技术之大成

兵马俑一般为两层胎,内层为夹砂陶,外层为泥质陶,两层胎的优点是既坚固又美观,这是用料方式上的一种创新。一般采用泥条筑成法和外模制法成型,例如陶俑躯干的内壁有泥条痕迹(如图 33(a)、(c)所示),俑头为前后合模成型(如图 34 所示),陶马的躯干、马头由许多块泥片斗合而成，马腿应为左右合模成型(如图35所示)。兵马俑是彩绘陶，烧制后绘红、绿、紫、蓝、黄、白、黑、赭等色。

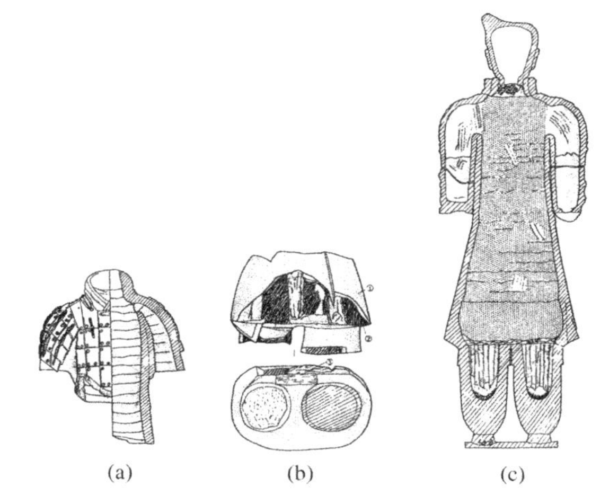

图33　陕西临潼县秦始皇兵马俑坑出土的陶俑

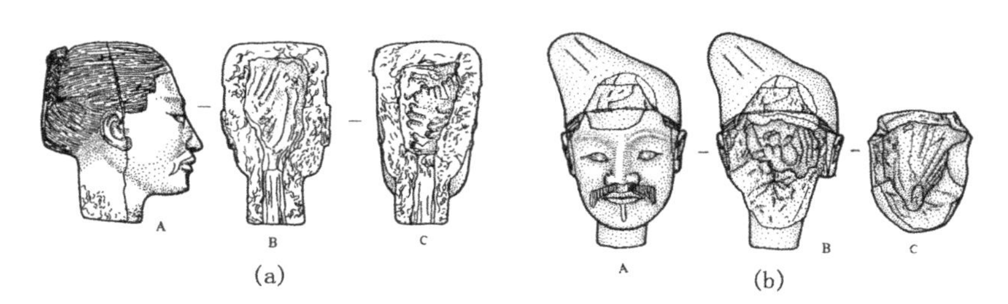

图34　陕西临潼县秦始皇兵马俑坑出土的陶俑头

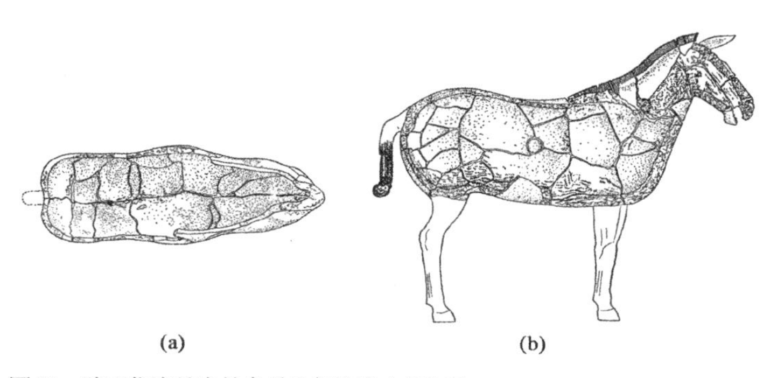

图35　陕西临潼县秦始皇兵马俑坑出土的陶马

2. 秦兵马俑制陶技术空前发展的社会原因

有2个方面:一是有利的社会条件。国家的统一促进了社会生产力的发展,全国财力、物力的集中,有利于进行大规模的陵园建设,可见综合国力增强是烧制兵马俑最重要的社会条件。随着社会制度由奴隶制向封建制变革,以陶俑和木俑代替活人殉葬的社会风气日益盛行,可见兵马俑是社会制度和丧葬制度变革的产物。统治阶级、制陶手工业管理者及制陶工匠都将陶俑、陶马看作真人、真马,以兵马俑军阵的形式颂扬秦始皇武力统一中国的业绩,可见兵马俑是秦代社会思潮的产物。二是有效的管理制度。据《吕氏春秋》记载,秦代对手工业,尤其是官府手工业实行"物勒工名"的管理制度,即在工匠所造的器物上刻上工匠的名字,来考核工匠的心诚不诚,如果工作中有不当之处,就要追究责任,以至定罪。可见"物勒工名"实际上是一种责任制。目前在陶俑、陶马身上发现工匠名字249个,去掉重复的实际上有80个。事实表明,"物勒工名"的管理制度有效地保证了兵马俑的质量。

3. 空心砖的成型方法

空心砖是大型建筑用陶,呈长方形,内部空,故名空心砖,用作宫殿建筑物的台阶或用它建造墓葬的椁室,以代替木质椁室。空心砖是战国中晚期制陶工匠的一项创新,它在客观上符合空心物体所能承受的压力与实心物体所承受的压力相等的原理,因此引起国内外学者的关注。

空心砖起源于战国时期的秦国,后来其他地方也制造。例如河南新郑市郑韩故城战国晚期的空心砖(如图36所示),采用泥板逐块拼接法成型，属于模制法范畴。以泥板作为从泥料到坯体的中间环节，以逐块拼接作为处理泥板的方法，所使用的模制工具应是木质的井字形箱状外模（如图 37(b)所示）和双工字形托板（如图 37(c)所示）。推测外模是由底板、前帮、后帮、左挡头、右挡头构成，其优点是便于安装和拆卸；托板由上下两块长方形木板（顶板和底板）、中间两块方木（支柱）构成，实际上是一个可以拆卸和移动的内模。双工字形内模的出现解决了砖坯内

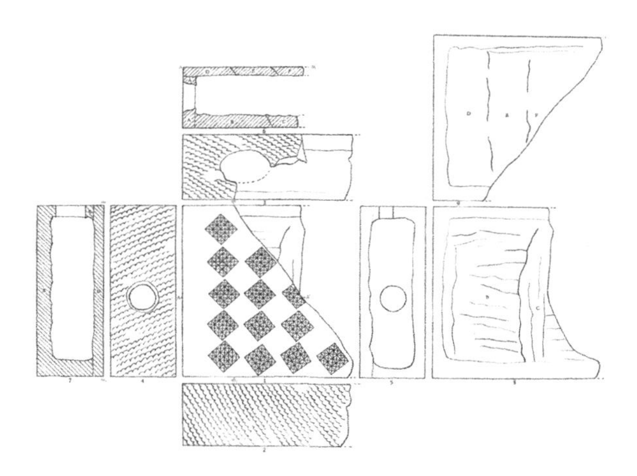

图 36　河南新郑市郑韩故城战国晚期的空心砖

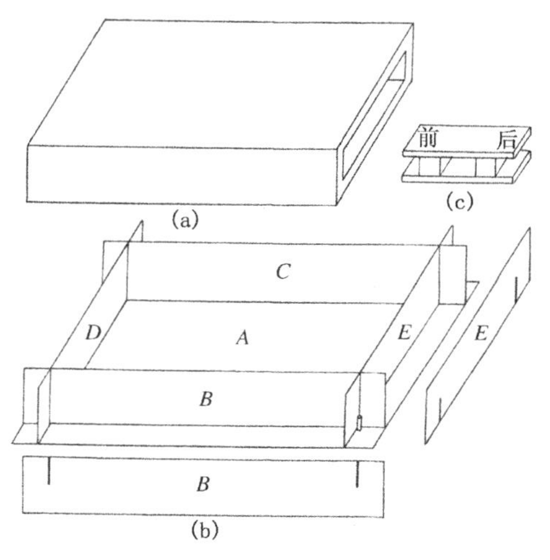

图 37　空心砖、外模及托板复原示意图

部形成空心这个关键问题。上述大胆而有依据的假设一旦得到证实，就可以得出一个重要的结论：模制的空心砖是常规的外模制法与特殊的内模制法巧妙结合的产物，它代表了战国秦代制砖技术的最高水平。

九、汉代的制陶技术

汉代包括西汉（前 206～25）和东汉（25～220）两个时期，是封建社会逐步走向兴盛的历史时期，文化遗存有河南洛阳烧沟汉墓、山西平朔汉墓、陕西西安市汉长安城窑址等。

1. 快轮制陶技术呈现出第二次高潮

在汉代，制陶业已经成为一种商品生产，是三大手工业（冶铁、髹漆、制陶）之一，制陶作坊不仅有私营的，而且有官营的，商品市场需求的扩大，促进快轮制陶技术呈现出第二次高潮，轮制陶器数量极多，而且普遍容积较大，烧成温度较高，甚至明器的烧成温度也在 1 000 摄氏度左右，这一点与以往的明器显然不同，几乎都采用还原焰烧成，成为颜色纯正的灰陶。轮制技术第二次高潮的规模远远超过铜石并用时代晚期（龙山时代）的第一次高潮，例如在山西朔州市博物馆，12 000 余件汉代轮制陶器集中在一起的壮观景象就显示出这一点。

2. 外模制法基本上取代了内模制法

一部分陶容器（如耳杯）或器物的部件（如器盖、双耳、三足）采用外模制法成型，外模制法包括单模制法、合模制法两种，其优点是可以利用坯体干燥收缩的性能自动脱模。汉代外模制法已经达到部件标准化的程度，突出表现在博山盖的制作上(如图 38(b)的器盖所示)。当时人盛传东海有蓬莱等 3 座仙山，于是将器盖制作成山形，象征蓬莱仙境。部件标准化是指利用一种外模制作的部件可以与不同的器物配套使用或者作为附件安装在不同的器物上。博山盖的制法是：先制成母模，经过烧制；再利用母模翻制成外模，经过烧制；然后在外模之内填泥制成博山盖坯体。这样一件母模可以翻制成多件外模，一件外模又可以翻制成多件制成品。由于部件标准化，博山盖这种形状特殊而复杂、山峦起伏的器物，可以进行批量生产，还可以通用，彼此换用，从而降低了生产成本，提高了劳动生产率。

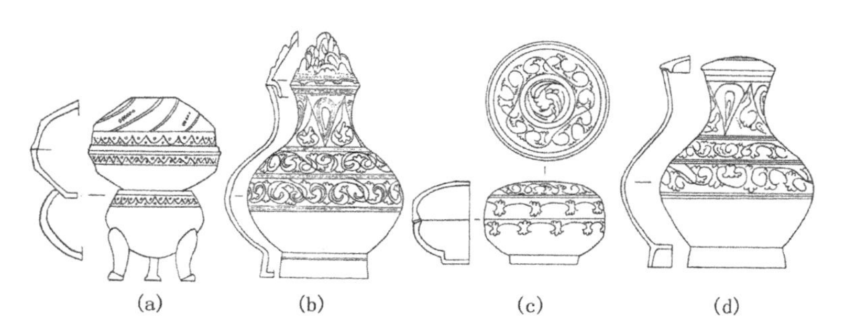

图 38　山西朔州市平朔汉墓出土的彩绘陶

3. 彩绘陶成为汉代装饰工艺的显著特征

例如洛阳烧沟西汉墓出土的彩绘龙纹陶壶。平朔汉墓出土的彩绘陶达 800 余件(如图 38 所示)，在陶器总数(12 000 余件)中占 6%强，色彩有白、黑、灰、红、黄、绿、蓝 7 种，汉代彩绘陶装饰工艺达到了高峰。

4. 西汉出现了低温铅釉陶

例如河南三门峡市出土的汉代绿釉鸮尊。陕西宝鸡市谭家村四号汉墓出土的西汉晚期褐红釉加彩壶。低温铅釉以铅的氧化物作为助熔剂，以铜作为着色元素，在氧化气氛中一次烧成，烧成温度为900摄氏度左右。

5. 半倒焰窑有明显改进

例如汉长安城的陶窑（如图39所示），在窑室内设有隔火墙，使火焰通过墙上的进火孔均匀地进入窑室；还设有分火道隔墙，将窑室分为左右两部分，使火焰经过墙上的通火孔均匀流动；在窑壁与窑床相接处，设有3个进烟口，与后面的3个烟道连接，往上汇成一个主烟道，将废烟气排出窑外。这些措施都使窑室内各部位的温度均匀，可以防止局部出现生烧或过烧的现象，从而提高了陶器的成品合格率和质量。

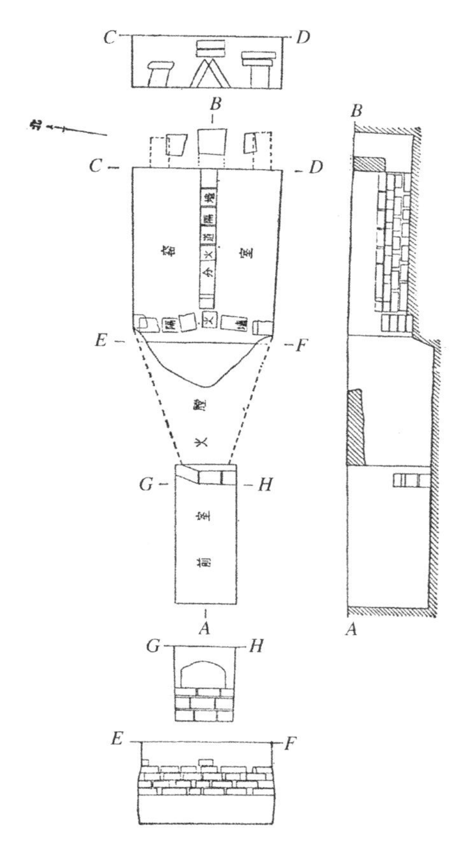

图39　陕西西安市汉长安城陶窑

十、北魏的制陶技术

北魏(386～534)的制陶技术,过去报道甚少。拓跋鲜卑是鲜卑族的一部,398年魏王拓跋珪从盛乐(今内蒙古和林格尔县)迁都至平城(今山西大同市),直到494年北魏孝文帝迁都至洛阳,大同作为北魏都城将近百年。大同南郊北魏墓群是拓跋鲜卑的文化遗存,发掘167座墓葬,共出土陶器754件,其中普通陶器占93.37%(如图40、图42、图43所示),釉陶占6.63%(如图44,图45所示)。

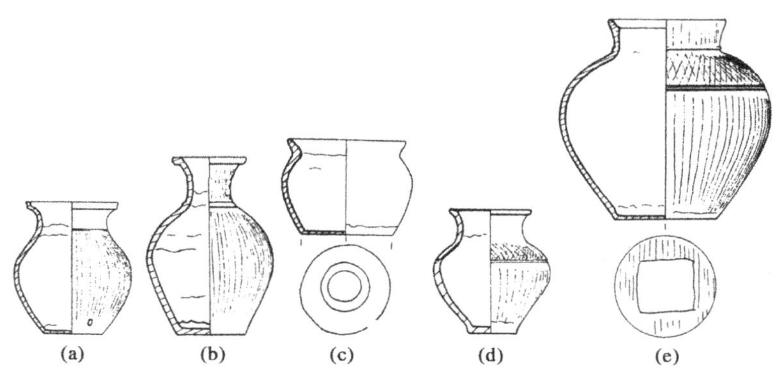

图40　山西大同市南郊北魏墓群出土的手制陶器

1. 慢轮装置的复原

鲜卑族制陶所使用的陶轮装置以慢轮为主,快轮为辅。使用慢轮时,在器底与轮盘之间一般不设置隔离层,直接在轮盘上制作坯体,这一点与本地区汉族的制陶技术不同,在泥料的含水量较低的情况下,器底产生慢轮装置的印痕,包括车筒榫头及木楔印痕、轮盘圆心定位点印

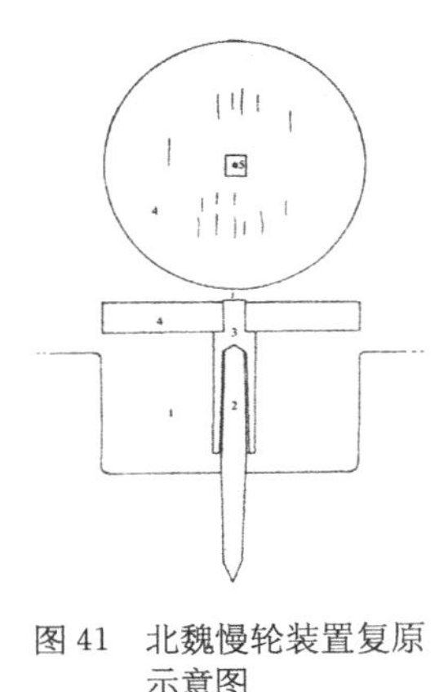

图 41　北魏慢轮装置复原示意图

痕、轮盘木板印痕，这些印痕为复原北魏慢轮装置提供了依据。慢轮装置复原如下(如图 41 所示)：由轮盘、车筒、车桩等构件以及车坑组成，在车筒榫头中央设一个小凹坑作为轮盘的圆心定位点。与快轮相比，慢轮的缺点是：车筒内壁直接与车桩接触，由于接触面大，摩擦力也大，限制了轮盘转速的提高，因此利用慢轮不能直接将泥料拉坯成型。

2. 普遍装饰暗纹是北魏陶器的民族特色

暗纹是在坯体含水量甚低的条件下，用质地坚硬、前端圆钝而光滑的工具(如骨器)滑压而成的线条状纹饰，在光线照射下可以显示出图案。暗纹(图 40(a)、(b)、(d)、(e)，图 42，图 43(b)所示)是北魏手制普通陶器上最常见、纹样种类最多、最有鲜卑民族特色的一种纹饰。引人注目的是：腹部的暗纹图案(包括竖向暗纹、斜向暗纹、折线暗纹)均为“开放式”，其下端往往参差不齐，没有设置横向的暗纹以作封闭和约束。鲜卑族原先是游牧民族，气魄大、不受约束的暗纹恰好反映了豪放的民族性格，在 682 件手制普通陶器中，装饰暗纹的有 419 件，占 61.44%。

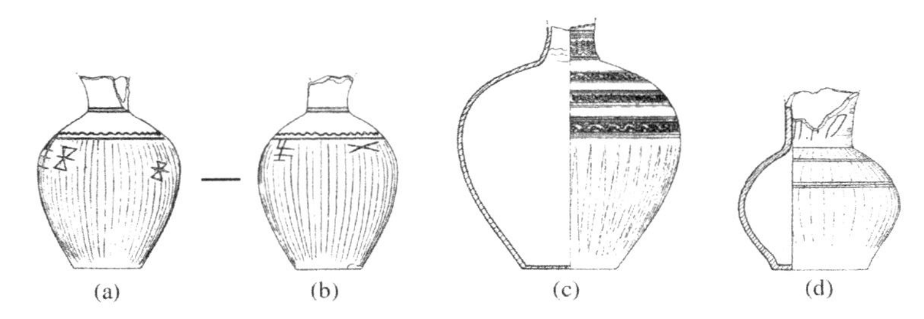

图 42　山西大同市南郊北魏墓群出土的手制陶器

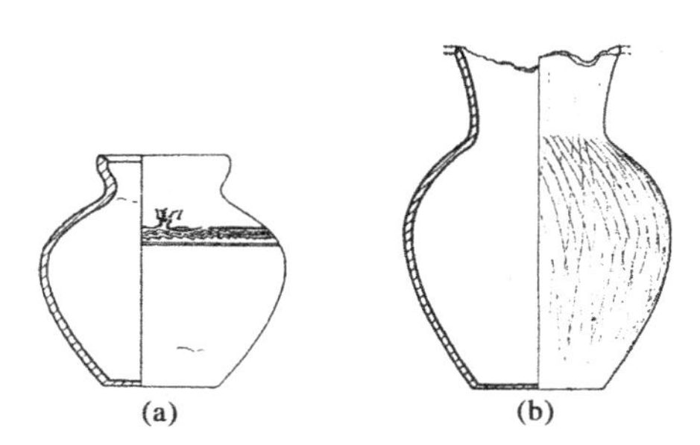

图 43　山西大同市南郊北魏墓群出土的手制陶器

3. 制陶技术上反映出民族融合

有些陶器外表刻画着汉字，例如壶（如图 42(a)、(b)所示）刻画 2 个“生”字；罐（如图 43(a)所示）刻划一个“儿”字，在“儿”字当中多写了两横，是错别字。在陶器上刻划汉字表明鲜卑族陶工在学习汉族制陶技术的同时也学习汉族的文化。

4. 鲜卑族首创低温铅釉陶的二次烧成法

从制胎的原料和成型的方法上看，出土的 49 件釉陶都是鲜卑族陶工在当地制造的。釉色呈酱色或酱黄色的占 95.92%，酱色或酱黄色是以铁作为着色元素，呈偏绿色或青绿色的占 4.08%，偏绿色或青绿色是以铜作为着色元素。

釉陶的烧成方法有 2 种：一种是一次烧成法。直接在坯体上施釉，然后烧制，例如有的釉陶（如图 44(e)所示），胎壁与釉层同时被胎中所含的钙质结核（俗称料礓石）崩脱，形成一个凹坑状疤痕，疤痕中央有一个圆点状小凹坑，这是钙质结核原先所在的位置，疤痕处露胎无釉，这是采用一次烧成法的证据。另一种是二次烧成法。第一次先将坯体进行素烧，素烧温度约1 000摄氏度，素烧之后的胎称为素胎；第二次在素胎上施釉，再进行釉烧，釉烧温度约900～950摄氏度。例如有些釉陶(如图45(b)、(c)所示)胎壁被所含的钙质结核崩脱，形成凹坑状疤痕，疤痕中央有一个圆点状小凹坑，这是钙质结核原先所在的位置，然后在器表和疤痕之内都施釉，釉烧之后，器表和疤痕之内都有釉层，至今依然存在，疤痕之内的釉层是采用二次烧成法的证据。

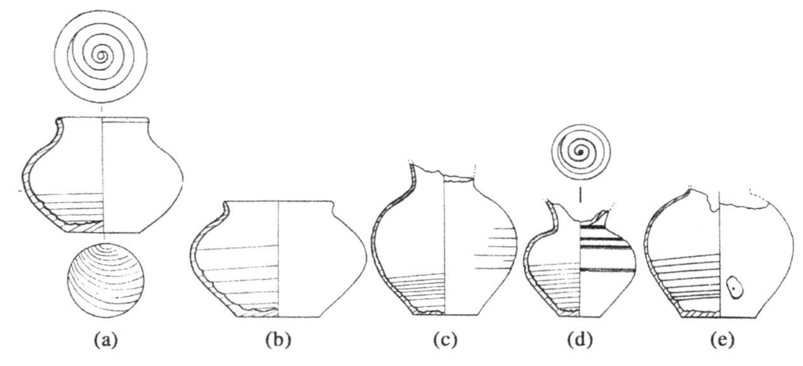

图44　山西大同市南郊北魏墓群出土的轮制釉陶

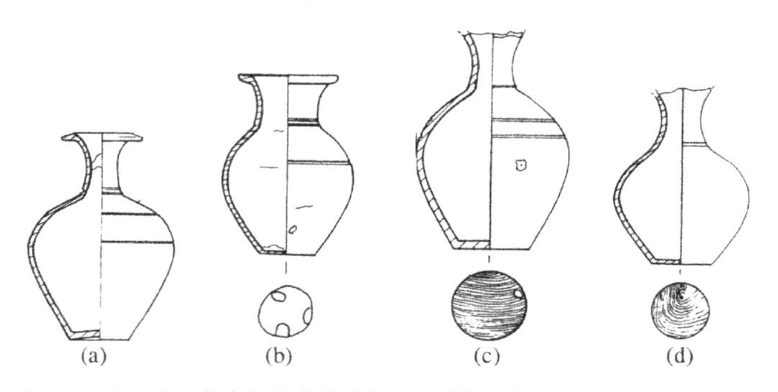

图45　山西大同市南郊北魏墓群出土的手制釉陶

在中国古代低温铅釉陶的发展史上，汉代只采用一次烧成法；北魏一次烧成法与二次烧成法并用；唐三彩、宋三彩和辽三彩都采用二次烧成法。北魏处于一次烧成法向二次烧成法过渡的关键时期。与一次烧成法相比,二次烧成法的优点在于:先将(第一次)素烧过程中产生的废品淘汰掉,然后在良好的素胎上施釉,再进行(第二次)釉烧,这样做可以节省昂贵的釉料和提高釉陶的成品合格率。鲜卑族首创低温铅釉陶二次烧成法的重要性就在于此。

十一、唐代三彩器的制陶技术

唐代(618～907)是封建社会的鼎盛时期。汉代和北魏的低温铅釉陶在同一件器物上只用单色釉(绿釉或黄釉),然而唐三彩集多色釉于一身,有黄釉、绿釉、白釉或蓝釉,其中以黄、绿、白为主要呈色,因此称为“唐三彩”。唐三彩主要见于陕西、河南两省,尤其是西安、洛阳两个地区的唐墓中,大部分作为死者随葬之用的明器。虽然铅釉有毒,但是一般不作为生活用具,因此对人的身体健康影响不大,例如陕西高陵县马家湾乡米家崖李晦墓(689)出土的三彩骑马俑,西安市鲜于庭诲墓(723)出土的三彩骆驼载乐俑,洛阳唐墓出土的三彩豆、三彩瓶和三彩骆驼,河南巩义市北窑湾唐墓(851)出土的三彩塔式盖罐。目前发现的唐三彩窑址有巩义市大黄冶和小黄冶窑址、陕西铜川市唐代黄堡窑址。

1. 唐三彩作坊内的快轮装置

在唐代黄堡窑址内发现三彩作坊一座,由七孔窑洞组成,每孔都呈长方形。快轮装置是窑洞内最重要的设备,根据发掘报告中的有关资料,可将快轮装置复原如下(如图 46 所示):快轮由木质圆形转盘、木质

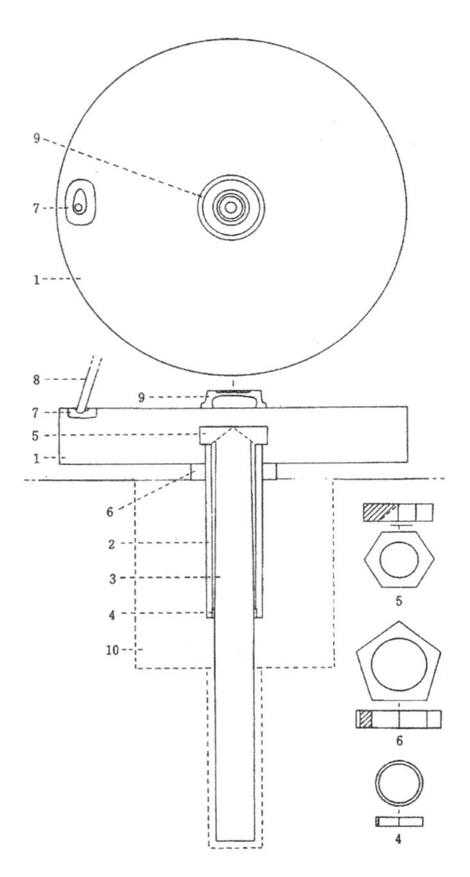

图 46　陕西铜川市唐代黄堡窑址快轮装置复原图

车筒、木质车轴、铁质荡箍、铁质轴顶碗、铁质转盘附件、瓷质转盘搅动器、木质搅棍、瓷质盘头等构件以及车坑组成。拉坯时将泥料置于盘头中央，将搅棍插入转盘搅动器的转窝内，用力搅动即可使转盘快速旋转。与慢轮相比，快轮的优点是：只有安装在车筒内壁的荡箍和顶部内壁的轴顶碗与车桩接触，由于接触面小，旋转时产生的摩擦力也小，因此惯性力大，旋转速度快，每分钟可以旋转 90～100 周，泥料在做快速旋转运动时，受到外力作用所产生的形变速度快、效果好，因此利用快轮可以直接将泥料拉坯成型。

2. 唐三彩制胎的原料

大部分以高铝质耐火黏土(高岭土)为原料,小部分以普通易熔黏土为原料,后者器表施一层白色化妆土(经过淘洗的高岭土泥浆)。

3. 唐代陶工首创绞胎模制法

唐三彩的成型方法有模制、轮制、雕塑等。其中,属于模制范畴的绞胎模制法是一种独特的成型方法,绞胎器是一种名贵的釉陶新品种。例如陕西西安市东郊韩森寨出土的绞胎釉陶带盖盂,高5厘米,口径2.2厘米,全身有深浅不同的褐色木纹状花纹。器盖为另外模制。绞胎纹理是利用红、白两种泥料相间排列而成,纹理实际上是两种泥料之间的层理。器表施加无色透明的低温铅釉,透过釉层可以看到绞胎纹理。笔者仿制了这件绞胎釉陶带盖盂。

4. 唐三彩的釉料

以石英粉、高岭土、铅丹或炼铅的熔渣配制成无色透明的基础釉,在经过素烧的素胎上施加基础釉,再经过釉烧,就成为白釉;在基础釉中加入氧化铁就配成黄釉;加入氧化铜就配成绿釉;加入氧化钴就配成蓝釉。其中,蓝釉是唐代陶瓷工匠新发明的。

5. 唐三彩的二次烧成法

第一次为素烧，在大型半倒焰窑内进行，素烧温度为 1 150 摄氏度。第二次为釉烧，在小型半倒焰窑内进行（如图 47 所示），釉烧温度为 950 摄氏度，釉烧在氧化气氛中进行。

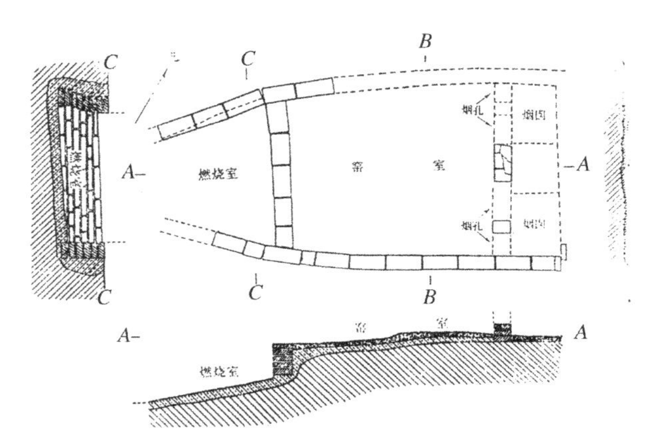

图 47　陕西铜川市唐代黄堡窑址小型半倒焰窑

十二、宋元明清时代的制陶技术

北宋（960～1127）和辽代（916～1125）生产的三彩釉陶分别称为宋三彩、辽三彩。辽是契丹族在北方建立的地方政权。宋三彩瓶，器身、圈足两段分别轮制成型，再接合在一起。辽三彩碟，采用内模制法成型，其形状渊源于木制品，这是具有契丹民族特色的器物。宋三彩和辽三彩都没有蓝釉，这一点与唐三彩有明显区别。内蒙古赤峰市缸瓦窑（如图 48(a)所示）以木柴作为烧制辽三彩的燃料，辽宁抚顺市大官屯窑（如图 48(b)所示）以煤作为烧制辽三彩的燃料。陕西铜川市宋代耀州窑也用煤

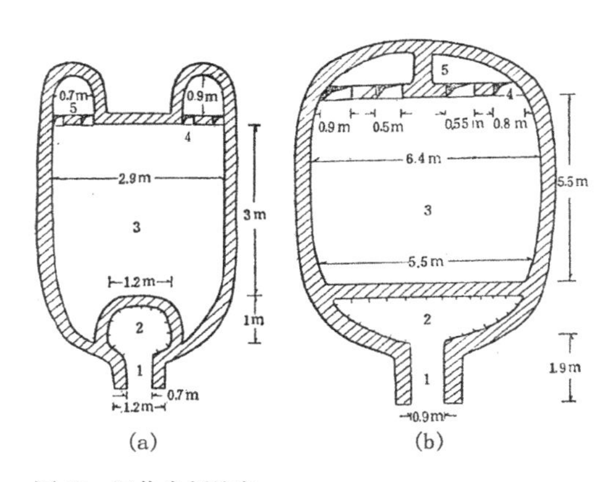

图 48　辽代半倒焰窑

(a)内蒙古赤峰市缸瓦窑　(b)辽宁抚顺市大官屯窑

作为烧制瓷器的燃料。宋、辽之前都只用木柴作为烧制陶瓷器的燃料。虽然从宋、辽开始用煤作燃料，但是以后用木柴作燃料的现象依然存在，例如宋代的钧窑和景德镇窑都以木柴作为烧制瓷器的燃料。

元明清的制陶技术到了尾声，只有紫砂陶、琉璃陶、珐华陶和石湾陶的制陶技术还有所发展。紫砂陶独产于江苏宜兴，用当地产的紫砂泥制作而成，始烧于宋代，明代以壶类著称，例如供春紫砂壶。供春是宜兴的制壶名家。紫砂壶的优点是透气性好，泡茶隔夜不馊。琉璃陶是从唐三彩派生出来的低温铅釉陶新品种，主要作为建筑用陶。据文献记载，北魏平城（今山西大同市）开始在宫殿建筑上使用琉璃陶。考古发现最早的琉璃陶是在唐代，例如陕西铜川市唐代黄堡窑址出土的琉璃砖和琉璃瓦。元代琉璃陶主要产于山西南部。明代南京、北京也生产琉璃陶，例如北京的琉璃厂生产琉璃瓦，后来迁到门头沟的琉璃渠村继续生产。明清是琉璃陶生产和使用的鼎盛时期，琉璃制品用于宫殿、皇家园林、王府、寺庙等建筑上。山西大同市内的九龙壁，长 45.5 米，高 8 米，厚 2.02 米，竣工于明代洪武 25 年(1392)，全部用琉璃镶砌，是中国保存最完好、最古老、最大的琉璃照壁。北京故宫是明清两代的皇宫，故宫建筑群是琉璃陶烧制技术与建筑技术巧妙结合的典范。珐华陶主要产于山西南部，出现于元代，明代较多，是从琉璃陶派生出来的新品种。珐华陶与琉璃陶的共同点是都以铁、铜、钴、锰作为着色元素；差别是珐华陶以硝酸钾全部或部分地代替氧化铅作为助熔剂。珐华陶的产品有花瓶、香炉、动物等。石湾陶产于广东佛山市的石湾窑，始烧于元代，是一种低温铅釉陶，以铜、铁作为着色元素，明代主要生产碗、罐等，清代以生产人物神仙、瓜果器物著称。

（张善涛）

李文杰

中国古代制瓷技术

一、商周时代的原始瓷器

二、汉晋时代南方的青瓷

三、南北朝的瓷器

四、隋唐时代的瓷器

五、宋代的瓷器

六、元明清时代的瓷器

七、结语

瓷器是由陶器发展而来的，但是瓷与陶之间有质的区别，瓷器诞生以后，制瓷技术与制陶技术成为两个不同的系统。

中国古代制瓷技术史可分 6 个时期，现将各时期的主要成就论述如下：

一、商周时代的原始瓷器

原始瓷出现于商代，例如江西清江县(今樟树市)吴城一期出现了原始瓷，其年代相当于中原地区的商代前期(前 1600～前 1300)。在周代原始瓷得到发展，例如河南洛阳市塔湾出土的西周原始瓷豆、豆盘内壁、外表和圈足外表都施青绿色釉；山东济阳县姜集乡刘台子村六号墓出土的西周青瓷四系壶，全身外表及口内都施淡青绿色釉。原始瓷的产地主要在南方，以江西、浙江最多。

1. 原始瓷制胎的原料

原始瓷制胎的原料是瓷土或高岭土。瓷土是高岭土、石英、长石的加合物。瓷土和高岭土主要的化学成分是硅酸铝。原始瓷只有在高温下才能够烧结，烧成温度多在 1 100～1 200 摄氏度之间。

2. 原始瓷的釉

原始瓷的釉是以氧化钙为助熔剂的玻璃质高温石灰釉。配釉的方法是：在普通易熔黏土中掺入适量的方解石粉或草木灰，成为石灰釉浆。

然后把釉浆涂刷在坯体表面。由于釉中含有氧化铁,并且在还原气氛中烧成,氧化铁变成氧化亚铁,瓷釉呈现为淡青绿色。

3. 原始瓷与陶器的区别

原始瓷具备了3个要素:一是以瓷土或高岭土为原料;二是器表有一层玻璃质釉;三是烧成温度多在1 100～1 200摄氏度之间。这些要素都与陶器有质的区别。

4. 原始瓷与成熟瓷器的区别

与后来的成熟瓷器相比,原始瓷的原始性表现在3个方面:一是制胎的原料加工不细,并且含铁量偏高;二是釉层厚薄不匀,并且釉与胎之间结合不牢,釉层容易脱落;三是烧成温度不够高,因此釉与胎结合不牢。

二、汉晋时代南方的青瓷

汉晋时代(前206～420)中国发明了成熟瓷器,从此世界上有了瓷器。

东汉(25～220)晚期越窑青瓷烧制成功,例如浙江上虞小仙坛出土的东汉晚期青釉印纹罍瓷片,腹部外表先拍印方格纹,再施青釉,釉层很薄;河南洛阳市中州路出土的东汉青瓷四系罐,肩部和腹部外表先拍印方格纹,再施青釉,釉层较厚,方格纹隐约可见。

越窑分布在浙江东北部的绍兴、上虞、余姚、慈溪、宁波、鄞县一带(如图1所示),创烧于东汉,盛于唐代、五代,衰落于宋代。

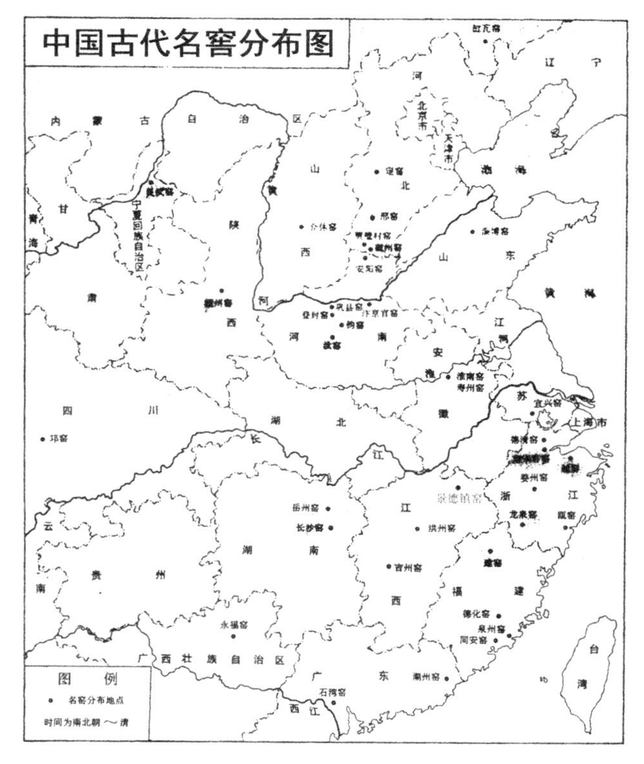

图1　中国古代名窑分布图

1. 越窑青瓷的胎

上虞小仙坛出土的青瓷片,胎中的着色剂——氧化铁含量只有1.64%,氧化钛含量只有0.97%,因此瓷胎的颜色较浅;烧成温度相当高,达到1 310摄氏度,因此瓷胎具有较高的强度和较低的吸水率,已经达到成熟瓷器的标准。

2. 越窑青瓷的釉

作为一种器皿，瓷器上必须带有一层玻璃釉，越窑青瓷的釉是钙釉，以氧化钙作为主要熔剂。由于釉中含有一定量的氧化铁和氧化钛，随着烧成气氛的变化，釉色呈现为灰黄色或青灰色。

3. 烧制越窑青瓷的窑炉

在上虞帐子山窑址发现东汉龙窑（如图 2 所示），全长约 10 米，窑底坡度大，前段为 28 度，后段为 21 度。由于坡度大，对空气的抽力也大，有利于提高烧成温度和瓷器的质量。越窑青瓷能够烧制成功与窑炉的改进有密切关系。

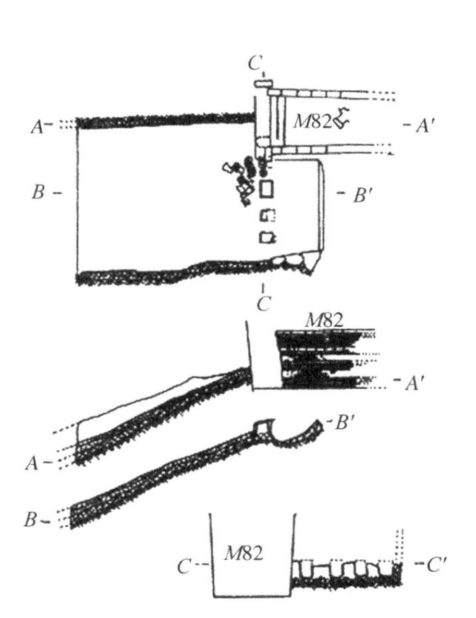

图 2　浙江上虞账子山东汉龙窑

三、南北朝的瓷器

南北朝（420～589）时期烧制青瓷比较普遍。北方出现了白瓷。

1. 南方的青瓷

以浙江、江苏地区的青瓷生产发展最快。例如江苏泰州市海陵区苏

图 3　江苏泰州市海陵区苏北电机厂出土东晋至南朝青釉莲瓣纹盖罐

北电机厂出土的东晋—南朝青釉莲瓣纹盖罐(如图 3 所示),胎呈米灰色,内外满施青黄色釉,釉层较薄,釉面有细密的裂纹,形成小开片,开片又称冰裂纹。

2. 北方的青瓷

河北景县封代墓出土一批青瓷,经过化验,是以北方瓷土烧制而成,例如北朝青瓷莲花尊,釉层厚薄均匀,釉面光泽度良好,这是北方青瓷中的精品。又如陕西西安市独孤藏墓出土的北周青瓷六系盘口瓶,白胎,淡青绿釉未及底部。

3. 北方的白瓷

在北方瓷系中最有划时代意义的是出现了白瓷,因为白瓷是后世创造彩绘瓷(釉下彩、釉上彩、青花、斗彩、五彩、素三彩、粉彩等)的基础和先决条件。白瓷是指在白色瓷胎上施一层无色透明釉,或者在白色化妆土上施一层无色透明釉,早期白瓷多数是化妆土白瓷。例如在河北内丘县邢窑遗址的北朝遗物中发现了白瓷。又如河南安阳市范粹墓出土一批北齐武平六年(575)的白瓷绿彩瓶,胎较细白,釉呈乳白泛青色,只在厚釉处呈现青色,尤其是腹部呈现数道竖条状青色,这是目前所发现年代最早的白瓷。

四、隋唐时代的瓷器

隋唐时代(581～907)我国南方和北方的制瓷原料存在差异:南方盛产氧化铁和氧化钛含量都较高的瓷石,因此出现青釉瓷较早;北方盛产氧化铁和氧化钛含量都较低的高岭土,因此出现白瓷较早。于是形成南青北白的局面,南青以越窑为代表,北白以邢窑为代表。

1. 唐代越窑青瓷

唐代越窑以慈溪县上林湖为中心。晚唐时期越窑青瓷的工艺精良,成为皇家的宝物,称为“秘色瓷”。1987 年在陕西扶风县的唐代法门寺塔地下宫出土了 13 件唐懿宗咸通十五年(874)供奉的秘色瓷,例如秘色葵瓣瓷盘,从器壁至口边呈现五瓣。据明代《余姚县志》记载:“密色瓷初出上林湖,唐宋时置官监窑”,也就是说,“密色瓷”的产地为慈溪县上林湖。“秘色瓷”是青瓷中的精品,“秘色”是指青绿色,是稀少和神秘的色调,要在龙窑中用很强的还原气氛才能把氧化铁和氧化钛含量都相当高的瓷釉烧成青绿色,因此,“秘色瓷”是很难烧制的产品。这件瓷盘内壁和内底的青绿色釉显得更加神秘和美观。

2. 唐代邢窑白瓷

邢窑位于河北临城县与内丘县接壤地带,中心窑场在内丘县城关一带。邢窑从北齐后期开始生产青釉瓷,也有白瓷,隋唐时期白瓷兴盛,成为北方白瓷的代表,宋元时期衰落。

唐代白瓷的烧制技术已经成熟，例如邢窑白瓷的烧成温度达到1 260～1 370摄氏度。河南陕县后川出土的白瓷长颈瓶，陕县刘家渠唐墓出土的白瓷莲瓣座灯，胎质细腻，釉层薄，釉色正白。

3. 唐代巩县窑青花瓷

青花瓷是我国瓷器历史上最有特色的品种。1975 年在江苏扬州唐城遗址出土青花瓷枕碎片一块，同层并出土“开元通宝”铜钱一枚。开元为公元 713 年。此青花瓷片，胎色白，底面灰色，正面白底青花略带蓝色，青色花纹图案作零散的碎叶夹菱形纹。1983 年在扬州唐城遗址又出土青花瓷片 12 块（如图 4 所示）。上述这些青花瓷片是目前所发现年代最早的青花瓷片。河南巩县窑址也发现很多青花瓷片。巩县窑址位于巩县（今巩义市）大黄冶村、小黄冶村等地。根据化学分析，扬州唐城出土的青花瓷片产自巩县窑。青花瓷属于釉下彩瓷器，在坯体上以氧化钴为彩料绘成花纹，再涂上一层透明釉，在1 200摄氏度高温下一次烧成，在器皿的透明釉层下有蓝色花纹，因此称为青花。

图 4　江苏扬州唐城遗址出土青花瓷片

4. 唐代长沙窑釉下彩

长沙窑又称长沙铜官窑，位于湖南长沙市望城县铜官镇，创烧于中唐，盛于晚唐，衰于五代。长沙窑的釉下彩绘瓷有褐、绿两种彩，例如铜官窑址出土的唐代青黄釉褐彩绘兰草瓷盘，褐彩的原料是氧化铁，在高温下不会流散，因此用它来勾线；绿彩的原料是氧化铜，在高温下容易流散，因此用它来填彩。由于彩的上面有玻璃釉层的保护，色彩永远鲜艳。

五、宋代的瓷器

关于宋代的瓷窑，历来有“五大名窑”之说，即汝、钧、官、哥、定，然而实际上还有磁州窑、耀州窑、景德镇窑、建窑和吉州窑等，此外还有西夏灵武窑。各窑的主要成就如下：

1. 宋代定窑瓷器

定窑的中心窑场在河北曲阳县涧磁村及东西燕山村。创烧于唐代，盛于宋代，元代以后衰落。定窑以烧制民间用瓷为主，北宋后期也烧制宫廷或官府用瓷。品种以白瓷为主。例如北宋定窑刻花莲瓣纹钵，定州市出土北宋太宗太平兴国二年(977)白釉“官”字款对蝉花式碟(外底写明“太平兴国二年”)，北宋白釉圆托五足薰炉(熏炉是熏香用具，炉盖上有圆形镂孔即烟孔，熏香时，香气通过烟孔徐徐排出炉外)，北宋黑白釉花瓷轿，定州市慕容陵南出土北宋白釉莲纹长颈瓶和北宋白釉莲纹龙首大净瓶。定窑瓷器胎质细腻，胎色洁白，釉色白中闪黄。

北宋定窑采用覆烧法烧制瓷器，将器物倒置于匣钵内(匣钵是一种窑具，可防止瓷器被烟气污染)，因此底足施满釉，而口部刮掉釉呈现为涩边(涩边无釉可防止口部与匣钵粘连)，俗称芒口，为了弥补芒口的缺陷,在芒口处镶金、银、铜质的边圈,既包住涩边,又起装饰作用,例如北宋定窑刻划云龙纹花口碗,通体施白釉,口部有宋时陶瓷工匠包镶的铜边圈。

2. 宋代磁州窑瓷器

磁州窑位于河北邯郸市磁县境内,中心窑场在观台镇、彭城镇。创烧于北宋初期,直至明清经久不衰。磁州窑系还包括河南的登封窑等。其产品是专供民间的生活用具,以白瓷为主,以白釉黑花最有特色。

磁州窑制胎的原料低劣,含有较多碳素,胎多呈灰色而且粗糙,依靠施加一层化妆土使胎呈现为白色,化妆土是用高岭土淘洗而成的白泥浆。釉为钙碱釉,黑彩或黑釉的着色剂是一种称为"斑花石"的褐铁矿,其中含有少量赤铁矿。烧成温度在 1 160～1 260 摄氏度之间,烧成气氛以氧化焰为主。

磁州窑的装饰工艺有两类:

第一类是白地"铁锈花"工艺。白地"铁锈花"是一种釉下彩。例如北宋磁州窑白地黑花缠枝花卉瓶和白釉黑花梅瓶,装饰程序是:在坯体上先施一层白色化妆土;然后在化妆土层上用"斑花石"颜料绘画(这里是将"斑花石"直接作为颜料);再施一层无色透明釉。在高温下一次烧成。由于"斑花石"的含铁量高低不同,或者由于烧成温度高低不同,呈现为白地黑花或白地褐花。含铁量越高或烧成温度越高,花卉的颜色越深。花卉呈现为阳纹,黑白(或褐白)对比鲜明,图案清晰。

第二类是剔花工艺。装饰程序是:在坯体上先施一层白色化妆土;然后在化妆土层上施一层"斑花石"釉料(这里是将"斑花石"掺在釉料中作为着色剂);再于釉层上刻划出纹饰,进行剔花。由于剔花的地方不同，剔花之后，形成两种花卉图案：一种是白地黑色花卉，例如北宋黑釉雕刻花纹罐，将花纹以外地方即非花纹部分的“斑花石”釉层剔掉，露出白色化妆土层，然后在器表施一层无色透明釉，在高温下一次烧成。黑色花卉呈现为阳纹；另一种是黑地白色花卉，例如北宋登封窑雕刻花卉执壶，将花纹以内地方即花纹部分的“斑花石”釉层剔掉，露出白色化妆土层，然后在器表施一层无色透明釉，在高温下一次烧成。白色花卉呈现为阴纹。这两种花卉虽然阴阳不同，但是花卉与地色之间均为黑白对比鲜明，图案清晰。

此外，磁州窑的珍珠地划花工艺也具有特色。例如北宋登封窑珍珠地双虎纹瓶，在坯体上先刻划双虎纹，再刻划虎周围的青草纹，然后在空白处用管状工具戳印出排列密集的小圆圈纹，就像成串珍珠一样，因此将这种装饰工艺称为珍珠地划花。最后施一层无色透明釉，在高温下一次烧成。

3. 宋代耀州窑瓷器

耀州窑以陕西铜川市黄堡镇为中心窑场，始烧于唐代，宋代大发展，金元时代持续生产。产品以青釉瓷为主，釉呈橄榄色，青中显黄，烧成气氛偏氧化则呈现姜黄色或茶黄色。

耀州窑的装饰工艺有 2 种：一种是刻花工艺。先（直接地）在坯体上刻花，然后施釉。例如宋代耀州窑遗址出土青瓷梅瓶，刻花，青釉呈橄榄色；宋代耀州窑凸花莱菔尊，莱菔就是萝卜，刻花，釉呈姜黄色；另一种是印花工艺。例如北宋耀州窑印菊花碗模，这是制作碗时使用的内模，内模上刻有菊花纹，将内模上的花纹（间接地）压印在碗坯体的内壁称为印花；北宋耀州窑青釉印花水波游鱼纹碗，内壁有压印而成的水波纹和

4尾游鱼，青釉呈橄榄色。

4. 宋代汝窑和汝官窑瓷器

汝窑又称临汝窑，分布在河南临汝县境内，以严和店窑为代表，这是民窑。始烧于北宋中期，直到金代盛烧不衰。河南宝丰县清凉寺窑是一处烧制御用青瓷的“汝官窑”。

汝窑和汝官窑的釉都是一种乳光釉，也称乳浊釉，具有一种不透明感。釉色较深的称为天蓝，较淡的称为天青，更淡的称为月白，其中以天青为贵。汝官窑的特点是：常以开片即冰裂纹作为装饰。例如北宋中晚期汝瓷刻花鹅颈瓶，刻折枝莲花，施天蓝釉，布满开片；北宋晚期汝瓷小口细颈瓶，施天青釉，开片密布；北宋早中期汝瓷月白釉荷口碗；北宋晚期汝瓷天蓝釉加红彩碗；北宋晚期汝瓷天青釉碗；北宋汝窑瓷洗，施天青釉，布满开片。

汝瓷配釉常用钠含量较高的长石，这是熔剂性原料。汝官窑配釉曾经用玛瑙末作为原料，以它代替石英，显得官窑比民窑更高贵。汝瓷天蓝釉料中的氧化铁在1 000摄氏度高温下发生还原反应，釉的青色随着还原气氛的加重和温度的升高而出现，温度越高色泽越深。汝瓷的烧成温度在1 250摄氏度以上。

5. 宋代钧窑瓷器

钧窑位于河南禹县境内，以钧台八卦洞窑烧制的瓷器最有代表性。始烧于唐代，北宋晚期鼎盛，金元时延续烧造。钧窑先在禹县神垕镇一带发展起来，铜红釉烧制成功以后被宫廷看中，北宋晚期徽宗期间(1101～

1125)，在禹县县城北门内的八卦洞建立烧制宫廷用品的官窑。官窑产品除了天蓝、天青、月白釉的青瓷以外，还有紫红色调的铜红釉瓷，在铜红釉瓷当中以“玫瑰紫”、“海棠红”为典型代表。器类有作为宫廷陈设用瓷的花盆、盆奁等，盆奁是花盆的托。例如北宋钧窑玫瑰紫海棠式花盆，从器壁至口沿呈现四瓣，主色调为玫瑰紫色，间有红色，色泽鲜艳。

钧瓷釉是用长石、石灰石、瓷石及石英、草木灰配制而成的钙碱釉，釉内含有铜、铁、锡、磷等氧化物。铜红釉以铜屑作为着色剂。

钧窑的窑炉有圆形的单个窑和长方形的双连窑两种：单个窑也称单室窑，由一个火膛（燃烧室）与一个窑室（烧成室）相连，例如禹县北宋早期的半倒焰马蹄形半倒焰窑（如图 5 所示）；双连窑也称连室窑，由两个火膛（燃烧室）与一个窑室（烧成室）相连，例如禹县北宋晚期的双燃烧室半倒焰窑（如图 6 所示）。这两种窑都是在地里挖成的土质窑，其优点是保温性能好，容易形成还原气氛，而且都以木柴为燃料，火焰长，气氛稳

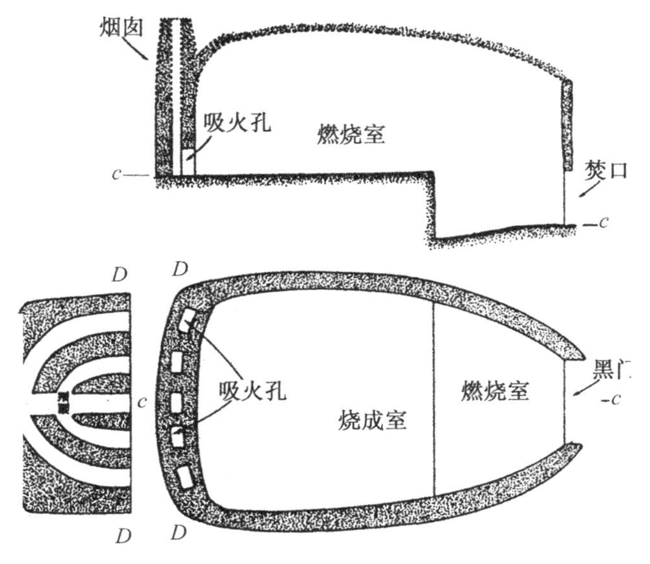

图 5　河南禹县北宋早期的单个窑

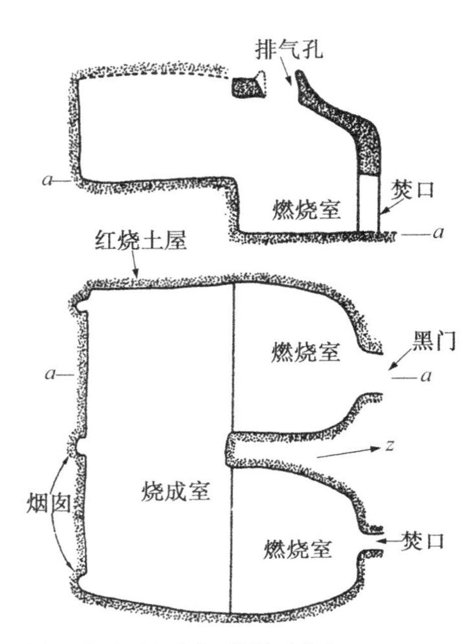

图 6　河南禹县北宋晚期的双连窑

定,没有硫化物的污染。两种窑都采用二次烧成法:第一次为低温素烧,使坯体变成素胎;然后在素胎上多次施釉,釉层厚度可达 3 毫米,第二次为高温釉烧。

钧瓷釉有 3 个特点:第一,钧瓷釉是高温釉,釉烧温度达到 1 300 摄氏度;第二,钧瓷釉是乳光釉,具有一种不透明感;第三,钧瓷釉是窑变釉。所谓窑变就是在窑内釉色发生变异。施釉的器物,入窑时为一色,出窑时变成五彩缤纷,古人用“入窑一色,出窑万彩”,“钧窑无对,窑变无双”,“千钧万变,意境无穷”等诗词来形容钧瓷窑变色彩繁多。

窑变的原因如下:釉料中的铜是对烧成气氛非常敏感的变价金属,一旦窑内气氛发生变化,在瓷釉中铜的存在状态就会立刻发生变化,可能有 3 种存在状态:第一种是离子状态,有两价铜、一价铜,两价铜呈现蓝色,一价铜无色;第二种是铜金属微粒;第三种是铜化合物微粒,例如赤铜矿呈现红色，黑铜矿呈现黑色。因此，窑内气氛稍有变化，就会引起一种或几种颜色消失，同时产生一种或几种不同的颜色。由此可见，在窑内气氛发生变化时，铜就立刻发生变价，这是导致釉色发生变异的根本原因。这种偶然发生在窑内的釉色变异已经为宋代的制瓷工匠所掌握。

这里顺便说一下，现在有些学者认为钧窑陈设用瓷的年代应为元末明初，甚至有些是明代中期产品，可见关于钧窑陈设用瓷的年代问题，学术界看法不一，尚在讨论。

6. 宋代龙泉窑瓷器

龙泉窑位于浙江龙泉县，以大窑、金村两地烧制的瓷器质量最精。始烧于北宋早期，南宋中期以后极盛，明中期以后渐衰。产品以民间生活日用青瓷为主，畅销国内各地，还远销海外。南宋晚期的梅子青釉和粉青釉达到青瓷釉色美的顶峰。

梅子青釉和粉青釉是在石灰釉中掺入草木灰，在高温下黏度大，不易流釉，因此可以多次施釉、施厚釉。采用强还原焰烧成，使釉色青翠透彻如青梅，并且呈现半透明状的玉质感。例如四川遂宁市出土南宋龙泉窑青釉贯耳瓶和鬲式炉（香炉），浙江吴兴县出土南宋龙泉窑双鱼耳青瓷炉，均为梅子青釉，有玉质感。南宋龙泉窑缠枝牡丹纹瓢形瓶，为粉青釉。

龙泉青瓷釉面开片形成冰裂纹，受到污染或人工染色后，呈现“金丝铁线纹”，人们将有“金丝铁线纹”的瓷器称为“哥窑”，例如宋代哥窑鱼耳瓷炉，黄釉，有“金丝铁线纹”。釉面开片的成因是：胎与釉的膨胀系数存在差异，膨胀系数相差较大的，裂纹较密集而形成小开片；膨胀系数相差较小的，裂纹较稀疏而形成大开片，如哥窑鱼耳瓷炉。

7. 宋代官窑瓷器

官窑是由官府直接营建的瓷窑，其产品专供宫廷，以生活用瓷和陈设用瓷为主。目前只在杭州市南郊乌龟山一带发掘出南宋官窑，名为“郊坛官窑”。南宋后期官窑青瓷追求玉质感。采用二次烧成法：先低温素烧坯体，然后在素胎上施三至四道釉，形成厚釉，一般釉层厚在2毫米以上；再经过高温釉烧。官窑青瓷胎中氧化铁含量较高，在还原气氛中，氧化铁变成氧化亚铁，致使口缘釉薄处露出灰色或灰紫色，底部刮釉处露胎，呈现黑褐色或深灰色，从而形成“紫口铁足”的特征。例如南宋官窑贯耳瓷瓶，为“紫口铁足”，釉面形成大开片。

8. 宋代景德镇窑瓷器

景德镇窑位于江西景德镇市东南，以湖田窑规模最大，最有代表性。始烧于唐代，产品畅销国内各地，南宋时还远销海外。以民间日用瓷器为大宗，以青白瓷为主，胎质洁白细腻，釉色介于青色与白色之间，青中闪白，白中泛青，釉质清澈似湖水，光照见影，釉层的透明度和釉面的光泽度都很好，因此后人称之为“影青瓷”。例如四川遂宁市金鱼村出土南宋景德镇窑青白釉刻划缠枝牡丹纹梅瓶，白胎，青白釉，白中泛青，圈足无釉露胎。江苏常州市市区宋井出土南宋景德镇窑影青观音坐像，外衣和坐处施影青釉，有细密的冰裂纹，形成小开片，其余部分无釉露胎。

景德镇市东北45公里处有一座山名为高岭山，山下有一个村名为高岭村。高岭山盛产一种耐高温的黏土，可以作为制瓷原料，村民称之为“高岭土”。

宋代景德镇窑的制瓷原料只有2类:第一类是瓷石。这种岩石主要含石英和绢云母矿物。质地坚硬,用水碓破碎后,经过数次淘洗才能够使用。宋代景德镇窑还没有用高岭土,单独用瓷石作为制胎原料,称为“一元配方”。第二类是釉石和釉灰。釉石是一种未风化或浅风化的瓷石,釉石中的助熔剂——氧化钾和氧化钠含量较高。釉灰是用较纯的石灰石和狼萁草(一种蕨类植物)一起煨烧而成,其主要成分是碳酸钙。白釉是以釉灰加釉石配制而成,以氧化钙作为主要熔剂,因此称为钙釉,又称石灰釉。

景德镇烧制瓷器历来以马尾松柴作为燃料,窑工将这种松柴称为“窑柴”。

9. 宋代建阳水吉窑瓷器

建阳水吉窑简称建窑,位于福建建阳县水吉镇,这是民窑。始烧于唐代,宋初开始大量生产黑釉茶盏,元末停烧。建窑的黑釉黑胎茶盏是名符其实的黑瓷,黑釉上呈现野兔毛状黄色条纹的盏称为兔毫盏。例如宋代建窑出土兔毫盏,内壁和外表都有黄色竖条状兔毫纹,这是结晶釉,底足无釉露胎。宋代建窑褐釉碗,内壁和外表都有黄色点状兔毫纹,由点大致排列成竖向虚线状,也是结晶釉,底足无釉露胎。

建窑产品的胎和釉中氧化铁含量较高。施袖的方法是:内壁荡釉,外表蘸釉称为施半釉或者称为施釉不到底。

建窑兔毫纹的成因如下:建窑釉一般在1 300～1 350摄氏度的还原气氛中烧成。来自原料的三氧化二铁有一部分还原成四氧化三铁而放出氧气,在釉液中留有小气泡。在气泡往釉表面方向冲出的过程中将三氧化二铁微粒带到釉面。当温度达到 1 300 摄氏度以上时，釉层流动致使富含铁质的部分流成条纹，冷却时在流成的条纹中便析出赤铁矿小晶体，这样就形成了黄色的兔毫纹。在制瓷工艺上，将这种在窑内烧制过程中自然地形成的兔毫釉称为“结晶釉”。

10. 宋代吉州窑瓷器

吉州窑位于江西吉安市永和镇。始烧于晚唐，发展于北宋，极盛于南宋，元以后逐渐衰落。这是民间窑场，产品以黑瓷最富特色，代表作是黑、黄两种釉色混合而成、类似玳瑁的釉，此外，还首创木叶纹。黑釉是深色釉的总称，日本人将黑釉称为“天目釉”，黑釉有素黑、褐色等多种釉色，以氧化铁作为主要着色剂。例如宋代吉州窑黑釉斗笠碗和黑釉折肩执壶，釉色均为素黑，前者底足无釉露胎。

在吉州窑的黑釉中，碱金属（钾、钠）和碱土金属（钙、镁）含量较高，氧化铝和氧化铁含量较低，因此不易析晶（在烧制过程中不易自然地析出赤铁矿小晶体），也就是说，不易在窑内形成结晶釉，由此可见，吉州窑黑釉明显地不同于建窑黑釉，可以说二者有质的区别。在这种情况下，吉州窑的制瓷工匠只好采用二次施釉工艺：第一次，先施一层黑釉；第二次，在黑釉之上以洒釉、喷釉、剪纸贴花等方法施以白色或黄色釉料。烧制以后形成斑点釉、玳瑁釉、兔毫釉等，这些釉都是制瓷工匠人为操作所致。

洒釉是将浓淡不同的乳白釉洒落在黑釉上，烧制以后形成乳白色斑点。例如宋代吉州窑黑地洒釉碗内壁散布着大小不一的乳白釉斑点；青黄地洒釉蝌蚪纹碗，内壁的乳白釉蝌蚪纹分为 4 片，每片都是蝌蚪的头朝右下方，尾朝左上方，4 片之间有交错现象，应是 4 片分别洒釉而成，蝌蚪朝向不同是洒釉时釉滴流淌的方向不一所致。外表的乳白釉滴没有流淌现象,不是蝌蚪纹。宋代黑釉玳瑁纹碗是在黑釉上洒一些黄色釉料,以黑地黄斑两种色调模仿玳瑁壳斑纹,黄斑多呈大块状,有些连成片状。玳瑁是产于热带、亚热带海中的爬行动物,形状像龟,甲壳呈现黄褐色,有黑斑。现在海口市动物园有玳瑁展出。

剪纸加喷釉是将剪纸贴在黑釉上挡住喷釉,烧制以后,贴剪纸处没有白釉或黄棕色釉,形成黑色花纹。例如宋代吉州窑兔毫地剪纸菱花纹碗,在内壁黑釉上先贴3张剪纸排列成“品”字形,然后喷黄棕色釉,烧制后贴剪纸处形成3朵黑色菱花纹,剪纸以外形成黄棕色放射状兔毫纹。外表洒釉,形成一些黄棕色斑点。需要强调指出的是,吉州窑这种兔毫纹是喷釉所致,不同于建窑(在窑内烧制过程中自然地形成)的结晶釉。假如这种兔毫纹是结晶釉,那么内壁贴剪纸处及外表也会形成结晶釉。

木叶装饰是吉州窑独创的施釉技法,自南宋开始,木叶黑盏成为珍贵的黑釉新品种。施釉技法是:将木叶发酵腐败,使木叶上仅存叶脉,用它蘸白釉或透明黄釉,再甩掉叶脉网眼中多余的釉,然后贴在黑釉上,经过高温烧制,形成黑釉木叶纹。例如宋代吉州窑黑釉木叶纹碗,内壁有一张木叶纹,木叶的形状和叶脉痕迹都清晰可见,木叶的叶脉上有透明黄釉。

11. 西夏灵武窑瓷器

西夏(1038～1227)是党项族在西北建立的地方政权,先后与宋(960～1279)、辽、金并存。灵武窑位于宁夏灵武县磁窑堡。白釉用石灰石和黏土配制而成;黑釉用当地一种黑釉土制成,着色剂为氧化铁。采用氧化焰烧制,烧成温度为1 260摄氏度左右。白釉多为白里泛黄。

灵武窑多数器物采用剔花装饰，程序是：在坯体上先施一层白色化妆土；再施一层黑釉或褐釉；然后刻划花卉图案，将花卉以外的黑釉或褐釉剔掉，露出白色化妆土，使黑釉或褐釉花卉呈现为阳纹。例如西夏褐釉剔花瓷扁壶，一面中央有黑釉大圆圈纹，在大圆圈左右两边，各有一枝黑釉折枝牡丹花呈现为阳纹。灵武窑址出土西夏剔刻花经瓶，黑釉，腹部剔刻开光折枝牡丹纹，开光也就是窗户，在窗户内有一枝黑釉折枝牡丹纹。西夏酱釉剔刻牡丹纹卷口瓶，腹部有两组开光，正面、背面各有一组，每组内有一朵酱釉牡丹花，开光之外刻酱釉波浪纹。

六、元明清时代的瓷器

元明清时代(1271～1911)，江西景德镇窑集全国各窑制瓷技术之大成，以生产颜色釉瓷和彩绘瓷著称于世。元朝在景德镇设立瓷局，使白瓷工艺水平明显提高；明朝在景德镇珠山设立瓷厂，称为"官窑"，烧制宫廷用瓷，从此景德镇成为中国乃至世界瓷器生产的中心。从明成祖朱棣永乐年间(1403～1424)开始，官窑生产的瓷器上都有当时皇帝的年号款识；清朝在景德镇设立御器厂，生产宫廷用瓷，康熙、雍正、乾隆三朝制瓷技术达到顶峰，以后逐渐走下坡路。前面说过，在宋代，景德镇窑的瓷器，制胎的原料采用"一元配方"，还没有用高岭土，单独用瓷石。从元明时代开始，景德镇窑的瓷器，制胎的原料采用"二元配方"：元明时代以瓷石为主，掺入少量高岭土，烧成温度为 1 250 摄氏度左右；清代掺入较多高岭土，烧成温度为 1 300 摄氏度左右。与"一元配方"相比，"二元配方"的优点如下：从化学组成上看，氧化硅含量逐渐减少，氧化铝含量逐渐增加；从胎的显微结构上看，石英含量逐渐减少，铝、硅在高温下生成的结晶体—莫来石逐渐增加，莫来石在胎中起骨架作用。结果使景德镇窑的瓷胎逐步接近现代硬质瓷器的标准。元明时代，在景德镇窑白釉瓷的釉中，所含的氧化钾、氧化钠已经和氧化钙共同起助熔剂作用，称为钙碱釉，有时甚至氧化钾、氧化钠超过氧化钙的作用，称为碱钙釉。

现将元明清时代各类瓷器的主要成就介绍如下：

1. 白釉黑花或褐花瓷器

在白色化妆土上用含铁矿物作为颜料进行绘彩，再施透明釉，经过烧制成为黑花或褐花釉下彩瓷器。例如辽宁绥中县三道岗海域元代沉船附近发现磁州窑白釉黑花婴戏图瓷罐和磁州窑白地铁绘龙凤凰纹壶。又如元代磁州窑白釉褐彩花卉纹玉壶春瓶。

2. 青花瓷器

也是釉下彩的一种，在坯体上先用“青钴料”即钴土矿绘出花纹，再施透明釉，在 1 350 摄氏度高温下一次烧成瓷器，因为钴料呈现青色，所以称为青花。钴土矿有国产、进口之分。云南产的钴土矿称为“珠明料”，由氧化锰、氧化钴及其他矿物组成。进口的钴土矿来自西域，叫做“苏麻离青”、“回青料”。

元代的青花瓷器，例如河北保定市永华南路出土青花海水龙纹八棱带盖梅瓶和青花狮球纹八棱玉壶春瓶、青花双龙纹扁壶。

明代的青花瓷器，例如青花缠枝花卉纹盘，是永乐时期的精品。青花束莲纹盘，是宣德时期景德镇官窑的产品。宣德青花海水云龙瓷扁瓶，嘉靖青花凤穿莲纹盘，其青花用西域“回青料”。嘉靖青花双龙寿字纹盖罐，为明代大型青花瓷器佳品。隆庆青花云龙纹缸，青花也是用西域“回青料”。青花人物纹笔筒，为明末崇祯时期代表作。

清代的青花瓷器，大量烧制，主要用浙江产的钴土矿。例如康熙青花前赤壁赋碗，书写北宋苏轼《前赤壁赋》全文。

3. 釉里红瓷器

釉里红是釉下呈现红色花纹的瓷器，始烧于元代景德镇窑。釉里红的着色彩料是用“铜花”加工而成的，“铜花”是红铜加热氧化时脱落下来的表面层即铜屑，薄而脆。加工的方法是：先将“铜花”研磨成粉末状；再加水研磨成浆状，成为铜红彩料。在坯体上先用铜红彩绘出纹饰，再施透明釉，在 1 350 摄氏度的还原气氛中一次烧成。铜红彩对气氛非常敏感，只有在较强的还原气氛中才能烧制成纯正的鲜红色，因此产量很低，传世品很少，例如元代釉里红缠枝菊瓷玉壶春瓶，明代釉里红缠枝莲纹盘，清代乾隆釉里红福寿纹葫芦瓶。

4. 斗彩瓷器

斗彩是釉下青花和釉上彩相结合的一种彩瓷，以青花为主色，这是明清时代景德镇御器厂烧制的名贵彩瓷品种，以明代成化年间的产品最佳。其工艺做法是：在已经烧制过的青花瓷器上，先用含铁红、铜的彩料绘出图案；然后在氧化气氛中低温二次烧成。铁红又称矾红，是以“青矾”为原料，经过煅烧、漂洗而成，其着色剂是氧化铁。绘彩时需要配以适量的铅粉和胶。斗彩瓷器例如清代雍正斗彩海水江山团花天球瓶、雍正斗彩花卉纹盘。

5. 五彩瓷器

五彩是多彩的意思,但是并非五彩俱全,实际上凡是有红彩等三色以上的彩瓷,虽然不够五色,也叫五彩。其工艺做法是:在已经烧制过的瓷器上先用红彩、绿彩、黄彩、蓝彩、紫彩等绘出完整的画面;然后在氧化气氛中低温二次烧成,烧成温度为 800 摄氏度左右。

五彩瓷器可分 2 类:一类是青花五彩,在已经烧制过的釉下青花瓷器上绘花纹,再经过低温二次烧成,例如明代嘉靖五彩鱼藻瓷盖罐;另一类是釉上五彩,在已经烧制过的白釉瓷器上绘花纹,再经过低温二次烧成,例如清代五彩人物棒捶瓶,康熙五彩花鸟纹盘,后一件周边有 4 个小开光,分别写篆体“万”、“寿”、“无”、“疆”4 个字,盘外表绘 5 只蝙蝠,寓意“洪福齐天”。清代白地五彩龙纹盘,是五彩瓷器中的精品。

6. 素三彩瓷器

在中国古代,婚嫁、祝寿等喜庆称为荤事,一般用红色;丧葬等称为素事,不得用红色。因此,把有三色以上、没有红色的瓷器称为素三彩。例如清代素三彩海水龙纹笔筒,只用白、绿、黄三色,是康熙素三彩中的佳品。

7. 粉彩瓷器

清代康熙晚期利用进口彩料创烧了粉彩瓷器,至雍正时期粉彩瓷器日趋成熟,后来取代了五彩瓷器的地位,成为清代釉上彩的主流。粉彩瓷器因釉料中有含砷(砒霜)的白色彩料——"玻璃白"而得名。在经过高温烧成的瓷器上,先用粉彩绘画;再进行750摄氏度左右的低温二次烧成。由于氧化砷起乳浊作用,对各种彩色进行粉化,使红彩变成粉红色,绿彩变成淡绿色,蓝彩变成浅蓝色,还使每一种颜色都有丰富的层次。粉彩二次烧成的温度比五彩更低,色彩比五彩更柔和,因此有"软彩"之称。经过烧制后,釉料中的氧化砷已经基本挥发,因而其毒性基本消失,对人的身体健康影响不大。粉彩瓷器例如乾隆粉彩百鹿尊,各种颜色都有丰富的层次。又如雍正粉彩花蝶纹盘,是粉彩瓷器中的上乘之作;雍正粉彩仕女戏婴纹盘,为粉彩的代表作;雍正粉彩过枝桃纹盘,为官窑粉彩瓷器中的精品,从器外延伸到器内的画面称为过枝画;乾隆粉彩菊花纹灯笼尊,为粉彩瓷器中的佳作;乾隆粉彩百花纹委角花盆,代表了粉彩的工艺水平,委角是委婉的角。

瓷器是中国古代的伟大发明之一,然而有关制瓷技术的历史文献屈指可数。最早的一篇是蒋祈所写的《陶记》,写作于南宋(1127～1279),后来收录于康熙二十一年(1682)刊印的《浮梁县志》中。还有明崇祯十年(1637)宋应星所著的《天工开物》。这些著作都记述了景德镇的制瓷工艺,后来都译成外文介绍到了西方。15、16世纪中国的制瓷工人和技师还到国外烧制瓷器,于是景德镇的制瓷技术也传到了国外。

七、结语

中国古代陶瓷技术的主要成就可以概括为以下2方面:

1. 中国古代陶瓷技术史上的五个里程碑

(1) 旧石器时代末期人类发明了陶器,这是人工制造的自然界不存在的第一种物质,陶器的发明使人类的生活、生产发生了重大变化。

(2) 夏代出现了印纹硬陶,商代出现了原始瓷,从此制陶技术向制瓷技术过渡。

(3) 东汉出现了成熟瓷器——越窑青瓷,从此进入了制瓷时代。

(4) 北齐出现了白瓷,唐代白瓷烧制技术已经成熟,形成了"南青北白"的局面,白瓷是后世创造彩绘瓷的基础和先决条件。

(5) 宋代至清代颜色釉瓷、彩绘瓷取得了辉煌成就:颜色釉瓷例如宋代钧窑的铜红釉,建窑、吉州窑、西夏灵武窑的黑釉,明代以后的红釉(包括霁红、宝石红、珊瑚红)、黄釉、绿釉;彩绘瓷例如元明清的白釉黑花或褐花、青花、釉里红、斗彩、五彩、素三彩、粉彩等。

2. 中国古代陶瓷技术的四大突破

(1) 制胎原料选择上的突破。以往制作陶器主要以普通易熔黏土为原料,因此限制了烧成温度的提高。从原始瓷开始,采用耐高温的原料,商周原始瓷以瓷土为原料。宋代北方瓷窑以高岭土为原料,南方瓷窑以瓷石为原料,称为"一元配方"。元明清景德镇窑以瓷石加高岭土为原料,称为"二元配方",由于采用二元配方,使瓷胎逐步接近现代硬质瓷器的标准。

(2) 坯体成型方法上的突破。这项突破表现在轮制法和模制法两方面:一方面是新石器时代晚期的最后阶段出现了快轮制陶,铜石并用时代晚期呈现出快轮制陶技术的第一次高潮，汉代呈现出快轮制陶技术的第二次高潮；另一方面是铜石并用时代早期出现了内模制法，战国出现了外模制法，汉代外模制法达到了部件标准化的程度。由于轮制法和模制法的采用，迅速地提高了制陶手工业的劳动生产率。

(3) 窑炉建造和烧成温度上的突破。窑炉建造上的突破是从商代出现半倒焰窑与平窑焰开始的，周代至汉代这两种窑都有改进和发展。烧成温度上的突破是从商周原始瓷开始的，达到 1 100 至 1 200 摄氏度；东汉越窑青瓷达到 1 310 摄氏度，成为成熟瓷器；唐代邢窑白瓷达到 1 260至 1 370 摄氏度。随着烧成温度的提高，瓷器的硬度、机械强度和致密度也相应提高。

(4) 釉的形成和发展上的突破。这项突破表现在高温釉与低温釉两方面，一方面商周原始瓷上出现了高温钙釉；另一方面西汉出现了低温铅釉。陶瓷工匠在釉中加入各种金属氧化物着色剂，形成颜色釉瓷；还在釉下或釉上用各种金属矿物颜料进行绘画，形成彩绘瓷。

（张善涛）

关增建
白　欣

指南针的发明与演进

指南针是中国古代一项重要发明，它源于古人对方向问题的重视。它由于机缘凑巧被发明出来以后，即被古代中国人用于军事、航海，也被用于占卜术，后来还辗转传入欧洲，在欧洲的航海大发现中，发挥了不可替代的重要作用，这是举世公认的历史事实。正是由于这个因素，指南针被誉为中国古代四大发明之一。作为指南针的一种形制，罗盘还是各种现代仪表的祖先，也是电磁研究中最古老的仪器；在航海技术发明中，指南针是最重要的单项发明。在发明指南针之后，中国人还对指南针理论做了自己的探究。明末清初西方科学也对中国指南针理论发展产生了影响。虽然世界公认指南针发明于古代中国，但对指南针被发明过程的细节，被发明出来的时间，学术界还有许多争议。本篇对指南针发明和演进过程稍做梳理，希望对帮助广大读者了解这一问题能够有所裨益。

一、磁石指极性的发现

在古代社会，指南针最初是用天然磁石制成的。由此，要发明指南针，首先需要认识磁石，认识与磁石相关的磁现象，特别要认识到磁石的指极性。中国古人很早就知道了磁石。在很长时间内，中国人是把磁石叫做“慈石”的，意为“慈爱之石”。后来“慈”才转成“磁”字，表示是一种特别的矿石。还有称磁石为“玄石”的，“玄”为“神奇”之意，但“玄石”之名并不常用。

对于磁石，人们最初是从其能够吸铁的角度认识它的。“慈石”的名称，就意味着它具有像慈母吸引孩子一样吸铁的本领。而早期关于磁石的传说，也基本都是关于磁石吸铁的。如据说在秦朝长安的皇宫中，有用磁石特制的门，能够使身带铁刃的刺客被磁石吸住。古人著作中多有记载对磁石吸铁现象的观察和解释的，如战国时期成书的《吕氏春秋》就提到了磁的吸引作用。西汉时期成书的《淮南子》则对磁石吸铁现象做了扩展探讨："若以慈石之能连铁也，而求其引瓦，则难矣"①；以及"慈石能引铁，及其于铜，则不行也"②。该书的作者在另一处又提到，在小块磁石上方悬挂一块铁，磁石能被铁吸引上去。

古人不但观察到磁石吸铁现象，还对其原因进行探讨。东汉王充在《论衡》中，就提到"顿牟掇芥，慈石引针"③，将它们看作"同气相应"的现象。这说明磁石、玳瑁(即"顿牟")和琥珀等物体能与某些物体"相互作用"。王充认为，这些现象的存在能证明"感应"(一种超距作用的想法)是合理的。

古人能够发现磁石的吸铁性，这是容易理解的。磁石有 2 个不同的极，也容易发现，只要拿 2 块磁石，把玩得时间长了，总能发现磁石具有 2 个不同的极这一现象。但古人是如何发现了磁石的指极性的，我们就不得而知了。要知道，在发明指南针的时代，中国人连地球观念都没有，他们如何能够发现磁石的两极和地理的南极北极有对应关系？但古人确实发现了磁石具有指向性这一特异性质。我们现在能做的，只能是通过对古籍的搜索，大致了解古人是在什么时代发现了磁石的这一特性，从而制成了最初的磁性指向器的。

磁性指向器的最早形制是司南。早在先秦，就有了关于"司南"的记载。最早记载司南的文献是《鬼谷子》，其中写道：

---

① 《淮南子 · 览冥训》。
② 《淮南子 · 说山训》。
③ 王充：《论衡 · 乱龙篇》。

郑人之取玉也，必载司南之车，为其不惑也。夫度才量能揣情者，亦事之司南也。[1]

关于《鬼谷子》的这段记载，机械专家和古代科技史家王振铎对之有过探究。他认为，此处的“车”字有独特的意义。他指出，该书在传抄或编辑时，传抄者不懂得堪舆术，但（只）听说过指南车，所以一说到司南，就认定“司南”就指的是指南车。作者在引述时，他可能并没有“车”的形象，且对“载”字的使用就较为随意，其实，“载……车”的句式是不通的。由此可见，《鬼谷子》中的这段文字，其含义是，“把司南放在车上”，而不是“利用司南来指向的车”，即不是指南车。像这样能被车子拉着，到处移动，判定方向的器物，在当时的技术条件下，只能是用磁石做成的指向装置。所以，如果《鬼谷子》此条记载可信，则中国人早在先秦时期，就已经发现了磁石的指极性。

关于《韩非子》中司南的片段，韩非写道：“夫人臣侵其主也，如地形焉，即渐以往，使人主失端，东西易面而不自知。故先王立司南，以端朝夕。”[2]这句话中因为用了“立”字，而磁性指向器在使用过程中是不需要“立”的，故韩非此言也可能指的是用立竿测影方式来测定方位。另一方面，在古代文献中，司南也可以是指南车，所以，司南不是磁性指向器的专有名称。这是需要特别加以说明的。

在提到司南的各种文献中，东汉王充的一段话值得特别注意：

司南之杓，投之于地，其柢指南。[3]

---

① 《鬼谷子·谋篇》。
② 韩非：《韩非子·有度》。
③ 王充：《论衡·是应篇》。

杓，是指勺子。司南这样的勺子，投到地上，它的柄就会指南。具备这种性能的司南，只能是磁性指向器。

但是，把磁石打磨成勺子的形状，放到地上，它真的会自动指南吗？答案是否定的，因为地面的摩擦力太大了。实际上，这里的“地”不是指大地，而是指古代栻盘的地盘。栻盘是秦汉时期人们发明一种器物，可用于游戏、占卜等。栻盘是由上下两盘组成的，即方形的“地盘”（象征地）和圆形的“天盘”（象征天）。“天盘”可环绕中心枢轴旋转，在它的四周刻有 24 个方位，中心刻有象征北斗七星的标志。在“地盘”中的一个内环上也刻有 24 个方位。从这些话可以看出来，当时人们把天然磁石打磨成勺形的司南，使用时将其放在地盘上，待旋转的司南稳定后，它的长柄（“柢”）就会指南。

在汉墓中曾出土有（两个）栻盘的残片，它是用木板刻成的，并漆上了大漆。其中的一个天盘上标有日期，说明该盘随主人入土时间不早于公元 69 年。这正与王充提到司南勺的时代相同。墓中还有勺子，这些勺子虽非用磁石制成的，但勺子平衡放置且勺底向下时，很容易让其旋转。王振铎曾依据这些记载，成功地复原了汉代的司南（参见图 1）。

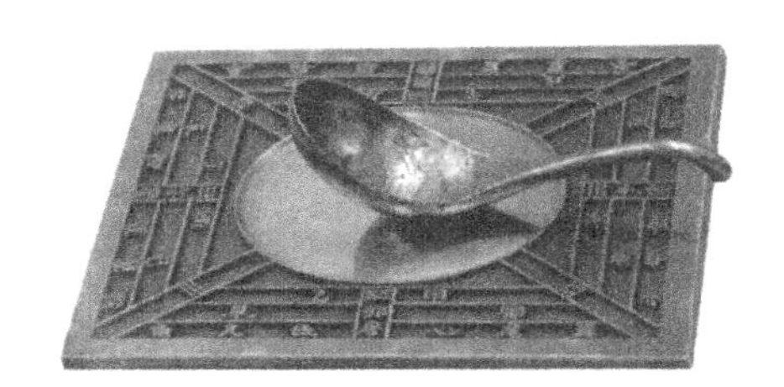

图 1　王振铎复原的汉代司南模型

除了王充的记载，在唐代，韦肇也写有《瓢赋》。在这篇赋中，他写到，一个人将这样的勺形物放在平台上旋转，它就会指示出正南的方向（“充玩好，则校司南以为可”）。这说明，当时的人们已经使用那种用磁石制作的司南了。

王充记载的司南，迄今并无实物出土，但在汉代一些画像石上，有疑似勺形司南的画面（见图 2），这也从一个侧面证实了王充记载的可信度。

图 2　藏于苏黎世里特堡博物馆的汉代石浮雕
画面主体是魔术师和杂技演员在表演，上面一行人是贵族观众，右上角的小方台上放着一个疑似司南的长柄匙（见画面外小插图），一个跪着的人在观察它。本图引自李约瑟《中国科学技术史 · 物理学卷》。

由于此时尚无磁化技术，司南勺不可能是磁化的铁勺，只能是用磁石制成的司南勺。这样的勺子虽能克服阻力在地盘上旋转（如图 1 所示的模型），但也需要一定的条件，最好是在青铜地盘上旋转，在硬木地盘上却效果很差。而且，即使是青铜地盘，司南的勺底与地盘的摩擦也会使其指向的精度受到较大程度的影响，因此，这种磁性指向器的使用受到了很大的限制。要得到适用的磁制司南，必须对之加以改进。

二、新型磁化材料的寻找及磁偏角的发现

要改善司南的指向效果，首先需要改进磁化材料。古人一开始是从寻找具有更强磁性的磁石着手的。为了确定磁石质量，5 世纪，中国人在测量磁石磁性的强弱时，开始用定量方式描述。在《雷公炮炙》（药剂专书）中，有这样的内容：

一斤磁石，四面只吸铁一斤者，此名延年沙；四面只吸铁八两者，号曰续采石；四面只吸铁五两以下者，号曰慈石。

显然，古人已经意识到，不同的磁石吸铁效果也不同。吸铁效果强的，做成司南，指南效果也会好一些。探索的结果，古人找到了这种用称量其吸铁重量的方式来估测磁石磁性的方法。这对司南的制作，无疑有一定的参考价值。

但是，即使用磁性很强的磁石打磨成勺形司南，其指向效果也是难以保证的。而且，这种形状的司南，很容易因震动等因素而失磁。一旦失磁，在古代的条件下，人们是没办法为其充磁的。为此，寻找新的磁化材料势在必行。

北宋时期，宰相曾公亮领衔编撰了一部兵书《武经总要》，其中提到了一种叫做“指南鱼”的装置，该装置明确提到一种对铁进行磁化的方法：

若遇天景曀霾，夜色暝黑，又不能辨方向，则当纵老马前行，令识道路，或出指南车或指南鱼以辨所向。指南车法世不传，鱼法以薄铁叶剪裁，长二寸，阔五分，首尾锐如鱼形，置炭火中烧之，候通赤，以铁钤钤鱼首出火，以尾正对子位，蘸水盆中，没尾数分则止，以密器收之。用时，置水碗于无风处，平放鱼在水面令浮，其首常南向午也。①

《武经总要》这段记载，含有丰富的科学内涵。从现代科学知识的角度来看，铁皮对外不显磁性，是因为其内部所包含的小磁畴的排列杂乱无章，所以整体对外无法显示出磁性。当铁皮放在火中加热，温度达到

① 曾公亮：《武经总要》(前集，卷十五)。

居里点(600～700 摄氏度)时,其所含的小磁畴瓦解,铁皮变成顺磁体。当铁皮在这种情况下急剧冷却时,小磁畴会重新生成,并在地磁场的作用下,沿地磁场方向排列并固定下来。这时,铁皮整体对外就有了磁性。所以,曾公亮的这段记载,实际上是利用地磁场对铁皮进行磁化,这是历史上人类寻找新的磁化材料的一个重大突破。考虑到这个时代的中国人连地球形状都还不甚了了,对地磁场更是一无所知,他们能做出这样的发明,确实是让人有匪夷所思的感觉。

虽然《武经总要》记载的指南鱼的制作富含科学原理,但用这种方法制作的指南鱼,其磁性是相当弱的,而且,圆形的鱼首,使其指向精度也受到很大限制。在这方面,它与勺形司南有同样的缺陷。

真正具有实用价值的磁化方法,是与曾公亮同时代的沈括在其《梦溪笔谈》中记载的。他写道:

> 方家以磁石磨针锋,则能指南,然常微偏东,不全南也。[①]

这种方法,使用简便,磁化效果好,而且用针指示向,指向精度可以得到保证。从这时起,司南真正变成了指南针。而用针来指向的做法,也被后人继承下来并发扬光大,直到今天,除了数字化的仪表盘,各类仪表还是用指针来指示测量结果的。

因为指针指向精度高,人们在指南针被发明出来以后,立刻就发现它指的方向有时并非正南,这就导致了磁偏角的发现。沈括在记载了"用磁石磨针锋"的磁化方法后,接着就描述道"然常微偏东,不全南也",他所描述的就是磁偏角。

---

① 沈括:《梦溪笔谈》(卷二十四,杂志一)。

实际上，比沈括稍早些的杨维德在撰于庆历元年(1041)的《茔原总录》中，已经记载了指南针以及磁偏角的存在。他写道：

> 匡四正以无差，当取丙午针。于其正处，中而格之，取方直之正也。①

这里说的“针”指的就是磁针，而所谓“丙午针”，则是说磁针在静止时，指的方位是二十四支方位中丙位和午位的结合部，也就是相当于现在所说的南偏东 7.5°。这与沈括所说的“微偏东”意思是一致的，而杨维德的说法比沈括时间上更早，在对磁偏角的描述上也更精确。

前段时间，又有学者指出，对磁偏角的认识，至迟不晚于唐代黄巢起义时期。当时唐朝宫廷大乱，钦天监有一监官叫杨筠松，流落在民间，他首先提出磁针所指的子午线与臬影所测不一致。这一发现比《梦溪笔谈》要早 200 年。② 但由于杨筠松的身世夹杂着许多传说成分，这些传说又多出于堪舆家言，令人难以遽信，故此杨筠松发明磁针发现磁偏角之说，姑且可作为一说备案。

稍晚于沈括的寇宗奭在其所著《本草衍义》也提到：

> 磁石……磨针锋则能指南，然常偏东，不全南也。其法取新纩中独缕，以半芥子许蜡缀于针腰，无风处垂之，则针常指南。以针横贯灯心，浮水上，亦指南。然常偏丙位。盖丙为大火，庚辛金受其制，故如是。物理相感尔。③

---

① 杨维德：《茔原总录》(卷一)。
② 王立兴：“方位制度考”。《中国天文学史文集》(第五集)，科学出版社，1989 年。
③ 寇宗奭：《本草衍义》(卷五)。

对寇宗奭的这段话，英国科学史家李约瑟博士明确指出："初看起来，这一段好像只是重复了沈括30年前所说的话，但实际上增加了两点。寇宗奭给出了人们久已期望的关于水罗盘的已知最早的描述，它具有欧洲所有最古老的(但较晚的)记载所述的特点。其次，他不仅给出磁偏角的相当精确的度量，而且还试图对它加以解释。"①

这段话讲到指南针的人工磁化方法，讲到磁偏角的发现，还讲到指南针的架设方法。

磁偏角随时间的变化，在中国人对堪舆罗盘的设计中被体现了出来。它们分布在同心圆上，并一直被保存至今。在沈括和寇宗奭的记载和论述中，他们对磁石的指向性有常识性的描述，也有对磁偏角现象的描述。关于磁偏角的文献，19世纪下半叶，来华人士和汉学家伟烈亚力把首次观察到磁偏角的荣誉归于僧一行，他认为是一行于720年发现的。遗憾的是，他所引用的文献未被找到。然而还有两篇文献提到磁针指向偏东。一篇是成书于晚唐时期的《管氏地理指蒙》，在该篇文献中我们可以读到：

> 磁者母之道，针者铁之戕。母子之性，以是感，以是通；受戕之性，以是复，以是完。体轻而径，所指必端。应一气之所召，土曷中而方曷偏？较轩辕之纪，尚在星虚丁癸之躔，……

透过这段话，可以看到，它记述的磁偏角约为南偏东15°左右。另一篇早期文献中提到磁偏的是《九天玄女青囊海角经》，这部书的成书时间约在10世纪下半叶。

① 李约瑟著，陆学善等译：《中国科学技术史》(第四卷，第一分册)，科学出版社，2003年，第235页。

与沈括大致同时代的王伋，也提到过磁偏角。在王伋的一首诗中，他写道："虚危之间针路明，南三张度上三乘"[①]。这里的第一句所提到的显然是天文的南北向，但通过观察地磁罗盘会发现，南方星宿"张"的范围是如此之广，以至于两个磁偏角及天文的正南这三个"南方"方位均包含在其内。所以，他对磁偏角的涉及，具体数值还有待推敲。王伋是福建堪舆学派的创立者，他的主要著作问世于 1030 到 1050 年之间。

宋代曾三异在 1189 年写的《因话录》提到，在地球表面上一定有某个区域，在那里磁偏角为零。曾三异的观点很有见地，事实上也确实存在着零磁偏角线。即使如此，他的话也仅仅是一种天才的猜测，在对磁偏角的理论解说上对后人没有多大助益。

我们知道，磁偏角随时间而缓慢变化的规律只是到了 18 世纪才被人们明确掌握。现在已经清楚，在 16 世纪，明代人已经得出了在不同的地点磁偏角的大小也不同的认识。然而，直到 18 世纪，才有关于磁偏角的大小也随时间的变化而变化的明确记载。

三、指南针架设方法与罗盘

古人在发明了"以磁石磨针锋"的人工磁化方法，制造出指南针以后，接下去首当其冲的问题就是如何将其架设起来。沈括在记述了上述方法后，接着就尝试了几种不同的安装方法：

> 水浮多荡摇。指爪及碗唇上皆可为之，运转尤速，但坚滑易坠，

---

① 吴望岗：《罗经解》引。

不若缕悬为最善。其法取新纩中独茧缕，以芥子许蜡，缀于针腰，无风处悬之，则针常指南。

这就是有名的沈括四法(见图 3)。在这四种方法中，水浮法在曾公亮的指南鱼那里已经有过尝试。《武经总要》记载的指南鱼是“平放水面令浮”，这一定是制作者让鱼形的铁叶中间微凹，用这样的结构使铁鱼像小船一样漂浮在水面上。但即使如此，也难逃沈括所说的“水浮多荡摇”的缺陷。沈括最为满意的是第四种缕悬法，但即使这种方法，也不具备实用价值，它与“水浮法”一样，存在着很大程度的不稳定。人们需要探讨指南针新的架设方法。

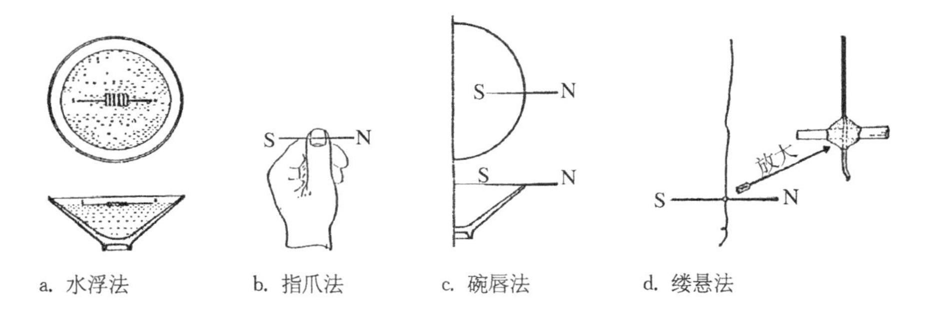

a. 水浮法　b. 指爪法　c. 碗唇法　d. 缕悬法

图 3　沈括尝试的四种安装指南针的方法

到了南宋，指南针的架设问题有了新的进展。南宋陈元靓在《事林广记》(成书于 1100～1250 年间)中记述了 2 种指南针：

以木刻鱼子，如拇指大，开腹一窍，陷好磁石一块子，却以蜡填满，用针一半金从鱼子口中钩入，令没放水中，自然指南。以手拨转，又复如此。

以木刻龟子一个，一如前法制造，但于尾边敲针入去，用小板子，上安以竹钉子，如箸尾大，龟腹下微陷一穴，安钉子上，拨转常指北。

须是钉尾后。①

引文记载的 2 种装置，是后世被称之为“水针(水罗盘)”和“旱针(旱罗盘)”的先驱(图 4 是其复原图)。水罗盘(也叫浮针罗盘)是从《武经总要》的指南鱼发展过来的，这里的鱼因为是木刻的，自然不怕水面荡摇，所以它是一种比较成熟的结构。在此后的中国，水针一直比较流行。不过人们用在磁针上穿小木条的办法，取代了木头刻的鱼，使之更实用了。

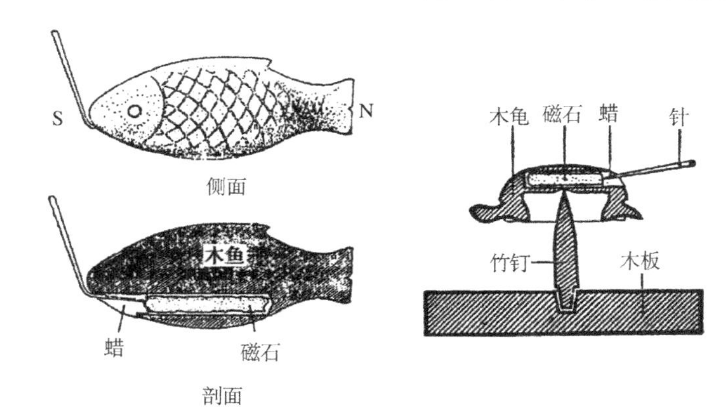

图 4 《事林广记》描述的指南鱼和指南龟

《事林广记》记载的“指南龟”，则是后世旱罗盘的先驱。它因为采用了竹钉支承，摩擦力小，旋转灵活，因而也受到人们欢迎。后来人们将其发展成了枢轴支承式，这就成了使用简便的旱罗盘。1985 年 5 月，在江西临川县温泉乡朱济南墓中出土了一件题名“张仙人”的俑，高 22.2 厘米，手捧罗盘。如图 5 所示，此罗盘模型磁针装置方法与宋代水浮针不同，其菱形针的中央

图 5 出土的手持旱罗盘的南宋瓷俑

① 陈元靓:“神仙幻术”,《事林广记》(卷十)。

有一明显的圆孔，形象地表现出采用轴支承的结构。墓的下葬时间为南宋庆元四年(1198)。可见在旱罗盘问世不久，中国人已经将其发展成枢轴支承式的了。

旱罗盘后来经阿拉伯传入欧洲，在欧洲发展成熟起来。哥伦布等人远洋航行，使用的就是旱罗盘。而在它的原产地中国，许多世纪以来，船员们却一直使用浮针罗盘，这可能是用习惯了，况且水罗盘比起旱罗盘制作起来也要容易些，所以人们一直对水罗盘情有独钟。

图6　明代铜质水罗盘(盘的外环刻有罗盘24向，内环刻有八卦符号。正南在盘的上部)

航海罗盘是从堪舆罗盘发展而来的。古代的航海罗盘看上去像青铜盘子，中心凹陷，呈碗形，里面盛水，以使磁针得以漂浮。碗的外围刻着表示方位的汉字，舵手要确定自己的船是否沿着既定航向前进，就必须手拿罗盘，使船的行进方向严格参照罗盘盘面那条看不见的轴线，而那条轴线本身就是从船首到船尾的直线。

尽管中国早在12世纪就有了对枢轴支承式旱罗盘的描述，但是它并没有被应用到海船上，而是辗转传入了欧洲。欧洲人又进一步对其做了改进，例如他们在用枢轴支承的磁针上安上一个很轻的卡片，卡片上绘着罗盘需要指示的方位，再把它们整体封入一个圆盒中。磁针旋转时，卡片跟着一道旋转，这就意味着卡片上标的方位永远是以正南为中心的方位。这种卡片叫做罗经卡。在航海中，船员只要看磁针和船的中轴线的夹角，就可以直接从罗经卡上读出船的航向来，使用起来很是方便。

这种形式的旱罗盘，16世纪以后又被荷兰人和葡萄牙人带回了东方，辗转重新传入其发源地中国。罗经卡也随其一同传入。但是历史也常常捉弄人，1906 年，英国皇家海军为了克服枢轴支承式罗盘在使用时的磁针摇摆，特别是火炮发射时产生的震动，又把那种老式的旋盘式罗盘拆卸下来，替换成各种各样的水罗盘。

四、古人对指南针理论的探讨

中国人不但发明了指南针，还对指南针之所以能指南做过独特的理论探讨。这些探讨经历了不同的历史阶段。

1. 阴阳五行学说基础上的感应说

中国学者对指南针理论的探讨，究竟始于何时，迄今尚是个谜。我们知道的是，在 11 世纪中叶，大科学家沈括还对指南针之所以能够指南感到匪夷所思。他的《梦溪笔谈》中的这句话最具代表性：

> 磁石之指南，犹柏之指西，莫可原其理。①

这段话表明，对指南针为什么会指南，沈括一点儿概念都没有。

沈括之所以不明白指南针的指南原理，是由于他对之未做深究。在《补笔谈》中，他明确提到了这一点：

> 以磁石磨针锋，则锐处常指南；亦有指北者，恐石性亦不同……

① 沈括：《梦溪笔谈》(卷二十四，杂志一)。

南北相反，理应有异，未深考耳。①

沈括自己虽然没有对指南针理论进行深入探讨，但这并不等于说其前及当时人们对指南针理论未做过研究。也许这样的探讨已经存在，只是他不知道而已。

现在可以见到的也许是最早对指南针原理进行解说的古籍是《管氏地理指蒙》。在该书的《释中》条，有这样一段话：

磁者母之道，针者铁之戕：母子之性，以是感，以是通；受戕之性，以是复，以是完。体轻而径，所指必端。应一气之所召，土曷中而方曷偏？较轩辕之纪，尚在星虚丁癸之躔。

原书在这段话的下面，附有一段注语：

磁石受太阳之气而成。磁石孕二百年而成铁，铁虽成于磁，然非太阳之气不生，则火实为石之母。南离属太阳真火，针之指南北，顾母而恋其子也……阳生子中，阴生午中，金水为天地之始气，金得火而阴阳始分，故阴从南而阳从北。天定不移，磁石为铁之母，亦有阴阳之向背，以阴而置南，则北阳从之；以阳而置北，则南阴从之：此颠倒阴阳之妙，感应必然之机。”②

这段话的逻辑是：磁针是铁打磨成的，铁属金，按五行生克说，金生水，而

① 沈括：《梦溪笔谈补笔谈》（卷三，药议）。
② “管氏地理指蒙·释中”。《古今图书集成·艺术典·堪舆部》，第655卷，台北鼎文书局，1977年。

北方属水，因此，北方之水是金之子。铁产生于磁石，磁石是受阳气的孕育而产生的，阳气属火，位于南方，因此南方相当于磁针之母。这样，磁针既要眷顾母亲，又要留恋子女，自然就要指向南北方向。在这种解释中，阳气起到了很重要的联结作用。磁石是太阳之气孕育而成的，磁石生铁也需要阳气，因此阳气是它们的共同之母。磁针既然与它们本性相通，受阳气的感召，自然就要指向阳所在的方位，阳位于正南，这样，磁针当然也就要指向正南了。至于为什么有的磁针会指北，则是因为磁石本身也有"阴阳之向背"，当把磁石的阴面置于南边的位置时，它的阳面就会在北，这就颠倒了阴阳，这时用它磨制的磁针就会指北。显然，这段话的立论基础是奠基于阴阳学说基础上的同气相应理论。而且，这里导致指南针指南的决定要素，是在天上，所谓"星虚丁癸"、"天定不移"，就昭示着这一点。这也正是指南针理论初期阶段的共同特点，中外皆然。

从物理学的观点来看，《管氏地理指蒙》对指南针原理的解释完全是异想天开：铁是用铁矿石冶炼出来的，铁矿石与磁石并不能划等号，磁石的产生也与所谓的阴阳之气毫无关系。所以，这段记载无科学价值可言。但从历史学的角度来看，从事物的属性出发解释其行为，是科学发展到一定阶段人们常用的做法。不论在中国还是在西方，这种做法都是司空见惯的。中国古代阴阳学说昌盛，人们把对指南针原理的阐释与阴阳学说相结合，是理所当然的事情，不足为怪。

《管氏地理指蒙》的成书年代，现在有不同认识。李约瑟认为它可能是晚唐之作。刘秉正等则针对李约瑟的说法指出："所有史书艺文志均未著录此书，仅《宋史・艺文志》提到有《管氏指蒙》，并说萧吉、袁天纲和王伋(10 世纪末 11 世纪宋人)注。很可能《管氏指蒙》就是《管氏地理指蒙》。但书中还提到元朝的郭守敬，因此即使该书成书于晚唐或宋初，至少也被元明时代的堪舆家所篡改，不能据此判断其中的内容均出自宋代。”①

刘秉正等的说法似有可取之处。如果《管氏地理指蒙》在晚唐即已流行，那么沈括就没有理由说“莫可原其理”那样的话，因为该书对沈括感到疑惑的2个问题(磁针为什么会指南？为什么有的磁针会指北?)都做出了回答。当然，也不排除该书在五代即已存在，只是沈括未能见到该书的可能性。无论如何，该书关于指南针原理的这段解释的产生时间，不会晚于宋代：因为北宋晚期的著作中对指南针原理已多有涉及，其中有的明显是继承了《管氏地理指蒙》的思想，而其内容上又多出了对磁偏角现象的解释，这表明它们比《管氏地理指蒙》中的指南针理论要晚出。所以，上述指南针理论可能就产生于北宋时期。

成书于北宋晚期的《本草衍义》提到：

> 磁石……磨针锋则能指南，然常偏东，不全南也。其法取新纩中独缕，以半芥子许蜡缀于针腰，无风处垂之，则针常指南。以针横贯灯心，浮水上，亦指南。然常偏丙位。盖丙为大火，庚辛金受其制，故如是。物理相感尔。”

对这段话，李约瑟博士明确指出：“初看起来，这一段好像只是重复了沈括30年前所说的话，但实际上增加了2点。寇宗奭给出了人们久已期望的关于水罗盘的已知最早的描述，它具有欧洲所有最古老的(但较晚的)记载所述的特点。其次，他不仅给出磁偏角的相当精确的度量，而且还试图对它加以解释。”②

---

① 刘秉正、刘亦丰：“关于指南针发明年代的探讨”。《东北师大学报(自然科学版)》，1997年，第4期，第24页。

② 李约瑟著，陆学善等译：《中国科学技术史》(第四卷，第一分册)，科学出版社，2003年，第235页。

李约瑟博士的论述甚有道理，但他对寇宗奭理论的解说就不那么贴切了。他说:“根据五行的相胜原理，火胜金，因金属可以被火熔化。寇宗奭的看法是，金属的针虽应自然地指向西方，但位于南方的‘火’具有压倒的影响，使它离开西方而指向南方。”实际上，寇宗奭这段话本意不是要说明指南针为什么指南，而是为了解释指南针何以会偏离正南，指向南偏东的丙位。按他的理解，指南针属金，正南方位属火，火胜金，金畏火，所以指南针为了避开正南方位的火，其指向会向东偏移一些。

与《管氏地理指蒙》相比，寇宗奭进一步把五行学说引进到了指南针的理论之中，使之与阴阳学说相结合，来解释指南针的指南和磁偏角现象。他的解释，虽然听上去不无道理，但细致推敲，也有不能自圆其说之处。因为指南针如果确因受正南之“火”的克制而偏离午位，那么它更应指向南偏西的丁位，这是由于那里还有位于庚辛方位的“金”的感召，而那时人们所知的指南针的指向是“常微偏东”，没有指向丁位。正因为如此，寇宗奭的理论并未得到后人的普遍认可。

无论如何，中国指南针理论在其发展的起始阶段，走上了建立在阴阳五行学说基础上的感应说，是一件十分自然的事情。这与古人对磁石吸铁的传统认识有关。古人一开始在讨论磁石吸铁原因时，就是用同类相感也就是感应说立论的。例如，晋朝郭璞的《石赞》就提到:“磁石吸铁，琥珀取芥，气有潜通，数亦冥会，物之相感，出乎意外。”[①]古人类似言论还有很多，然而单一的同类相感还不足以说明指南针的指南，因为在指南针的指南过程中，看不到磁石的影子。既然磁石和磁针之间是通过气的感应表现其相互作用的，那么指南针的指南，也同样应该是气感应的结果。而正南方位是阳气的聚集之地，因此，指南针的指南，一定是受

① 欧阳询:《艺文类聚》，上海古籍出版社，1985 年，第 109 页。

阳气作用的结果，这就用阴阳学说改进了传统的感应说。而指南针的指南，又存在着“常微偏东”的现象，还需要用五行学说的相生相胜理论进行解释，这样一来，五行学说也加了进来。感应说与阴阳五行学说就这样有机地结合到了一起。

2. 方位坐标系统的影响

南宋人对指南针原理的解释，大都围绕着磁偏角现象展开，但这时人们的立论依据更多地转向了地理方位的坐标系统。例如，南宋曾三异就曾经提到：

> 地螺或有子午正针，或用子午丙壬间缝针。天地南北之正，当用子午。或谓今江南地偏，难用子午之正，故以丙壬参之。古者测日影于洛阳，以其天地之中也，然有于其外县阳城之地。地少偏则难正用。亦自有理。①

曾三异认可的这种解释，与中国古代的大地形状观念是分不开的。中国古人认为，地是平的，其大小是有限的，这样，地表面必然有个中心，古人称其为地中。这样的地中，古人一开始认为它在洛阳，后来又认为在阳城。在这种地平观念中，南北方向是唯一的，就是过地中的那条子午线。这样，指南针的测量地点如果不在过地中的那条子午线上，它的指向就不会沿正南北方向，此即所谓的“地少偏则难正用”，因此要用“子午丙壬间缝针”作参考。

---

① 曾三异：“因话录・子午针”，《说郛》(卷二十三上)。《四库全书》文渊阁本。

曾三异的理论，虽然听上去是合理的，但细致推敲起来，也不无破绽。因为按照感应思想，指南针指南是其天性，其指针一定要指向阳气的本位。如果测量地点在地中的东南，受正南方位阳气的引导，指南针的指向应偏向西南才对，为什么会出现沈括说的“常微偏东，不全南也”的现象？

正是因为以地中观念解释磁偏角有其不自洽之处，比曾三异晚了几十年的储泳，就记载了关于磁偏角现象的另外两种解释：

> 地理之学，莫先于辨方，二十四山于焉取正。以百二十位分金言之，用丙午中针则差西南者两位有半，用子午正针则差东南者两位有半，吉凶祸福，岂不大相远哉？此而不明，他亦奚取？曩者先君卜地，日者一以丙午中针为是，一以子午正针为是，各自执其师傅之学。世无先觉，何所取正？而两者之说亦各有理。主丙午中针者曰：狐首古书，专明此事，所谓自子至丙，东南司阳；自午至壬，西北司阴：壬子丙午，天地之中。继之曰：针虽指南，本实恋北。其说盖有所本矣。又曰：十二支辰以子午为正，厥后以六十四卦配为二十四位，丙实配午，是午一位而丙共之。丙午之中即十二支单午之中也。其说又有理矣。
>
> 主子午正针者曰：自伏羲以八卦定八方，离坎正南北之位，丙丁辅离，壬癸辅坎，以八方析为二十四位，南方得丙午丁，北方得壬子癸，午实居其中。其说有理，亦不容废。又曰：日之躔度，次丙位则为丙时，次午则为午时，今丙时前二定之位，良亦劳止。因著其说，与好事者共之。但用丙午中针，亦多有验，适占本位耳。

这两种解释，一方以二十四支方位系统为依据，参考阴阳八卦学说，认为“东南司阳”，“西北司阴”，壬子方位和丙午方位中缝分别是阴阳之所在，它们的连线，就是经过“天地之中”的正南北方向，所以要用“丙午中针”，即以指向东南为正。另一方则把方位系统与时间计量相结合，认为从方位划分来说，午位对应着正南，从计时角度来说，太阳到了午位，就是时间上的正中午，也是对应着正南，因此，子午正位就是正南北方向，指南针当然应该用子午正针。

储泳记载的这两种解释，本质上有其相通之处，都认为指南针所指确为阳之所在，是正南，但对何谓正南，有不同的理解。显然，此类解释的共同出发点仍然是传统的感应学说，即认为指南针之所以指南，是由于受到阳气感召的缘故；指南针之所指，就是阳气之所在，只是对于不同的方位坐标系统而言，阳气究竟在哪个方位，各家有着不同的理解。

到了明代，指南针理论有了新的变化，明人假托南唐何溥之名撰述的《灵城精义》卷下云：

> 地以八方正位定坤道之舆图，故以正子午为地盘，居内以应地之实；天以十二分野正躔度之次舍，故以壬子丙午为天盘，居外以应天之虚。[①]

《四库全书简明目录》卷十一《灵城精义》提要云："《灵城精义》二卷，旧本题南唐何溥撰，明刘基注。诸家书目皆不著录，莫考其所自来。大旨以元运为主，是明初宁波幕讲僧之学，五代安有是也？然词旨明畅，犹术士能文者所为。"[②]由此，上述引文中表述的见解，实际是明代学者的思想。与前代有别的是，这段话明确无误把指南针的指南及磁偏角现象与天地不同的方位系统对应了起来。指南针的指正南与地平方位的二十四支

① 何溥：《灵城精义》（卷下）。《四库全书》文渊阁本。
② 朱修伯批：《四库全书简明目录》（卷十一），北京图书馆，2001年。

方位划分方法相对应，而磁偏角现象则与天球系统的十二次划分相关。即是说，正子午方向即指南正针由大地方位系统决定，偏角则由天体方位划分系统所决定。因为磁偏角的存在是客观的，故这种说法的实质在于认为磁针指向取决于天。认定指南针之所以指南的决定性因素在天不在地，是此说的特点，它体现了传统指南针理论在阴阳感应学说和磁偏角的存在这一矛盾面前所表现出来的窘迫。

3. 受西学影响诞生的指南针学说

16 世纪末，以利玛窦(Matthieu Ricci，1552～1610)为代表的一批传教士来到中国，带来了与中国传统科学迥然不同的西方科学。西方科学的传入，也影响到中国指南针学说的演变。

在欧洲，英国物理学家吉尔伯特(William Gilbert，1544～1603)于 1600 年出版了《关于磁铁》一书，对指南针为什么指南做出了科学的解释。“吉尔伯特进一步证明了指南针不仅大致指向南北，而且证明了如果将指南针悬挂起来，使其作垂直运动，其指针朝下指向地球(磁倾角)。指南针的倾角还表明它靠近一球形磁铁，而在该球的磁极处，磁针呈垂直指向。吉尔伯特的伟大贡献在于他提出地球本身就是一大块球形磁铁，指南针不指向天体(这一点佩雷格里努斯也认为如此)，而指向地球上的磁极。”[①]吉尔伯特的理论，直到今天人们还是基本认可的。

吉尔伯特的理论并没有被及时传入中国。利玛窦是 1582 年来华的，他当然不可能知晓吉尔伯特的理论。有迹象表明，17 世纪来华的传教士也没有把吉尔伯特的理论带到中国。即使如此，传教士来华这件

① 阿西摩夫:《古今科技名人辞典》，科学出版社，1988 年，第 48 页。

事，仍然对中国指南针理论的演变产生了影响。这种影响，最初是通过制订历法一事表现出来的。

传教士来华以后，把让中国人接受天主教的突破口选在了科技上，而在科技方面，则以历法的制订让中国人最感兴趣。要制订历法，必须进行观测，而观测的前提是确定观测地点子午线的方位，这就与罗盘发生了关系。明末徐光启与传教士多有往来，参与了多次观测工作。他认为，天文观测首先要"较定本地子午真线，以为定时根本。据法当制造如式日晷，以定昼时，造星晷以定夜时，造正线罗经以定子午。"①罗经即罗盘，也就是指南针。但是在用指南针定子午线时，存在着一些麻烦，徐光启总结说：

> 指南针者，今术人恒用以定南北。凡辨方正位，皆取则焉。然所得子午非真子午，向来言阴阳者多云泊于丙午之间，今以法考之，实各处不同：在京师则偏东五度四十分，若凭以造晷，则冬至午正先天一刻四十四分有奇，夏至午正先天五十一分有奇。然此偏东之度，必造针用磁悉皆合法，其数如此。若今术人所用短针、双针、磁石同居之针，杂乱无法，所差度分，或多或少，无定数也。②

徐光启遇到的麻烦是当时已经发现磁偏角在不同的地点其大小亦不同，这用传统的指南针理论是无法解释的。对此，徐光启认为，磁偏角的大小是确定的，不可能因地而异，之所以出现磁偏角"各处不同"的现象，是由于术士们对指南针的制造及保管过程的不规范所致。换言之，是操作不当造成的人为误差。正因为如此，徐光启总结漏刻、指南针、表臬、浑

① 徐光启：《新法算书》(卷一)，《四库全书》文渊阁本。
② 同上。

仪、日晷这五种仪器的特点说:“壶漏用物,用其分数;南针用物,用其性情,然皆非天不因,非人不成。惟表惟仪惟晷,悉本天行,私智谬巧,无容其间,故可为候时造历之准式也。”①

透过上述引文可以看出,徐光启对指南针理论的理解,本质上仍属于中国传统。“南针用物,用其性情”一语,就是传统指南针理论的具体表现。非但如此,他所发明的磁偏角的因地而异是由于人为误差所致的说法,也完全是错误的。他所说的“磁石同居之针”,是指与天然磁石放到一起进行保存的磁针。这本来是人们在经验中总结出来的保持磁针磁性的科学方法,却被他说成是误差之源。这些现象表明,徐光启在与传教士打交道的过程中,并未接触到指南针的近代磁学理论。

在传教士带来的西方科学中,首先影响到中国指南针理论的发展的,是地球学说。中国人传统上认为地是平的,地球学说是随着传教士的到来才逐渐被人们所认可的。我们知道,在不同的大地模型基础上,人们所建立的方位观念也不同,而方位观念与指南针又息息相关。方位观念的变化,难免要影响到指南针理论的变化。传统指南针理论是在地平观念基础上发展出来的,一旦地平观念被人们所抛弃,建立在地平观念基础之上的对指南针之所以指南、之所以有磁偏角的种种解释,就很难再继续下去。因此,地球学说的深入人心,势必要导致中国学者发展出新的指南针理论。这在以方以智为首的一批学者身上表现得很清楚。

方以智因受地球学说的影响而提出了新的指南针理论这件事情,是王振铎先生最早指出来的。他说:

在明时,因西方地理知识之传入,在学术上发生一种新宇宙之观

① 徐光启:《新法算书》(卷一),《四库全书》文渊阁本。

> 念，时人之解释磁针之何以指南受西方学术之影响，亦有关地球之知识而理解者，如《物理小识·指南说》云："磁针指南何也？镜源曰：'磁阳故指南。'愚者曰：'蒂极脐极定轴，子午不动，而卯酉旋转，故悬丝以蜡缀针，亦指南。'"同书卷一《节气异》中记蒂极脐极，知其指地球南北两极，卯酉旋转者指地球赤道，以两极之静，赤道之动，而解释悬系磁针指南之理。①

王振铎先生的洞察力令人钦敬，但他把方以智的"蒂极、脐极"说解释成地球的自转，却微有欠妥。《物理小识》的卷一《节气异》原文如下：

> 日行赤道北，为此夏至，则为彼冬至；日行赤道南，为彼夏至，则为此冬至。此言瓜蒂、瓜脐之异也。②

王振铎先生认为文中的"瓜蒂、瓜脐"是指地球的两极和赤道。考虑到这里谈论的是日行，则把引文中的赤道理解成天赤道，似更为合理。如果这样，"瓜蒂、瓜脐"之喻就指的是天球，而不是地球了。后面这种理解，在《物理小识》中是有旁证的。就在该书卷一的《黄赤道》条中，方以智明白无误是用"瓜蒂、瓜脐"来比喻天球的。他说：

> 圆六合难状也。愚者以瓜蒂瓜脐喻之。浑天与地相应，所谓北极，如瓜之蒂；所谓南极，如瓜之脐。瓜自蒂至脐，以其中界之周围，为东西南北一轮，是赤道也，腰轮也，黄道则太阳日轮之缠路也……六合八觚之分，自蒂至脐，凡一百八十度；自赤道至蒂，凡九十度，黄

---

① 王振铎："司南指南针与罗经盘(中)"。《中国考古学报》，1948年，第4期。
② 方以智：《物理小识·指南说》(卷八)，《万有文库》本。

> 道之出入赤道者，远止二十三度半，此曰纬度。七曜所经之列宿，则曰经度。每三十度为一宫，十五度交一节，其概也。

在这里，“瓜蒂、瓜脐”究竟是指地球的南北两极和地赤道，还是指天球的对应部位，是一个值得探讨的问题。如果是指地球，那么方以智在解释指南针原理时所说的“蒂极脐极定轴，子午不动，而卯酉旋转”，就是说的地球的自转。这显然是哥白尼的日心地动说了。这也正是王振铎先生的理解。但我们知道，方以智虽然通过传教士穆尼阁(Jean Nicolas Smogolenski，1611～1656)对哥白尼学说有所了解，但他并不赞同该学说。[①] 方以智的学生揭暄在注解《物理小识》卷一“圆体”条时就曾指出：“有谓静天方者，以圆则行，方则止也。不知地形圆，何以亦止也?”这是明确认为地是静止的。因此，方以智等在这里是用天球而不是地球的旋转来解释指南针的指南原理的。

方以智的学生揭暄和儿子方中通对其理论做了详细解说：

> 暄曰：“物皆向南也。凡竹木金石条而长者，悬空浮水能自转移者，皆得南向。东西动而南北静也。针淬而指南，应南极重而北极高也。有首向北尾则向南，重故也。鳝首仰则朝北，首举而尾重也。旱碓临南临北则转，临东临西则不转，东来气，北上仰也。赤道以南则反是。或疑石之能移，曰：气能飞山移石，竹木铁石，恒转移于空中水中，即能转移于气中也。石不必皆移，而此石精莹，其与此地之气相吸耳。”中通曰：“东西转者，地上气也。物圆而长，虽重亦随气转，故不指东西而指南北也。针若扁或方轮者，则乱指。南之极、北之极、

① 关增建：“《物理小识》的天文学史价值”。《郑州大学学报(哲学社会科学版)》，1996年，第3期，第63～68页。

日月腰轮之国，针即不指南矣。

揭暄等是用指南针重心分布的不均匀来解释磁倾角现象，用大气旋转来说明指南针的南北取向。这种做法，显然是从力学而不是指南针的阴阳属性角度出发的。这在中国指南针理论演变史上，是从未有过的。王振铎先生对方氏指南针力学模型有过阐释，他认为：

斯时中国人多接收西方地圆之说，及地球之东西自转知识，中通之论据，即用此以解释之，以为地球表面之气层，因东西自转而大气层随之旋转，体积长圆之物，因南北方向时受气之推动面大，如风帆受东西向风时，帆必南北张之，磁针指南北，因受大气东西自转之故也。暄之谓南北静东西动者，亦从出地球自转之说，其意谓地球在东西旋转时，南北两极旋转较赤道为缓慢，物体因静而后定，故磁针止于南北之静。①

王先生的解说，摒除其中关于地球自转的部分，对揭、方思路的阐释，是合乎情理的。那么，方中通所说的“东西转者，地上气也”该当如何解释呢？这实际是方以智在解释七曜运动时提出的“带动说”，认为天球的旋转表现为气的运动，这种运动带动了七曜的运行。气的这种运动延伸到地面附近，从而造就了指南针的指南。

至于揭暄所说的“凡竹木金石条而长者，悬空浮水能自转移者，皆得南向”，显然是臆测之语。方中通所说的“日月腰轮之国，针即不指南”，也纯属猜测，没有事实依据。总体来说，在西方地球学说的影响下，方以

① 王振铎：“司南指南针与罗经盘(中)”。《中国考古学报》，1948 年，第 4 期，第 174 页。

智等不再用传统的阴阳五行学说去解释指南针指南现象；他们开始从力学的角度思考这一问题，并对之做出了自己的解答。他们的解答虽然比传统的指南针理论有所进步，但仍然是不正确的。

传教士的影响使传统指南针理论中的阴阳五行学说风光不再，而在西学启发下诞生的新的指南针理论如方以智等人的学说又不能令人满意，于是有学者试图另辟蹊径，提出新的见解。清乾隆时的范宜宾就是其中的一位。他指出：

> 更为臆度，以针属金，畏南方之火，使之偏于母位三度有奇；又谓依伏羲摩荡之卦，故阳头偏左，阴头偏右；又谓南随阳升之牵左，北随阴降以就右；又谓先天兑金在巳，故偏左；又谓火中有土，天之正午在西，故针头偏向西，以从母位。诸论纷纷，尽属穿凿。要知现今经盘中虚危之针路，仍是唐虞之正，日躔之次，至周天正则日躔女二，降及元明之际，天度日躔箕之三度。世人不知天有差移，乃执危为一定之规。①

范宜宾嘲笑了建立在阴阳五行学说基础上的传统指南针理论，认为它们"尽属穿凿"，这一评价无疑是正确的，但他自己的新理论又何尝不是穿凿附会的产物！指南针理论发展的趋势是"从天到地"，由把指南针的指南与天体相联系逐渐过渡到只与地球本身相联系，最终得到类似吉尔伯特那样的理论，而范宜宾的理论却与这一趋势相反，它闭目不顾磁偏角大小因地而异这一当时人们已经熟知的事实，不但把磁偏角的产生与天体相联系，而且从崇古心理出发，利用天文学上的岁差现象，将其追溯到

---

① 李约瑟著，陆学善等译：《中国科学技术史》(第4卷第1分册)，科学出版社，2003年，第285～286页。

了所谓的唐虞时代。这样的理论,实在是鄙陋之见,注定要被人们所抛弃。

4. 中国人对西方指南针理论的记述

在传教士带来的西方科学的影响下,中国学者提出了一些新的指南针学说。在这一过程中,中国学者究竟接触到了西方的指南针理论没有?如果接触到了,他们接触的是否就是吉尔伯特的学说呢?他们是否接受了所接触到的西方理论呢?

明末学者熊明遇所撰《格致草》中有这样一段话:

> 罗经针锋指南,思之不得其故。一日阅西域书,云北辰有下吸磁石之能,以故罗经针必用磁石磨之,常与磁石同包,而后南北之指方定。窃谓磁石与针,金类也。北属水,岂母必顾子欤?然而罗经针锋所指之南,非正子午,常稍东,偏在丙午之介。问之浮海者,云其在西海,又常偏西,偏在午丁之介。若求真子午,必立表取影者为确。果尔,则堪舆家用罗经定方位者,不觉恍然如失矣。①

熊明遇提到了"西域书",书中所云,当然是西方的指南针理论了。但该书介绍的是否即为吉尔伯特学说,答案却是否定的:就史料来源而论,无从考订;就内容来说,只能得出否定的结论。该说强调"北辰有下吸磁石之能",而在中国,北辰这个概念,指的是北极星,即是天体而不是地球北极;也正因为这样,熊明遇才用了"下吸"这个词。吉尔伯特理论的要点

① 熊明遇:"格致草·北辰吸磁石"。任继愈:《中国科学技术典籍通汇·天文卷》(第六分册),河南教育出版社,1995 年,第 6~114 页。

则在于决定指南针指南的因素在地球自身而不在天，这与熊明遇所述是截然不同的。所以，该“西域书”介绍的，不可能是吉尔伯特的理论。

虽然熊明遇引述的并非吉尔伯特的理论，但他对该学说的介绍是值得称道的，因为该说有一种从磁学出发解释指南针之所以指南的倾向。这种倾向是应予肯定的。对中国人来说，这种理论也是全新的。不过，熊明遇对这种理论，似乎并不赞成。他不赞成的理由，是磁偏角的因地而异，而按照“北辰有下吸磁石”的说法推论，指南针指南的方向应该是唯一的，不应该有磁偏角的存在，更不应该有磁偏角的因地而异。

熊明遇对《格致草》做最后修订的时间是清顺治五年(1648)[①]。在此之前，中国其他学者对西方指南针理论的引述，笔者未能寓目，而在此之后，康熙皇帝在发表他对指南针理论的见解时，介绍过西方另一种指南针理论。他说：

> 定南针所指，必微有偏向，不能确指正南。且其偏向，各处不同，而其偏之多少，亦不一定。……推求真南之道，昔人未尝言之。朕曾测量日影，见日至正南，影必下垂，以此定是正南真向也。今人营造居室，如因地势曲折者，面向所不必言；若适有平正之地，其所卜建屋基向东南者，针亦东南，向西南者，针亦西南。初非有意为之，乃自然而然，无所容其智巧者也。又，赤道之下，针定向上，此土针锋亦略斜向上。今罗镜中制之平耳。海西人云：磁石乃地中心之性，一尖指地，一尖指赤道。今将上指者，令重使平，以取南。与《物性志》谓磁石受太阳之精，其气直上下之说相合。[②]

---

① 冯锦荣：“明末熊明遇《格致草》内容探析”。《自然科学史研究》，1997年，第4期，第304～328页。

② 李迪：《康熙几暇格物编译注》，上海古籍出版社，1993年，第102～103页。

康熙认为，磁偏角的存在，反映了所测地点的天然地势。换言之，磁针的指向与其他方式测得的地理面向是完全一致的，这是大自然的本性决定的，而对于“平正之地”，磁针指向则与人们所建屋基的朝向相一致。本来磁偏角问题并不复杂，经康熙这么一说，反倒让人不着边际了。指南针指的究竟是“正南真向”，还是所谓的地理面向？磁偏角难道真的取决于当地所建房屋的朝向吗？康熙把磁偏角与当地地势、房屋朝向相联系，突破了传统阴阳五行学说的桎梏，这是其可取之处，但他的理论本身毫无疑问是不能成立的。他还介绍西方理论，说磁石的两极，一极指向地心，一极指向赤道，正是磁石的这种性质，决定了他所说的上述诸多现象。

另一方面，康熙这段话中还涉及了磁倾角问题。他所引用的“海西人”语，反映的是西方学者对磁倾角的解释。但这种解释，在理论上是错误的，也与实际情形不合。在地球的赤道处，磁倾角为零，这与该说所谓的“赤道之下，针定向上”完全不同。不过这种解释并非吉尔伯特的理论，则是不言而喻的。

当然，也不排除这种可能：熊明遇、康熙等确实接触到了吉尔伯特的理论，但将其转述错了。如果实际情况的确如此，那么，王振铎先生的话应该是一种合理的解释：

> 自万历以来，泰西之学，渐输中土，如天文、算术、几何学等，研习译释为当时举国所重，格物之学，因之大兴。维新之士，厌五行之旧说，每喜以西方新入之说，以解物理。按在当时介绍西方学术之书籍，病于传听重译，不得其全豹；又因东西文字隔阂，多不能明白表达。①

① 王振铎：“司南指南针与罗经盘(中)”。《中国考古学报》，1948 年，第 4 期，第 172～173 页。

也许正是由于这些因素，造成了我们今天判断上的困难。

5. 南怀仁的指南针理论

在传教士带来的西方科学影响下，中国学者提出的指南针理论不能成立，熊明遇、康熙皇帝对西方指南针理论的介绍又语焉不详，错误多端，那么，传教士自身对指南针理论持何系统见解呢？

在明清之际来华的传教士中，熊三拔（Sabbathinus de Ursis，1575～1620）在《简平仪说》中提到过磁偏角及指南针理论的解说问题。他说：

> 正方面之法，今时多用罗经。罗经针锋所止，非子午正线。罗经自有正针处。身尝经历在大浪山，去中国西南五万里，过此以西，针锋渐向西，过此以东，针锋渐向东，各随道里，具有分数，至中国则泊于丙午之间矣。其所以然，自有别论。①

所谓的大浪山之说，并不符合磁偏角变化的实际，但这一说法在中国却流传甚久，直到晚清，郑复光还专门提到了这一说法（见下节），可见其影响之大。至于熊三拔的别论，笔者尚未寓目，很难加以评论。不过，在传教士的著作中，倒是发现了南怀仁（Ferdinand Verbiest，1623～1688）对指南针原理的详细阐释。

南怀仁，比利时耶稣会士，1656年启程来华，1658年抵澳门，次年赴西安传教，不久受顺治皇帝邀请，于1660年到北京，协助汤若望治天文历法，后又受命管理钦天监监务，并一度担任钦天监监副。南怀仁在从

① 熊三拔：《简平仪说》，《四库全书》文渊阁本。

事天文历法的工作时，把西方的有关知识和他个人的体验写成了一部重要著作——《灵台仪象志》。这部书被收进《古今图书集成·历象汇编·历法典》中。南怀仁有关指南针原理的见解，就记载在《灵台仪象志》的《大地之方向并方向之所以然》条，本文所引南怀仁语，均出自该处。所据版本为上海文艺出版社 1993 影印出版之《历法大典》，引文出自该书第九十卷"仪象部·灵台仪象志二"。

南怀仁的指南针理论，基于其对地球特性的认识。他说："凡定方向，必以地球之方向为准。地球之方向定，则凡方向遂无不可定矣。夫地虚悬于天之中，备静专之德，本体凝固而为万有方向之根底。"地球的方向主要表现在南北方向上，这是由地球的南北之极所确定的。按照南怀仁的理解，地球的南北之极与天球的两极是遥相对应恒定不变的，"即使地有偶然之变，因动而离于极，则地亦必即自具转动之能，以复归于本极与元所向天上南北之两极焉。夫地球两极正对天上两极，振古如斯，未之或变也。故天下万国从古各有所测本地北极之高度，与今日所测者无异。"这一事实充分表明，地球的两极指向即其南北方向是恒定的。因此，它有资格成为"万有方向之根底"。

地球方向的恒定性及其自动调整回归原位的性能，是地球的天然本性。南怀仁论证说：

地所生之铁及土所成之旧砖等，其性禀受于地，故具能自转动向南北两极之力，如烧红之铁，以铜丝悬之空中，既复原冷，则两端自转而向南北两极。再如旧墙内生铁锈之砖等，照前法悬之空中，亦然。假使地之本性无南北之向，何能使所生之物而自具转动向南北之理乎？

南怀仁总结的这些现象，只能源自道听途说，并非实有其事。从物理学的角度来看，把铁加热烧红，可以使铁中原有的小磁畴瓦解。然后使铁在地磁场中冷却，冷却过程中重新生成的小磁畴在地磁场的作用下，会沿着地磁场方向排列，从而使铁得到磁化，具有指南功能。但这种磁化方法在操作时有一些技术要求，比如冷却速度要快、冷却时要使铁块的长轴沿地磁场方向放置，等等。前述曾公亮的《武经总要》中记载的指南鱼，就是用这种方法磁化的。曾公亮详细记载了制作指南鱼的技术要素，按其所述制作的指南鱼确能指南。相比之下，南怀仁的记述则语焉不详，按他的描述对铁以及墙内带有铁锈的砖块进行加热冷却，是不太可能获得磁化效果的。

南怀仁所述现象不能成立，但他通过对这些现象的陈述所要表达的思想却至关重要，那就是地球本性具有南北取向，而这种本性可以传递给其所生之物，使之亦具有天然的南北取向的能力。他的指南针理论就是建立在这一思想基础之上的。

为了说明指南针的指南原理，南怀仁把注意力放在了地球本身的物质分布上。他说：

地之全体相为葆合，有脉络以联贯于其间。尝考天下万国名山及地内五金矿大石深矿，其南北陡袤面上，明视每层之脉络，皆从下至上而向南北之两极焉。仁等从远西至中夏，历九万里而遥，纵心流览，凡于濒海陡袤之高山，察其南北面之脉络，大概皆向南北两极，其中则另有脉络，与本地所交地平线之斜角正合本地北极在地平上之斜角。五金石矿等地内深洞之脉络亦然。**凡此脉络内多有吸铁石之气生。夫吸铁石之气者无它，即向南北两极之气也。夫吸铁石原为地内纯土之类，其本性之气与地之本性之气无异故耳。**

这是说，在地球内部有贯穿南北的脉络，这些脉络蕴含着地球自身“向南北之气”，这种气是地内纯土的本性之气，与磁石之气一致。这种一致性，是磁针能够指南的前提。

这里所谓的“纯土”，源自古希腊亚里士多德的“四元素”说。南怀仁专门强调了这一点，指出它与地表附近的“浅土”、“杂土”不同，只有“纯土”，才是决定指南针指南的关键因素：

> 所谓纯土者，即四元行之一行，并无他行以杂之也。夫地上之浅土、杂土，为日月诸星所照临，以为五谷百果草木万汇化育之功。纯土则在地之至深，如山之中央、如石铁等矿是也。**审此，则铁及吸铁石并纯土同类，而其气皆为向南北两极之气，自具各能转动本体之两极而正对天上南北之两极。此皆本乎天上南北之两极，犹之草木之脉络皆自达其气而上生焉。**盖天下万物之体，莫不有其本性，则未有不顺本性之行以全乎其为本体者也。

那么，磁偏角现象又该如何解释呢？为什么磁偏角的存在如此广泛呢？南怀仁认为：

> 夫吸铁石一交切于铁针，则必将其本性之转动而向于南北之力以传之，如火所炼之铁等物，必传其本性之热焉。又凡铁针及吸铁石彼此必互相向，故即使有针向正南正北者，而或左右或上下有他铁以感之，则针必离南北而偏东西向焉。今夫吸铁之经络自向南北二极而行，但未免少偏，而恰合正南正北者少。**故各地所对之铁针，未免随之而偏矣。**试观水盘内照南北之各线按定大小各吸铁石，而于水面各以铁针对之，则明见多针或偏西之与偏东若干。若照盘底内其所对之吸铁石，偏东西又若干矣。……夫行海者所为定南北之针多

偏东偏西者，因其海底吸铁之经脉偏东西若干也。陆地之针亦然。审乎此，则指南针多偏之故并其所以不可定南北之正向，明矣。

至此，南怀仁的指南针理论已经成型，其基本逻辑是：地球本身具有恒定的南北取向，该取向取决于地球的南北两极。地球内部有贯穿于南北两极的脉络，这些脉络在性质上属于构成万物的四种基本元素之一的"纯土"，它们蕴含着向南北两极之气。另一方面，铁和吸铁石都是这种"纯土"组成的，当然也蕴含着同样指向南北的气。在这种气的驱动下，由铁制成的磁针自然会经过转动使其取向与当地的地脉相一致。地脉与地平线的夹角，决定了当地的磁倾角。当地脉有东西向偏差或周围有铁干扰的情况下，指南针所指的方向也会有偏差，于是磁偏角也就相应而生了。

南怀仁的理论，有其可取之处：它看上去与吉尔伯特的学说似曾相识，都主张决定指南针之所以指南的要素在地不在天；南怀仁所说的"地脉之气"与吉尔伯特学说蕴含的磁感应思想在形式上是相似的；南怀仁还对磁变现象提出了解释，认为周围的铁会对磁针指向产生干扰，等等。但两者也有不同，比如吉尔伯特主张磁偏角的形成是由于地球表面形状的不规则对指南针的影响所致，"他猜测，虽然地球的磁极和地极相重合，但罗盘由于所在处的地球表面不规则而发生变化，它的针偏向陆块而偏离海盆，因为水是没有磁性的。"①这与上述南怀仁对磁偏角的解释是完全不同的。除此之外，南怀仁理论与吉尔伯特学说的最大不同在于，在南怀仁理论中，决定磁针指向的是地球的地理南北两极本身；而吉尔伯特则认为地球本身存在着一个磁体，虽然他认为该磁体的两极与地

① 亚·沃尔夫著，周昌忠等译：《十六、十七世纪科学、技术和哲学史(上)》，商务印书馆，1995年，第339页。

球的地理两极是吻合的，但他是从地球磁极与磁针相互作用角度出发思考问题的，是从磁学角度出发进行讨论的。从磁与磁的作用出发进行讨论，才能建立指南针的磁学理论。而南怀仁的做法，则是中国传统感应学说的改头换面，在这样的学说中，发展不出指南针与地球磁极异性相吸的理论。

实际上，吉尔伯特磁学理论提出来以后，磁学的发展并非一帆风顺。在欧洲，“关于磁流**本性**的种种理论在十七世纪上半期都是含糊不清而又带有神秘主义的色彩，而且通常还认为智能是磁石的属性。”在这种情况下，传教士来到中国，将欧洲其他磁学理论而不是吉尔伯特的磁学理论介绍给中国人，也就不足为奇了。

6. 南怀仁学说的影响

南怀仁的理论虽然本质上不属于近代科学，但由于多种原因，却在中国流传了近200年，对中国学者产生了很大影响。

南怀仁是继汤若望之后来华的最重要的传教士。他来华后，先是辅佐汤若望治天文学，后又受命管理钦天监监务，一度被任命为钦天监监副，成为当时在中国天文学界最有发言权的人物。南怀仁多才多艺，他设计的三种火炮被选入清代国家典籍——《钦定大清会典》，他撰著的《神威图说》，是有关清代火炮的一部重要专著。他与康熙皇帝过从甚密，颇受康熙宠信，1688年他病逝于北京后，康熙皇帝亲自为他撰写祭文和碑文，赐谥号“勤敏”。这样一位人物，他的话，自然会受到人们的特别重视和信奉。

南怀仁在天文学方面最重要著作是他的《灵台仪象志》，该书成书于康熙十三年(1674)，并于次年经康熙帝下诏予以刊行。该书因倾力阐释西方科学而深受中国新派学者之喜爱，是当时中国学者学习西方天文仪器制作及相关科学知识的圭臬之作。南怀仁的指南针理论就收在该书之中，自然也就作为该书的一部分随之流播后世。

正是由于这些原因，南怀仁的指南针理论在中国一直流传到了19世纪中叶。这里我们仅举郑复光为例，以见一斑。

郑复光，字元甫、浣香，生于1780年，卒于1853年以后。郑复光从青少年时就博览群书，善于观察和思考，后更致力于自然科学，著书多种，其中《费隐与知录》刊行于1842年。在《费隐与知录》中，记载了郑氏关于指南针的解说。这些解说，是以问答形式表现出来的：

> 问：铁能指南，何以中国偏东？而西洋人又谓在大浪山东则指西，在大浪山西则指东，惟正到大浪山则指南，其说可信乎？
>
> 曰：西说既非身亲，姑可不论，而中国偏东，京都五度，金陵三度……既见诸书，确然无疑，而偏则各地不同，从《仪象志图》悟得是各顺其地脉也。地脉根两极南北，如植物出土皆指天顶，但不能不稍曲焉耳。惟植物尚小，又生长活动，故曲较大，不似地为一成之质，其脉长大，故曲处甚微焉。又地脉之根，止有地心一线，其处最直，而渐及地面不无稍曲。针为地脉牵掣，故偏亦甚微。"

所谓《仪象志图》，就是南怀仁的《灵台仪象志》。郑复光的这段话既回应了熊三拔的大浪山传说，又说明了磁偏角的形成原因。将他的叙说与南怀仁的论述相比较，可以看出，他的阐释实际上是对南怀仁理论的注解，二者一脉相承。紧接着这段话，郑复光又自设了另一组问答：

> 曰：针为铁造，铁顺地脉，向南向北，自因生块本所致然，理也。

> 追制成针，铁向南处，未必恰值针杪，且针本不指南，磨磁乃然。（曾闻针本指南，余试以寸针，知不确矣。墨林兄以为确，试之而验，但不甚灵耳。是用绣花针，盖小而轻，较灵也。）而《仪象志》又谓烧红之铁铜丝悬之，既复原冷，两端自转而向南北。又旧墙砖如铁锈者亦然。夫针或因磨处在鑯，故鑯独灵，若烧红则全铁入火，何以独鑯指南？
>
> 曰：铁若圆形，无由知其指南。针是长形，虽各处皆欲指南，必辗转相就，然后分向南北，不得不在其鑯矣……磁石本体生于地脉，有向南处，有向北处，针杪磨向南处则指南，磨向北处则指北……沈存中《梦溪笔谈》云：针磨磁石指南，有磨而指北者。余试以罗经，持石其旁，针或相指，或亦不动，即转石则针必转。迨至针端恰指石时，即作识石上，石转一周，必有红黑两识。乃别取针，不拘用杪用本，磨红识处则指南，磨黑识处则指北，百试无爽。乃知沈盖尝试而为是言，第不详耳。（或谓有磨而指东西北者，故必试准乃用。臆说也。）《高厚蒙求》云：针必淬火，不然虽养磁石经年，终不能得指南之性。余磨之即时指南，说乃未确。然宜从之。观《仪象志》有烧红之语，可知盖物久露则本性不纯。（蓄磁必藏铁屑中或水内，亦此理。）烧红则变化使复其旧矣。淬水则铁弥坚，殆助其力之意。凡针材亦本有火也。"

从这组问答中可以看出郑复光的实验精神：他质疑铁针不经磁化就能指南的说法，用的是实验的方法；他检验沈括的说法，用的是实验的方法；他否定《高厚蒙求》的判断，用的还是实验的方法。唯独对于《灵台仪象志》说的旧墙内生铁锈之砖烧红冷却即能指南的说法深信不疑，不肯一试。《费隐与知录》一书共包括225条，其中谈到指南针的只有2条，而这2条的基本内容都是对南怀仁理论的发挥。郑复光是关注自然并善于观察和思考的学者，在事隔近200年以后，他对指南针现象的解说，仍然沿袭南怀仁的说法，可见南怀仁理论在中国的影响之大。

五、指南针的应用与传播

曾有一种说法，说中国人发明了指南针，但仅仅是用它来看风水，而西方人把指南针拿去却用来航海，导致了地理大发现，推动了人类文明的发展。这种说法是不准确的。中国人既用指南针看风水，也将其用于航海。说到底，指南针是用来判定方向的，究竟用于哪种用途，取决于社会需要，是社会发展大势决定了指南针的使用范围。

古代中国属于农业文明地区，在宋代以前，航海并不发达，航运主要在江河与运河中进行。少量的海运，也是在沿海进行。加之指南针最初精度并不高，也难以满足航海定向的需求，这样，指南针问世以后，也就很难被用于航运之中。

指南针一开始是以司南形式出现的。最初的司南，是用于判别道路方向的，前引《鬼谷子》的话，“郑人之取玉也，必载司南之车，为其不惑也。”就是指其在判定道路方向方面的用途。《艺文类聚》卷七十七载定国寺碑序，其中有“幽隐长夜，未睹山北之烛；沉迷远路，讵见司南之机”之语，也是对司南辨方定向功能的强调。

指南针的另一重要用途是军事活动的定向。在古代的军事活动中，对方向的辨别无疑是至为重要的一件事。司南的产生，传说中就是与黄帝和蚩尤两大部族的战争有关。虽然该传说所提到的司南是指南车，但该传说所透露出的古代战争对辨别方向问题的迫切需求，则无疑为指南针在古代军事活动中的应用打开了大门。古代兵书中多有记载指南针的，《武经总要》就是一个例子。这表明军事活动是指南针应用的一个重要领域。对此，这里不再赘述。

指南针还有一个重要用途：用于礼仪活动。指南针在没有别的物体接触的情况下，会自动转向南方，这样的特点会让人感到神奇。而司南的勺形，也会让人们将其与神秘的北斗七星相联系。这种神秘感发展的结果，使得司南成为某种礼仪活动用器。在前引汉代画像石图形中，司南的作用，显然是作为某种象征来使用的。由这一用途延伸开来，司南开始与占测术相结合。当堪舆术登上历史舞台的时候，司南自然就被引入到堪舆术中，成为风水“宝器”。

在古代，指南针的传播非常缓慢，这并不难理解，因为指南针一开始制造技术繁难，定向性也不太好，应用价值有限。当磁性指向器由司南过渡为指南针以后，它的发展速度一下子快起来了，应用范围也增加了。指南针的基本成熟是在宋代，而宋代指南针的应用，已经很广泛了。除了用于军事、堪舆，指南针也被大量用于航海。在能够准确确定年代的文献中，中国船员最早在航海中使用了指南针，欧洲人知道这一技术的时间要晚几十年。从航海的角度看，公元前 2 世纪的文献曾提到通过观测星辰来驾驶船只，后来晋朝的僧人法显的航海记述里也有类似的内容。而到了宋代，文献中就开始出现在航海中运用指南针的记载了。

《萍洲可谈》成书于宋徽宗时期(1101～1125)，但它提及的事件是从1086 年开始的。所以，它与沈括在《梦溪笔谈》中所记载的内容属于同一个时代。而且，无可置疑的是，作者朱彧对其所讲内容十分清楚，因为他的父亲曾经是广东港口的一个高级官员。朱彧的有关记载如下：“舟师识地理，夜则观星，昼则观日，阴晦则观指南针。”[①]这段话讲到航海罗盘的用途，比欧洲最早提到航海罗盘的时间要早 100 年。

宋宣和五年(1123 年)，中国派往朝鲜的使团的一个成员徐兢记载下来有关内容，他写道：“是夜洋中不可住，维视星斗前迈。若晦冥则用指南浮针

① 朱彧：《萍洲可谈》(卷二)。

以揆南北。入夜举火，八舟皆应。”[①]这些记载表明，古代海员把指南针带到了自己的船上，而且提到了在恶劣天气和夜晚使用指南针的情形。这些记载表明，在12世纪，中国的船员对利用指南针来导航，已经习以为常。

至于晚些的文献，最著名的是宋代地理学家赵汝适于南宋宝庆元年(1225年)写的《诸蕃志》。在该书中，他写道：“海南……东则千里长沙，万里石床，渺茫无际，天水一色。舟舶来往，唯以指南针为则，昼夜守视惟谨。毫厘之差，生死系焉。”[②]

这里讨论的是海南岛附近的航行情况。半个世纪后，在吴自牧描写杭州的一篇文献中，他写道：“海洋近山礁则水浅，撞礁必坏船。全凭南针。或有少差，即葬鱼腹。”[③]

元代的文献除了记载指南针，也开始记录罗盘方位。这意味着元代已经出现了航海中用来标志航向的针路图：“自温州开洋，行丁未针，历闽广海外诸州港口……到占城。又自占城顺风可半月到真蒲，乃其境也。又自真蒲行坤申针，过昆仑洋入港。”[④]

到明初(14世纪中叶)，已有很多大量利用罗盘导航的文献。在郑和的航海活动期间(1400～1431)，有关文献就更多了。《顺风相送》所反映的时间大致始于1430年，当时郑和的航海活动刚刚结束。在大量的航海信息(海潮、海风、星辰和罗盘方位等)中，作者也描述了对罗盘的使用。他写道：“北风东涌开洋，用甲卯取彭家山，用甲寅及单卯取钓鱼屿。正南风，梅花开洋，用乙辰，取小琉球；用单乙，取钓鱼屿南边；用卯针，取赤坎屿。”[⑤]

---

① 徐兢：《宣和奉使高丽图经》(卷二)。
② 赵汝适：《诸蕃志》(卷二)。
③ 吴自牧：《梦粱录》(卷十二)。
④ 周达观：《真腊风土记》。
⑤ 向达校注：《两种海道针经》，中华书局，1961年，第96页。

这里的钓鱼屿，就是现在我们所说的钓鱼岛。该书是人们发现钓鱼列岛的最早的历史文献。有意思的是，在《顺风相送》中还记载了出航前举行的祈祷仪式。在仪式上，罗盘被放在突出的位置，被祈祷者包括了大量神仙和圣人。

有关指南针的知识传到现在欧洲和伊斯兰国家大约是12世纪，最早的阿拉伯文献把磁浮针叫做"鱼"。最后，从司南勺中产生的首尾观念甚至晚到18世纪还被用来说明有关磁极的新知识。

早些时候，指南针知识是从东方传到西方的。从司南到罗盘在中国经历了一个漫长的发展时期，但传播到西方后，得到了迅速发展。在13世纪前的几个世纪里，找不到指南针经阿拉伯、波斯和印度这些过渡区域传入欧洲的任何线索，到13世纪，西方人开始记述指南针在航海中的应用。指南针知识从中国到欧洲的传播可能不是沿着与航海有关的途径进行的，是借助天文学家和那些测定各地子午线的测量员之手从陆地传入的。所以，指南针对于绘制地图是重要的，对于调整日晷也同样是重要的。日晷是当时欧洲人所用的最好的计时器，欧洲人就描述过两种装有指南针的日晷。直到17世纪，在测量员和天文学家手里的罗盘中的磁针，才被普遍被设置为指南(与海员所用的指北针相反)。这与中国几乎一千年前对磁针的应用情况一样。

指南针沿陆地西传后，西方水手应用的指南针与中国船员在更早些时候应用于航海的指南浮针无关，二者是彼此独立发展起来的。在10世纪，中亚地区的人们更容易把传入的指南针当成一种魔术，而不是科学。不过这种魔术对于他们来说没有任何技术难度。

(毛　丹)

赵 丰

中国古代纺织科技概况

一、早期纺织业的格局

二、丝绸起源的文化契机

三、纺织原料与御寒性能

四、服饰与中国传统礼制

五、中国纺织科技发展的三大阶段

技进于道

衣食住行是人类任何时间地点都离不开的基本生活需求,纺织业恰恰为人类的这种需求提供了基本保障,纺织科技也就成为人类科技史上的最重要的组成部分之一。中国与世界一样,其纺织科技在科技史上占有极为重要的地位,特别是其中的丝绸科技史对整个世界的科技史作出了极为重要的贡献,也对世界科技和文化的发展产生了重大的影响。

一、早期纺织业的格局

棉、毛、麻、丝是天然纤维中最为主要和普遍的四种原料,世界各地的古代文明均根据各地的自然环境特产创造了丰富的纺织文化,在历史的过程中,逐渐形成了有着不同特质的纺织品文化圈。粗略地说来,在旧大陆上的四大文明古国恰好与四大纺织纤维原料有着比较明显的对应关系,埃及主要使用亚麻,印度以产棉为主,古巴比伦以产羊毛为主,而中国则是产丝。

亚麻源自近东,但似乎在埃及得到最早的纺织利用,法尤姆(Fayum)和拜达里(Badari)均发现了公元前5000年的亚麻编织物,但尚粗糙,而位于瑞士和意大利交界处的阿尔卑斯诸湖泊沿岸发现了时属公元前3750年的新石器时代遗址,其中位于劳本豪森(Robenhausen)的最早遗址中就发现了大量亚麻纱线和织物。

绵羊和山羊的最早驯化应该在西亚的两河流域,但羊毛用于纺织的面却是特别广,整个西亚、中亚、北亚和欧洲都可以看到很早时期羊毛的使用,但是,中亚地区的毛纺织很可能是前者的传播所至。

在印度这一古老的国度里,棉纺织的起源和发展非常早。位于今巴基斯坦境内的印度河谷中的摩亨朱达罗(Mohenjo-Daro)遗址出土了距今 5 500 年前的棉纤维和棉织物，这些棉纤维经鉴定已确定为栽培棉的纤维，证实了印度纺织文化圈中以棉为主要的纺织原料。但时隔不久，棉纺织技术就逐渐传入波斯，并在纪元前传入欧洲与非洲，在纪元前后传入中国的西北地区。

而位于东方的中国则是以丝绸为主要的纺织原料。从考古学的资料来看，丝绸起源的确切时间和地点应该是在距今 5 000 多年前的中国黄河和长江流域。目前所知最早的丝绸利用实证发现在 1926 年，中国第一代的考古学家李济在山西夏县西阴村发掘了一个仰韶文化遗址，其中出土了半颗蚕茧，经过许多学者的鉴定，这半颗蚕茧被认为是中国古代利用蚕茧蚕丝的重要物证，目前，这一蚕茧被保存在台北的故宫博物院内。1958 年，浙江的考古工作人员在湖州钱山漾良渚文化遗址中发现了一个竹筐，筐内有一些纺织品及线带之类的实物，经当时的浙江纺织研究所及后来的浙江理工大学鉴定，其中有绢片、丝线和丝带。这一遗址后来又经浙江省考古研究所的发掘，又发现了一些丝带，其年代测定大约为距今 4 000 年前后。第三处重要的物证是 20 世纪 80 年代在荥阳市青台村新石器时代遗址出土的距今 5 500 年左右的丝麻织物残片，这是最为明确的 5 000 年前中国古人生产和利用丝绸的物证。由上述发现可知，中国丝绸起码已有了 5 000 年以上的历史。后来，中国丝绸也传到附近的日本、韩国等地，成为东亚纺织文化圈的一大特色。

在以丝绸为特质的同时，中国早期的纺织原料中也应用了大量的毛类和麻类纤维。

发现毛织品最多的地方是在新疆地区，这里与中亚西亚的纺织文化圈紧紧相连。在新疆考古发现的早期青铜时期遗址（均距今 3 000 年前后）中，如罗布泊地区的小河墓地、吐鲁番地区的五堡和洋海墓地且末的扎滚鲁克墓地等，都发现了大量的毛织物，而且其羊毛的种类也很多，但目前尚未进行全面的鉴定。

植物类的纤维素纤维在中国早期的应用也非常广，而且也有很多的选择。譬如江苏吴县的草鞋山遗址就出土过距今约 5 000 多年前的葛织物，《诗经·周南·葛覃》中说：

> 葛之覃兮，施于中谷。
> 维叶莫莫，是刈是濩。
> 为絺为綌，服之无斁。

这里的葛就是葛藤，学名 Pueraria lobata (Willdenow) Ohwi，为豆科葛藤属多年生草质藤本植物，茎粗长，蔓生，常匍匐地面或缠绕其他植物之上。"是刈是濩"是提取葛纤维时的工艺过程，絺和綌都是用葛纤维制成的织物。

此外，在麻类纤维中，中国的北方所用的主要是大麻，学名 Cannabis sativa L.，为一年生草本植物，雌雄异株，而在南方则是苎麻，学名 Boehmeria nivea (Linn.) Gaudich.。《诗经·陈风·东门》中说：

> 东门之池，可以沤麻。彼美淑姬，可以晤歌。
> 东门之池，可以沤苎。彼美淑姬，可以晤语。
> 东门之池，可以沤菅。彼美淑姬，可以晤言。

这里的麻和苎，指的就是大麻和苎麻，沤是把麻皮在水中浸泡以获取纤维的一个工艺过程。最后一段中的菅是菅草，茅属，当时用来制作绳索之用。

二、丝绸起源的文化契机

不过，中国早期纺织业中最有特色的纤维还是蚕丝纤维。中国纺织史上所用的主要蚕种是家蚕，学名 Bombyx mori L.，是以桑叶为食料的吐丝结茧的经济昆虫，又可称为桑蚕。这是一种完全变态昆虫，一生经过卵、幼虫、蛹、成虫等四个形态上和生理机能上完成不同的发育阶段（如图 1 所示）。卵是胚胎发生、生育形成幼虫的阶段。幼虫是蚕摄取食物营养的生长阶段，一般就称为蚕，俗称“蚕儿”。幼虫阶段一般还需经过四次蜕皮，蜕皮时不进食，故称为眠，四眠之后称为熟蚕，变得通身透明，停止进食，开始吐丝作茧。作茧之后的蚕在茧内蜕皮转变为蛹，约在七天后蜕变为蛾，又称成虫，这是交配产卵繁殖后代的生殖阶段。雌蛾在与雄蛾交配后产卵，一只母蛾一般可以产卵 500 粒左右。蚕吐出的茧丝就被人们利用来生产丝绸织物。

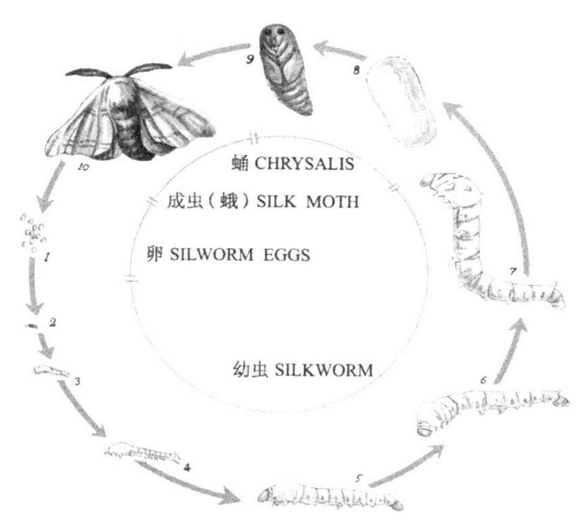

图 1　家蚕生长变化的四种形态图

关于丝绸起源的传说流传甚远，民间所祭祀的蚕神种类也甚多。在官方的传说中最为著名的是黄帝元妃嫘祖发明养蚕，而民间传说中最为有名的是马头娘的故事。

嫘祖始蚕之说，初见于宋代罗泌《路史》：黄帝“元妃西陵氏，曰嫘祖。以其始蚕，故祀先蚕。”又见于金张履祥《通鉴纲目前编・外纪》载：“西陵氏之女嫘祖为黄帝元妃，始教民育蚕，治丝茧以供衣服，而天下无皴瘃(cun zhu)之患，后世祀为先蚕。”嫘祖又称西陵氏，其族源来自四川境内西陵峡附近，因此也有人推测嫘祖的养蚕技术可能来自四川境内。

民间关于养蚕起源的传说很多，但其中最为有名的是马头娘的传说。许多学者也称其为蚕马故事，最早见于晋代干宝《搜神记》：

旧说太古之时，有大人远征，家无余人，唯有一女。牡马一匹，女亲养之。穷居幽处，思念其父，乃戏马曰：尔能为我迎得父还，吾将嫁汝。马既承此言，乃绝缰而去，径至父所。父见马，惊喜，因取而乘之。马望所自来，悲鸣不已。父曰：此马无事如此，我家得无有故乎！亟乘以归。为畜生有非常之情，故厚加刍养。马不肯食。每见女出入，辄喜怒奋击，如此非一。父怪之，密以问女，女具以告父：必为是故。父曰：勿言，恐辱家门，且莫出入。于是伏弩射杀之，暴皮于庭。父行，女以邻女于皮所戏，以足蹙之曰：汝是畜生，而欲取人为妇耶！招此屠剥，如何自苦！言未及竟，马皮蹶然而起，卷女以行。邻女忙怕，不敢救之。走告其父。父还求索，已出失之。后经数日，得于大树枝间，女及马皮，尽化为蚕，而绩于树上。其茧纶理厚大，异于常蚕。邻妇取而养之，其收数倍。因名其树曰桑。桑者，丧也。由斯百姓竞种之，今世所养是也。

事实上，丝绸业之所以在中国发生，基于多种基本条件的具备。首先是资源的存在，中国大陆上有着广泛的野生桑树和野蚕的存在，结出各种野生的蚕茧。其次是发达的古文化，在距今 7 000 年至 5 000 年之前，生活在新石器时期的先民们在衣、食、住、行、生产、宗教、艺术、战争等方面形成了较完整的文化，为丝绸的产生提供了土壤。还有一个条件是机会，从考古学、民族学、人类学的大量资料来看，养蚕技术在中国的发明或丝绸业在中国的起源实是基于中国独特的文化背景。

桑蚕是自然界中变化最为神奇的一种生物了，自古至今仍让人们感到惊叹不已。蚕一生经过卵、幼虫、蛹、蛾的 4 种状态变化，这种静与动之间的转化(包括眠与起)使人们联想到当时最为重大的问题——天地生死。卵是生命的源头，孵化成幼虫就如生命的诞生，几眠几起犹如人生的几个阶段，蛹可看成是一种死，原生命的死，而蛹的化蛾飞翔就是人们所追想的死后灵魂的去向了。《博物志》云："蛹，一名魂"，正是此意。《礼记・檀弓下》："孔子谓为刍灵者善，为俑者不仁"。俑即随葬之木俑、泥俑之类，其原意或恐与蛹有关。在仰韶文化墓葬中，约有一半左右采用瓮棺葬，埋于房基附近，并在瓮中留孔，推测是让其灵魂自由升天之意。这或许亦来自蛹死七日然后化蛾破茧而出的联想，由于瓮棺葬多用于儿童夭折，儿童力单，故需预先凿孔。直到后来，人们得道升仙的途径之一称为羽化，也正是源于对蚕蛹化蛾的观察后的联想。

既然蚕的变化如此神奇而重要，那蚕赖以生存的桑也就显得十分神圣了。从古史传说来看，桑林不啻是蚕的栖息地，而且与民俗活动亦有密切的关系。其中的活动主要有 2 类：一是在桑林中进行男女幽会，祭高媒神，以求子；二是在桑林进行祭天求雨活动。求子是为了子孙繁衍，求雨是为了粮食丰富。上古时期人类所有活动中两项最重要的活动都在桑林进行，说明了桑对于我们先民的重要性。桑林是上古时期男女幽会的地方，这有许多史料可证，其中以《诗经》中的记载最为丰富。如《魏风·十亩之间》：

十亩之间兮，桑者闲闲兮，行与子还兮。
十亩之外兮，桑者泄泄兮，行与子逝兮。

而最明显的则是《鄘风·桑中》：

爰采唐矣？沬之乡矣。
云谁之思？美孟姜矣。

这种风俗在当时的一些艺术作品中也有反映，大量战国青铜器上都有采桑图象，描绘的其实就是桑林之中男女相会并祭高媒之情景（如图2所示）。这些故事似乎说明了这样一种情况：在桑林中，神特别易与人类沟通，故而周代男女相会桑林时，通常还要祭祀高媒之神（即生育之神）。桑林作为求雨场所最为著名的例子是成汤桑林祷雨。许多文献中对此都有记载，如《吕氏春秋·顺民》中说："昔者汤克夏而正天下，天大旱五年不收。汤乃以身祷于桑林。"《淮南子》高诱注："桑林者，桑山之林，能

图2　青铜器上的采桑图像

兴云作雨也。”

由于桑林的重要，人们进而从桑树中想象出一种神树称为扶桑，一个太阳栖息的地方。《山海经·海外东经》：“汤谷上有扶桑，十日所浴。”神树扶桑的概念至迟在商王朝盘庚至武丁时期就已形成，近年四川广汉三星堆商代遗址中出土的铜树中就有一枝被确定为扶桑树。铜树下为喇叭状树座，树干笔直，上出九枝，枝上及树顶各栖一鸟，并有铜龙、铃、花、叶等挂饰。此后，扶桑的形象常见于战国秦汉艺术品中。湖北擂鼓墩曾侯乙墓出土漆箱之上也有扶桑图像，此扶桑为一巨木，对生四枝末梢各有一日，主干直上一日，另一日被后羿射中化作鸟，共十日。后羿射日形象的出现，更有力地证明了这是当时人们想象中的扶桑形象（如图3所示）。

图3　曾侯乙墓出土漆器上的后羿射日图像

由此得到的丝绸也不会是普通的织物，服用丝绸必然会利于人与上天的沟通。因此，作茧自缚并不一定是坏事，而是灵魂升天的必由之路。于是，人们在死后直接用丝织物或丝绵包裹起来，等于用丝质的材料做成一个人为的茧子，有助于死者灵魂的升天。目前所知最早的丝织品实物出自河南荥阳青台村仰韶文化遗址的瓮棺葬之中，为包裹儿童尸体之用。此后有关的葬俗记载亦证明了这一点。《礼记·记运》载：“治其麻丝，以为布、帛，以养生、送死，以事鬼神上帝，皆从其朔。”治麻以得布，布以养生，治丝以得帛，帛以送死。这里已把布与帛的功用加以区分，布用于生前服饰，而帛主要用于尸服。对照江陵马山一号楚墓出土葬俗的情况来看，基本一致。随着丝绸生产的逐渐发展，养老亦逐渐多用丝衣。《孟子・梁惠王》："五亩之宅，树之以桑，五十者可以衣帛矣"，也可能是同样的意思。这里不仅是对老人的尊敬的表示，而且也是类似蚕老作茧自缚的含义。

除用作尸服外，早期丝绸还有一个用途是祭服。《礼记・月令》："蚕事既登，分茧称丝效功，以共郊庙之服，"说明躬桑亲蚕所得之丝主要是供郊庙祭祀之服。《礼记・祭义》中更详细地记载了养蚕献茧的仪式以及作为衣服的目的：

> 岁既单矣，世妇卒蚕。奉茧以示于君，遂献茧于夫人。夫人曰：此所以为君服矣。遂副伟而受之，因少牢以礼之。古之献茧者，率用此与。及良日，夫人缫，三盆手，遂布子于三宫夫人世妇之吉者使缫，遂朱绿之，玄黄之，以为黼黻文章。服既成，君服以祀先王先公，敬之至也。

用丝作服的目的就是为了在祀先王先公时穿着。与此类似的是丝绸也作为祭祀时用的物品，如帛书或帛画，其用意应是把丝绸当做一种载体，把其上所书画的内容或是其中所包裹的物品传达到另一个世界。最有名的帛书是湖南长沙子弹库出土的帛书，中央书写着文字，四周画有神奇的图像(如图 4 所示)。但帛书也用于

图 4　战国时期的帛书

书写两国之间的盟书。《左传·哀公七年》:“禹合诸侯于涂山,执玉帛者万国,”中国成语又云:“化干戈为玉帛,”这里的玉和帛均是书写国书的材料,写后或埋入地下或是以火焚烧,表示可以上达于天。

蚕是一种非常娇弱的生物,极易受到自然界恶劣环境的伤害。为了使蚕蛾能循环轮回,先民们开始建立蚕室来对其进行精心的饲养。中国的蚕桑丝绸业就是这样开始的,养蚕的发明也是在中国特有的文化背景下开始的。在春秋战国之后,丝绸的生产量越来越大,人们对丝绸怀有的那种神秘感也越来越弱。同时,中国社会也逐渐从早期天人合一的巫术世界里走向一个以礼制为特征的封建社会,丝绸的用途更多地与中国社会中的礼制结合在一起,成为中国古代社会的重要内容之一。

三、纺织原料与御寒性能

就一般的纺织材料来说,特别是棉、毛、麻,它们的主要用途还是服用,特别是在冬天里御寒。通常的知识是,一般人到冬天就穿棉衣棉裤,较为富有的人可以穿丝绵袄和丝绵裤。但棉花输入中国以前冬衣所用的材料显然根据地域不同而有所不同。从文献记载和实物出土来看,中国古代所用过的冬衣材料有裘皮、毛褐、绵衣等几种。

中国的西北地区是产皮毛的地方,新疆出土的距今 3 000 年前的古人穿的基本都是裘皮或毛织物,可见皮毛只是普通人的服饰。但到了内地,皮毛就变得十分稀罕,特别是裘皮更为珍贵,穿着的人多是居住在北方的皇亲国戚和富豪人家。《诗经》中就经常提及当时所用的裘皮衣服,用得较多的是羊羔皮和狐狸皮。《诗经》里的《郑风》、《唐风》、《桧风》各有一首以《羔裘》为题的诗,其中的《桧风·羔裘》中有:“羔裘逍遥,狐裘以朝。”闻一多的解释是：“大夫平时穿羔裘，入朝穿狐裘。”另一首《豳风·七月》中有：“取彼狐狸，为公子裘。”说的也是一种狐裘。这种裘皮衣服也有图像的描绘，在山西太原北齐徐显秀墓里的壁画上，就画着墓主人穿着裘皮大衣的形象。

毛褐是用毛纤维（较多地是羊毛纤维）纺织而成的较为粗厚的织物，也可以用来御寒，在新疆早期出土的墓葬中十分常见。虽然其御寒效果不如裘皮，但也为普通百姓所用。《豳风·七月》中有：“无衣无褐，何以卒岁？”说的就是用粗毛织品做成衣服来保暖过冬。在南方不是很冷的地方，也可以用这种粗毛织物御寒，今天的苏格兰呢也可以算作是一种毛褐，说明用褐御寒也为各地的人们所用。陶渊明生活在江西，他在天冷时仅靠饮酒披褐抵御风寒。

> 敝庐交悲风，荒草没前庭。
> 披褐守长夜，晨鸡不肯鸣。
> （《饮酒（二十首之十六）》）

一般老百姓最为常用的冬衣是复衣，即把衣服做成有表有里的夹衣，当时称为袷，再在里面填充保暖材料，当时称为复衣，或写作複衣。这是不产皮毛之地发明的御寒衣服，其中又可以根据填充材料的不同或是等级的高低分为几类。

填充材料的大类是丝绵。当时对丝绵的称呼有绵、絮、纩等多种，可能是因为质量的不同所致，但也很难区分。最好的丝绵是直接用茧子做成的，就像今天我们所做的清水丝绵，第二等的是用茧子的下脚料做的丝绵，质量稍差一些，第三等是用过的旧丝绵。我们今天的丝绵衣穿过数年之后也需要重新翻一翻，拉松，再填充到夹衣中去。如果这旧丝绵质量实在不行，就再添加一些新丝绵进去。所有这些用丝绵进行填充的衣服，都可以称为绵衣、絮衣或是纩衣。中国古代社会从汉代开始同时征丝绸和丝绵作为赋税，说明在实用的服装中，丝绵与丝绸的地位不相上下。古代文献中所记载的绵衣也非常多。唐代的现实主义诗人白居易有一首五言诗《新制布裘》写道：

桂布白似雪，吴绵软于云。
布重绵且厚，为裘有余温。
朝拥坐至暮，夜覆眠达晨。
谁知严冬月，支体暖如春。

就是说一件用丝绵做成的绵衣，可令在冬月里肢体暖如春。唐代的时候，中央政府发给边防守军有春、冬两季的衣服，根据敦煌发现文书中的记载，其中的冬衣中有长袖、袄子和绵裤三种，应该都是用丝绵填充的。关于边防戍卒的绵衣，唐朝开元时期还发生过一个故事。据《全唐诗》载：当时给边军的丝绵衣（原文称为“纩衣”）有一部分是由宫女做的。有一位士兵在袍中无意发现了一首诗（《全唐诗》卷七九七开元宫人《袍中诗》）：

沙场征戍客，寒苦若为眠。
战袍经手作，知落阿谁边。蓄意多添线，含情更著绵。
今生已过也，结取后生缘。

这位兵士就把此诗交给了军官，军官又把此诗交到了朝廷。当时唐玄宗将诗出示给宫中，查找写诗的宫人。结果有一宫人认罪，但唐玄宗忽生怜悯之心，非但没有处置宫女，反将宫女嫁给了那位士兵。边军将士在西北寒冷之地均穿绵衣，说明当时的绵衣是人们御冬的主要服装。

然而，由于养蚕的不易和丝绵的昂贵，虽然它是当时人们的主要冬衣材料，但也不是所有人都能穿着的。较丝绵更次的是用乱麻填充，这种乱麻称为缊(yùn)。《说文》云：缊：绋也，是乱麻的意思。用乱麻填充的衣服称为缊袍，《论语·子罕》中说："子曰：衣敝缊袍，与衣狐貉者立，而不耻者，其由也与？不忮不求，何用不臧？子路终身诵之。子曰：是道也，何足以臧？"邢昺在疏注时说：缊袍就是"杂用枲麻以著袍也"。孔子说，有谁穿缊袍，敢跟穿裘皮大衣的站在一块儿而不脸红，恐怕只有子路。这里所说的缊袍是很差的冬衣，同时也说狐貉是很好的冬衣。说到缊袍的还有陶渊明，他在《祭从弟敬远文》中说："冬无缊褐，夏渴瓢箪。"这里正是说明在南方冬衣的常用材料是缊和褐两种较差的材料，都不是很保暖，但相对较为适应南方的气温。北魏时贾思勰在《齐民要术》的序言里也有过关于麻絮保暖的记述："茨充为桂阳(今湖南境内)令，俗不种桑，无蚕织丝麻之利，类皆以麻枲头贮衣。"

比用麻枲更次的是用芦花作絮。此事见于"二十四孝"闵子骞《芦衣顺母》的故事，这也许只是一个特例，但依然存在着可能性。据说，闵子骞是春秋时期鲁国人，也是孔子的弟子。其内容曰：

> 父取后妻，生二子，骞供养父母，孝敬无怠。后母嫉之，所生亲子，衣加绵絮，子骞与芦花絮衣。其父不知，冬月，遣子御车，骞不堪甚，骞手冻，数失缰靷，父乃责之，骞终不自理。父密察之，知骞有寒色，父以手抚之，见衣甚薄，毁而观之，始知非絮。后妻二子，纯衣以绵。父乃悲叹，遂遣其妻。子骞雨泪前白父曰：母在一子寒，母去三子单，愿大人思之。父惭而止，后母改过，遂以三子均平，衣食如一，

得成慈母。(敦煌本《孝子传》)

所以,我们得出的结论大致如下:在中国古代大量使用棉花之前,大多数人在冬天穿的还是填充了丝绵的衣服,但其质量有所上下。特别富有和高贵者则会穿着裘皮衣服。粗糙的毛褐和填充乱麻的缊袍有时也被生活贫困的人们所穿着。当然无衣无褐过冬的情况也时有发生,特别是在当时不产蚕丝的南方地区。

四、服饰与中国传统礼制

关于较为高贵的纺织面料,特别是其中的丝绸,更为重要的一面是它与中国传统礼制之间的关系。中国历代就有布衣的说法,也就是说一般无官无职的人只能穿着麻衣,因此被称为布衣,但丝绸本身就是高贵与身份的标志,由于它具有丰富的色彩和图案,更可以作为标志等级的符号。

最高的等级首先是皇帝的服饰。《尚书·益稷》中已见对早期冕服十二章的记载,十二章可以根据等级的不同而使用不同的数量。东汉孝明皇帝永平二年(59),定天子用日、月、星辰十二章,三公、诸侯用山、龙九章,九卿以下用华虫七章。早期的十二章纹饰并无图像传世,现在可以见到最早的十二章纹是在敦煌壁画上描绘的皇帝图像,但不全。真正带有十二章的实物是北京定陵出土的明神宗的缂丝衮服(如图5所示)。

图5 明代十二章缂丝衮服

龙纹也是皇帝服饰中的专用图案题材。从史料记载和考古出土实物来看，龙纹最迟于辽代已用于皇帝服饰（如图 6 所示），到元代，五爪大龙被专用于皇帝服饰，而较小的三爪龙仍然可以用于一般场合。明代起，则有五爪龙和四爪蟒的分别，还有与龙十分相似的飞鱼、斗牛，除五爪龙之外，蟒、斗牛和飞鱼都用于赐服（如图 7～9 所示）。

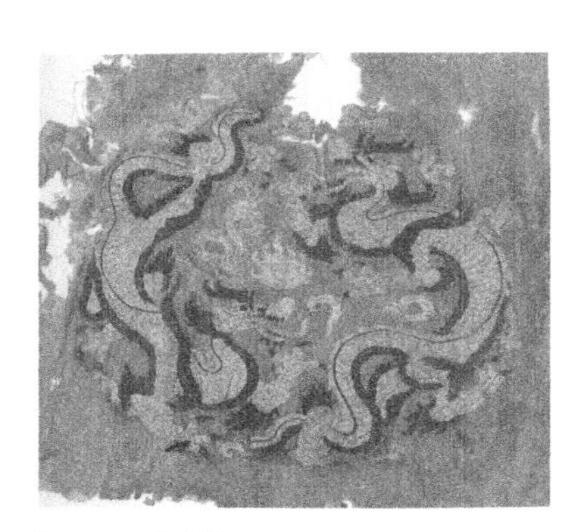

图 6　辽代龙袍

图 7　明代蟒袍

图 8　明代斗牛服

图 9　明代飞鱼服

除图案外，色彩也是分辨等级的重要因素。史载秦时期祭服装尚黑，西汉尚黄，东汉则尚赤。但汉代又根据时令为服色之别。《后汉书·舆服志》载五时色朝服为春青、夏朱、季夏黄、秋白、冬黑。紫色亦有贵者燕居之服，而绿色则为民所常服。《旧唐书·舆服志》载，唐代高祖时天子用赭黄袍衫，遂禁臣民服用赤黄之色，并规定亲王及三品以上服大科绫罗紫色袍衫；五品以上服朱色小科绫罗袍；六品以上服黄丝布交梭双紃绫；六品七品用绿。至太宗时命七品服绿色，龟甲双巨十花绫，九品服青丝布杂绫。大抵紫、绯、绿、青四色为定官品之高卑，即始于隋唐。自中唐起，皇帝还用雁衔绶带锦和鹘衔瑞莎锦赐给观察使和节度使等高官，这种雁衔绶带锦的纹样一直保存到辽代，在辽代墓葬中还有发现（如图10所示）。宋代官服色彩等级与唐相同，但时服中亦区分织锦图案。据《宋史·舆服志》记载，第一等用天下乐晕锦，第二等用簇四盘雕细锦，第三等用黄狮子大锦，第四等用翠毛细锦，第五等用红锦，其余将校则赐窄锦袍，有翠毛、宜男、云雁、狮子、练雀、宝照大和宝照中锦七等。

图10　辽雁衔绶带锦图案

明清文武百官更多用补子表示品级。据《明史·舆服志》载，洪武二十四年（1391）规定常服补子品级如下（如图11所示）：

公侯伯、驸马：麒麟、白泽；

文官：一品仙鹤、二品锦鸡、三品孔雀、四品云雁、五品白鹇、六品鹭鸶、七品鸂鶒、八品黄鹂、九品鹌鹑；

武官：一品二品狮子、三品四品虎豹、五品熊罴、六品七品彪、八品犀牛、九品海马；

杂职练鹊；

(a)

(b)

图 11　明代补子一组

风宪官:獬豸,

清代补子有圆、方之分,圆补主要为龙、蟒之类,用于王公贵族;方补用于百官,其中:

文官:一品鹤、二品三品孔雀、四品雁、五品白鹇、六品鹭鸶、七品鸂鶒、八品鹌鹑、九品练鹊;

武官:一品麒麟、二品狮、三品豹、四品虎、五品熊、六品彪、七品八品犀牛、九品海马。

在一般的丝绸图案中,丝绸艺术也随着时代的变化而展示其流行和时尚风格的变化。青铜器、陶瓷、漆器、金银器等装饰纹样也均曾跟随丝绸装饰之风,或与丝绸风格互相影响,体现着共同的时代特征。如在青铜中期开始,各种礼器上出现的动物纹样的周边和间隙之处填满了各种小几何纹如回纹、雷纹等,可能正是由于几何纹暗花织物上加以动物主题刺绣的影响所致。丝绸之路开通之后,中国的丝绸艺术与西方的纺织艺术互相交流,形成了大唐时期最为华贵的丝绸图案,影响丝绸之路沿途的地区和国家。宋元之后设计中经常可以看到的锦地开光图案,以小几何形的琐纹如曲水纹、锁甲纹、球路纹等作地,上布带环的窠状纹样作主题,无疑也是来源于丝绸图案设计,并大量出现在瓷器、金属器、漆器及建筑等几乎所有的艺术品上。明清时期,丝绸纹样更是成为人们表达吉祥如意向往的重要手段,五谷丰登、吉庆有余、岁寒三友、福寿三多、莲生百子、百年好合等都成为丝绸图案中的重要题材(如图12所示)。

图12　清代丝绸吉祥图案

五、中国纺织科技发展的三大阶段

从纺织生产技术的角度出发,我们可以将中国古代纺织史分成两个主要阶段:从商周到中唐称为古典体系,中唐之后至宋元明清为传统体系。如再细分的话,商周是古典体系的形成期,秦汉是古典体系的高峰期,而魏晋南北朝直至唐代中期是古典体系的解体并逐渐融合新技术因素的转折期。唐晚期至宋是传统体系的形成期,蒙元时期则又一次吸收西方纺织技术的一些长处,到明清是传统体系的成熟期。清晚期开始受西方近代纺织技术的又一次冲击,传统体系逐渐瓦解,纺织生产的近代技术体系最终在民国时期建立,一直延续到现在。

1. 古典体系

纺织生产的区域分布总体形成了北蚕南麻的主要局面,而且丝绸产地还向西北和东北扩展。当时丝绸生产的重心是黄河中下游地区,政府在首都长安和齐、楚、蜀等丝绸主产地区设立了官方的丝绸生产机构。一直到唐代初期，黄河中下游的中原以及四川仍然是丝绸生产的重地，但长江中下游特别江南一带的丝绸生产在安史之乱后发展很快，到唐后期基本形成了三足鼎立的局面。

纺织生产是人民生活中的重要组成内容。凡宜蚕之地，每家每户均得树桑养蚕，并以绢作赋税，宜麻之地，则用麻布。汉代已有年贡赋丝织品 500 万匹的记载，曹魏时正式实行户调制，一直到唐代初期名为租庸调制，均以丝麻织品为征收对象。而在一般流通市场上，则是以丝绸作为货币的重要形式之一，以支付大宗买卖。

桑树树型以高干桑为主，蚕品种则以二化性为主。用于缫丝的工具在商周时是青铜甗作缫丝锅，并发明简易的缫丝工具进行热汤缫丝。约自汉代起开始使用手摇缫丝车进行缫丝，一直到唐代为止未变。麻纺织以沤、绩、纺为主，形成麻线，进行织造。

迟至春秋战国时，纺织生产中已出现了 2 种织机及织造技术。一是踏板织机，用脚控制织机的开口，同时用于丝织和麻织。二是提花机，用花本或综片来控制经丝的提升规律，仅用于丝织生产。丝织物的组织结构亦是织造技术的重要部分，这一时期以平纹组织作为基本组织，尚无真正的斜纹组织可言。纱罗织物在此时流行的是一种特殊的四经绞罗，又称链式罗。此外，提花织物尤其是织锦的显花方式通常是经显花，即用多彩的经丝在织物表面按一定规律显露而呈现花纹。

我国传统的染料以植物染料为主。自商周至南北朝，虽有部分染料从周边区域引进，但以国产为主。红色染料以茜草为主，亦大量使用矿物染料朱砂；蓝色用蓼蓝、菘蓝进行未发酵的直接染色；黄色则用黄栌、栀子。染色工艺多采用媒染法，主要的媒染剂则是草木灰和含铁物质。印花技术来自手工描绘，汉代开始出现真正的印花，其工具是青铜凸纹印花版，但仍结合手绘同时进行。这一方法一直沿用至唐宋时期，但魏唐时期也逐步出现了新型的防染印花方法。而这一时期的刺绣方法基本均为锁绣针法，细致而繁琐。

此外，丝绸之路上的丝绸贸易也表现出这种阶段性。无论是早期的草原丝绸之路，还是汉武帝时张骞出使西域，中国与西方交流的主要通道是经过中亚西亚一直到达地中海沿岸地区，特别是汉唐间中原政府对西域的经营，使由沙漠与绿洲相连而成的西北丝绸之路一直发挥着重要的作用。而与这条丝绸之路相比，海上的丝绸贸易虽然已经与朝鲜、日本等国有不小的发展，但比重还显得较小。

2. 传统体系

自安史之乱起，北方的战乱使南方的丝绸生产得到官方的重视，到宋室南迁，南方更加成为丝绸生产的重心，麻纺织的规模逐渐缩小。从元代起，棉花种植开始在全国各地普及，黄道婆的故事正是这一史实的反映。丝绸生产区域进一步集中到江南一带。因此，这一时期的蚕桑丝绸产区主要集中在江南一带，如明代的官营织染局大部分集中在江浙两省，清代官营织造则完全集中在南京、苏州和杭州三地，称为“江南三织造”。南方大量生产丝绸，北方宫廷则大量消费丝绸，而在民间则以棉纺织业为主。

从纺织与社会经济的关系来看，由于唐代中期开始实行两税法，纺织品在中央财政中的地位大大降低，丝绸的货币作用也大大减弱，以后各代逐渐以用钱进行纳税。而民间的丝绸生产更趋于商品化和专业化，江南一带形成了很多以纺织为主业的专业城镇，以及以此为依托的专业市场。

丝绸的对外贸易也有了极大的变化。由于中亚地区的伊斯兰化，西北方向的丝绸之路时有阻隔，而南方的海上丝绸之路却非常繁荣。宋元时期，南方沿海有大量的港口城市出现，丝绸产品经海运输往朝鲜、日本和东南亚各国，再转运到其他国家。特别是明代郑和下西洋的壮举，写下了海上丝绸之路最伟大的篇章。

从技术上来看，蚕桑生产因其重心移至江南而使其生产技术更加适宜南方的环境，中低干桑成为桑树的主要类型，大量中低干桑密植桑园涌现。养蚕技术中已总结出在上蔟时加温的“出口干”之法，既有益于缫丝的解舒，又能保证江南丝绸纤薄的风格。缫丝车型制亦有较大改进，最迟在宋代已出现了完善的脚踏丝车，缫丝工艺中亦总结出“出水干”的经验。虽然麻纺织的技术基本没有变化，但棉纺织技术从南北两个方向传入中国，并在中国得到了改进和发展，中国人发明了多锭脚踏纺车和大纺车，大大提高了纺织生产效率。

宋元时期的普通织机已广泛使用两片综片。起初为单动型的双综双蹑机，元代出现互动型双综双蹑机，取代了早期的中轴式单综织机。在提花机型方面，束综提花机在宋代开始一统天下，用线综所制花本来控制提花，其中又包括了小花本和大花本提花机两类，是中国古代丝绸技术最高标志之一。

织物的组织结构也有了很大变化。基本组织中陆续出现斜纹、缎纹等，纱罗组织中链式罗逐渐少见，而大量出现有固定绞组的纱罗，起绒织物使用剪绒方法，重组织中较多地使用地络类和特结经固定的重织物，显花方式也由经显花转向纬显花，不少采用控梭工艺的织品如缂丝和妆花得以流行。所有这些，都是这一时期织造技术中的新因素。

唐代以后，红色染料以红花和苏木为主，染色工艺使用酸性染法和媒染法，蓝色染料则更多采用石灰发酵制备靛蓝并用还原法染色。黄色染料变化较小，只是多用槐花而已。媒染剂也多用明矾来替代草木灰。唐宋时防染印花盛行，除少量其他印花术外，灰浆防染、蜡染、灰缬、夹缬等成为主流产品。到了明清时期，丝绸染缬走向没落，但蓝印花布却是急剧发展，成为民间最为重要的棉纺织装饰手段。刺绣针法也在唐代晚期出现重大变化，大量使用平针及其变化针法，乃至以后有丰富变化的各种地方绣，如顾绣、苏绣、京绣等各类名绣，锁绣针法就极为少见了。

唐代是丝绸艺术风格最为多样化的时期。特别是宝花图案的应用使丝绸装饰主题从动物转向花卉鸟虫类。这一时期的丝绸装饰风格在宋代更多地体现出文人的爱好，写生花卉成为丝绸装饰的主流，丝织品上广泛使用各种花卉如牡丹、莲花、梅花、菊花、桃花、竹叶等，以及与此相配合的蜂蝶鱼虫、鹭鸶雁鹊之类，其造型风格也是写实主义。明清时期丝绸的装饰风格仍以花卉纹样为主，但表现形式趋于程式化，题材更多地以吉祥图案为主，以纹样寓意吉祥，达到言必吉祥的地步。

3. 近代工业体系

清代晚期，西方先进的纺织技术对我国产生了极大的影响，不少实业界人士从西方引进新型的动力机器设备、新型的原料和工艺，并聘用西方技术人员在中国建厂，由此而诞生了中国近代蚕桑丝绸业和棉纺织业，并形成了近代纺织工业体系。

中国的近现代丝绸工业起源于19世纪末的机器缫丝业。1861年英商在上海设立纺丝局，是为中国第一家外资丝绸企业，1872年，陈启源在广东南海县创办了我国第一家民族资本的丝绸企业——继昌隆汽机缫丝厂（如图13所示）。这些企业不仅采用先进的工业化丝绸生产机

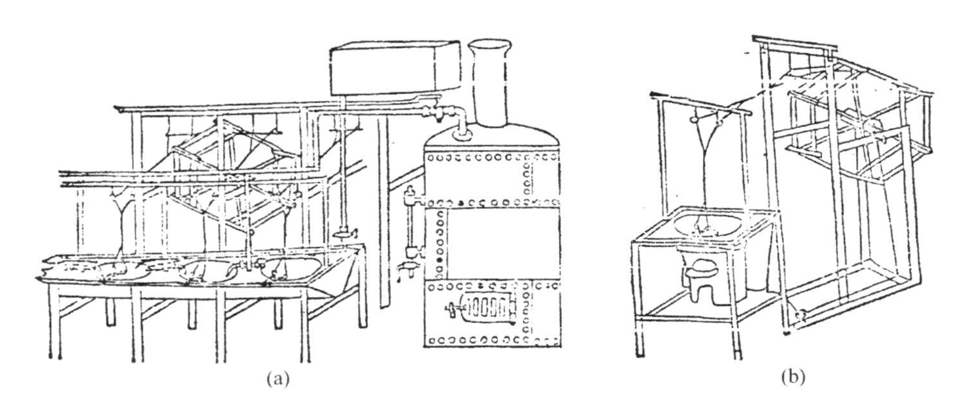

图 13 陈启源所用的缫丝机械
(a) 机汽大偈图 (b) 机汽单车图

械，而且仿照西方工厂的生产形式进行运作，带来了中国近代工业化生产体系。此后，丝织业及印染业等也先后开始采用工业化生产模式。

科学养蚕和蚕种改良改善了蚕的品种，杂交育种使蚕茧质量又得以提高。机器缫丝起初采用意大利式和法国式坐缫车，后又改用日本式立缫车，使生丝产量和质量均有了较大提高。棉纺和毛纺织业也是快速发展，以上海、南通、无锡等地为中心建起了大量的近代纺纱厂。此外，各种新型的人造纤维风靡一时，使原料生产构成发生了较大的变化。

在织造技术方面，我国在 19 世纪末引进飞梭机，使双手投梭接梭改成一手拉绳投梭，既加快速度又加阔布匹门幅。此后又利用齿轮传动来完成送经和卷布动作。20 世纪初，进一步采用铁木机和电力织机，织机构件大多为铁制，织机动力由电力驱动。在提花机方面，则引进木制贾卡式纹版提花机，后又逐渐扩大了针数并将机身改成铁制，这些设备的更替，标志着现代丝织技术的引进。到 20 世纪下半叶，缫丝机、纺纱机和织机等更进一步向自动化方向发展，一直到电脑控制的智能化的纺织生产机械。

随着化学工业的发展，化学染料逐渐取代了传统的植物染料。自19世纪末起，中国已大量使用化学染料染色。20世纪初，我国民族资本家设厂进行机器染色，先染各色纱线，后染布匹。机器印花在1930年代出现，先采用滚筒印花机，后又采用平网印花机，印花工业也由水印发展为浆印，与此相配合的蒸化、水洗及整理工艺也得到了完善。

近代纺织工业生产体系与传统体系的最大不同点还在于它已有了一整套系统的科研、教育、出版机构。1897年，杭州太守林启创办的蚕学馆开中国近代丝绸教育之先河（如图14所示），此后蚕校和丝绸工业学校在各地陆续兴办，为中国丝绸业培养了急需的人才。到20世纪，在全国范围建立了各类纺织行业的学校、研究机构和推广机构，出版关于纺织的专著与专业刊物，培养大量纺织专业人才。位于上海的华东纺织工学院曾是中国最为重要的纺织类高等学校，后改名为中国纺织大学（现改名为东华大学）。20世纪末，纺织生产的重要区域还建成了各类纺织博物馆，包括南通纺织博物馆、苏州丝绸博物馆和位于杭州的中国丝绸博物馆（如图15所示）。

图14　中国最早的蚕学馆

技进于道

图 15　中国丝绸博物馆

（张善涛）

方益昉

中国古代饮食技术与食材要素

一、饮食资源的稳定阶段

二、饮食制品的丰盛阶段

三、美食定型的理论阶段

技进于道

我们天生都是吃货。只有合格的吃货才对得起与生俱来的消化系统，正因如此，在涉及饮食话题时，无论专家还是大众，都能谈出些观点与心得。但是，如果真的要这张共享吃饭、说话两大功能的嘴巴，系统地归纳一个特色文本，演讲个子丑寅卯，就会产生相当的难度。

近几十年，各路专家、学者不断发掘中国饮食史料，成果喜人。他们为现代饮食科技的发展，提供了新视野和新思路。有人据此大发宏愿，试图整理一部“中国饮食”之类包罗万象的洋洋巨著，结局事与愿违。因为，有能力同时驾驭华夏故国数千年历史进程中的饮食技术、饮食民俗、饮食哲学的文化大师，毕竟阙如。以此为戒，笔者在本文写作中，不会刻意面面俱到，仅从个人专业出发，以梳理科技史为关键脉络及核心问题，斟酌史料、演绎逻辑。

作者撰写本文时，身处的饮食环境相当严峻。越来越多的天然食材被污染，监管缺失；越来越多的转基因食物混迹商肆，监管放水。数年前，作者投资过时尚餐饮，力求抗衡被戏称为“饥饿型餐饮模式”的近代社会集体记忆。该前卫品牌经营得相当成功，进而入驻 2010 上海世界博览会，向全球展示。又过了几年，作者以维护人工杂交技术传统为己任，领头批驳瞄准中国十几亿人口市场、草率推广转基因主粮的农业规划与商业企图。也就是说，现实生活中有这样一伙人，正在精心策划将病毒、细菌和动物的某些基因，克隆到传统的水稻、玉米等口粮中，一边密谋强塞到我们嘴里，一边正儿八经地宣布：这些都是科技精华，不许阻碍科技进步！

为此，作者采取的饮食技术研究路径，谨慎地选择传统和先锋之间的调和模式。历史警示众生，现代饮食资源开发、饮食成品制作与化工技术、生物技术密切相关，各路决策者、从业者不得以抵押、赌博人类和种族的未来，或者危害、牺牲健康和生命为代价，在饮食专题上提倡跨越式、突变型的冒进措施，违背内在发展规律的方案。在重大生命科研项目决策中，历史反思路径与科学实验范式，具备同样的理性权重和道德分量。

一、饮食资源的稳定阶段

饮食资源的不断拓展与人工种植，在火、水调和技术的支撑下，华夏民族温饱等基本生理需求得以满足

2005年，广西壮族自治区在玉林地区建成了我国野生稻连片面积最大的原位保护区，总面积632亩，共保存野生稻资源110多万份，居世界首位。野生稻是现代栽培稻的远古遗脉，含有高产优质、耐寒抗旱、抗病虫害等优良基因。广西是我国最大的野生稻自然繁殖地，但大部分已被毁灭。现存的野生稻原生地分布点仅占原有资源的21.12%，极其珍贵，是生物学研究与新种培育的宝贵物质基础，更是抵御非自然干扰、保证粮食安全的战略性物质基地。大量证据表明，我国南方地区的先民，在稻作起源上的独立贡献，在粮食利用上的累积技术，至少经历了上万年的大田种植和人体进化风险考验。

走过史前漫长的进化历程，人类祖先逐步从渔猎、采集为主的生存模式，过渡到定居、耕作为业的历史阶段。上溯一万年，在华夏文明圈内，已经出现了世界上最早的农业发源地之一。尽管幅员辽阔，出土资料多样，但对已有资料做综合分析后，“北黍南稻”的农耕分布脉络，基本可以概括泱泱大国的主粮种植框架。依据主粮原料的性质差异，南、北两地原始饮食结构也顺势发展，各具特色：南方以饭稻羹鱼为生，北方以

食粟餐肉为主。[①] 在以果腹为主要生活内容的人类社会原始阶段，饮食制作粗糙。在此阶段，如何积累饮食素材，满足吃饱的生理需求成为饮食技术探索中的共同命题。

以主粮种植而言，南方发现的浙江余姚河姆渡、河南舞阳贾湖、江西万年仙人洞、广西桂林甑皮岩、湖南澧溪八十垱等遗址，保留着万年前后的稻作遗存。叹为观止的是，同样古老的粟、黍、麦和高粱等栽培主粮，先后出土于北方地区的裴李岗文化、仰韶文化、马家窑文化、龙山文化、齐家文化，以及甘肃秦安大地湾、陕西临潼姜寨、甘肃东乡林家、甘肃兰州青岗岔、云南剑川海门口、陕西保德西家湾、陕西武功赵家来、河南郑州大和村、陕西万荣荆村、甘肃东灰山等遗址。此外上述南、北先民已经具备了大豆、薏苡和葫芦等人工栽培的迹象。值得一提的是，所有这些人工种植的品种，不是一夜之间跃入远古先民的餐锅。人工种植的动机，除了满足人口增长对食物来源的需求，食品加工工艺的发展，食材来源稳定性的追求，也是不容小觑的原因。[②] 上述物种的筛选、育种、耕种，以及食用各种不同蛋白质成分之后的胃肠适应、免疫反应、健康发育乃至后代养育等涉及人类安全性评估的多元因素，就是在一个自然、缓慢、无欲而为的渐进过程中，被人体慢慢适应、融合、吸收的。西方考古学和生物学研究发现，曾经伴随现代人类一路走来的旁枝远亲如尼安德特人等，就是因为无法适应环境、疾病和食物的变化，最终消失在历史的进程中，千万不要轻易放弃这条当代食品科学决策中重要的人类学判断依据。劳动密集型的原始农耕技术，对于原始社会的食品数量，未必产生根本性的改变。但是，这种目标明确的种植技术，对改变未来社会的

---

① 徐海荣主编:《中国饮食史》，华夏出版社，1999 年。

② 农业起源说：目前除了人口压力导致农耕发展之说外，还有各种挑战上述观点的学术争议。

战略影响，对于调节当时区域性族群的饮食喜好，铺垫了决定性途径。

出土表明，史前华夏先民的食料中，继续保持着采集时代已充分认知与享用的蔬果、水产和山货。他们的动物蛋白食谱继续扩充，捕杀野味与驯养畜牲相容并蓄。下面罗列的华夏族群初始食物原料品种，最早的来自距今50万年的周口店北京人遗址，最迟也源自有数千年历史的考古遗址。作者认为，下列保留至今的直接出土依据，已经排除了大量通过民族学和民俗学，被研究人员演绎推理出来的远古先民可能食物原料。这些远古绿色品种包括：朴树子、橡子、酸枣、毛核桃、菌类、藻类、二角菱、芡实、莲子；禽蛋、昆虫、螺蛳、小鱼、虾、瓦、螃蟹、蜗牛、蝌蚪；鹿、貉、野猫、野兔、獾、鼠、黑熊、苏门犀、亚洲象、水牛、麝、大熊猫、野猪、水獭、狗獾、猕猴、赤鹿、孔雀、梅花鹿、四不像、獐、野马、羚羊、披毛犀、青鱼、鸬鹚；驯狗、家猪、牧羊、放牛、养鸡、饲马、驯鹿等。反映原始先民生活的《夏小正》，保留着较为完整的旁证记载，含主食：麦、黍、菽，副食：田鼠、鱼、羊、鸡、马、狸、豺、鹿、鲔（鲟鱼）、鳣（鳄鱼）、韭、白蒿、识（参）、枣、芸、梅、虫卵、冰、梅、杏、桃、瓜等，也有30余种。

收获丰盛的食物原料，并不意味着人类饮食的深度加工时代就会自动降临。一般而言，针对不同性质原料所从事的烹饪加工和食物改良，与人类学会主动运用火种直接相关。自从先民们主动将食品原料，通过加热烧烤之后，再摄入人体，这个技术性的革命过程，具有划时代的生理学作用和社会学意义。一方面，加工熟食与习惯食熟，有助人类从智力和心理上，逐步摆脱动物野性。更为关键的一个方面则是，食物原料通过加热、烤熟，可以大大提高人体细胞对原生食料中糖分、蛋白质和脂肪的消化吸收效率，促进消化系统、大脑神经和骨骼体型的生理进化，阻断寄生虫、细菌、病毒对人体的伤害。所以，告别茹毛饮血的这个历史性节点，不妨视为人类饮食技术发展史上的革新原点。自此之后，当具备惊人创造力的智慧先祖，再次无师自通地将食物原料放入动物胃囊、石穴和陶罐中，慢慢领悟隔火烹煮的关键技术和营养滋味，烧烤与烹煮前后两次饮食革新的相距时间，跨越了漫长的几十万年历程。自从华夏族群的先人们热衷运用食物和水共“煮”的饮食技术，华夏饮食制作中的基本特征就发芽了，这项技术萌芽中的“调和”烹饪关键，将逐步成为华夏饮食技术的核心原则，贯穿中国饮食制备与美食享受的全部工艺和文化过程，润泽子孙数千年。相应的与“调和”原则类似的华夏烹煮专用词汇，“少许、微量、稍后”等模糊用语，也一直自信地沿用至今。

华夏烹饪技术起源于加热与沸煮，有实物考证。浙江余姚河姆渡出土陶罐的残留食物中，考古人员通过视觉判断和仪器分析，清晰辨认出稻米、蔬菜、河鲜与动物肉质的区别。当年，先人们享用这样一锅劳作之后的家常美味，与当下时尚白领们最爱的什锦火锅，没有根本的结构区别。唯一不同的是，先人们碍于技术原因，无法拆散了上述原料，分别烹制煲仔饭、清炒蔬菜、红烧河鲜与煎炸肉排等要求烹饪容器耐受高温的菜肴，而现代饮食理念又热衷回归自然，主张享受原味，食客们主动放弃“调和”了含有各种添加调料的煲、炒、烧、炸等厨房秘诀再次回归享受其热融融的原味火锅家餐形式。

华夏先人从学会聚薪烧烤，到领悟一锅煮的调和熟食，未来几千年中，他们还将分门别类，再衍生出煮、炖、蒸、羹、烹、炮、煎、炸、炒、熘等几十种食物制作技术。所有这些厨艺手段，绝对不是简单的形式革新，而是充分综合了华夏先人对物理、化学、力学、解剖、养生和医学等文明内涵的逐步认识与深刻理解之后的创新成果。《黄帝内经》、《吕氏春秋》、《周礼注疏》、《淮南子》、《神农本草》、《救荒本草》、《抱朴子》等典籍中，反复强调的医食同源观点，食疗养生观点，包括更加全面的中医治疗理论，不乏历史的总结创造，也同时暗含理论的局限。比如，华夏祖先基于人体在当时生活环境、食物资源、食品数量和营养状况及时提出的营养补充、食疗方案，通过草药煎熬获得微量元素和维生素补充，无疑对人体起了超越其认知范畴的作用。但是，21 世纪的大众媒体上，依然还有自诩食疗养生传人的专家，无视城市民众深受食品污染、营养过剩、饮食结构不平衡的主要现实危机，全盘照搬古董学问，就是典型的生吞活剥、食古不化了。

现代文化学者致力于弘扬先秦八珍、秦汉胡食、隋唐夜宴、宋元汴京、明清随园中的华夏饮食精华，无疑是对传统的保护与继承，就其精工细作、外来融合、文化提升各个方面，不断发表厚厚的专题报告，难能可贵。唯独，业界很少有文章谈及，中华饮食结构与远古先民健康本质的密切关联。

传统饮食考古项目和饮食科技史研究，往往醉心于类似上述的出土证据收集与罗列。在承认这些学术发现的同时，我们还必须放远视线。现代科学研究手段日新月异，关注量化分析思路、采用数字研究视角，这样的学术思想方法，将碰撞、冲击传统的饮食技术历史研究路径。主张重视实验数据分析的学派认为，出土遗物再多的罗列，也仅仅凸出了同质化的单维倾向，文献整理中似曾相似的平面分布与点状叙述，无益于研究主题的深度发掘与外延伸展。长期以往，就会导致缺乏学术新意的研究囊肿淤积。正如考古营养学者瓦特罗指出，[①]如果没有人类骨骼材料提供的证据，我们将缺少食谱方面的量化资料。除了针对古代世界的居民在理论上可以获得的食物种类的乏味摘要之外，我们也无法得到更多的东西，类似的论文摘要往往像这样："在希腊与罗马，普通人的食谱

---

① J. C. Waterlow. Diet of the classical period of Greece and Rome. *Eur. J. Clin.* Nutr. 43, suppl. 2(1989):3～12.

来自谷物、豆类、蔬菜、水果、橄榄油、牛奶、奶酪以及少量的鱼和肉”。英国学者彼得加斯(Peter Garnsey)在参加2005年复旦大学第三届世界古代史国际学术研讨会时，提交“骨骼与历史：古代地中海地区食谱与健康研究的新方法”，该文在同类研究中技高一筹。作者曾通过建立人类骨骼遗骸分析的实验平台，整理出“希腊罗马世界的饥荒与食物供应：对风险与危机的应对”(Famine and Food Supply in the Graero-Roman World: Responses to Risk and Crisis, 1988)与“古典世界的食物与社会”(Food and Society in Classical Antiquity, 1999)等作品，这些通过数据加以比较、假设和推论的研究成果，将人体骨组织的化学组成与摄取食物的化学组成存在的对应关系逐一揭示，发现当地当时人们的食物，视来源不同，在稳定同位素组成方面存在差异，它表现在人体骨骼中的稳定同位素组成也有所区别，即人体骨胶原蛋白中的同位素值，可与食物中蛋白质的同位素值关联讨论。比如，从地中海地区出土的希腊-罗马古典时期约2 000块骸骨，经过10多年研究，有关各类食物消费量，有了基本结论，试以下述为例：

(1) 样本(N=105)中波尔都斯人的食谱以谷物为主，但海洋食物占了相当大的比例。

(2) 最受欢迎的海洋食物并不是通常被认为普遍存在于罗马人菜单上的鱼酱，而是鱼肉。鱼酱中稳定同位素15N的值，比骸骨中的值要低得多。

(3) 稳定同位素15N值表明，先民消费营养级别更高的食肉类鱼，而非体形较小的食草类鱼。不管食用的时候是整条鱼还是以加工成鱼酱的形式。

(4) 不同年龄与性别之间存在差异：成年男性食用大量食肉类鱼，年龄在15～35岁之间的较为年轻的人群包括儿童和妇女，则食用较少。

(5) 饮食结构与丧葬类型没有明显的关联，即骨骼取自宏伟坟墓或简陋的双耳陶瓶葬同位素值都是一样的，没有统计性差异。

上述样本人群的食谱中，海洋食物对陆地食物的比例，大致估算是鱼肉提供食谱中10%～40%的蛋白质，结论是，当地波尔都斯人可能食用大量鱼肉。

此类西方古代营养学研究模式与结论，给我国类似研究领域开启了一扇窗户。尽管目前西方的有关研究，严谨程度也有待推敲，但是，比较我们一贯富含民族自豪情绪的出土考古研究，其科学性胜出一筹。华夏饮食史、农耕起源史、人类健康史的研究路径不加改进，延续一如既往展示箱底式的简单描述，这样的研究成果与意义将在国际接轨的目标上越行越远。唯有重视实验式分析的考古营养学，将赢得各界同行的普遍尊重。

近年来，我国科研人员对出土骨骼的考古解剖学显示，华夏先民饱受战争外伤、劳作伤残，甚至有证据显示，先民具备了手术治疗的技术痕迹。我们已经能通过分子生物学分析技术，追溯华夏人种迁移。所以，有关历史上古代先民的食物摄入与营养状况、疾病分布和健康寿命的数据统计分析，将启动我们重新认识考古发现的动、植物食料与社会人口的关系重构，有关研究技术不再存在关键障碍，改良以后的研究路径将使我们进一步了解人类先祖在饮食选择进化中的智慧与成就。

二、饮食制品的丰盛阶段

华夏社会整体进步带动农具、炊具不断更新，促进饮食资源与成品技艺的华夷沟通，饮食技艺成为东西方文明交流与技术融合的组成部分。

20世纪60年代，考古人员从江西万年县仙人洞遗址发现距今1万年左右，代表人类最早水准的陶片。2012年起，我国学者与哈佛大学、波士顿大学专家合作，将有关该遗址的研究成果，连续发表在美国《科学》、《考古》等重要杂志，这些陶片所提示的信息可能改写已有的人类制陶记载，江西万年仙人洞遗址发现的制陶技术，应该可以将这项创举上推到20 000年前。最保守的估计，我国先民利用陶土制作炊具的历史，至少距今7 000年。河姆渡遗址出土的陶器上，准确无误刻划着稻穗、家猪的旧影。类似的考古发现证明了一条重要事实：中国最原始的制陶技术，几乎伴随农耕技术同时面世，无论在仙人洞遗址还是河姆渡遗址，人工种植水稻的遗迹，是不容否认的事实。稻作起源伴随陶艺的诞生，提供研究者一项非常值得注意的华夏科学史研究二维信息。一方面，先人们有意识地将大量谷壳在陶土中掺比，意味着人类开始注意泥土膨胀与火候温度的复杂关系。另一方面，食料与不同陶制用品依赖关系的建立，体现原始社会中有关储存、烹饪和分享等实用技术与人际关系的成型。

受制于原始低温制陶的成品质量，古人在此阶段的烹饪手段极其有限。加热沸煮是制作熟食的主要步骤，而保持容器中含有足够的液体，以免陶制器皿烧干爆裂，则相当关键。先民们劳作一天，稠粥烂饭，聊充主食，维持饱腹的时效可想而知。但是，对于勤劳的先民而言，这种生态不得不维持很长的历史阶段。直到很久以后，锅底，或者罐底出现细小的空隙设计，人们开始普遍使用由下鬲上甑二部分组成的复合炊具，这才导致蒸煮技术面世，米饭粒粒，喷香饱腹的主食最终端出灶台。河姆渡遗址出土过陶釜里残留的褐色锅巴，推测就是当年干饭制作中的一次小小意外事故。如果今人一定要按照自我的美食理解，将其推测为特制的煲仔米饭，香脆锅巴，恐怕这样的烹饪手艺，至少还需探索上千年，等待高温陶器或者青铜器的面世，方能享用。

相对而言，面食的制作对于炊具的要求宽松得多，石磨盘的发明与改进，无论米面、黍面，还是稍晚传入的麦面，都可做成火烧面饼、水煮面片，或者融合了外来发酵技术的面食制品。尤其是汉代以降，民族融合大大拓展了"饼"这种大众面食的内涵与外延，其系列包括面条、饺子、馍、窝等大部分通过揉面、擀面等初始工序启动加工的各类产品，最后的加工步骤，无论出自水滚、炉烤、油炸，还是高温蒸汽，已经不再重要，有关食物均可归入饼之大类。

2005 年 10 月，英国《自然》报道了距今 4 000 年，属于中国先秦时代的一坨出土面条。研究人员考证，出土食品由粟米面加工制成，它无疑担当了中国最早的面条之美誉。这碗西北大众食物，当之无愧印证了华夏食物多样性，以及饮食技术的继承脉络。[①] 只是，应该将此碗食品，称作汤饼，方才符合中国古人的思维与习惯。凭借新疆地区自然气候的特点，有机古物长期保存具有天然优势，如今，自治区博物馆常年展示着唐代的春卷和饺子，这种古代的"馅饼"，为后人展示了华夏食物的大一统体系。小麦作为西域土生土长的作物，不仅在东土广泛种植，其影响

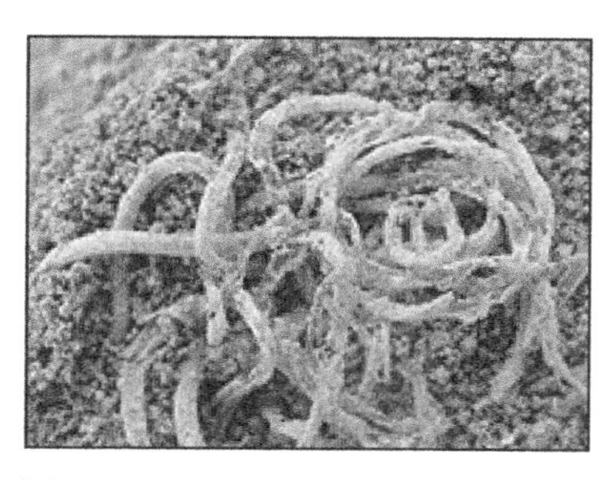

图 1

① Houyuan Lu, Xiaoyan Yang1, Maolin Ye, Kam-Biu Liu, Zhengkai Xia, Xiaoyan Ren, Linhai Cai, Naiqin Wu, Tung-Sheng Liu. Culinary archaeology: Millet noodles in Late Neolithic China. *Nature*, 13 October 2005 VOL437:967 - 968. http://www.nature.com/nature/journal/v437/n7 061/full/437967a.html

超越了中原古老的五谷传统，成为主粮。春卷和饺子的食物形式，最终得以在中原地区成功改良、生根，关键在于融入了自诗经时代便流行的烹饪“调和”原则，各种美味馅仁，聚而合一，五味生津。

自青铜时代降临，高温烹饪技术开始成熟，各路厨艺好手拓展美食想象、一展技艺的时代接近了。也就是说，先人们开始逐步摆脱几十万年如何吃饱的摸索，随着农耕技术的稳定进步，农具炊具的不断升级，如何吃得好，即将成为华夏先民未来几千中，以食为天甚至比天还大的大事。他们不惜工本，继续在拓展食物资源、制作可口美食两大关键上，竭尽努力，苦下功夫。

起源秦汉以前的伊尹传说，将治大国比作烹小鲜的理想哲学，一直在华夏故国流传了上千年，羡煞权贵。不过，真正馋煞饕餮客的，是同期记载的“八珍”、“招魂”等美食佳肴，有望满足一时的口腹食欲，实现这些厨艺精品，每一项都少不了高温烹饪的技术配合。西周八珍计有：淳熬（肉酱熬油拌干饭）、淳母（肉酱熬油黄米饭）、炮豚（煨炸慢炖烤乳猪）、炮（煨炸慢炖小羊羔）、捣珍（焖煮牛、羊、鹿里脊）、渍（慢炖酒糖牛羊肉）、熬（干煮五香牛肉干）和肝（网油煎烤狗肝脏）等八种中原美食（或者八种烹调法）。制作西周八珍的原料，分别取自牛、羊、麋、鹿、豕、狗、狼，对今人而言，全部面临食料安全或者法律障碍问题，一口难咽。位于南方的楚人，肉食是否丰盛，并非他们判别佳肴的唯一标准。他们的味蕾体验和美食理念，要比中原贵族更加细腻，《楚辞·招魂》以优美的诗句罗列成行的美味，证明南方民族更注重五味与口感：

室家遂宗，食多方些。稻粢穱麦，挐黄粱些。大苦醎酸，辛甘行些。肥牛之腱，臑若芳些。和酸若苦，陈吴羹些。胹鳖炮羔，有柘浆些。鹄酸臇凫，煎鸿鸧些。露鸡臛蠵，厉而不爽些。粔籹蜜饵，实羽觞些。瑶浆蜜勺，实羽觞些。挫糟冻饮，酎清凉些。华酌既陈，有琼浆些。

在这些微妙的生理体验上，营养过剩和饮食靡费的今人，明显不再具备分辨、享受的功能，社会的发展同时造成器官退化，本能退化已成不争的事实。只是，在狂妄的技术盛宴中，人类尚未觉醒。

秦汉以降，大一统的社会制度对技术的规范和交流的通畅，带来便利，后人有更多机会通过出土实物、文字画像等多种形式，了解他们的生活真相。在此之前，经、史之类的“庙堂”典籍，多少也会涉及种植、饲养与食物制作，这些文字记载主要来自儒生的道听途说，难以真实细致反映实际操作人员的工艺流程，直面要害。得益于秦汉文字改革与普及，越来越多的底层官员和现场操作人员，注意收集整理农书、月令等直接贴近农事种植和食物制作的书籍，他们常年密切接触农人和手工艺者，或者本人就直接参与劳作，这样流传下来全面真实，可以复制的农事厨艺技术细节与民俗文化风貌，内容可信，宜于流传。

目前，研究者基本可以读其原貌的主要文本，包括《汎胜之书》、《考工记》、《四民月令》、《齐民要术》等唐宋以前的版本，当然《吕氏春秋·上农》等4篇、《管子·地员》、《盐铁论》等较实用的文献，也记载了不少种植生计与饮食技术信息。其中，汎胜之为西汉议郎，好比今日农科站的基层技术人员，他的工作就是在陕西关中平原地区教民耕种。现在所见《汎胜之书》尽管只是辑本，但依然可见其内容对后世重要著作《齐民要术》的影响，《汎胜之书》几近融化在《齐民要术》中，后者主笔贾思勰，贵为太守一方，但对农事为本的治理精髓感受真切，因此也就顺理成章地留给后人一部完整的农事大全。如果比较阅读我国秦汉时期的上述农事作品，与西方同一时期的古罗马著作《论农业》、《农业论》等，读者必有另外一番时不再来的感慨。

汉唐盛世，中原农耕技术，尤其是铁质农具冶炼锻造和设计应用技术，直接流向长江流域，甚至更为边远的岭南，西蜀等华夏欠发达地区，掀起了新一波技术更新和社会发展。只是，诸如，传播农耕新方法的史实，尚未吸引传统饮食史研究者重视。一般认为，上述技术的传播流传，主要是意外受益于战乱带来的社会变迁和人口迁移。自从越来越多的自然科学研究者也介入传统的人文科学研究领域，他们敏锐地发现战乱本身的周期性与规模，也有内在规律可循。按照中央研究院院士许靖华先生的研究结论，即气候改变历史。①

公元前后华夏气候变冷，可能就是更加直接促成中国人口南迁，战争频发的外部刺激因素。北方地区、中原地区日益下降的寒流温度，促使农人向南寻找、开发温暖湿润、适宜种植的土地。计算机模拟数据显示，公元前几百年，中原地区气候适宜、农耕顺当，民众生计相对容易。酷寒的第一次先兆，出现在公元前 29 年，当年九月开始下雪，这种冬季提前的年份，以后一直持续到公元前 18 年。寒流、干旱与饥荒往往相生相伴，随之而来的就是饥民暴动和南迁求生。汉代是中国小冰川频繁时期，主要发生在公元 2 世纪。研究数据显示，公元 164 年和公元 183 年冬季极其寒冷，公元 193 年的夏季吹着西北寒风。但是，来自北方的移民，带着萌芽于战国时期的坚韧铁器，直接解决了东南地区淤泥黏度较大的土地开垦问题从此，现代农耕意义上的稻米之乡，方才名符其实。

出土实物证明，西汉初年的铁制品比铜制品贵重，铁器大都用作生

---

① Houyuan Lu, Xiaoyan Yang1, Maolin Ye, Kam-Biu Liu, Zhengkai Xia, Xiaoyan Ren, Linhai Cai, Naiqin Wu, Tung-Sheng Liu, Culinary archaeology: Millet noodles in Late Neolithic China. *Nature*, 13 October 2005 VOL437:967～968. http://www.nature.com/nature/journal/v437/n7 061/full/437 967a.html

产工具，很少制成常规兵器。也就是说，活命自救的理性需求，往往胜过野蛮杀戮的冲动。比如，1983 年发现的广州象山岗南越王墓中，陪葬铜制兵器 519 件，但皆置于棺木之外。不多的几件铁兵器则位于棺内，铁剑紧贴腰部，可见对铁质兵器之珍惜。该墓共出土铁器 246 件，大部分是造船狩猎和种植农耕工具。广西贵县罗泊湾出土的汉代《东阳田器志》，就记载了从中原地区引进，起土、除草、开荒和割稻专用的铁质农具，仅一张清单就记录农具 500 多件。平乐银山岭墓地共出土铜兵器 299 件，铁兵器仅 4 件；同时，出土的铁质生产工具包括鼎、釜、镰、锄、斧、锛、刀削、凿等。刘邦死后，吕后下旨“禁南越关市金铁器、马牛羊”，以遏制南方的独立崛起。可见，即便离中原最遥远的南蛮之地，铁器与生计的关系，在当时是多么至关重要。反过来说，汉代开始，铁器制作生逢其时，对其技术的成熟把握与推广使用，主导了食物资源的生产。

汉代疆域的拓展，尤其是沙漠丝路、海上丝路交流的兴旺，对于丰富饮食原料和烹饪方法，起到推波助澜的作用。华夏各族口味的一体化融合，在此后一千年间，于唐宋时代达到高潮。再回到上述楚辞招魂所提及的先民五味体验，国人先祖对甜味的口舌体验，主要来自蜂蜜采集和麦糖熬制。到了宋代，王灼的一部《糖霜谱》，记载了砂糖从甘蔗种植到分子结晶的技术过程，无疑是一段甜蜜的中外食品技术交流史料。季羡林先生挖掘这段中亚文化学术的交流贡献，其研究品质首次展示了国人在口味上的改变，更大的价值是开创了学术研究的着眼点，以传统的帝王历史转向匠人技艺，研究成果冲击了死水一潭的学术江湖。后辈延伸研究发现，饮食制品中包含与糖类制品类似特征的成瘾或者迷幻生理功能的一类农副产品，应该扩展到酒类、草药、茶叶、香料、咖啡、烟草包括鸦片等。人类文明起源于烟雾缭绕的祭祀场景，在吸饮烟酒等精神制幻产品的过程中，天人相通，逐步升华到宗教、艺术、哲学的通达境界。真正有价值的饮食史研究无法回避与生命息息相关，与历史发展进程保持千丝万缕关系的这些产品及其深刻内涵。

作为中华文明起源的文字中，有荼无“茶”。茶叶作为与酒同等重要的国饮制品，是有别于酒精饮料的原创中国饮品，公元758年，经陆羽写成《茶经》，茶叶逐步建立了产品体系和技术理论。在富有生机的铁锅中，低温翻腾发酵，这种器具配置与技术过程，至今不变。盛唐以后，历来作为皇亲贵族御用的茶叶饮品，推向寻常百姓家，继而成就政治、经济新模式。从唐德宗开始，茶叶征收什一税，销售额的十分之一为国库税收，皇权财政明显改善，历朝相袭。唐文宗将茶叶交易限制在规定的市场，建立官府统购统销的茶榷制度，国家垄断交易，变成延绵千年的统治法宝。

茶叶产自丘陵山区，不挤占粮食、棉花种植耕地，但极不适合北方少数民族地区生长。生理功用上，茶叶有显著的协助消化、提神解乏功能，其富含的维生素、单宁酸、茶碱，恰是游牧民族饮食中所缺少的必需人体养分。饮茶对北方民族，是一种生理需求，化解牛羊肉、奶等燥热、油腻、不易消化之物的关键饮食。长期饮用滚开热茶的卫生习惯，可以杀灭细菌，减少寄生虫感染的机会。饮食中缺少茶叶，肉食为主的民众将不得不延续煮食各种苦涩的树皮草药、消食化解的史前技术。因此，中原帝国独有的茶叶，赋予了超越饮食本身的战略意义，中原皇朝本可以运用这门生物武器，根本化解、控制北方游牧民族。

1575年，首辅张居正以13岁万历皇帝的名义下诏，关闭民间边境贸易，维持茶叶官方垄断，使蒙古、女真各部处于限饮混乱，其实就是准备启动扼制生理需求，断绝生命希望的全新战略，结果茶叶引发三年血战。当皇朝重开茶市时，蒙古和女真各部的斗志，已彻底瓦解。茶马交易是中原皇朝对北方草原、河套地区等养马地区的一项制度设计。丝绸之路上运输的丝绸、棉布、和瓷器，不能从草原地区交换到足够的战马，只有茶叶适合承担交换战马的功能。朱元璋推行以茶制戎政策，“假市易以羁縻控驭，为制番上策”。茶马贸易使得明王朝强大兴盛，但并没有最大化使用，大明皇朝最终被原本臣服于茶叶武器之下的满清取代。

相比未来将用鸦片作为战略性生物武器，拖垮满清皇朝的新兴世界霸主，曾手握文明武器的中华文明，显得既强悍、又懦弱。中华帝国曾多次拥有锐利的生物技术和商品市场，但儒家文化没有教导它赋予政治使命、放在战略武器的高度加以重视与运用，往往牛刀小试之后，便宽松地将种植加工技艺授予他人，中华茶叶与茶技是对历史的贡献，也是历史的遗憾。历史是残酷的，华夏文明的代表茶叶，如今已被西方文明广泛采纳和改良，还会有多少人知道流行西方的柠檬茶，来自元代中原，是典型的中国输出饮料？中华美味的饮食最终只留下了齿口留香的小富即安、醉生梦死，这样的评价通过《东京梦华录》所记为例，并不为过。只是本文属于纯粹意义上的科学史文本，不再延伸讨论，仅试以流行于大宋汴京的丰盛菜单，按当下餐饮行业分类，分析其技术特点：

(1) 糕饼店

凡饼店有油饼店，有胡饼店。若油饼店，即卖蒸饼、糖饼，装合、引盘之类。胡饼店即卖门油、菊花、宽焦、侧厚、油磈、髓饼、新样满麻。《东京梦华录・饼店》

品种单一的快餐形式当年就有，满足过客匆忙的需求。此地所见蒸法与煎法的主要区别，恰好区分了本土糕饼与外来糕饼。事实上，作为西方经典主食的发酵烘烤面包，在华命运截然不同，无论文字记载还是出土实物，至今尚处空白领域，或可勉强将与之配套的牛奶一样的在华遭遇来解释华夏人种基因中消化酶短缺是原因之一，但发酵烧烤面包缺乏食物本土化改良空间，可能是主因。否则就难以解释，为何同样作为发酵面食的含馅包子就流行中原，与传统蒸煮相结合的实芯发酵馒头也可以占据一定空间。它们多少都是调和的二代产品。

（2）大排档

> 大街两边民户铺席……往往只于市店旋置饮食，不置家蔬。北食则矾楼前李四家、段家爊物、石逢巴子；南食则寺桥金家、九曲子周家，最为屈指……有燋酸豏、猪胰、胡饼、和菜饼、獾儿、野狐肉、果木翘羹、灌肠、香糖果子之类。㓸子姜豉、抹脏、红丝、水晶脍、煎肝脏、蛤蜊、螃蟹、胡桃、泽州饧、奇豆、鹅梨、石榴、查子、榅桲、糍糕、团子、盐豉汤之类。（《东京梦华录·马行街铺席》）

小食店经营的大排档形式，至今是普通消费者的最爱，美味与形式的统一，使得样样原料均可入锅，比如动物内脏、蛤蜊螃蟹等下脚原料，在这里均可在不同厨艺的升华下，烹作美味。“调和”的饮食烹饪原则，其内涵可能也涉及了对食物资源的最大利用层面。就是说，底层社会或者边缘地区喜食的食物原料，也会逐步被社会上层所接纳，类似菜单逐步出现在贵人进出的大酒店里。比如南越国王墓中，出土过成罐的稻田花雀，它们与陪葬食物归在一起，想必国王大人以此为美味。证明南粤之隅，好食奇物的传说渊源已久。

（3）茶餐厅

> 大凡食店，大者谓之「分茶」，则有头羹、石髓羹、白肉、胡饼、软羊、大小骨、角炙犒腰子、石肚羹、入炉羊、罨生软羊面、桐皮面、姜泼

刀、回刀、冷淘、棊子、寄炉面饭之类。更有川饭店，则有插肉面、大燠面、大小抹肉、淘煎燠肉、杂煎事件、生熟烧饭。更有南食店，鱼兜子、桐皮熟脍面、煎鱼饭。又有瓠羹店……或热或冷，或温或整，或绝冷、精浇、臕浇之类，人人索唤不同……更有插肉、拨刀、炒羊、细物料棊子、馄饨店。及有素分茶，如寺院斋食也。又有菜面、蝴蝶虀肐[illegible]，及卖随饭、荷包白饭、旋切细料馉饳儿、瓜虀、萝卜之类。《东京梦华录·食店》

社会富庶民众消费场所，比糕饼店和小食店铺上一个的档次的茶餐厅里，胡饼只是不起眼的一种糕点，面条、馄饨等同时出现，它们无疑是更加汉化了的“胡饼”新品种，更多被人唤作“汤饼”。其外还包括了快餐汤羹、冷盘、热煎和米饭，按习惯不同，还区分素斋点与大荤店，分别享用。

(4) 大酒店

水饭、爊肉、干脯。王楼前獾儿、野狐肉、脯鸡。梅家、鹿家鹅、鸭、鸡、兔、肚肺、鳝鱼、包子、鸡皮、腰肾、鸡碎，每个不过十五文。曹家从食。至朱雀门，旋煎羊白肠、鲊脯、熸冻鱼头、姜豉剿子、抹脏、红丝、批切羊头、辣脚子、姜辣萝卜。夏月麻腐、鸡皮麻饮、细粉、素签沙糖、冰雪冷元子、水晶皂儿、生淹水木瓜、药木瓜、鸡头穰沙糖、绿豆甘草冰雪凉水、荔枝膏、广芥瓜儿、醎菜、杏片、梅子姜、莴苣笋、芥辣瓜儿、细料馉饳儿、香糖果子、间道糖荔枝、越梅、[illegible]刀紫苏膏、金丝党梅、香枨元，皆用梅红匣儿盛贮。冬月盘兔、旋炙猪皮肉、野鸭肉、滴酥水晶鲙、煎夹子、猪脏之类，直至龙津桥须脑子肉……羊头、肚肺、赤白腰子、妳房、肚胘、鹑兔、鸠鸽、野味、螃蟹、蛤蜊之类讫，方有诸手作人上市买卖零碎作料。饭后饮食上市，如酥蜜食、枣、澄砂团子、香糖果子、蜜煎雕花……所谓茶饭者,乃百味羹、头羹、新法鹌子羹、三脆羹、二色腰子、虾蕈、鸡蕈、浑炮等羹、旋索粉、玉碁子、群仙羹、假河魨、白渫虀、货鳜鱼、假元鱼、决明兜子、决明汤虀、肉醋托胎衬肠、沙鱼两熟、紫苏鱼、假蛤蜊、白肉、夹面子茸割肉、胡饼、汤骨头、乳炊羊、肫羊、闹厅羊、角炙腰子、鹅鸭排蒸、荔枝腰子、还元腰子、烧臆子、入炉细项莲花鸭签、酒炙肚胘、虚汁垂丝羊头、入炉羊、羊头签、鹅鸭签、鸡签、盘兔、炒兔、葱泼兔、假野狐、金丝肚羹、石肚羹、假炙獐、煎鹌子、生炒肺、炒蛤蜊、炒蟹、煠蟹、洗手蟹之类……又有外来托卖炙鸡、燠鸭、羊脚子、点羊头、脆筋巴子、姜虾、酒蟹、獐巴、鹿脯、从食蒸作、海鲜、时菓、旋切莴苣、生菜、西京笋……又有托小盘卖干果子,乃旋炒银杏、栗子、河北鹅梨、梨条、梨干、梨肉、胶枣、枣圈、梨圈、桃圈、核桃、肉牙枣、海红、嘉庆子、林檎旋、乌李、李子旋、樱桃煎、西京雪梨、夫梨、甘棠梨、凤栖梨、镇府浊梨、河阴石榴、河阳查子、查条、沙苑榅桲、回马孛萄、西川乳糖、狮子糖、霜蜂儿、橄榄、温柑、绵枨金橘、龙眼、荔枝、召白藕、甘蔗、漉梨、林檎干、枝头干、芭蕉干、人面子、巴览子、榛子、榧子、虾具之类。诸般蜜煎香药、果子罐子、党梅、柿膏儿、香药、小元儿、小臈茶、鹏沙元之类。更外卖软羊诸色包子,猪羊荷包,烧肉干脯,玉板鲊豝,鲊片酱之类。其余小酒店,亦卖下酒,如煎鱼、鸭子、妙鸡兔、煎燠肉、梅汁、血羹、粉羹之类。每分不过十五钱。

《东京梦华录・州桥夜市/东角楼街巷/潘楼东街巷/酒楼/饮食果子》

上述菜单里,源自中原以外的食品原料,大量出现,比如香药、橄榄,龙眼、荔枝、孛萄(葡萄)、石榴、樱桃、莴苣、生菜、广芥、萝卜、胡桃、梅子等。通过出土遗物,学者们考证,先秦以后出现在中国食单上的域外果品和蔬菜多达几十种,橘、柚、柑、橙、荔枝、龙眼、林檎(又称花红)、枇杷、杨梅、橄榄均先后来自岭南、南洋和印度,以后逐步加入这个大家族的外来水果包括中国早期的水果，其原产地多为西亚（如葡萄）、中亚（如早期的苹果）、地中海（如橄榄）、印度（如一些柑橘类）、南洋（如椰子、香蕉）。近代由于中外交通发达，又引进许多不同来源的水果，如菠萝、西红柿、番石榴、草莓、苹果、番瓜、莲雾、百香果、奇异果、葡萄柚等。这些水果中有些来自南洋（如莲雾）、有些来自新大陆（美洲的番瓜、菠萝和澳洲的奇异果）、有些很晚驯化（如各种莓子）、有些本身经过许多品种改良，是育种下的产物（如许多种类的苹果、葡萄柚），这种种水果丰富了我们的日常饮食生活。通过文人的记载，后人算是真正领教了华夏祖先在食材上不拘一格的肚量。

除了广为研究的汉代西域交流，促进中原文化，增添食材资源，五岭之外的南越地区，作为近年学界逐步重视的域外交往航船通道，也为华夏大家族的文化繁荣贡献良多。以蔬果品种为例。以往汉字文献中，橄榄是出现时代较晚的一种食物记载，起码在秦汉文献中记载阙如。而同期的古罗马文献中，橄榄已经是被经常谈论的农产品和食物资源，比如古罗马学者在《论农业》中，就设专门章节讨论“橄榄与植树”、“食用橄榄”、“橄榄汁”。专门讨论如今消费者心向往之的橄榄油制作，2 000 年前却被学者认为“对农业和许多方面有用”，奢侈到用来浇灌种树。[①] 作为印证，广州中山四路秦汉时期船厂遗址出土橄榄核 28 颗，广州汉代中期的墓址中，也出土过白榄、乌榄，甚至 2 000 年前的橄榄果、核、叶，一件不缺。可见汉代前后，南越地区发达的海外航运技术，其水准远远出乎传统学者的书斋认识，这些橄榄可能原生本地，又有可能来自与南亚大陆或者地中海文明的交流，但毫无疑问推翻了近代学者的推论，即橄榄绝对不是仅仅来自沙漠丝路一条通道。

---

① M. T. 瓦罗:《论农业》，商务印书馆，1997 年，第 82 页。

类似的颠覆性学识包括了被熟视无睹的大白菜，这些最平民化的蔬菜也有外来血统，同样挑战常规认识。大白菜祖先称作甘蓝，译音歧义，史籍中恐怕与橄榄混为一谈，以致对后者籍贯判断不明。直到唐代影响深远的大家力作面世，孙思邈《千金食治》称其蓝菜，陈藏器《本草拾遗》称其西土蓝，甘蓝与橄榄的区别方有了断。甘蓝原产欧洲大陆，古罗马学者马尔库斯·波尔齐乌斯·加图《农业志》详尽罗列了它的食用、医用细节，涉及内、外、妇、儿共18项病种。

明代以前，白菜主要在长江下游地区种植。明清时期，北方的不结球白菜（小白菜）得到了迅速的发展，浙江地区培育成功结球白菜（大白菜）。18世纪中叶起，北方大白菜种植取代小白菜，产量超过南方，技术上基于大白菜生长特性：秋玉米收获后播种大白菜，初冬就有收成，产量大，价格非常便宜。大白菜耐储存，外部叶子干燥后，内芯不变，即使气温低至零下五度，它也可以在室外堆储、安度严冬。北方百姓对大白菜的特殊感情，也特别表现在冬季，这是他们此季主要蔬菜来源，除了窖藏白菜，腌制酸辣泡菜和菹渍酸菜也是流行的白菜储存方法，该技术源远流长，《周礼》“七菹”，就有“馈食之豆，其实葵菹”的记载。

“薪炭盐菜又五百”，是《四明月令》作者崔寔在《政论》中，描绘东汉低层官员拮据菜金的实况。[①] 崔寔娴熟生计菜品，深晓其基本消费中普通民众对“盐菜”的依赖，间接反映了当时腌盐发酵对华夏饮食提供微量元素、蛋白含量与食品储存技术高度统一的规模。它不但是汉代民间饮食生活中，与“酱”和“豉”一般最为普遍的调味品，而且是流传千年、转化

① 崔寔《政论》：“夫百里长吏，荷诸侯之任，而食监门之禄。请举一隅，以率其余：一月之禄，得粟二十斛，钱二千。长吏虽欲崇约，犹当有从者一人，假令无奴，当复取客，客庸一月千刍，膏肉五百，薪炭盐菜又五百，二人食粟六斛，其余财足给马，岂能供冬夏衣被、四时祠祀、宾客斗酒之费乎？况复迎父母、致妻子哉？”

任何外来食物的华夏式“调和”技艺。再难的日子，也有自我寻乐的生存技巧。白菜进入厨房，除了炖、炒、腌、拌等烧法演变，最留恋忘返的，要算白菜猪肉包饺子，这是北方冬季的温馨标记。最后，凡此种种美食技艺回流西方，反倒被称作“北京大白菜”了。

明清时代，值得一提的饮食新资源是玉米、土豆和薯类，它们的引进对人口增长与食物平衡，至关重要。这批抗旱、抗寒主粮，来自遥远的南美大陆，拯救过世界各地的人类饥荒与营养不良性疾病。明清时代，我国人口规模急剧增加，每逢天灾人祸，这几样外来作物，就再次担当了“穷人的面包”角色。与西方唯一不同的是，这批原本用以救荒的果腹主食，制作方法本土化了，慢慢也就被调和成中国式主粮与副食。比如，玉米窝头加碱蒸煮后，柔软松糯；烤薯干可以利用炕头余热，慢慢脱水；土豆称洋蛋，或者山药，不仅名字好，吃法也娇气些，切成细丝，热炒、凉拌，都能上菜。

明清时代毕竟距今近些，饮食民俗流传世间，多少还可以亲历感悟少许。比如，《金瓶梅》、《水浒传》等作品中，刻画了宋时的炊具、炊饼，炊圆等细节，假如有机会漫步浙东台州，游览临海长城，咀嚼当地的“炊圆”，这可是一道真实的宋代美食，当年就在开封城内汴梁河边彩虹桥下，曾经被《东京梦华录》真实记录过。台州古城的路边摊上，冷不定会有豪爽者聚啸四方，操当地方言大吼，“伙计，炊圆上二斤再添一双箸”，这伙时尚男女的口语中，不仅保留了食品古称，还有筷子的古称，那绝对是现实版的古今穿越。

三、美食定型的理论阶段

华夏厨艺从口耳相传、师徒相授的经验艺术，逐步提炼成由数据、程序所规范的“食谱”类文字，代表了科学技术西学东渐的理性思维，开始介入华夏文明最大众化的领域。

明清以前，华夏饮食经历唐、宋盛世的繁华洗礼，提炼美食无数。至此，留待后世的是更高提升要求，其表现为理性地总结前人美食文化，并推动食谱初创、形成饮食理论为显著特征。

虽说先秦以来，记载华夏饮食的文字，洋洋洒洒，在本文第一节多有提及。但是，仔细考察文明成型初期的书、经、类书文献，其文学性、史料性和道德教化为主的简练文字，即使涉及饮食内容相关记载，毕竟不是当时文本的主流信息。通过文字遗留的片言只语，后人确实得以窥视、揣摩先人的口福、口味但是口位有厨师能够依靠这些精炼的描述，准确地一项一项复制祖师爷们的失传技艺、配方与制品。

汉唐以降的医书、药书，农书，包括道家秘籍，后世有幸拜读到的更多。这些著作基于饮食同源的认知原则，重点记录单项动物、植物、矿物，对于人体生理作用的描述，其中大部分的条款，同时也是时人的副食或者烹饪调料，但是依然缺乏灶台功夫看重的选料要求、配料数量、投料秩序以及火候时间等定量描述。这个阶段的重要相关作品有《食经》、《食疗本草》、《糖霜谱》、《居家必用事类全集》、《清异录》、《能改斋漫录》、《易牙遗意》等。明清之际，直接描写饮食制品与享用指南的著作不断增多，通常是文人寄语山水、叹咏事态的日常点滴边缘记录，真实却毫无厨房实用价值。所以这批作品，同样无法直接拿来用作后厨工具，如《山家清供》、《养小录》、《随息居饮食谱》、《食宪鸿秘》、《饮之语》、《食之语》、《物之语》、《闲情偶寄》等。

儒教体系的内在矛盾，在饮食思想与实践上，时有体现。一方面儒家理论认可饮食乃“人之大欲”，先秦规范《周礼》不惜将食品管理与制作人员，位列王室要员。但是，纵观千年华夏饮食史经典文献，到了近几百年，饮食制作人员的社会地位首尾颠倒，逐年下降，直至与剃头、当铺、澡堂、木匠等行当殊途同归，贬为下九流。也就是说，沉淀了几千年的烹饪技术，一直采纳父子相传、师徒相授的口耳继承模式，文字缺位，数字缺失，个体化差异巨大。这些业内特征，既催生了烹饪特色的遍地开花，流派消长，也阻碍着这项文明事业的升级、复制和发展。华夏古典厨艺讲究的天人地势、情景合一、随遇而作、顺势而为的做菜与做人"调和"原则，终究抗御不过权势、文字、教条、阶层和规矩的千年儒家成规。权贵垄断了财富，文字垄断了思想，而匍匐在庙堂背后、缺乏理论基础的手艺，则自然不再具备登堂入室的升华条件与现实可能。直到 20 世纪 60 年代，现代意义上的建制化烹饪学校出现在华夏大地，以后商品社会启动，餐饮从业地位与技术理论能力，方才有所提高。

口味本来就是感觉与人文的综合体验，各有所好，互为中心，本不需要统一、精确和定理，恰好符合华夏厨艺的基本特征，更是满足了华夏美食源自"调和"的古老法则。所以，为何后世研究者极少有机会从华夏悠久的饮食宝库中，发现食谱之类的文献，答案就自清了。

16 世纪开始，西方的耶稣信徒开始艰难的远东传教，同传教士一起进入华夏的，还有日益东渐的西方学识。天文历法、博物几何、解剖医学等知识，逐步开始影响有识之士，改造社会风气，特别是在领风气之先的华南、华东地区，刺激着不少士大夫阶层个体的思维方式，即便流落坊间的饮食风气，也出现了时尚的观念转变。比较元明之际的《易牙遗意》与明清之际的《随园食单》，作者所选饮食，不再局限于个人爱好和地方色彩，西域大众食品，照样大篇幅记载，理性判断融合于感性作品。但是，就此把记录了大量菜肴名称与配料构成的两部饮食经典，认定为华夏食谱的鼻祖，还是过于草率。从这个意义上讲，袁枚将自订的书稿，命名为

“食单”，是较为准确的。

1989年版《辞海》、《中国饮食史》、《中国大百科全书》等通用类工具书中的“食谱”条目，完全基于西方医学的中心概念，指向极为狭隘，仅涉及治疗性的用途和短期的行为，与我们试图理性考察华夏饮食演变，重构故国生活方式的历史溯源本意，相距甚远。但上述几种工具书一致强调食品的种类、数量、烹调方法等量化考核指标，倒是现代科技中逻辑思维的概念。只有到了学术性极强的营养学、植物学和细胞生物学等权威专著里，无论配方还是食谱，尽管终端产品有食物、土壤或溶液的形式差异，但科学构成相通，即针对人体的成分性食品，针对植物的活性营养基，针对细胞的个性培养液，其基本功能都是为了确保目标受体能够摄取足够的、均衡的营养元素，维持生物的基本生存或者提升活体的生命质量。所以食谱(包括主副食谱、茶酒配方、服食仙方、养身膏方、甚至动物饲料配方)的严格定义应指一切经消化器官分解、吸收、排泄，包括以疾病防治为目的的饮食配制方案。完整的食谱应具备构建成分、体积数量、配伍步骤和功能特色四项基本元素。翻译成烹饪术语，则大致类似于：食物原料、体积分量、下锅程序和色香味用。这样一看，食谱与有关食物的另一个常用名词—食(菜)单(Menu)之间，区别一目了然。从食谱里，我们可以比较准确地分析出一份佳肴的原料成本、搭配比例，烹饪方法对营养素的影响，特定食物对特定人群的生理和病理意义。我国的食谱在20世纪80年代编辑出版极多，最常用的量化单词诸如些许、少量、稍候、若干等模糊性用语，近年出版的食谱一扫此类后遗症，数量具体到克，时间精准到秒，却也有矫枉过正之嫌，其实也不符合中国饮食制作的实际艺术原理。

其实，一份好食谱最有价值的意义，在于它的可复制性，或者说流传于后世的影响力，可复制性既是食谱的科学价值所在，也是它的艺术品位所在。相比之下,菜单名词含有太多的引申、想象,除了文化过量,科学性就降低了,比如蚂蚁上树、明开夜合、红叶含云;有些蕴意吉祥但食不知味,如万寿无疆、洪福万年,恐怕只是一饱眼福罢了。

这样一来,即使《楚辞·招魂》,已经被文化学者公认为黄河流域最早的、最完整的、最具有饮食研究价值的文献之一,也达不到食谱的理性标准。尽管文字信息提供了公元前300年左右的王公贵族口味爱好和食物原料来源,比如,碳水化合物取自稻、麦、粱、糖、蜜、酒;蛋白质来自牛、鳖、羊、鸡、雁、天鹅、野鸭;口感的多元各有所好甘、苦、酸、香、嫩、纯、爽、冰镇等,烹饪手段基本定型烤、煮、炖、蒸、煎、炸等。但是,这篇没有量化指标的传世之作,恐怕很难让今天的厨艺复原专家,据此文献重新安排一顿一模一样隆重的招魂祭典宴席。

偶然间,远古也不乏简练的食谱配方,但是没有总结出理性原则,往往昙花一现,与科学擦肩而过。比如在《汉书·食货志》里记载了一则中国最古老的用曲酿酒配方,"一酿用粗半二斛,曲一斛,得成酒六斛六斗",在一个仅由17个汉字组成的信息库里,我们获得如下信息:

(1) 酒是由曲、米、水制成的,曲、米、水是酿酒的基本原料。

(2) 曲、米须同时混合。

(3) 米和曲的配比混合比例是2∶1。

(4) 米和水的配比混合比例大约为1∶3.3。

尽管该酒方还有一些笼统和缺陷,难以归在优秀配方排行榜前列,但是其中可能蕴涵超越研究饮食自身的意义。魏晋时期,是道家理论和实践的巅峰阶段,仙道服食配方,数量与程序最为讲究,所以,修炼长生之余,发现了誉满天下的豆腐制作。但是,并非所有原料、数量、制作过程和用途明确的配方都会自然成为食谱,如果使用途径与消化系统无关,我们还是无法归入食谱史料样本。例如西汉马王堆出土的帛书《杂疗方》中一份“约谱”,意在协助女性性欲的激发,但因其经由阴道激发生命力,非口腔食用途经,不能算是食谱史料。

达标的华夏食谱雏形,当推《调鼎集》。一般认为,此书成于清代中叶乾嘉年间,由祖籍山阴会稽、落户扬州城梗子街的盐商童岳荐精心编撰。[①] 此人本非舞文弄墨者,但恰被《扬州画舫录》所记,“精于精英”,可见家财万贯,忙于商贾应酬,善于成本核算。所以,由他整理的《调鼎集》,更像商号成本控制的原始文件,即使按照食谱的标准,优点和缺点都很显然。《调鼎集》揭示了一个关键,厨艺的深意,不仅表现在美食的外在呈现,还在于厨房灶台的随机应变。本书优点是内容细致,数据翔实,数量、时间、步骤、应急方案,面面俱到。本书缺点有:编目混乱,文字粗糙,引证庞杂,信息来源模糊。所以,近百年来,《调鼎集》得不到文化界重视,只有手抄本流落民间。反之,与童岳荐同时代的《随园食单》,却名扬四海。商贾达人在文化传播上的能力与机会,自然敌不过文采八斗的风流才子袁枚。袁才子的大作文字优美,不时还流露文人雅致的小情趣,故而被

① 《调鼎集》编撰者其实存疑。1977 年,张延年先生在从北京图书馆善本部发现《调鼎集》手抄本后,开始用作烹饪教学中的补充材料,点校后由中州古籍出版社翻印,使这部珍贵史料重见天日,贡献极大。张先生考证《调鼎集》为童岳荐所编,在其出版前言中主要举证二点:①“酒谱篇”明确由童岳荐撰。②《扬州画舫录》记载童岳荐居扬州梗子街,有收集美食之便。但是,《调鼎集》手抄本原序,为清末“吉林三杰”之一的成多禄,应山东济宁老友鉴斋之邀,撰于其生命的最后一年,即 1928 年的北京十三古槐馆,可见成多禄对《调鼎集》的重视。成多禄晚年任职中华民国教育部审核处处长兼图书馆(即今北京图书馆)副馆长,所以《调鼎集》在 1970 年代从此处重见天日,有其合理性和真实性。该序明言,“是书凡十卷,不著撰者姓名,盖相传旧钞本也。”北图手抄版整理者暨邀序者鉴斋先生和撰序者多禄先生,均为北方人士,对一部充满南方绍兴方言的菜谱充满兴趣,可见文化融合与底蕴已达至精境界,不会不注意到张延年先生的初步考证依据。毕竟,《调鼎集》摘录他人文字无数,更接近于素材集,或者笔记录,所以,童岳荐仅为“酒谱篇”的作者,也不无可能,该篇内容作为《调鼎集》中最独特和亮丽的篇章之一,说明作者是酒业大腕,不能要求他也同时成为厨艺大腕。

一拨又一拨的文化后人推崇。

不过，仔细比较《调鼎集》与《随园食单》后，由于二者的文字重叠程度太高，哪个是原创版本，还真不好说。《调鼎集》收集的菜肴及其制作方案，总数是《随园食单》的好几倍。许多菜肴配方，《随园食单》与《调鼎集》几乎出自一人之笔，但是，后者还附加数种到数十种不等的同类变化食谱，配料数量、准备时间等操作性数据，无疑是灶台大厨辅助工具的首选。

以制作肉圆为例，《随园食单》仅收集二种配方，即“八宝肉圆”和空心肉圆。《调鼎集》收集了 12 种肉圆做法。两本专辑中，对“八宝肉圆”的操作描述，高度吻合，一时也无法判断两本著作之间的借鉴关系。但是，这道肉圆做法，显然属于杭帮、宁帮菜系的工艺和口味，不属于通常认定的《调鼎集》以淮扬菜系为主的判断。淮扬菜中，肉圆别名狮子头，口感独特，馋煞老饕，其操作特点在于清水白炖，而非酱油蒸焖。《调鼎集》内并无淮扬狮子头，这样的失误，难以想象会被久居扬州美食街附近的撰者所遗漏。袁枚 30 岁后在南京城内修随园落户，在其精心制作的食单上，竟也同样遗漏淮扬名菜狮子头，实属费解。一种合理推测是，袁枚生吞活剥了《调鼎集》，而后者编撰者并非淮扬菜系粉丝。

《随园食单》之“八宝肉圆”

猪肉精、肥各半，斩成细酱，用松仁、香草、笋尖、蔡荞、瓜、姜之类，斩成细酱，加纤粉和捏成团，放八盘中，加甜酒、秋油蒸之。入口松脆。家致华云：“肉圆宜切，不宜斩。”必别有所见。

《调鼎集》之“八宝肉圆”

用精肉、肥肉各半切成细酱，用松仁、香覃、笋尖、葧荠、瓜、姜之类切成细酱，加芡粉和捏成团，放八盆中，加甜酒、酱油蒸之。入口松脆。

“八宝肉圆”制作简单，对食谱的基本构成，体现不明，故再以《随园食单》“红摄肉三法”与《调鼎集》“红煨肉”为例，二者文字几无区别，但在数量、时间和下料秩序上，记载严谨规范。

或用甜酱可，酱油亦可，或竟不用酱油甜酱。每肉一斤用盐三钱，纯酒煨之，亦有用酒煨者，但须熬干水气。三种治法皆须红如琥珀，不可加糖炒色也。早起锅则黄，当可则红，过迟则红色变紫色，而精肉转硬。多起锅盖则油走，而味都在油中矣。大抵割肉须方，以烂到不见锋棱，入口而化为妙。全以火候为主。谚云：“紧火粥，慢火肉。”至哉！（调鼎集-红煨肉）

《随园食单》的精华集聚首篇“须知单”。所谓文人的提纲归纳能力，在展示饮食文化方面，一览无遗。但是书生自有短板，到了灶王爷前的实战操作层面，马脚就露出来了。所以袁枚提出的须知观点，也未必厨艺真谛。比如，高汤调制是各种精美菜肴的关键步骤。在味精尚未发明前，国人的味蕾享受，就是通过这样的传统经典加工，让氨基酸充分释放，口腔才有获得鲜美体验的机会。时至今日，高汤调制依旧是一流名厨的秘方绝技，轻易决不外传，但在《调鼎集》中，稍有披露：提清老汁：先将鸡、鸭、鹅肉、鱼汁入锅，用生虾捣烂作酱，和甜酱、酱油加入提之。视锅滚有沫起，尽行撇去，下虾酱，三、四次无一点浮油，捞去虾渣淀清。如无鲜虾，打入鸡蛋一、二枚，煮滚，捞去沫亦可……诸汁（混煮不同原料）特点：蹄汁稠，肉汁肥，鸡、鸭汁鲜，火腿汁香，干虾子汁更香。凡取汁，加椒数粒更鲜。备采诸汁，荤素可用。但被封为美食师爷的袁枚，在其“变换须知”中,对上述厨艺表达了充满文人理想与浪漫的截然不同意见,或许其被商贩以下脚料糊弄过,一直不能释怀?“今见俗厨,动以鸡、鸭、猪、鹅,一汤同滚,逐令千手雷同,味同嚼蜡。吾恐鸡、猪、鹅、鸭有灵,必到枉死城中告状矣。”真是秀才遇灶爷,不知味之由来,有理说不清。

对厨艺高手,或者领悟美食真谛的老饕而言,一道美食的成功与否,很大程度上取决于匹配主角的调料和配料,在餐饮业实现工业化和商业化供应模式以前,调料和配料的制备,全部在厨房灶台上完成,成为考核大厨的第二战场。从这个视角出发,考核《调鼎集》之前的美食作品,往往忽视或者轻视了这个关键内容。《调鼎集》文本内容和思想所表现的老道、前卫和操作性,正在于此。《调鼎集》花了四分之一的篇幅,讨论佐料制备和口味调和,包括酱、酱油、醋、糟油、油、盐、姜、蒜、芫荽、椒、葱、糟、姜乳、酱瓜、豆豉、腐乳、面筋、干果、调和五香丸、熏料、芥辣、诸物鲜汁,以及酿酒饮茶中的水、米、柴火、曲种甚至各类作坊工具。这些品种和去处,秀才书生往往是不置一词、不屑一顾的。而对研究饮食工艺,则是再珍贵不过的一手史料了。

华夏饮食中,使用酱做调料和辅料,有至少 2 000 年历史。先秦时代,主要食用以盐腌制的肉酱,即各种高盐浓度的蛋白质制品,技术简单,却是珍贵美食之一。[①] 到了清代,酱的制作主要以面粉为原料,市场需求大大增加,制作成本却要在底层百姓的承受能力之内。只有应用霉菌发酵技术,可以达到这个目标,但对操作者控制生物发酵的能力要求,大大提高了。试看造酱总则:

---

① 《周礼·天官·膳夫》:“凡王之馈”,“酱用百有二十瓮”。《说文·酉部》:“酱,醢也,从肉酉。酒以和酱也。”《太平御览》卷九百三十六《四时食制》:“郫县子鱼,黄鳞赤尾,出稻田,可以为酱。”《北堂书钞》卷一百四十六《酒食部·醢》:“蜈鲗之酱”、“蟹胥之酱”。《礼记·内则》:“濡鱼,卵酱实蓼。”

酱不生虫：面上洒芥末或川椒末，则虫不生。辟蝇蚋：面上洒小茴末，再用鸡翎沾生香油抹缸口，则蝇蚋不生。凡生白衣与酱油浑脚，用次等毡帽头，稀面不紧者，滤之则净。醋同。造酱用腊水：头年腊水拣极冻日煮滚，放天井空处冷定存。俟夏日泡酱，是为腊水。最益人，不生虫，经久不坏。造酱油同。又，六月六日取水，净瓮盛之。用以作酱、醋、腌物，一年不坏。造酱要三熟：熟水调面作饼；熟面作黄，将饼蒸过用草罨。熟水浸盐，盐用滚水煎。造酱油同。滤盐渣：凡盐，入滚水搅三、四次，澄清，滤去泥脚、草屑用。造酱油同。

造甜酱：宜三伏天取面粉，入炒熟蚕豆屑(不拘多少)，滚水和成饼，厚二指，大如手掌，蒸熟冷定，褚叶厚盖，放不透风处，七日上黄。晒一、二日捣碎，滚水下盐泡成酱。每黄子十斤，用盐三斤。又，每面粉一担，蒸熟作饼，放黄子七十五斤。不论干湿，每黄一斤，用盐四两。将盐用滚水化开，下缸即用棍搅，不使留(若有块，出复上磨)。苏州甜酱，每黄豆一石，用面一百六十斤。扬州甜酱，每豆一石，用面四百斤。又，晒甜酱加炒熟芝麻少许，滋润而味鲜，用以酱物更佳。又，黄子一百斤，用盐二十五斤，水六十斤，晒三十日。须每日换缸晒之，然后搅转。长晒愈晒愈红愈甜。黄用干面一百斤，晒透净存八十斤，成酱可还原一百斤。盐加晒熟可得一百三十斤。酱黄内入七分开之梅花，香。

甜面酱食谱，科学精准。原料、数量、程序、工具、意外处置、地方口味、原料成本区别以及酵母制备要素，一一详尽记录，不光作坊厨房可以复制，规模扩大，尽可以此为业，生产销售获利了。所以，从这个证据出发，推论《调鼎集》整理者为工商业内人士，也是合理的。

清代读书人、写作者，将眼光关注“君子不齿”的厨房工艺上，无疑已经是一种进步，开始体现人类文明的普遍价值观，也标志着对西方式逻辑理性思维方式的接纳。上溯几千年，传统文献中语焉不清的西部、西方、夷人饮食，从盛情时代起，光明正大地出现在《随园食单》、《调鼎集》，包括《红楼梦》、《金瓶梅》等作品中，清代后期洋务运动中的达官贵人，拿刀叉、吃西餐、喝咖啡洋酒，成为时尚。西风东渐灶王台，《调鼎集》首当其冲，故专设一章“西人面食”，共收美食 53 种，其中不乏早已汉化、中原化、南方化了的民间小食。

自西方现代技术突破理论瓶颈，全方位发展的化学技术、生物技术、机械技术、辐射技术、基因技术，都在试图影响饮食资源、饮食制品，都以全人类包括华夏饮食为目标市场。上述技术的正面意义固然存在，促进农业种植、丰富食物品种、提升食品感官、延长食品保存、拓展食材用途等等。但是，历史已经证实，上述技术的匆忙扩展、不当使用、监管缺位、有意误用，对全人类、对华夏民族所造成的伤害，是无法掩盖与忘却的。比如，鸦片成瘾阶层的出现、重金属与有机农药中毒、不明原因恶性发病上升、生态环境的恶性循环、种族基因的未来危机、跨国经济垄断等。表面上看，仅仅是在谈论食材原料与饮食制品，实质超越了食物、营养范畴的社会、政治领域的深刻反思，有待我们在科学政治学的专业平台上，继续不断地撰写学术研究报告，从事这是一个不容“调和”的生死存亡领域。

（毛　丹）

李晓岑

浇纸法与抄纸法：两种不同造纸技术体系[1]

一、问题的提出

二、浇纸法和抄纸法的不同造纸工艺

三、不同造纸方法的源流

四、两种造纸法的外传

五、结论

① 本文的研究获国家文物局“指南针计划”重大专项“中国古纸的科学价值挖掘研究”(项目编号:20090304)以及2010年度英国剑桥李约瑟研究所中英科学交流基金的资助。

浇纸法与抄纸法:两种
不同造纸技术体系

一、问题的提出

在中国造纸术的起源研究中,纸的发明问题历来是争论不休的,除年代上西汉和东汉之争外,考古发掘出土的早期纸制作工艺也是长期聚讼的问题,有认为是纸、符合造纸工艺,有认为不是纸、不符合造纸工艺,但都各有自己的依据,为什么出现这种情况呢?

20 世纪 70 年代,台湾的纸史学者陈大川在东南亚传统造纸的调查中,认为传统造纸中有浇纸法和抄纸法两种造纸技术存在①。由于当时在国内尚没有调查到浇纸法造纸,这种观点并没有产生积极的影响。

1999 年和 2001 年,以云南白族、傣族、彝族、哈尼族、瑶族、纳西族少数民族的实地调查资料为基础,我们初步提出浇纸法造纸和抄纸法造纸有不同的源流,主要成果已发表于相关的论著②。近年来对中国大陆其他少数民族的手工造纸进行了考察,其中有藏族③、维吾尔族④、壮族⑤、苗族等,主要考察了造纸的原料、工艺流程等,另外对东南亚及日本的手工造纸也进行了实地的考察,了解到了较全面的情况。所以,现在可以在全国和整个亚洲地区,以手工纸实地调查为基础进一步讨论这个问题。

---

① 陈大川:“造纸方法的衍变与流传”。《造纸史周边》,台湾“省政府文化处”,1998 年,第 119～140 页。

② 李晓岑、朱霞:《云南少数民族手工造纸》,云南美术出版社,1999 年;李晓岑、朱霞:“关于亚洲传统造纸的发源地问题”。《云南社会科学》,2001 年,第 6 期,第 61～65 页。

③ 李晓岑:“四川德格县和西藏尼木县藏族手工造纸的调查”。《中国科技史杂志》,2007 年,第 2 期,第 155～164 页。

④ 李晓岑:“新疆墨玉维吾尔族手工造纸调查”。《西北民族研究》,2009 年,第 2 期,第 147～154 页。

⑤ 朱霞:“广西壮族手工造纸的调研”。《云南社会科学》,2004 年,第 89～92 页。

通过调查研究，可发现中国传统造纸有 2 个不同的技术体系，一个是浇纸法造纸，另一个是抄纸法造纸。在中国境内，汉族和大多数少数民族采用的是抄纸法造纸，但现在还有至少 4 个少数民族使用浇纸法造纸，分别为云南傣族、新疆维吾尔族、西藏和四川藏族、贵州的侗族。另有 1 个少数民族采用这两种造纸方法融合起来的新法进行造纸，即纳西族的东巴纸生产。

这两种造纸法各有什么特点，其源流和地理分布情况怎样呢？本文将以实地调查材料为基础，对其具体的工艺过程进行分析，并用考古发掘和文献记载的资料进行分析和讨论。

二、浇纸法和抄纸法的不同造纸工艺

以下以笔者实地调查的白族、傣族、彝族、藏族、哈尼族、瑶族、苗族、壮族、维吾尔族、纳西族和汉族的手工造纸为例，对浇纸法和抄纸法不同的工艺技术及其步骤进行分析：

1. 两种造纸方法的不同工艺步骤

(1) 原料。少数民族造纸的原料是非常丰富的，维吾尔族用桑树皮造纸，在中国内地历史上记载很多，现在已不多见。藏族用当地产的狼毒草的根部韧皮造纸，狼毒为多年生草本植物，在藏区分布很广。这种原料生产的纸，抗蛀性和抗拉力都很强。傣族、壮族、苗族、白族等用的是构皮造纸，这是中国内地也十分常见的造纸原料，彝族、瑶族、哈尼族等用的是竹子造纸，白族也用竹子造纸，丽江大具的纳西族用雁皮造纸，而香格里拉的纳西族则用瑞香科荛花造纸。往往根据当地的植物资源就地取材，不同地区都有一些变化。

（2）蒸煮方式。在抄纸法造纸中，原料的处理有2种方式，一种是生料法，另一种是熟料法。生料法就是把纸料进行较长时间的浸泡后，直接打浆，中间没有蒸煮的过程。熟料法往往对纸料有一个堆积发酵的过程，浸泡后把纸料放在大锅中，用燃料进行蒸料处理，以后再进行机械打浆。

而所有的浇纸法造纸都采用熟料法，是用铁锅来蒸煮的，每次煮料的量都不大，纳西族、傣族、维吾尔族和藏族都采用这种方法。一般都要加入灶灰，进行碱化处理，只有新疆的维吾尔族在蒸煮时加入的是胡扬灰。

（3）洗料。在蒸料前有一个洗料的过程，即对纸料进行洗涤、清洁的过程。无论抄纸法还是浇纸法造纸都是如此，有在河边沟旁，有在自家的院中，根据情况往往会有变化。如西双版纳勐海的傣族，过去在河边洗纸料，后来家里有了自来水，就都搬回到自家的院中造纸，丽江大具的纳西族造纸也是如此。

（4）打浆。抄纸法造纸一般要用脚碓打浆，瑶族、苗族、白族等大多数少数民族都采用这种方法，这是一种有悠久历史的打浆方式，应是从汉族地区传入的。也有借助水力来打浆的，如贵州香纸沟的手工造纸用水碾打浆，浙江省内地的泽雅用水碓打浆。或者用畜力打浆，如云南禄丰县九渡的彝族用牛力碾料，进行畜力打浆，用于竹子为原料的生料法造纸。

浇纸法造纸一般是采用木槌，把料放在大石板上手工打浆，傣族、藏族和维吾尔族等都采用这种方法，而西藏尼木县的藏族则用石头在石板上打浆，这是一种很原始的方式。

（5）加纸药。纸药的作用主要是有助于纸料的悬浮，造出纸后对分纸工序也有一定的作用。抄纸法造纸在一个水槽（石制或木制）中先加入纸料，再加入纸药，有沙松树根、仙人掌等等，然后在纸槽中进行充分地搅拌。但是，浇纸法造纸则不用加入纸药，这是两者的根本不同之处。

（6）搅拌。搅拌的作用是有助于纸料的充分悬浮。新疆维吾尔族和西藏的藏族，制纸浆时在桶中或陶器中搅拌，其搅拌工具都用一个端部有 4 个小叶木轮的木棒，这种木轮甚至在细节上也是相同的，可能在源流上互相有一定的关系。四川德格的藏族则用酥油桶搅拌纸浆。例外是云南傣族的浇纸法造纸则是直接把打浆后的纸料放到固定式帘模上浇纸，没有了搅拌的工序。

抄纸法的搅拌则是在水槽中进行，槽中加入水和纸料后，往往用一根木棒搅拌，使纸料翻动成浆，并均匀地分布在浆液中。由于水槽较大，所以搅拌的动作也很大，十分费力。

（7）抄纸和浇纸。抄纸法采用的是活动式抄纸，白族、壮族、苗族等绝大多数民族都采用这种方法。典型的抄纸法是纸料放在水槽里成浆后，只使用一个帘模，用帘模把槽中的纸浆抄出来后，置放在旁边的平台上滤水，当平台上的湿纸积累到一定的程度后，就可使用造纸作坊中的木架式榨具进行压榨。

傣族、藏族和维吾尔族的浇纸法是用固定式帘模，纸料放到或纸浆浇到帘模的上面，而固定式纸帘则是平放在水面上的，一帘一纸进行配合浇纸。造纸时要准备很多固定式纸帘。

纳西族的造纸术融合了浇纸法和造纸法两种方法。料放在用木框围成的竹篾式固定帘模上，这是一种浇纸法的痕迹，但把纸反扣出来就是抄纸法的痕迹，将纸贴在木板上，每块木板贴一张纸又是浇纸法的痕迹，所以它是两种造纸方法的融合。纳西族的南边是白族，北边是藏族，由于文化的碰撞，将两个民族的造纸方法融合起来了。这是一种独特的造纸法，迄今在中国其他地区以及其他国家的手工纸调查中，都没有发现类似的造纸方法。

无论是浇纸法还是抄纸法，这个步骤都是造纸过程的技术关键，也是两者的根本不同点。

(8) 压榨。抄纸法抄出湿纸以后还要进行压榨，传统的抄纸法造纸都采用木榨，用机械的方法把叠在一起的数百张湿纸中的水分挤出，使纸呈半干状态。压榨后对纸张的平滑度也有影响，但浇纸法造纸却没有这道工序，所以纸张较为松弛而且表面很粗糙。

(9) 晾纸方式。抄纸法造纸的晾纸方式一般是在屋外，或者在屋内，有不同的晾纸情况，但基本上都是把纸贴在墙上进行晾晒，往往是很多纸在一起晾晒，也有在火墙上把湿纸烤干。

但傣族、藏族和维吾尔族的浇纸法是在日光下把帘模上的纸自然晾干，一般都是把固定式帘模放在庭院里晾晒，每一帘上都有一张纸，这种晾纸方式还有日光漂白的作用，所以纸质较白。处理方式与抄纸法造纸完全不同。纳西族由于把湿纸扣在木板上，所以是每一块木板上只晾晒一张纸。

(10) 揭纸方式。抄纸法揭纸的方式是先把叠在一起的纸进行修饰，再从纸角上，用手把纸轻轻地揭起。

浇纸法揭纸的方式是从每一个帘上揭下一张纸的方式进行揭取。云南香格里拉白水台和丽江大具的纳西族，采用从木板上把纸揭下来的方式。

(11) 作坊特点。抄纸法造纸的典型作坊有木制或石制的捞纸槽，又有放湿纸的平台，还有压榨的机具和打浆的脚碓等，但抄纸帘只有一个，每天可抄出上千张的纸。纸工往往供奉蔡伦，以蔡伦为祖师爷，并且都共同有“造纸有 72 道手续”的说法。而浇纸法造纸的典型作坊则往往有一个水槽，这个水槽或者是在地上的一个坑，或建在一个水台上。造纸时要准备很多固定式纸帘，以进行浇纸，还有供打浆用的石块等，然而，从事浇纸法的纸工们都不知道蔡伦是何许人也。

(12) 手工纸的应用特点。在浇纸法手工纸的应用方面，傣族应用在傣文的经书和制作孔明灯，纳西族的手工纸一般用在东巴字的书写，维吾尔族手工纸用在维吾尔族的文书以及新疆的钱币，明清时期维吾尔族的很多文书都是用浇纸法造的桑皮纸书写的。而在抄纸法手工纸的应用方面，除内地有很多著名的纸种应用于文化方面外，在少数民族地区，大都把手工纸应用在民俗和文化上等，如写字、生活用纸、作为纸钱的民俗用纸等。

2. 不同方法在纸张上表现出的工艺特征

从以上分析可看出，浇纸法和抄纸法各有其技术特点，其工艺步骤大致可区分如下：

抄纸法的大致工艺流程是：剥料——浸泡——浆灰——蒸料——清洗——打浆——加纸药——抄纸——压榨——晾纸——分纸。

浇纸法造纸的大致工艺流程是：剥料——清洗——煮料——捶打——捣浆——浇纸——晾纸——揭纸。

以上是两种造纸方法大致的工艺流程，根据不同的条件会有一些增减变动。但从几项关键的步骤的特征(是否加纸药、是否经过压榨、浇还是抄、晾纸方式等)，可把纸张从两种不同造纸技术体系区分开来。

不同的方法反映出不同的技术特点。例如抄纸法造纸的特点：用活动式纸帘抄纸；堆集发酵；机械打浆；料放在槽中，加纸药；压榨，造出的纸为薄纸。而浇纸法造纸的特点：用固定式纸帘浇纸；用手持木槌打浆，料放在帘中，不加纸药，不压纸；在阳光下自然晒干；造出的纸为厚纸。所以，这两种系统的造纸技术是不同的。

由于工艺过程的不同，所造出纸张的特征也有明显的不同。不仅在原料上各有特点，与抄纸法相比，浇纸法造出的纸张有以下几个外观特征：由于采用布帘造纸，纸的表面往往没有明显的帘纹，只有织纹或织纹不显，这是很重要的一个外观特征；由于没有压榨过程，浇纸法造出的纸必然表面较为粗糙和松弛；由于是把纸料浇在布帘上面，形成的纸往往为厚纸。另外，浇纸法由于特殊的造纸操作方式，产品往往有厚薄不均，纤维分布也极为不均匀，这几个外观上的基本特征，反映了可从纸张上留存的信息，如帘纹、纤维交织状况、打浆度、外观粗糙情况等工艺特征，区分出不同的造纸方法生产的纸张。这些特征也成为对古纸进行鉴定的重要技术依据。

三、不同造纸方法的源流

通过以上比较和分析得知，中国传统造纸技术存在两种截然不同的技术体系。这可引出几个问题，最初的纸是浇纸法还是抄纸法？浇纸法和抄纸法分别有怎样的技术来源？它们是怎样传播的？这些都是有待于进一步研究的课题。

1. 两种造纸方法的地理分布

从目前的传统工艺调查来看，浇纸法造纸和抄纸法造纸的地理分布也很不相同。

根据现有资料研究,浇纸法在我国西藏的藏族、新疆的维吾尔族、云南的傣族和纳西族、贵州的侗族仍然存在着。在国外,东南亚的泰国、老挝、缅甸,南亚的印度、不丹、孟加拉等国家保留有这种造纸方法,地理范围主要处在亚洲的南部地区。浇纸工具都采用固定式布帘(除纳西族采用木框式竹蔑帘模),原料主要采用构皮或桑树皮,但例外是藏族用狼毒草韧皮、而纳西族用瑞香科荛花的韧皮造纸。

现今我国新疆的造纸,以南北为界,南疆用浇纸法,现在和田地区的墨玉仍有维吾尔族传统的浇纸法造纸,而北疆则一直用抄纸法造纸。除此之外,据前人调查,在广西的瑶族地区曾发现一个据称是明代的固定式布帘,现存中央民族大学。而美国的纸史专家亨特(D. Hunter)曾于1940年代在广东省的浮山(原文为Fatshan,具体位置不像是今日的佛山)考察到当地也有浇纸法造纸,并认为浇纸法造纸的布帘是最接近原始状态的[①],说明直到民国时期,这种造纸方法在中国的东南部仍有所保留,但迄今为止,在中国北方地区已找不到任何浇纸法造纸的痕迹了。

而抄纸法造纸是地理上分布最广的,它在我国内地普遍存在,也最为人们所熟悉。现在中国各省的民间手工造纸基本上都是抄纸法造纸,这种造纸法所用的原料十分广泛,有竹、麻、树皮、稻草、龙须草等木本和草本植物,抄纸工具都采用活动式纸帘,所生产的纸张有文化上的用纸,也有民俗上的用纸。这种造纸方法在世界上也分布极广,它在东亚国家中的朝鲜、日本,东南亚国家中的越南、中亚国家、欧洲诸国和非洲都有分布,源头都在中国。

---

① D. Hunter. *Papermaking: The history and technique of an ancient craft*. Alfred. knopf, New York, 1943:54-56.

2. 两种造纸的起源时间和来源

从考古发掘的实践来看,最早的纸确实是浇纸法所造。笔者考察了陕西、甘肃等地出土的早期古纸,如灞桥纸、中颜纸、金关纸、绝大部分悬泉纸等,虽然这些被认为是西汉时代的古纸在年代上都还有或多或少争议,但它们确实是中国最先出现的一批纸张。其共同特点是,原料均为麻质,厚纸类型,表面粗糙,纤维分布不均匀,没有抄纸法特征的帘纹,说明并没有经过压榨、抄纸等步骤,这些因素不符合抄纸法造纸的技术特征,但却符合浇纸法造纸的技术特征。[①] 其中,甘肃悬泉古纸虽然出土于不同的汉代层位,但早期的两个层位(第 4 层和第 3 层)的伴出物只有西汉纪年的简牍,没有东汉纪年的简牍,并且层位的分层清晰,所出土的古纸无疑应为西汉时期的。所以,可以确定浇纸法造纸应起源于西汉时代。这也说明,中国造纸术的发明最早应为浇纸法造纸的发明。今天,这种最古老的造纸方法在云南傣族、西藏藏族和新疆维吾尔族等少数民族中仍在使用,同时也多见于东南亚和印巴次大陆等亚洲南部地区。其历史之悠久,堪称世界科技史上的奇迹。

而抄纸法则出现于东汉晚期以后,目前所见最早的抄纸法造纸的实物是甘肃悬泉置遗址出土的古纸,据笔者考察,在第 1 层(东汉层)发现的古纸中,主要为浇纸法造纸,但有 1 张为抄纸法所造;第 2 层(主要是西汉层)发现的古纸中,也发现有一张为抄纸法所造[②]。由于该层位还

---

① 李晓岑:“早期古纸的初步考察和分析”。《广西民族大学学报》(自然科学版),2009 年,第 4 期,第 59～63 页。

② 李晓岑:“甘肃汉代悬泉置出土古纸的考察和分析”。《广西民族大学学报》(自然科学版),2010 年,第 4 期,第 7～16 页。

出土了较多的东汉简牍，与上一个层位有打破关系，此纸不能轻易定为西汉纸，而很可能是东汉时期生产的。另外，敦煌出土的一张马圈湾纸（编号为79. D. M. 79），据王菊华观察，上面有明显的粗帘纹，并有照片为证。由于马圈湾纸已出现涂布、加填工艺，被认为应是东汉晚期以后的纸张①。而马圈湾同时出土的其他纸张，据笔者鉴定，其中也有无帘纹、表面粗糙、较厚、纤维分布不均的纸张（编号为79. D・M，T2：D18），应为浇纸法所生产。说明东汉晚期以后，浇纸法造纸和抄纸法造纸在中国西北地区已经并存了。实际上，抄纸法造纸出现的时间与蔡伦造纸的时代十分接近，可进一步推测很可能就是蔡伦发明的一种造纸新法，抄纸法产品应该就是东汉时献给皇帝的闻名天下的“蔡侯纸”。在东汉以后，中国内地的造纸法很快被抄纸法所代替，其产品出现了“自是莫不从用焉”的局面。这种抄纸法造纸方法也同样传承了近两千年，直到今天还在大量生产。

可以认为，浇纸法应为非蔡伦系的造纸法，起源于西汉时代，而抄纸法为蔡伦系的造纸法，起源于东汉时代。这两种造纸方法已流传了两千年的时间，这个观点对理解两种不同造纸技术体系的源流有重要意义。

由于在关键技术上有根本的差别，推测这两种造纸方法应有不同的技术来源。民族学家凌纯声认为，纸的发明起源于树皮布②，由于树皮布的制作与浇纸法造纸的工艺十分接近，用这一观点解释浇纸法的起源应该是有道理的。但抄纸法造纸工艺却与树皮布制作工艺相差很大。而“纸”字从丝旁，可能与古代漂丝有关。刘熙《释名》说：“至后汉和帝元兴，中常侍蔡伦锉故布，捣、抄作纸。”此处的“抄”有抄起之意，可能为抄

---

① 王菊华等：《中国古代造纸工程技术史》，山西教育出版社，第68页，图2-38，2005年。

② 凌纯声：“树皮布印文陶与造纸印刷术的发明”。《中央研究院民族学研究所专刊之三》，1963年，第1～50页。

纸法的本意。东汉许慎《说文解字》(公元 100 年)对纸的定义是:“纸,絮一苫也,从糸,氏声”。可知造纸的主要因素有二,即絮和苫,絮是原料,苫是工具,一般理解为帘模,东汉《尔雅》释器称:“白盖谓之苫”。关于絮,《说文解字》谓:“絮,敝绵也。”段玉裁注:“凡絮必丝为之”,而纸字亦为“糸”旁,“丝”正是中国内地纸的初义。所以,中国内地最早的抄纸法造纸可能是由漂丝步骤演化而来的。由于目前没有进一步的考古证据,以上只是初步的看法。

四、两种造纸法的外传

很多造纸史著作中都有一张中国造纸技术外传的路线图,但实际上这只是抄纸法外传的路线图,没有考虑浇纸法的起源和传播路线。而早在 1928 年,中国学者姚士鳌就对中国传统术的外传进行了十分深入的研究,但也没有考虑到古代有两种不同的造纸方法。①

1. 浇纸法向西传播

最先向外传播的显然是浇纸法造纸。向西传播的第一站为西北的甘肃地区。如今在甘肃发现的西汉纸张都是浇纸法,如 1973 年在甘肃省北部额济纳何东岸汉代金关遗址出土的金光纸,以及敦煌甜水井附近的汉代悬泉置遗址出土的绝大部分悬泉纸。东汉以后,浇纸法仍有较大程度的流行,例如甘肃兰州的伏龙坪字纸,出土于东汉时期的墓葬中,为

① 姚士鳌:《中国造纸术输入欧洲考》,1928 年。英国剑桥李约瑟研究所藏本。

现存中国大陆最早的字纸，表面观察为麻纸，较厚，表面粗糙，纤维分布不均，没有帘纹，应为浇纸法所造。而敦煌写经中，北魏和唐代的经卷中都发现浇纸法造的纸张。例如敦煌发现的北魏经卷《观佛三味海》(甘肃省博物馆，馆藏号：10561)，经鉴定为麻纸，较厚，没有帘纹，也为浇纸法生产。中唐以后，敦煌写经中极少见到浇纸法产品，说明当时这种造纸方法在西北地区已逐渐被淘汰了。

东汉以后，浇纸法产品还西传到了新疆地区。新疆出土的东汉到晋代的纸张，主要是浇纸法所造。1959 年，在新疆民丰县尼雅遗址的一座东汉墓中出土了一张表面被染成黑色的古纸[1]，经笔者鉴定为麻纸，此纸十分粗厚，无帘纹，厚薄不均，应为浇纸法所造。这是新疆地区出土的时代明确的最早纸张之一，说明早在东汉时期，浇纸法造出的纸张已远传新疆西南部地区。新疆吐鲁番地区阿斯塔那哈拉和卓墓，出土了一批古纸，年代为晋到唐代之间，14 张古纸中，发现有 9 张为抄纸法产品；另有 5 张为浇纸法产品，多为麻纸，其中一张古纸的上面有粟特文(M96 号墓出土)，年代为东晋时期，为公元 5 世纪以前的古纸。据观察，浇纸法的纸均为厚纸，纸面上无帘纹或为织纹。新疆维吾尔自治区博物馆陈列有新疆出土的古纸很多，据初步观察，早期的纸主要为浇纸法所造，例如若羌县楼兰遗址出土的晋代文书、且末县扎滚鲁克墓地出土的东晋文书即为浇纸法造纸，唐代以后，以抄纸法造纸为主，我们考察了数百张新疆特别是吐鲁番地区出土的唐代古纸，基本上都是抄纸法造纸，但新疆出土的上有回鹘文[2]、阿拉伯文(考古号：BTB2－122)、吐火罗文(考古号：

① 李遇春："新疆民丰县北大沙漠中古遗址东汉合葬墓清理简报"。《文物》，1960 年，第 6 期，第 9～12 页。

② 回鹘文译书《在般涅槃经》(北本残页)，1978 年吐鲁番木头沟出土地。新疆维吾尔自治区博物馆陈列。

KK(58)2)、吐蕃文(考古号：59RM18：00413)、龟兹文(考古号：KQF：1，D6812)、婆罗米文(考古号：65TN：46)等有少数民族文字和外国文字的纸张上主要为浇纸法产品，推测这些少数民族文字的纸张应是新疆本地所产。但回鹘文和吐蕃文中也有抄纸法产品。由于目前新疆和田地区的维吾尔族仍保留有浇纸法造纸，说明浇纸法造纸的技艺在新疆应有1 500年以上的历史。

唐代，浇纸法造纸传入了西藏地区，如敦煌莫高窟北区就出土了唐代藏文的文书(编号131)，现为敦煌研究院收藏，此纸为厚纸，表面粗糙，没有帘纹，应为浇纸法所造。新疆若羌米兰发现了唐代吐蕃文的浇纸法产品(考古号：59RM18：00413)。甘肃的天梯山还发现了一张宋元时代的藏文文书(甘肃省博物馆收藏，编号为“天梯山二十三号”)，经笔者鉴定，其造纸原料采用的是狼毒草的根部韧皮。而直到现在，西藏和四川德格的藏族也是采用浇纸法造纸，以狼毒草的根部韧皮为原料。说明浇纸法造纸传入西藏的时间是很早的，并且从古到今一直在传承着这种造纸方法。

2. 浇纸法向南的传播

浇纸法造纸至迟在唐代已出现于西南边疆的云南地区。宋《五代会要·南诏蛮》记载了一件事。后唐天成二年(927)，在云南大理建都的大长和国的宰相布燮等上“大唐皇帝舅”奏疏一封，“其纸厚硬如皮，笔力遒健，有诏体……有彩笺一轴，转韵诗一章，章三句共十联，有类击筑词，颇有思本朝姻亲之义。”这种纸的特征为“厚硬如皮”，显然是一种原始的浇造出的厚纸，与当时内地的薄纸产品是完全不同的。对云南大理凤仪北汤天写经的观察表明，大理国时期，云南主要采用抄纸法生产的纸张，有麻纸和树皮纸等，但浇纸法的纸张也偶有发现。以后浇纸法虽然为部分少数民族所继承，但在云南古代和现代都不是主要的造纸方法。

在东南亚地区和南亚地区，现在仍然有很多地区有浇纸法存在，如印度、缅甸、老挝、泰国等。

公元五世纪印度已有造纸业存在。古印度造纸的一条早期文献是北魏时期杨炫之撰写的《洛阳伽蓝记》(约 547)卷五《宋云、惠生使西域行记》中的记载：

> 王城(乌场国)南一百余里，有如来昔作摩休国，剥皮为纸，拆骨为笔处，阿育王起塔笼之，举高十丈。

这里，"剥皮为纸"即用树皮造纸。因为谈的是古迹，可见在这之前古印度已有造纸业。孟加拉国造纸在明代文献中也有记载，孟加拉原属印度，但位于东部地区，这里采用桑皮造纸(构皮)。它出产的纸在我国明代文献《瀛涯胜览》、《西洋番国志》、《西洋朝贡典录》中都有记载。例如，明马欢的《瀛涯胜览》榜葛剌国(今孟加拉)："一样白纸，亦是树皮所造，光滑细腻如鹿皮。"巩珍《西洋番国志》榜葛剌国："一等白纸，光滑细腻如鹿皮，亦是树皮所造。"这是目前我们所能见到的有关古代印巴次大陆造纸的最早汉文文献，并且造纸的水平已达到很精细的程度，说明其传入的时间应该更早得多。据明代黄省曾《西洋朝贡典录》记载，孟加拉所产的纸就是桑皮纸(构皮)。据印度学者报道，在孟加拉现存的传统造纸技艺中，有不加纸药的浇纸法造纸法存在①。但孟加拉造纸术的传入

① P. P. Gosavi. Did India invent Paper? *Pulp and Paper*, Canada, Vol. 82, No. 4/April 1981.

路线,有认为是通过西藏传入的①,有认为是滇缅路或海路传入的②,值得进一步研究。

不丹的造纸原料是用一种叫 Daphna(月桂树)的树皮制造,月桂树很接近构树,但和西藏、尼泊尔、印度造纸所用的瑞香科狼毒有很大差异。据陈大川提供的资料,不丹使用的抄纸法有两种,一种是浇纸,做出的纸叫 Resho,供写经书用(显然这种造纸法与宗教影响有关);另一种是捞纸,做出的纸叫 Tsasho(近于汉语"茶纸"音),供印刷、书写用③。

而东南亚的浇纸法造纸,目前在各地仍有很多留存,在老挝的琅勃拉邦、泰国的清迈都还有这种浇纸法造纸存在,泰国的浇纸法造纸曾经过日本学者的详细调查,与传统的浇纸法相比已有一些变化。缅甸的浇纸法造纸在文献中有记载,近来的民族调查也有报道,与中国云南的傣族浇纸法生产工艺十分接近。但这些国家的传统造纸往往也是浇纸法和抄纸法并存,情况显得更为复杂,是通过海路还是陆路传入的,目前暂没有确切的线索可循。

浇纸法造纸无疑是为中国造纸术外传的第一波,但文献记载和考古实践表明,这第一波的造纸术并没有传到中国新疆以西的地区。因为在中东地区,目前还没有发现浇纸法造纸的遗物。在唐代以前,这些地区也没有造纸的任何文献资料记录。

---

① 黄盛璋:"关于中国纸和造纸法传入印巴次大陆的时间和路线问题"。《历史研究》,1981 年,第 1 期,第 113~133 页。

② 李晓岑:"中国纸和造纸法传入印巴次大陆的路线"。《历史研究》,1992 年,第 2 期,第 130~133 页。

③ 陈大川:"造纸方法的衍变与流传"。《造纸史周边》,台湾"省政府文化处",1998 年,第 119~140 页。

3. 抄纸法的外传

抄纸法造纸是中国造纸术外传的第二波。公元 751 年(唐朝天宝十年),由唐朝安西节度使(官名)高仙芝率领的部队与"大食国(阿拉伯人)"的军人在坦罗斯(Talas,今中亚哈萨克斯坦境内)发生了战争,有数千名唐军(其中有造纸工匠)成了俘虏。随后,他们被押送到撒马尔罕城(Samarkand,今乌兹别克斯坦境内,唐时称为康国),一些中国的战俘开始在这里造纸,从而把中国的抄纸法造纸术传到了中东地区。这在阿拉伯的历史文献中有明确的记载。最近的调查表明,现在位于乌兹别克斯坦共和国的萨马尔罕仍然保留着工艺十分传统的抄纸法造纸,采用桑树皮为原料,有水碓打浆、抄纸、压榨等基本抄纸法的手续,与中国古代造纸有一脉相承的关系,这从一个侧面印证了唐代传入萨马尔罕的造纸术确实是抄纸法造纸。

以后,造纸技术从萨马尔罕向西传播到报达和大马士革,并进一步向西传播到欧洲和非洲等地[1],于 16 世纪传播到美洲大陆。据欧洲学者化验,这种西传的造纸术主要以破布作为原料,操作方法与中国内地的抄纸法造纸是一致的。并且这些西方国家文献上记载的也只有抄纸法而没有浇纸法,而抄纸法造纸的技艺在一些西方国家(例如意大利)也一直流传至今。

抄纸法造纸也传入了印度,现在印度的拉贾斯塔邦(Rajasthan)还保存着传统手工造纸。据调查,其采用活动式竹帘造纸,但纸槽仍然为地坑式[2]。

---

① 卡特:《中国印刷术的发明和它的西传》,商务印书馆,1991 年,第 110~117 页。

② Helen Loveday. Islamic Paper: A Study of the Ancient Craft. Archetype Publications, 2001, London:36 - 37.

据美国学者亨特(D. Hunter)调查,印度的北部和中部也有抄纸法造纸存在。纸槽仍然为地坑式①,说明一些原始的造纸细节还保留着。

在东亚国家中,朝鲜、日本从中国传入的都是抄纸法造纸,但传入的时间比中国抄纸法造纸的西传要早得多。大约在中国的东晋时期(4～5世纪),中国造纸术就已传入了朝鲜半岛,在公元 610 年,朝鲜僧人昙征又将造纸术传向日本。至今在这些东亚国家中,传统的抄纸法造纸仍有保存,除一些工艺的细节有所改进外,造纸的基本原理与操作步骤与中国大陆的抄纸法是一脉相承的。日本的“和纸”实际上就是用传统抄纸法造出的一种名纸,在工艺上又有了进一步的改进,比如日本的“流漉法”抄纸,还曾影响了中国部分地区的造纸术。但浇纸法造纸却从来没有发现于朝鲜和日本。

在公元 3 世纪以后,中国的抄纸法造纸还南传到越南一带地区,并在晋代就生产出“侧理纸”等著名纸种。据美国学者亨特的调查,直到 20 世纪 30 年代,越南仍保留着传统的抄纸法生产。

所以,抄纸法造纸在全世界范围内广泛传播,成为历史上影响最大、流传最广的造纸方法。

五、结论

本文以中国近 10 个少数民族的手工造纸的调查材料为基础,通过技术和工艺步骤的分析,认为中国传统造纸有两种截然不同的方法。其

① D. Hunter. Papermaking: The history and technique of an ancient craft. Alfred. knopf, New York, 1943:73 - 78.

一为浇纸法造纸;其二是抄纸法造纸。两种造纸方法所造出的纸有明显的外形特征,浇纸法造出的纸有厚纸、粗糙、纤维分布不均、表面往往无帘纹等特征,而抄纸法造出的纸则有薄纸、表面较光滑、纤维分布均匀、表面往往有帘纹等特征。所以,这两种造纸方法有截然不同的技术体系,但均起源于中国内地,最早的古纸样品也保存在中国,表明中国确实是造纸术的发明国度。

通过考古材料和科学分析,本文认为浇纸法造纸是中国发明的最早的造纸方法,产生于西汉时代,为非蔡伦系的造纸方法;抄纸法造纸可能是东汉以后发明的造纸方法,为蔡伦系的造纸方法。两种造纸方法的地理分布也不同,现在浇纸法在中国西南、西北以及东南亚和南亚仍有广泛分布。而抄纸法造纸在中国内地、东亚国家以及西方国家都有广泛分布。外传的时间和路线都不相同,浇纸法产品在东汉时已传到新疆地区,唐代该技艺传入西藏地区。而抄纸法造纸在晋代传到越南和朝鲜,唐代又传入日本。唐代以后,抄纸法造纸西传到今中东地区,又再进一步西传到欧洲和非洲,并最终向全世界各地广泛传播。

作者衷心感谢陕西历史博物馆、甘肃省博物馆、新疆维吾尔自治区博物馆、英国剑桥李约瑟研究所和伦敦大英图书馆在考察古纸和提供资料方面给予的大力帮助!

(毛　丹)

方益昉

中国古代制酒与民俗

一、探索远古发酵饮品起源：考古学、人类学和现代技术分析依据

二、立足典籍，全新视野中的酿酒史料挖掘

三、从农书到食谱，酿酒规模从粗放积聚到技术成型

从技术史的角度，考察中国古代制酒起源、变迁及相关民俗沿革，这样的学术话题与通常谈论的饮酒文化，有着本质的区别。本文基本上不再重复回顾中国文明史中有关酒类的文学、艺术、权术、人物、游戏和逸事，重点在于发掘和聚焦黄河与长江流域先民主动认识和掌握霉菌、酵母菌，充分加工和利用稻、黍、稷等碳水化合物，逐步掌握和改进制酒工艺，以及随之衍生的与制酒相关的人类史亮点。古人将酒供奉为“天之美禄”和“百药之王”，或可代之以现代语言的翻译注解，即酒类发酵技术与食物烹饪技术一样，外化了人体的消化过程，扩大了食品的选择范畴，优化了有利人体吸收利用的营养元素，使包括消化器官在内的人体器官，向着更为健康、高效的方向进化发展。[①] 这种人类饮食深度加工利用与人体发育进化之间的逻辑关系，无论远古华夏的神农传说，还是今日西方的实验数据，都达成了一致共识。为此，笔者先从酿酒的技术分析谈起。

一、探索远古发酵饮品起源：考古学、人类学和现代技术分析依据

正如人类的诞生进化一样，发酵类饮品在地球上的出现，也是大自然的诸多杰作之一。生命没有高低贵贱之分，生而平等。从自视甚高的人类，到微小的霉菌和酵母，他们的 DNA 生命密码没有本质区别，全部

① Leslie C. Aiello, Peter Wheeler. The Expensive-Tissue Hypothesis: The Brain and the Digestive System in Human and Primate Evolution. *Current Anthropology*, Vol. 36, No. 2. (Apr., 1995):199 - 221.
Jack Chamberlain. On Diet Quality and Humanoid Brain/Digestive-System Evolution. *Current Anthropology*, Vol. 38, No. 1. (Feb., 1997):91.

遵循一个基本原则，即最大限度利用自然资源，充分扩张自身基因优势。酒精发酵的过程，就是微生物生存扩张的需要。这一生物技术的奥秘，在某个历史机缘下恰好被智慧生物所发现。于是，人类通过利用微生物发酵，改良食物的口感与质量。最后，使该技术被人类衍生发展为诸多美味食品发明的重要途径。制酒工艺的成熟，只是其中最具代表性的一种。我们不妨这样类比，人类通过利用微生物，获得制酒等原始生物技术，这项改变食物性状与质量的技术启动和改良提升，与农耕技术在人类社会的发生、发展，具有异曲同工之妙。

1. 酒精发酵纯属自然，最大成功在于被人类认识、把握和优化

有关发酵饮品起源的研究，我们不妨通过一则流传甚广的外国寓言，开始破解其中蕴含的人类学往事。秋天，森林里的果子熟透了，猴子们兴高采烈，大量采集。它们来不及消费，最后只能将甜得发腻的桃子、李子、梨子等各种山中美味，全部集中储存在猴王宝座后面，那里有个温润干净的石窟。接下来的日子里，饱食终日的猴群四处狂野，早已忘了猴王的宝库。等到来年青黄不接时，一个个饿瘪了肚子的猴子，央求猴王想想办法，填饱肚子。猴王这才想起身后的甜果宝藏，此刻那里已经成了一泓清冽。猴王指派小猴，先去尝尝，饿昏了头的可怜蛋，一开始还是胆战心惊地小口品尝，最后居然大口狂饮起来。此刻，猴群恍然大悟，此乃琼浆玉液也，于是跳将下来，一饮而尽，最后个个软瘫在宝座四周。

对这则外国寓言进行技术分析，不难发现原始先民对基本发酵饮品的认识，是基于糖分、酵母菌和温度①，这些工艺要素存在于大自然中，

---

① 对非洲多汞部落的人类学考察，发现了新的原始酿酒证据。妇女们将粟米 （转下页）

只要机缘契合，便会发生自然发酵，形成佳酿。这种直接从自然环境中复制改良的工艺，代表了以葡萄酒为主要饮品的西方酿酒技术进步与发展历史，[①]工艺流程如下所示：

高葡萄糖发酵底物＋酵母菌＋外部环境⇒乙醇

（接上页）泡到水里让它发芽，将芽磨碎，再把芽浆煮熟、过滤。在赶集的那天早上，再添加上酵母，它将糖转化为酒精。差不多到下午一点的时候，发酵的酒已经可以喝了，但酒精浓度不高，太阳下山的时候，大部分的酒已经被喝光，很多村民摇来晃去地回到家里。但只要还剩下最后一滴酒，一些村民就会在集市上溜达，激情洋溢地参与越来越流利的讨论，直到半夜之后才回家。斯蒂芬佩恩著、高飞译：《西非假面舞者-多汞部落》，华艺出版社，2005年，第160页。

① 古罗马政治家、演说家、历史家和农学家马尔库斯·波尔齐乌斯·加图（Marcus PorciusCato），又称大加图（前234～149）的名著《农业志》中，详细记载了当时欧洲的葡萄酒加工过程，这一技术论述被另一位古罗马学者瓦罗（前116～前27）的名著《论农业》第54章所证实。“（23节）要做好收获葡萄所需要的准备工作。遇雨天要刷洗容器，修补筐篮，给需要的酒桶涂石脑油；购置篮子，修补篮子，磨面粉，买咸鱼，腌吹落的橄榄果，要及时采集杂种葡萄，采集工人饮的未熟先摘的葡萄。每天将干葡萄清洁地、平均地分装在酒桶中。必要时，要在新酒中加人四分之一的葡萄汁，加入的葡萄汁应从未被人踩过的葡萄中熬出，或在一库拉斯酒中加入一磅半盐。如果你加入大理石粉，一库拉斯酒加一磅；要将它放在水罐中，和葡萄汁混合，然后将它放入酒桶中。你如加松脂，要研磨得很碎，一库拉斯葡萄汁中加三磅，然后放在篮子里，将篮子悬在葡萄汁桶中；不断摇动它，使松脂溶化。一放入浓酒或大理石粉或松脂，就要在二十天内经常搅和，每天压榨。第二遍压榨的二等葡萄汁，要分装并平均加入到各自的酒桶内。（24节）希腊葡萄酒应照以下方式做成。要采摘完全成熟了的阿皮齐乌斯种葡萄果，每一库拉斯葡萄汁加入两夸德兰塔尔陈海水或一斗纯盐。如果使用的是纯盐，要把盐放在小篮中，让盐在葡萄汁中溶解。如果你要做微黄的酒，就要放入一半微黄酒，一半阿皮齐乌斯酒，并加三十分之一的老浓酒。如果你要煮浓任何葡萄酒，要加入三十分之一的浓酒。（25节）葡萄成熟采集的时候，要首先供家人食用。要注意采集完全成熟的和干了的葡萄，不要使酒丧失名誉。要用网床或为此准备筛子每天筛选出新鲜的葡萄皮。要将它们放在涂石脑油的酒桶或涂石脑油的酒糟内用脚踩实，命人将它们封好，冬天喂牛吃。如果你愿意，可从中渐渐泡一些，叫它成为奴隶们喝的次酒。”在随后的104节至115节，加图进一步记载了葡萄酒的盐度调节、芳香处理、长期储备、涩味变甜、去除异味、测定浓度、制作地方特色酒和治疗用酒的方法。

但是，上述3个要素无法诠释中国制酒工艺，即不能复制中原先民以五谷等非葡萄糖原料为主酿制美酒的技术路径。主要工艺区别在于，华夏先民必须首先掌握将粟、稻等主粮，转化成葡萄糖含量较高的发酵底物，然后再在葡萄糖转化乙醇的工艺保证下，获得美味琼浆，即所谓的二步发酵法。最新考古证据表明，早在8 000～9 000年前，中原先民已经开始部分利用低糖分的碳水化合物酿制发酵饮料。也就是说，我国古代先民的酿制技术，大大超越了当时中亚、欧洲和非洲地区人类社会对于酿酒制作的一般认识水平与技术高度。

“五谷”＋霉菌＋外部环境 ⇒ 高葡萄糖发酵底物＋
酵母菌＋外部环境 ⇒ 乙醇

即：

“五谷”＋酒曲(霉菌与酵母菌的混合物)＋外部环境 ⇒ 乙醇

2. 华夏先民首先掌握了“二步发酵”制酒技术

1980年代中叶起，距今约9 000年的河南省舞阳县贾湖文化遗址被发现，它是淮河流域最早的新石器文化遗存。2001年6月，贾湖遗址被确定为全国文物保护单位。遗址出土了世界上最早的陶罐内液态实物，它被誉为“人造酒鼻祖”，与“汉字鼻祖”的贾湖划符、“管乐鼻祖”的七音阶骨笛一起，使贾湖成为享誉世界的三祖共存文化遗址。但是，“人造酒鼻祖”这一发现，直到1999年出版的现场考古学报告《舞阳贾湖》还没有被提及。因为，按照当时我国考古界的技术手段，还无法在第一时间发现与确认陶器内容物所遗留的惊人史实。

贾湖遗址位于舞阳县北舞渡西南1.5公里的贾湖村东，沙河与泥河之间的冲积平原上，贾湖遗址呈不规则圆形，东西 275 米，南北 260 米，面积约 55 000 平方米，1983 年至 2001 年，河南省文物考古研究所和中国科技大学在此发掘 7 次，遗址的中部有一条南北向的护村堤，把遗址分为东西两部分。但是至今遗址西部边缘还被压在村庄下，有 10 余户村宅位于遗址西部的重点保护区内，仅有 2 000 余平方米已被科学发掘过。堤东为大片农田，靠近护村堤东侧部分文化层已遭到破坏。

2004 年 12 月，美国《国家科学院学报》发表了以宾夕法尼亚大学博物馆教授帕特里克·麦克戈文(Patrick E McGovern)为主的中美合作论文"中国史前发酵饮料"[①]。此前，宾州大学博物馆在国际远古出土酒类研究上，积累了 25 年的学术基础，一直领先同行。它们运用气相色谱仪、液相色谱仪等技术，将远古出土酒的考古学研究，推进到了分子的技术层面，有关伊朗和土耳其出土的史前酿制液，都已公开发表。"中国史前发酵饮料"一文依据贾湖遗址提供的标本，对出土陶罐内容沉淀物展开研究，同时平行分析商周青铜器内容物，作为对照标识，结果发现(色谱技术发现的远古发酵物成分，图 1)，贾湖遗存约为公元前 6600～6200 年，商周遗存约为公元前 1250～1000 年，贾湖陶罐的内容物基本可以确定是混合原料发酵而成的酒饮料，其发酵原料底物可能是黍、蜂蜜和山楂的混合物。河南安阳等地发现的殷商和西周青铜容器中的液体残留物中，已经不再含有蜂蜜和形成草酸类结晶的植物原料，其中的醇类化合物以短链为主，含有更多的乙醇类物质，接近粮食和葡萄类的发酵终

---

① Patrick E. McGovern, Juzhong Zhang, Jigen Tang, Zhiqing Zhang, Gretchen R. Hall, Robert A. Moreau, Alberto Nunez, Eric D. Butrym, Michael P. Richards, Chen-shan Wang, Guangsheng Cheng, Zhijun Zhao and Changsui Wang. Fermented beverages of pre-and proto-historic China. *PNAS*, December 21,2004 vol. 101(51): 17593 - 17598,0407921102 PNAS.

端产品。

遗憾的是，本来这场历史性的科研合作为国际学界寄予更多的期待，最后却不欢而散，其主要原因在于商业利益的介入，以及合作双方对国际联合研究规则的认识偏差。尽管如此，贾湖酒的科学证实与商业复制，无疑也从另外的视角，确认了中国远古发酵技术的历史地位。（图 1）

图 1　美国厂商利用上述研究发现的贾湖发酵饮料配方，以“角鲨头”的品牌，复制销售贾湖啤酒，售价 12 美元/瓶

3. 华夏规模化制酒业应该出现在夏代晚期以后

早在汉代，刘安的《淮南子》就记载：“清英之美，始于耒耜”。“清英”又解清醠、清酿、清盎、清酒。耒耜之时，即尚未到达青铜时代的社会发展阶段，其下限在殷商前期。上述现代人类学与考古学数据显示，中国远古先民，可能早在进入成熟农耕社会以前，就初步掌握了发酵饮料的制作技术。问题是，远古先民何时开始有目的规模化地种植加工粮食酿酒，还有待综合论证。最新考古发现表明，最迟在 12 000 年以前，华夏先民已经拥有了稻谷种植技术。[①] 华夏先民规模化酿酒的上限，当在农业

① 一系列考古学证据表明，湖南道县玉蟾岩遗址出土了 12 000 年前的 5 粒炭化稻谷；浙江余姚河姆渡遗址出土了距今 7 000 年的稻谷；湖南澧县彭头山遗址出土了 9 000～7 800年前的栽培稻；河南舞阳贾湖遗址出土了 9 000～7 000 年前的稻谷；湖南澧县八十垱出土了炭化稻谷，年代可达一万年以上；浙江萧山跨湖桥遗址和浦江上山遗址也分别出土了 9 000 年前到 10 000 年以上的稻谷。考古学家不得不追问：稻作起源，何处是摇篮？但在时间上，华夏农业萌芽出现在距今 10 000 年以前，是毫无疑问的。陈淳、郑建明：“环境、稻作农业与社会演变”。《科学》，2005 年，第 5 期，第 34～37 页。

技进于道

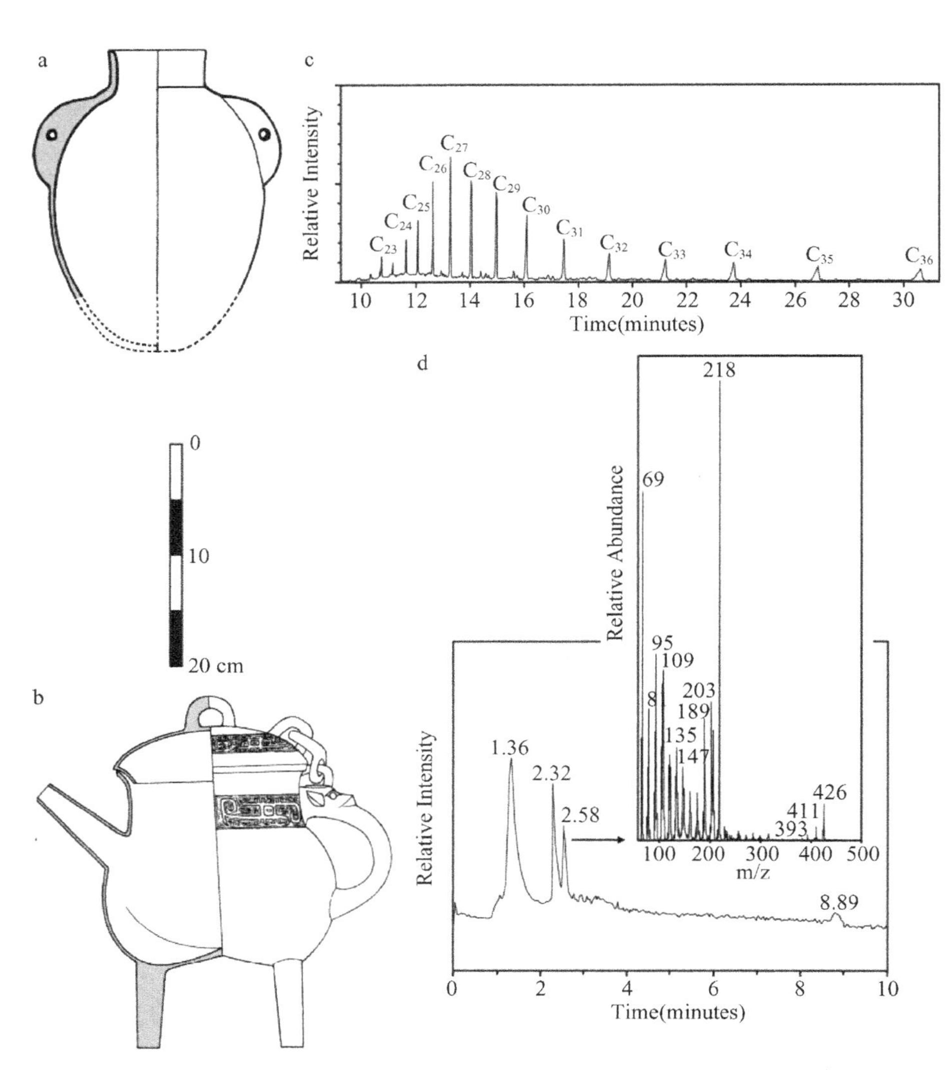

Representative pottery and bronze vessels dating to the Neolithic period and the Shang-Western Zhou Dynasties, showing selective analyses of their contents. (*a*) Typical Neolithic storage jar from Jiahu (no. T109:65, subperiod II, *ca.* 6600～6200 B. C.). (*b*) Lidded *he* "teapot" from Anyang (Liu Jiazhuang Tomb, no. M1046:2, *ca.* 1250～1000 B. C.). (*c*) GC－MS analysis of chloroform extract of *a*, showing homologous series of *n*-alkanes. (*d*) HPLC－MS analysis of chloroform extract of *c*, showing the presence of amyrin; oleanolic acid was attested at 8. 9 min.

图 2　贾湖陶罐中残留物分析图

文明发展到一定程度，或者拥有大量的粮食储备的历史性时代降临之后。而商周时期大量有关酒类的文献记载与实物证据，可以作为中国制酒技术全面成熟的下限。此间任何时空，都有可能触发中国制酒技术规模化的形成。所以，华夏先民规模化制酒的源头，不妨从农耕社会和原始宗教二条线索开始探寻。

首先，由于制酒业属于大规模粮食加工，在早于农耕社会的狩猎采集社会中，华夏先民即使掌握了原始制酒技巧，也未必具有大规模酿酒制造的能力，其原因在于原料的限制和需求的约束。因此，讨论制酒的起源，离不开讨论农耕技术，包括农耕社会的形成。也就是说，到底是农业的发展、粮食的富余，导致了规模化制酒行业出现；还是社会对酒精饮料的巨大需求，促进了农耕技术的发展和粮食生产的扩张。

有关农业起源的主流观点，历来有人口增长的速度超越了自然供给的能力，结果导致食物狩猎采集机制转轨走向人工栽培和畜牧的说法。问题是，面对原始社会生活的逐步繁荣和精神需求的逐步提高，饮食用酒和祭祀用酒同时出现。在大量的酿酒和用酒需求中，供不应求的食物狩猎采集机制是否可以承受社会日益增长的各种需求，在人口的压力与酿酒的需求中，哪个才是农耕社会起源的主导因素，即粮食的规模化生产到底起源何时？

加拿大考古学家海登(B. Hayden)提出竞争宴享理论(The Competitive Feasting Theory)，他的观点与农业发展出于人口压力的理论相左。竞争宴享理论认为，农业可能起源于资源丰富且供应较为可靠的地区，这些地区的社会结构会因经济富裕、文化发达而相对比较复杂，首领人物能够利用劳力的控制来驯养主要用于宴享、祭祀的物种，驯养这些物种的劳动力投入比较高，却可提供实现上述宴享、祭祀的美食或美酒。海登认为，早期谷物的栽培很可能是用来酿酒的，像玉米和其他谷物在史前期用于酿酒要比果腹更重要，酒类在富裕社会中的宗教仪式和劳力调遣中发挥着重要的作用。在资源丰富的环境里，社群规模可以发展得很大，于是社会复杂化程度也比较高，宗教和宴饮活动必然发挥着重要的作用。竞争宴享理论的结论是，农业只有在复杂化程度比较高的社会中产生。类似的观点，此前也有人提出过，比如美国考古学家索尔(C. Sauer)在1950年代初提出，农业不大会产生在受饥荒威胁的环境里，因为在饥馑阴影之下生活的人们，不可能也没有时间来从事缓慢而悠闲的试验步骤，用选择来改良植物品种。只能在天然条件非常富饶的自然环境里，人们才能有相当大的余暇来尝试这种无法预料收成的栽培实践，从而满足超越温饱需求的精神目的。此外，还有学者从社会内部来探讨农业经济产生的机制，认为农业起源的原因是社会性的，少数群体试图扩大资源消费来控制其他群体，刺激了粮食生产的出现。其实，早在1937年，我国历史学家周其昌先生也根据对甲骨文、钟鼎文和古文献的考证，认为远古时代人类的主要食物是肉类，农业的起源是为了酿酒，与上述竞争宴享理论不谋而合。

农耕技术和酿造技术的起源是两个相对独立但背景类似的事件，促成酿造技术成熟或者制酒规模化的动因，即将酿酒从自然发生转变为人工控制、再到规模化生产的发展程序，主要是上层社会的需求所致。研究发现，酿酒之道与问天之学一样，都是社会上层掌握政权所需要的工具，是神灵、城邦、国家、帝王、贵族出现以后，或天地相通，或人神相接，或政权维持的技术支持之一。①

---

① 江晓原:《天学真原》，辽宁教育出版社，2004年。

二、立足典籍,全新视野中的酿酒史料挖掘

1.《夏小正》与《山海经》中敬神免酒的原始礼仪

杜康是中国古代传说中的夏代姒姓国君,民间乐于封其为酒宗,但考无实据。查我国史料文献,同时记载农耕和祭祀的作品包括一部不足400字的《夏小正》,一般认为该文献记载了夏代的社会细节。农史前辈游修龄对《夏小正》经文的字数进行了清点和分类统计。经文共413字,除去12个月份的24字外,实得389字。其中天象、气象、物候、农事四大部分所占的字数及比例如下:天象,85字,占21.80%;气象,21字,占5.39%;物候,173字,占44.47%;农事,72字,占18.50%;其他,38字,占9.76%。其中物候的比重将近一半,农事不到五分之一。在物候的173字中,属于动物物候的有36条,植物物候的只有14条。修龄先生认为动物物候是狩猎时期产生的,植物物候跟着产生,动物物候多于植物物候,说明《夏小正》的古老性,那时生产结构中狩猎采集占很大的比重,符合狩猎社会晚期,或者农耕社会早期的特征,与夏代的社会特征接近。

食物是祭祀活动中绝地通天,沟通神灵的主要工具,《夏小正》共计描述祭祀事件5次:

《大戴礼记·夏小正·正月》初岁祭耒始用畅。

《大戴礼记·夏小正·二月》初俊羔,助厥母粥。

《大戴礼记·夏小正·二月》祭鲔。

《大戴礼记·夏小正·三月》祈麦实。

《大戴礼记·夏小正·十月》豺祭兽。

研究发现,在上述四季涉及的全部五次祭祀活动所涉及的供品中,并且

分析纵贯全篇的400余字后，竟没有出现一次“酒”字，也根本没有提及任何与发酵品有关的内容，也丝毫没有出现任何象征酒味的“酉”部的字符，也从来没有出现任何与祭祀通天事件有关的液态饮品。考察酒与祭祀关联的起源是我们认识《夏小正》的又一扇窗户，同时，酒的生产依靠粮食的储备，因此，有关酒与农业关系的起源分析，也有助于《夏小正》思想年代的考察。

《山海经》是公认记载了夏代的传说与历史的作品，学界通常将其作为物产、地理或神灵著作考察。依笔者看，《山海经》也是半部远古饮食史，只是常人不敢大胆尝试书中所列的奇珍异兽，此外，《山海经》的食物特色在于多有疗效或禁忌提示，也可当作药书来读。

与《夏小正》稍有不同的是，《山海经》三次提到了“酸甘”两字，这样也算与“酉”字有了瓜葛，但纵观上下文，其内容毕竟还是与酿造发酵之事毫无联系，《山海经》毕竟是一部由战国时代文人记载的夏代传说，遣词用字带上时代的痕迹并不令人惊讶。倒是文中唯一一次提及“觞”字，令研究者不得不与“杯中物”加以联系，但是鉴于古人也常将清水称为玄酒，因此也不敢轻易判断此“觞”为盛发酵饮品之用。就本文的论证焦点而言，关键就看《山海经》有无将酒与祭祀联系起来，作为绝地通天的工具了，在这方面，李申先生的总结工作为我们提供了很有参考价值的学术数据（表1）。①

表1 《山海经》的神灵与祭祀用品

篇名	神状	祠神食物
南山首经	皆鸟身龙首	稌米、稻米
南次二经	皆龙身鸟首	稌米

① 李申：《中国古代哲学和自然科学》，上海人民出版社，2002年。

（续表）

篇名	神状	祠神食物
南词三经	皆龙身人面	白狗、稌米
西次二经	十神人面马身	少牢、雄鸡
	七神人面牛身	
西次三经	皆羊身人面	稷米
北山首经	皆人面蛇身	雄鸡，不用米
北次二经	皆蛇身人面	雄鸡，不用米
北次三经	廿神马身人面	
	十四神彘身载玉	皆稌米，不火食
	十神彘身八足蛇尾	
东山首经	皆人身龙首	犬祈，鱼（耳申）
东次二经	皆兽身人面	鸡
东次三经	皆人身羊角	牡羊、黍米
中次六经	如人而二首 （实为蜂蜜之庐）	雄鸡，（禳而无杀）
中次七经	十六神皆豕身人面 又：人面三首	羊
中次八经	皆鸟身人面	雄鸡、稌米
中次九经	皆马身龙首	雄鸡、米
中次十经	皆龙身人面	雄鸡、米
中次十一经	皆彘身人首	雄鸡、米
中次十二经	皆鸟身龙身	雄鸡、豚、米

从表1中可以看出，出于夏代的《山海经》中通篇祭祀事件，就是没有任何与祭祀通天有关的酒或者任何液态用品参与其间。李申先生整理的《山海经》神灵祭祀和献祭内容表明，夏代基本上还是遵循着无酒的祭祀礼仪，酒的生产与神灵祭祀还是两个相对独立的事件。

根据考古、民俗和宗教学者的观点，祭祀活动起源于高等动物对山河神灵、大地上苍等自然现象的敬畏，将最珍贵的礼物（包括牺牲和酒）作祭祀工具是人类在漫长岁月中逐步形成的礼仪之一，这一观点在宋代酒事名家朱肱的《北山酒经》中有了总结性的表述，“大哉酒之于世也，礼天地，事鬼神”。人类之所以言行虔诚，试按《天学真原》分析，[1]乃天地合一与天人感应的大道理，最终都可归结一点：人如何与天共处，即如何知天之意，得天之命，如何循天之道，邀天之福。酒作为珍贵的发酵饮品出现，首先是大自然的馈赠。动物行为学和人类民俗学的研究一致发现，富余腐烂的食物包括水果和粮食，在恰当的自然条件下均有发酵出低浓度酒精饮料的可能性和实际案例，这种技术在以后人类的实践活动中逐步加以改良和掌握。酒精具有令生物体发热、兴奋和迷幻的功能，不仅是人类日常生活中一项开创性的高新技术产品，也恰好被赋予了绝地通天的社会功能。出土材料证实：华夏文字产生以前，原本两件各自独立的事件：社会祭祀活动和生活食用酿酒可能已经发生了联系；但在汉字出现以后，酒肯定已经与重大的祭祀活动密切相关，可以说，酒已经成为先民们构建意识与神灵沟通之道、打通身体与上苍通天之路中不可缺位的实用工具之一。

祭祀无酒的《夏小正》时代属于一个农业尚不发达的人类发展时期，《夏小正》属于一个比商周更为远古、物质匮乏、酿酒工艺粗放、祭祀活动和酒尚无联系、酿酒处于自然发酵与农业还是相互独立的口述时代。即便如此，在没有酒味的《夏小正》里，我们照样可以从字里行间嗅出先人们问神通天的虔诚，哪怕它是远在一个酒精和祭祀尚未联姻的口述史年代。

尽管河南舞阳贾湖遗址出土的人类发酵饮料，把华夏先民制酒技术的把握前推到了距今 9 000 年前，但《夏小正》和《山海经》的记载里，酒与祭祀还处于没有瓜葛的独立事件阶段。依照竞争宴享理论的思路推测，华夏规模化制酒业的出现，至少应该在夏代晚期以后。在中国规模化制酒业出现之前，华夏社会可能存在一段祭祀免酒的礼仪原始宗教阶段，

① 江晓原：《天学真原》，辽宁教育出版社，2004 年。

即，中国规模化制酒的形成时间，在绝地通天的祭祀礼仪流行之后。

2. 甲骨文字和钟鼎文字记录的酒与祭祀关联

自公元前1600年华夏大地出现让今人有能力解读的原始文字以来，仅从文字学的角度，我们不难发现至少在公元前1600年上下，涉及酒、酒与祭祀、祭祀与青铜器的甲骨卜辞、钟鼎信息流传至今。这些确凿的史料表明，殷商时期的制酒技术，是华夏文明启蒙中的一个历史性转折点，它与前一个历史阶段不同，殷商文明开始将酒和祭祀作为主要事件并且有联系的事件，在社会生活中广泛表述。试举例如下，

《殷契粹编》第190片甲骨“丙午，翊甲寅酒𢀛御于大甲，羌百羌，卯十牢”。

《殷契粹编》第76片甲骨“贞：来辛酉酒王亥”。

《殷契拾撰》第2片甲骨“癸亥卜，争，贞：翊辛未，王其酒河不雨”。

《殷契佚存》第199片甲骨“……辰卜，翊丁巳先用三牢羌于酉用”。

从殷商晚期以降，青铜时代钟鼎器皿上的铭文，从简单的归属标记，逐渐演化成祭祀内涵和胜利嘉奖的直接文字记载。早期的青铜器弥补了陶器的功能缺陷，具备畅饮和美食的实用容器功能，但这种致用性最终升格为大型祭祀活动中隆重的宫廷与贵族礼仪重器，以至演化成华夏文明中国家、政权和王位的象征。以安阳殷墟妇好墓出土的38件大铜爵为例，妇好作为国王武丁的妻子，更是华夏历史上有记载的第一位女性军

事统帅和杰出的政治家。这批青铜器的用途堪称特殊，铜爵高20～26厘米，重1～1.7公斤，更适合高规格的祭祀或庆典中供奉于仪式场合。这批大铜爵与妇好墓同时出土的大铜斝、铜斗、方尊、号形铜尊、封顶铜盉等重器，构筑了一个气势恢宏的国家仪式。到了春秋战国时期，青铜器的铭文不再是简单的妇好等名字，往往长达几十个文字，记载一段历史或者理念，这里，我们还是回到上述研究华夏贾湖古酒的美国宾州大学博物馆，他们收藏的战国铜器“陈璋壶”上一段29字铭文，居然与南京博物馆收藏的重金络壶圈足外缘铭文一字不差，以此作为齐宣王征服燕国的胜利宣言和盛典重器。**“唯王五年郑阳陈得再立事岁孟冬戊辰大将鈛孔陈璋内伐燕亳邦之获”。**①

3. 先秦竹简文献中的酒与祭祀关系及其特供制作

华夏文化宝库中有相当多的文献资料，有助推测殷商晚期或者春秋初期是规模化制酒技术成熟的下限。春秋战国开始，竹简等更加方便易得的材料，使得文字记载与思想流传更加广泛，其资料被当今学者大量发现与诠释。在众所周知的《周礼·天官冢宰》记载的当时体制安排中，制酒相关的职位主要是官职，而非民间工匠：

> 酒正中士四人。下士八人。府二人。史八人。胥八人。徒八十人。
>
> 酒人奄十人。女酒三十人。奚三百人。
>
> 浆人奄五人。女浆十有五人。奚百有五十人。

① 中国社会科学院考古研究所编:《殷周金文集成》,中华书局,2007年。

比较同期以描述匠人与技术为主的《考工记》所记二十二类代表当时高新技术的条目，基本排除了制酒业，可见制酒在战国时期已经属于成熟行当。《考工记》中唯一与制酒有关的工种，包括在酒具制作的“梓人”篇：“梓人为饮器，勺一升，爵一升，觚三升。献以爵而酬以觚，一献而三酬，则一豆矣。食一豆肉，饮一豆酒，中人之食也。凡试梓饮器，乡衡而实不尽，梓师罪之。”

与《夏小正》和《山海经》中的祭祀相反，自商周以降，有关祭祀与酒相互关联的文字记载屡见不鲜，《周礼·天官冢宰》已经将两者系统性地明确如下：

> 酒正掌酒之政令。以式法授酒材。凡为公酒者。亦如之……掌其厚薄之齐。以共王之四饮三酒之馔。及后世子之饮与其酒。凡祭祀。以法共五齐三酒。以实八尊。大祭三贰。中祭再贰。小祭壹贰。皆有酌数。唯齐酒不贰。皆有器量。共宾客之礼酒。共后之致饮于宾客之礼。医酏糟。皆使其士奉之。凡王之燕饮酒。共其计。酒正奉之。凡飨士庶子。飨耆老孤子。皆共其酒。无酌数。掌酒之赐颁。皆有法以行之。凡有秩酒者。以书契授之。酒正之出。日入其成。月入其要。小宰听之。岁终则会。唯王及后之饮酒不会。以酒式诛赏。
>
> 酒人掌为五齐三酒。祭祀则共奉之。以役世妇。共宾客之礼酒饮酒而奉之。凡事共酒。而入于酒府。凡祭祀共酒以往。宾客之陈酒亦如之。

《周礼天宫酒正》记载：

辨三酒之物,一曰事酒,二曰昔酒,三曰清酒。

《逸周书·时训解》明显带有《夏小正》的基因,“立春之日,东风解冻。又五日,蛰虫始振……蛰虫不振,阴奸阳……惊蛰之日,獭祭鱼。又五日,鸿雁来。又五日,草木萌动。獭不祭鱼,国多盗贼;鸿雁不来,远人不服……雨水之日,桃始华……”这些描述几乎就是《大戴礼记·夏小正·正月》的细化版与近代版。在下文中,时代进步的信息、科技发展的内容和社会活动的规范,开始在酒和祭祀事件的精密联系中史无前例地表现出来。“孟春之月……是月也,天子乃以元日祈谷于上帝,乃择元辰,天子亲载耒耜,措之参于保介之御间。率三公九卿诸侯大夫躬耕,帝籍田。天子三推,三公五推,卿诸侯大夫九推。反执爵于太寝,三公九卿诸侯大夫皆御,命曰劳酒。”“孟夏之月……是月也,天子饮酎,用礼乐,行之是令,而甘雨至三旬。”史学工作者认为《逸周书》各篇写成时代或可早至西周,或可晚至战国,另有个别篇章,可能还经汉人改易或增附。如《时训》以雨水为正月中气,惊蛰为二月节气,与汉以前历法相左。但无论西周还是西汉,《逸周书》中对酒和祭祀事件的联系已经提及,《夏小正》对祭祀事件中酒的忽视是本文的研究与关心所在。

《礼记·月令》的文献意义与《逸周书·时训解》传达了同样的历史信息:

孟春之月……东风解冻,蛰虫始振,鱼上冰,獭祭鱼,鸿鴈来……是月也,天子乃以元日祈谷于上帝,乃择元辰。天子亲载耒耜,措之于参保介之御间,帅三公、九卿、诸侯、大夫躬耕帝借。天子三推,三公五推,卿诸侯九推。反,爵于大寝,三公、九卿、诸侯、大夫皆御,命曰劳酒。

战国《管子·轻重己》是另一个文献证据,既体现了《夏小正》的基因，又涵盖了酒与祭祀的紧密关系：

以冬日至始……朝诸侯卿大夫列士，循于百姓，号曰祭日。牺牲以鱼，发号出令曰：生而勿杀，赏而勿罚，罪狱勿断，以待期年，教民樵室钻鐩，墐灶泄井，所以寿民也。耟耒耨怀，鉊鉊九簟，权渠緉绁，所以御春夏之事也。必具教民为酒食，所以为孝敬也。

在成书于秦汉时期的《吕氏春秋·十二月纪》中，至少有3个月份的祭祀事件与酒直接相关，《吕氏春秋》的行文、知识与信息量是《夏小正》无法比拟的。

天子乃以元日祈谷于上帝……执爵于太寝……命曰劳酒。（《吕氏春秋·孟春纪》）

至之日，以太牢祀于高谋，天子亲往，后妃率九嫔御，乃醴天子所御……（《吕氏春秋·仲春纪》）

荐鲔于寝庙，乃为麦祈实。（《吕氏春秋·季春纪》）

比较《大戴礼记·夏小正·二月》祭鲔和《大戴礼记·夏小正·三月》祈麦实。《吕氏春秋》与《夏小正》的渊源关系表露无遗，但《吕氏春秋》紧接着就在下文中历数饮食与强身驱病的关系，“凡食无强厚，烈味重酒，是疾首”。

三、从农书到食谱，酿酒规模从粗放积聚到技术成型

1. 百科全书般的农书：酿酒技术及其民俗记载

到了汉代，中国技术史进程中真正意义上的制酒配方出现了。《汉

书·食货志》与《汉书·补注》在讲述酿酒成本时，意外留给后世这份秘诀“一酿用粗米二斛，曲一斛，得成酒六斛六斗。”这条文献记载，从目前的眼光看来仍然具有相当的技术水准，在仅由17枚汉字组成的口诀里，我们获得如下信息：

① 曲、米、水是酿酒的基本原料，酒曲可提升粗粮用途。

② 米和曲的配比混合比例是2∶1，菌种活性很弱。

③ 米和水的配比混合比例大约为1∶3.3，酒精含量不高。

曲米配伍是一项创举，在接下来几十天的发酵过程中，由霉菌和酵母的混合菌种发动生物化学反应，酶活动将分解产生对身体有益的基本元素，如糖、醇、维生素、生物活性因子，饮用该产品可以维护生命，促进健康。2 200年前，由史学家而不是科学家，用可靠的概念明确表述了一份化学配方。这种工艺化的文献表明，最迟到了汉代，酿酒已经成为农副产品加工的成熟领域。公元前后，酒价如下，“罢榷酤官……卖酒升四钱。”台湾中研院劳干院士将此资料与敦煌汉简中两斗十钱的酒价比较后认为，汉代酒价通常是粮价的两倍。为此，制酒业者也分类制作，满足不同需求，“泛者，成而滓浮泛泛然，如今宜成醪矣。醴……成而汁滓相将如今恬酒矣。盎，成而翁翁然，葱白色，如今酇白矣。缇者，成而红赤，如今下酒矣。沈者，成而滓沈，如今造清矣。”①

至此，华夏制酒业已经接近上千年的历史，国家体制也在此千年历史中，发生巨大的变化，对社会民众的生活产生重大影响。仅考察国家与民众在制酒与酒税上的互动，就可以发现制酒对国计民生的重要性。

---

① 《周礼注疏》，转引自许倬云：《汉代农业—中国农业经济的起源及特性》，广西师范大学出版社，2005年，第263页。

目前可以窥视的西汉《氾胜之书》，以及基本完整流传至今的后汉《四民月令》、后魏《齐民要术》等极少几部农书，前后虽历经500多年，但有关制酒技艺的记载，却涵盖了从无到有，从简洁到神秘，直至将制酒工艺和礼仪推向宗教神秘境界的关键转折阶段，反映出当时匠人对制酒技术抱有更高提升预期和难以把握其中奥秘的矛盾心态。

《四民月令》是后汉大尚书崔寔叙述士、农、工、商从正月到十二月的民生活动，不仅包括了民间制酒工艺，同时也记载了民间酒俗。正月里"及祀日，进酒降神毕，乃室家尊卑，无大无小，以次列于先祖之前。子妇曾孙，各上椒柏酒于家长，称觞举寿，欣欣如也……进酒次第，当从小起，以年少者为先。"六月以前制作各类醋、酱等发酵食物，酿酒活动主要集中在气温变暖的季节。六月六日"可收葵，可作曲。其曲多少，与春酒曲同，但不中为春酒，喜动。以春酒曲作颐酒，弥佳也"。"七月四日，命置曲室，具箔槌，取净艾。六日，馔治五谷磨具。七日，遂作曲"。一年中的另一次制酒高潮安排在秋收以后，"十月……上辛命典馈渍曲酿冬酒，作脯腊，以供腊祀"。"冬十一月……冬至之日，荐黍羔。先荐玄冥，以及祖祢。其进酒肴，及谒贺君师耆老，如正旦。可酿醢、粢、粳、稻、粟、豆、麻、子"。十二月农闲之机忙于社交礼仪。"腊明日更新，谓之小岁，进酒尊长，修贺君师。进椒酒，从小起。"

贾思勰的《齐民要术·造神曲并酒》，将准备酒曲的过程与神灵祭祀步骤，融为一体，技术记载于人文描写合一，是一种惟妙惟肖的技术经典文本。

作三斛曲法：蒸、炒、生，各一斛。炒麦：黄，莫令焦。生麦：择治甚令精好。种各别磨。磨欲细。磨讫，合和之。

七月取中寅日，使童子着青衣，日未出时，面向杀地，汲水二十斛。勿令人泼水，水长亦可泻却，莫令人用。其和曲之时，面向杀地和之，令使绝强。团曲之人，皆是童子小儿，亦面向杀地，有污秽者不使。不得令人室近。团曲，当日使讫，不得隔宿。屋用草屋，勿使瓦屋。地须净扫，不得秽恶；勿令湿。画地为阡陌，周成四巷。作"曲人"，各置巷中，假置"曲王"，王者五人。曲饼随阡陌比肩相布。布讫，使主人家一人为主，莫令奴客为主。与"王"酒脯之法：湿"曲王"手中为碗，碗中盛酒、脯、汤饼。主人三遍读文，各再拜。

其房欲得板户，密泥涂之，勿令风入。至七日开，当处翻之，还令泥户。至二七日，聚曲，还令涂户，莫使风入。至三七日，出之，盛着瓮中，涂头。至四七日，穿孔，绳贯，日中曝，欲得使干，然后内之，其曲饼，手团二寸半，厚九分。

祝曲文：东方青帝土公、青帝威神，南方赤帝土公、赤帝威神，西方白帝土公、白帝威神，北方黑帝土公、黑帝威神，中央黄帝土公、黄帝威神，某年、月，某日、辰，朝日，敬启五方五土之神：

主人某甲，谨以七月上辰，造作麦曲数千百饼，阡陌纵横，以辨疆界，须建立五王，各布封境。酒、脯之荐，以相祈请，愿垂神力，勤鉴所领：使虫类绝踪，穴虫潜影；衣色锦布，或蔚或炳。杀热火焚，以烈以猛；芳越熏椒，味超和鼎。饮利君子，既醉既逞；惠彼小人，亦恭亦静。敬告再三，格言斯整。神之听之，福应自冥。人愿无违，希从毕永。急急如律令。

祝三遍，各再拜。

2. 酒艺精巧化时代：食谱记载中出现酿酒与民俗

唐宋是我国历史上政治、经济、文化最辉煌的历史时期，社会的进步，也作用于制酒业的生存发展。经历了几千年的摸索，我国制酒理论与技术，到此阶段基本定型稳固下来，文献依据是苏轼《东坡酒经》、林洪《新丰酒经》、李保《续北山酒经》等，其中最有影响力的著作，首推朱肱(翼中)的《北山酒经》。与前期的酿酒技术相比，朱翼中记载了当时规模化黄酒制造工艺中的亮点，一些步骤至今还在实施。①利用酸浆调整发酵环境的pH值，降低杂菌生长。②菌种可通过"酴米"和"合酵"等多级扩大步骤，酿酒全程可多次按比例投料加曲。③出酒阶段压榨技术趋于完善。④煮酒杀菌防止酸败，也为高浓度的烧酒蒸馏开拓了技术萌芽。⑤利用黄蜡(蜂蜡)消泡隔离空气，以利运输保存。

从这个历史时期开始，有关制酒的技术记载，出现明显的转折，这些文字不仅记载在农书或者酿酒专著中，饮食类书籍也开始收集相关内容，而且成为后人研究酒类饮品的主要文字来源。贾铭的《饮食须知》，将前人《食疗本草》等具有原始营养和食谱性质书籍中不曾出现的水、酒等基本食材归入值得讨论的饮食范畴，而且总结了前人对25类水源的区别，特别指出水质中的"霉"，直接影响制酒结果。水质与酒的关系，开始出现在文本中，并提出高温止霉法。

梅雨水，味甘性平。芒种后逢壬为入梅，小暑后逢壬为出梅，须淬入火炭解毒。此水入酱易熟，沾衣易烂，人受其气生病，物受其气生霉，忌用造酒醋。浣垢如灰汁，入梅叶煎汤洗衣霉，其斑乃脱……立春、清明二节贮水，曰神水。宜制丸散药酒，久留不坏。谷雨水，取长江者良，以之造酒，储久色绀味冽……小满、芒种、白露三节内水，并有毒。造药酿酒醋及一切食物，皆易败坏……寒露、冬至、小寒、大寒四节及腊日水，宜浸造滋补丹丸药酒，与雪水同功。

宋代制酒业的高度发展，与社会的政治、经济和生活密切相关。封建政权将国家工商税源主要基于盐、铁、茶等大宗商品。宋代开始，酒类专卖成为国家的又一项正式收入，出台了榷酒政策。“宋真宗景德年间，商税酒茶和盐税总收入为一千二百三十三万贯，其中酒税四百二十八万贯、盐税三百五十五万贯。到宋仁宗庆历年间总收入计四千四百万贯，酒税则猛增为一千七百一十万贯，盐税为四百二十八万贯，四十年间酒增长了四倍”。[①] 而制酒工业的高速发展，又形成了一个以酒糟为生的特殊社会阶层——食糟民，成为新的社会矛盾生长点。

早在《尚书·酒诰》中从道德层面规劝节制饮酒的篇章，就已面世。但直到制酒业全面介入社会各个层面，产业发达，有识之士才开始逐步摆脱前人对酒的迷信，逐条解剖饮酒对人体的生理伤害，有关酒的弊端，特别是烈性烧酒弊端，见诸文字。《饮食须知》明示“酒类甚多，其味有甘苦酸淡辛涩不一，其性皆热，有毒。多饮助火生痰，昏神软体，损筋骨，伤脾胃，耗肺气，夭人寿。饮冷酒同牛肉食，令人生虫。同乳饮，令人气结。同胡桃食，令咯血。酒醉卧黍穰，食猪肉，患大风。酒同芥食，及合辛辣等物，缓人筋骨。酒后饮茶多，伤肾聚痰，成水肿及挛痛，腰脚重坠，膀胱疝证，腹下冷痛，消渴痰饮。久饮过度，令人精薄无子。醉卧当风，成癜风瘫痪。醉后浴冷水，成痛痹。凡用酒服丹砂、雄黄等药，能引药毒入四肢，滞血，化为痈疽。中一切砒蛊等毒，从酒得者不治。凡饮酒宜温，不宜热，宜少不宜多。饮冷酒成手战。有火证、目疾、失血、痰嗽、痔漏、疮疥者，并宜忌之。饮酒者喜咸恶甘，勿同甜物食。枳、葛花、赤豆花、绿豆粉皆能醒酒解毒。酒浆照人无影，及祭酒自耗者，勿饮。酒酸以赤小豆一升，炒焦入罐内，可变好。”南宋淳祐年间，宋慈的《洗冤录集》甚至收集

---

① 漆侠：“序言”。李华瑞：《宋代酒的生产和征榷》，河北大学出版社，1995 年，第 2 页。

了“酒食醉饱死(43节)”和“醉饱后筑踏内损死(44节)”两个人类史上最早的法医鉴别知识。

《饮食须知》记载“烧酒味甘辛,性大热,有毒。多饮败胃伤胆,溃髓弱筋,伤神损寿。有火证者忌之。同姜蒜、犬肉食,令人生痔发痼疾。妊妇饮之,令子惊痫。过饮发烧者,以新汲冷水浸之,或浸发即醒。中其毒者,服盐冷水、绿豆粉可少解。或用大黑豆一升,煮汁一二升,多饮。服之取吐便解。”①《饮食须知》的作者贾铭生活在元代,此时通过蒸馏低度酒获得高浓度烈性烧酒的技术已经普遍,即忽思慧《饮膳正要》之蒙语称谓阿剌吉酒。但最新研究表明,烧酒制作并非草原上传来的西方技术,最起码在距元代100～200年前的宋代,已经有了类似的技术和产品。②事实上,从华夏先民一贯热衷饮用加热温酒,到直接采用专业作坊高温蒸馏、获得升级酒类产品仅一步之遥,对于漫长制酒历史中的中国能人巧匠,逐步领悟其中奥秘,并非难事。

制酒业的发展,不仅由促进商业的发展,支撑了统治政权的税收,关键是培育了广泛的消费市场,间接反映了宋代相对稳定的社会状况与民生质量。参考《清明上河图》以及宋代笔记小说《东京梦华录》、《武林旧事》、《梦粱录》等,人间世俗灯红酒绿,支撑巨大造酒产业的市场机制历历在目。比较夏、商、周时期,由于酒的大规模加工生产,其消费目的,由形而上,转向一日三餐,消费者也由上流统治阶层,转向市井百姓,且酒绿伴随灯红,往往与妓馆消费比邻。试以《东京梦华录》为例:

---

① 贾铭:“饮食须知·味类”,《食之语》,华龄出版社,2004年,第52页。
② 李华瑞:《宋代酒的生产和征榷》,河北大学出版社,1995年,第43～71页。

技进于道

朱雀门街西过桥，即投西大街，谓之曲院街，街南遇仙正店，前有楼子，后有台，都人谓之“台上”。此一店最是酒店上户，银瓶酒七十二文一角，羊羔酒八十一文一角。街北薛家分茶、羊饭、熟羊肉铺。向西去皆妓女馆舍，都人谓之“院街”（《东京梦华录》卷二“宣德楼前省府宫宇”）。

出旧曹门，朱家桥瓦子。下桥，南斜街、北斜街，内有泰山庙，两街有妓馆。桥头人烟市井，不下州南。以东牛行街、下马刘家药铺、看牛楼酒店，亦有妓馆，一直抵新城。（《东京梦华录》卷二“潘楼东街巷”）

凡京师酒店，门首皆缚彩楼欢门，唯任店入其门，一直主廊约百余步，南北天井两廊皆小合子，向晚灯烛荧煌，上下相照，浓妆妓女数百，聚于主廊槏面上，以待酒客呼唤，望之宛若神仙。（《东京梦华录》卷二“酒楼”）

凡店内卖下酒厨子，谓之“茶饭量酒博士”。至店中小儿子，皆通谓之“大伯”。更有街坊妇人，腰系青花布手巾，绾危髻，为酒客换汤斟酒，俗谓之“焌糟”。更有百姓入酒肆，见子弟少年辈饮酒，近前小心供过，使令买物命妓，取送钱物之类，谓之“闲汉”。又有向前换汤斟酒歌唱，或献果子香药之类，客散得钱，谓之“厮波”。又有下等妓女，不呼自来，筵前歌唱，临时以些小钱物赠之而去，谓之“札客”，亦谓之“打酒坐”。又有卖药或果实萝卜之类，不问酒客买与不买，散与坐客，然后得钱，谓之“撒暂”。如此处处有之。唯州桥炭张家、奶酪张家，不放前项人入店，亦不卖下酒，唯以好淹藏菜蔬，卖一色好酒。（《东京梦华录》卷二“饮食果子”）

大抵都人风俗奢侈，度量稍宽，凡酒店中不问何人，只两人对坐饮酒，亦须用注碗一副，盘盏两副，果菜楪各五片，水菜椀三五只，即银近百两矣。虽一人独饮，盌遂亦用银盂之类。(《东京梦华录》卷二“会仙酒楼”)

文人记载了梦华般的北宋京都世俗生活，孟元老也试图沿用前人按节气分类描述的传统，只是世事变迁，无论作者眼中，还是事实确凿，都市生活中，只剩了对美酒及其附加内容的享用，歌舞升平，竭尽豪华，却没有一丝当年的按时令各家各户制曲酿酒的场面，乐观者视为技术和产业进步，悲观者叹为世风日下。

南宋周去非的《岭外代答》则记录了远离都市繁华区域的酒事：

广右无酒禁，公私皆有美酝，以帅司瑞露为冠，风味蕴藉，似备道全美之君子，声震湖广。此酒本出贺州，今临贺酒乃远不逮。诸郡酒皆无足称，昭州酒颇能醉人，闻其造酒时，采曼陁罗花，置之瓮面，使酒收其毒气，此何理耶？宾、横之间，有古辣墟，山出藤药，而水亦宜酿，故酒色微红，虽以行烈日中数日，其色味宛然。若醇厚，则不足也。诸郡富民多酿老酒，可经十年，其色深沉赤黑，而味不坏。诸处道旁率　沽白酒，在静江尤盛，行人以十四钱买一大白及豆腐羹，谓之豆腐酒。静江所以能造铅粉者，以糟丘之富也。(食用门 120 节酒)

有关饮酒规矩、制作产地、酒香工艺、色泽年限、相对价格，古代酒品信息尽在其中。

3. 酒艺最后的升华，作坊记录与酒友雅趣

到了明代，宋应星的《天工开物》曲蘖篇，有酒母、神曲、丹曲三小节

简述。据作者自注，这些内容来自前人的《酒经》。而韩奕以古代大厨易牙为名，整理出来的食谱《易牙遗意》中，醸造类记载了桃源酒、香雪酒、碧香酒、腊酒、建昌红酒、白曲、红白酒药的制法，言简意赅，颇具现代“配方”概念，又含具体数量、比例、时间、温度等技术标准，数字化的突出，反映出东西方文化与科技交流，已经对社会知识阶层，产生了明显的影响。

> 香雪酒：用糯米一石，先取九斗，淘淋极清，无浑脚为度。以桶量米，准作数米与水对充，水宜多一斗，以补米脚，浸于缸内后，用一斗米如前淘淋，炊饭埋米上，草盖覆缸口，二十余日，候浮，先沥饭壳，次沥起米，控干，炊饭乘热，用原浸米水，澄去水脚白曲，作小块二十斤，拌匀米壳，蒸熟放缸底，如天气热，略出火气，打拌匀后，盖缸口，一周时打头扒，打后不用盖，半周时打第二扒，如天气热，须再打出热气，三扒打绝，仍盖缸口候熟，如要用常法，大抵米要精白，淘淋要清净，扒要打得热气透，则不致败耳。

明代袁宏道的《觞政》，在大量前人文献基础上，[①]总结了与酒有关的方方面面，虽然提及流传千年的酿酒先人，[②]却唯独不谈制酒之事，在他那一代的士大夫眼里，酿酒制酒等工匠杂技与评酒饮酒等文人雅趣，

---

① 袁宏道《觞政》：“凡《六经》、《语》、《孟》所言饮式，皆酒经也。其下则汝阳王《甘露经》、《酒谱》、王绩《酒经》，刘炫《酒孝经》，《贞元饮略》，窦子野《酒谱》，朱翼中《酒经》，李保《续北山酒经》，胡氏《醉乡小略》，皇甫崧《醉乡日月》，侯白《酒律》，诸饮流所著记传赋诵等为内典。《蒙庄》、《离骚》、《史》、《汉》、《南北史》、《古今逸史》、《世说》、《颜氏家训》，陶靖节、李、杜、白香山、苏玉局、陆放翁诸集为外典。诗余则柳舍人、辛稼轩等，乐府则董解元、王实甫、马东篱、高则诚等，传奇则《水浒传》、《金瓶梅》等为逸典。不熟此典者，保面瓮肠，非饮徒也。”

② 袁宏道《觞政》：“至若仪狄、杜康、刘白堕、焦革辈，皆以酝法得名，无关饮徒，姑祠之门垣，以旌酿客。”

虽关酒事，却两者分裂。明清相交之际，文人儒士归田明志，徜徉于食色风光。有采花大师盛誉的李渔，在《闲情偶寄》中，尽授风流，却自诩与美酒有距离，“不好酒而好客……不好使酒骂坐之人，而好其于酒后尽露肝膈”，千古风流酒事，自此一笔带过。美食家袁枚，在《随园食单》评论了天南地北十种美酒，也无一字涉及酒的酿制，对于精于美味的老饕，留出不可思议的空白，“余性不近酒”，但袁枚却自以为懂酒，“故律酒过严，转能深知酒味”。至于酿酒事宜，到底是他不屑、不便、还是假装不知？翻遍其文字，确实未见其酒后真言。精读《红楼梦》与《金瓶梅》，生活在明清之际的作者，以及作者笔触下的世俗世界，倒是不乏美酒、美食，以及酒食游戏，但是这些文字，总有一股摆脱不了的文人自以为是和精神分裂，与造酒作坊的香气，距离相当遥远。所以，文学作品对于酒事的描述，笔触是否确凿，也就大有疑问了。

本文建议读者重视乾隆年间，扬州盐商董岳荐的余兴食谱集锦《调鼎集》。作为商人的作者文字能力不如上述大师，但精于细节，重于数字。由于盐商的身份，董老板肯定忙于宴请，又善于计算成本效果。这样一来，《调鼎集》作为个人文献资料而非公开出版物，就具备了让后人视作餐饮研究史料的价值和学术地位。《调鼎集》收录董氏专门精制的《酒谱》一册，为中国古代史上酿酒制作，保留了最后一段工艺记录。比起前人的制酒记录，《酒谱》几乎记录了与制酒工艺和制酒成本有关的方方面面，包括：论水、论火、论麦、盦曲、论米、浸米、酒娘（母）、白糟、开爬、榨酒、糟烧、买糟、烧酒、剪酒、蒸坛、酒油、糟用、医酒、糟酒、泥头、篾络、论缸、论坛、论灶、椿米、合糟、存酒以及蒸酒家伙。上述诸节，自“糟烧”以降的技术细节，查阅在此之前上千年的历史文献，闻所未闻。

鉴于董氏对酒坊第一手技巧的熟悉、领悟，弥补了一般文人和作坊工匠文献传承中的缺陷。他对现代技术黎明到来之前的华夏制酒细节，

有着与众不同的具体描绘,试举以下 9 例:

(1) 酒的分类:按口味分苦、辣、酸、甜四等。董氏祖籍会稽,对绍兴酒自然偏好些,不过也赞赏包括汾酒在内的全国多地的白酒和黄酒。

(2) 酿果子酒:严格地说,董氏时代的果子酒不是酿制的,而是用果汁配制的。但由于并非现配现饮,果汁加入酒坛后,也许促进了发酵过程。比如葡萄酒的名称已经流行,“葡萄揉汁入酒,名天酒。若加薏仁,更觉味厚”。

(3) “牺酒”传奇:整坛黄酒,用黄牛屎周围厚涂,埋地窖一日,坛内即作响声,匝月可饮。饮时香气扑鼻,但酒耗甚大,约去半坛。此段纪录读来惊心动魄,未曾尝试,因百思不得其解,试作民俗,也未尝不可。

(4) 听酒断酒:摇坛听声,辨味殊异。其法:以二手抱坛,急手一摇,听之声极清碎,似碎竹声音,酒笔清冽,次作金声者,亦佳;作木声者,多翻酸。若声音模糊及无声者,起花结面,不可用也。好饮者最讲究开坛品尝。把酒坛当西瓜,实为商场技巧,仅对行家有效。

(5) 解酒秘诀:硼砂、葛汤、石菖蒲、食盐和橄榄可以解酒或者“饮必倍”。有趣的是,“酒毒自齿入”是时人的认知,或许也有合理的部分,因此处黏膜绵薄直达毛细血管,故“先食盐一勺,清水漱口,饮多不乱……饮酒过多腹胀,用盐擦牙,温水嗽齿而三次,即愈”。

(6) 存酒须知:气温对于成品酒的影响,已经熟知:“凡放酒坛处,有日影如钱大照之,其酒必坏。”须透风且垫高置坛。前人当然还没有重金属中毒的概念,但“锡器贮酒,久能杀人”,“更不宜用铜器装酒过夜”。此乃青铜时代帝王与现代前夜平民健康人生的本质区别。

(7) 纯度测试:科学并不神秘,实验始于生活。化学反应式被董氏表述为“烧酒畏盐,盐化烧酒为水”。自烧酒自元代流行华夏,放灯草于酒中,视沉浮高下,衍生为判断酒精浓度的指标,“盖灯草遇水气即浮,而不沉也”。

(8) 兑酒技巧:与鸡尾酒一样,兑酒不是减料售假,而是对化学反应技术的把握。“醋入烧酒,味如常酒,不复酸”。兑酒过程突显数字化的精准性,颠覆了传统的模糊思维方式,“琥珀光酒,烧酒五十斤,洋糖二斤,红曲一斤半研末,薄荷一斤三两”,如此加工,其味可期。

(9) 烧酒干粉:人在旅途,液体酒的随身携带成为问题,若将烧酒转化成干粉,则解决了体积、安全和效果诸事,“高粱滴烧掺馒头粉,随掺随干,干后再掺,多少随意。用时即将此干粉,冲百滚汤饮之,与烧酒无异”。

以上所述中国古代制酒与风俗,距今最近者也有200年历史。回到现实生活,学人依旧清贫如故。笔者经常面对酒肆上那些号称出品于千年酒窖、百年酒坛的尤物,动辄索金上千而愤懑。朋友皆知,笔者好酒。为免酒后失言,养成寡言习性。本文成于酒醒时分,自然更要及时打住。故,仅择悠悠华夏制酒史上之特点者,小结之。

(毛　丹)

孙毅霖

中国古代“秋石”考

“秋石”的出现，最早可以追溯到东汉末，炼丹家魏伯阳的《周易参同契》上有“淮南炼秋石”①的记载。《本草纲目》上也提到“淮南子丹成，号曰秋石，言其色白质坚也”②。到了唐代，炼丹盛行，提炼秋石大概也不例外，这在《道藏》和唐诗中都有反映，《道藏》的“大丹记”依托太素真人魏伯阳口诀云：“淮南王炼秋石，八月之节，金元正位也，缘其色白，故曰秋石。”③著名诗人白居易曾作“思旧”诗一首，其中有“微之炼秋石，未老身溘然”之句，以怀念诗友元微之，他们所用的原料是什么还不清楚，但炼出的秋石，很可能是一种矿物药。

那么，什么时候开始用人尿作原料提炼秋石的呢？现在还难以确定，仅据唐代炼丹书《许真君石涵记・日月雌雄论》的记载，“不受傍门并小术，不言咽唾成金液，不炼小便为秋石……”我们可以认为，至迟于唐代，已经有人用人尿作原料提炼秋石了。到了宋代，提炼秋石初具规模，流行的提炼方法有火煅法、阳炼法、阴炼法等。明朝是提炼秋石的鼎盛时期，鼎盛的主要标志表现在提炼方法的多样化以及药用秋石的普遍化。据笔者搜集的资料，在明朝期间所刊印发行的许多医药书，诸如《普济方》、《奇效良方》、《遵生八笺》、《品汇精要》、《济世全方》、《摄生众妙》、《古今医统》、《本草蒙筌》、《医门秘旨》、《本草原始》、《药性大全》、《本草选》、《万病回春》、《赤水玄珠》、《本草纲目》、《济阳纲目》、《物理小识》、《本草通玄》、《本草述》等，都提到了秋石的提炼。在提炼方法上，不仅继承了宋代流行的火煅法、阳炼法、阴炼法，而且还新开发了许多其他的提炼技术，如石膏炼秋石法、晒干炼秋石法、水炼秋石法、乳炼秋石法等。这些提炼秋石的方法，有一个共同之处，那就是都使用了人尿作为原料。

---

① 朱元育：《参同契阐幽》，康熙八年刊本；重刊《道藏辑要》虚集。

② 李时珍：《本草纲目》，中国书店出版，1988年，第5页。

③ “大丹记”。《中华道藏》(第18册)，华夏出版社，2004年，第18～46页。

那么这些用人尿作为原料提炼出来的秋石到底是什么?

一、秋石引发的争议

20世纪以来,中外有两位学者对这些用人尿作为原料提炼出来的秋石作了一番研究,一位乃鲁迅先生,他在《中国小说史略》中写道:“明代都御史盛端明,布政使参议顾可学,皆以进士起家,而俱借‘秋石方’致大位。瞬息显荣,世俗所企羡,侥幸者多竭智力以求奇方,世间乃渐不以纵谈闺帏方药之事为耻。”[①]鲁迅先生这段犀利的言辞,鞭挞了封建社会官场上的腐败现象,其所言是有依据的——据明史记载:

> 顾可学,无锡人,举进士,历官浙江参议。言官劾其在部时盗官币,斥归,家居二十余年。瞷世宗好长生,而同年生严嵩方柄国,乃厚贿嵩,自言能炼童男女溲为秋石,服之延年。嵩为言于帝,遣使赍金币就其家赐之。可学诣阙谢,遂命为右通政。嘉靖二十四年超拜工部尚书,寻改礼部,再加太子太保。时盛端明亦以方术承帝眷,可学独扬扬自喜,请属公事,人咸畏而恶之。
>
> 端明,饶平人,举进士,历官右付都御史,都南京粮储,劾罢,家居十年,自言通晓药石,服之可长生,由陶仲文以进,严嵩亦左右之,遂召为礼部右侍郎。寻拜工部尚书,改礼部,加太子少保,皆与可学并命。二人但食禄不治事,供奉药物而已。端明颇负才名,晚由他途进,士论耻之。端明内不自安,引去,卒于家。赐祭葬。谥荣简。隆

① 鲁迅:《中国小说史略》,北新书局,1931年,第119页。

庆初，二人皆褫官夺谥。①

虽然，这里没有言明秋石为何物，但人们从"自言能炼童男女溲为秋石，……嘉靖二十四年超拜工部尚书，寻改礼部，再加太子太保"这一段话中推测，秋石很可能是顾可学、盛端明为满足嘉靖皇帝荒淫糜烂的宫廷生活而向皇帝进贡的壮阳药。嘉靖皇帝朱世宗在位 44 年(1522～1567)，竟有 20 多年居住在西苑万寿宫，几乎不理朝政，整日沉湎于炼丹成仙，广求长生不老之药，秋石亦在其中。据当时文人沈德符在《野获编》中披露：

> 嘉靖间，诸佞幸进方最多，其秘者不可知，相传至今者，若顾可学、盛端明则用秋石，取童男小遗，去头尾炼之，如解盐以进……顾可学者，常州无锡人，由进士，官布政参议，罢官归且十年，以赂遗辅臣严嵩，荐其有奇药，上立赐金帛即其家，召之至京。可学无他方技，惟能炼童男女溲液为秋石，谓服之可以长生，世宗饵之而验，进秩至礼部尚书加太子太保。②

顾可学、盛端明官运亨通，正如鲁迅先生所言，"皆以进士起家，而俱借秋石致大位。"当时，吴中民间曾广泛地流传着这样一句话："千场万场尿，换得一尚书。"注意，为了押韵，这里的"尿"与"书"，读成同一个音"shi"，直到今天，在江南无锡常州一带，仍然保持着这个读音。不管怎么说，在历史上，秋石曾以它特有的魅力，得到过皇帝的青睐。

另一位学者是专门从事中国科学史研究的英国科学史家李约瑟先

---

① 《二十四史明史卷三百七》，中华书局，2000 年，第 7902 页。
② 沈德符：《野获编・补遗・卷二十五》，扶荔山房刻本，1827 年。

生，一次偶然的机会，他翻阅了李时珍著述的《本草纲目》，在读完秋石一节后，凭着曾是生化学家的敏锐直觉，有了一个新发现。1963年，李约瑟与鲁桂珍在英国《自然》(*Nature*)杂志上发表的“中世纪的尿甾体性激素制剂”论文中说到：“甾体性激素的生理和生化知识是近代科学的一项杰出成就，它起源于19世纪的移植实验与20世纪的未皂化油脂检验。因此，人们一定不会期望在古代或中世纪科学的某一时期，有可能制备这种具有活性的药剂。但是，最近我们发现，在10～16世纪之间，中国的医药化学家已经完成了这项工作。他们以中国传统的理论(而不是以近代科学的理论)作指导，从大量的尿中，成功地制备了较为纯净的(in relatively purified form)雄性激素和雌性激素混合制剂，并用它们治疗性功能衰弱者。”①1964年4月，他们在英国《医学史》(*Medical History*)杂志上发表了同名论文②，进一步利用现代内分泌学和生物化学知识，对中国古代记载的6种提炼秋石的方法，即秋石还原丹、阳炼法、阴炼法、颐氏秋冰法、刘氏秋石法和石膏提炼法(均摘自李时珍《本草纲目》)如何提取出比较纯净的性激素做了较为详尽的分析。1968年又在《努力》(*Endeavour*)上发表“中世纪对性激素的认识”(Sex Hormones in the Middle Ages)，李、鲁二位再次强调：“毫无疑问……中国古代的药物化学家获取了雄性激素和雌性激素制剂，这在当时主要凭经验的医疗中还是有很好疗效的。在现代科学之前，这肯定可以看作是医药科学上一项非凡的成就。”③后来李约瑟又在其巨著《中国科学技术史》中再次肯定

---

① Lu G. D. Needham J. Medieval Preparations of Urinary Steroid Hormones. *Nature*, 1963(12).

② Lu G. D. Needham J. Medieval Preparations of Urinary Steroid Hormones. *Med. Hist*, 1964,8(2):101 - 121.

③ 潘吉星:《李约瑟文集》,辽宁科技出版社,1986年,第1053页。

了中国古代的这项非凡成就。[①] 由此,“性激素说”在国际上产生了广泛的影响。

美国芝加哥大学生殖内分泌学家威廉斯·阿什曼(W. Ashman)和雷迪(A. H. Reddi)曾给予高度评价:“李约瑟和鲁桂珍揭开了内分泌学史上激动人心的新篇章……向我们显示了中国人在好几百年前就已经勾画出二十世纪杰出的甾体化学家在二三十年代所取得的成就之轮廓。”[②]日本科学史家宫下三郎从1965年开始,先后发表了3篇论文[③④⑤],对秋石的起源、发展和应用作了系统的考证,他明确指出,“1061年沈括制造方法的记录,是年代最早的”,特别是“利用皂甙(saponin)和3β-OH甾体化合物的沉淀反应,从人尿中提取某种雄性激素是划时代的”。

从中国的鲁迅到英国的李约瑟,这两位学者研究秋石的角度有所不同,得出的结论也有差异,但由于性激素制剂在现代医学临床应用中,对于治疗男性阳痿等性功能失调患者具有某种壮阳作用,所以,人们很自然地把性激素与壮阳药联系起来,互为佐证,或者,干脆把秋石看成是一种以性激素为主要成分的壮阳药。

对于这个结论,作为炎黄子孙,无论是从感情出发,还是基于理性,似乎都比较容易接受。中国杨存钟先后发表了题为“我国十一世纪在提

---

① Needham J. Science and Civilisation in China, Vol. 5. Cambridge University Press, 1963:301.

② W. Ashman, A. H. Reddi. Actions of Vertebrate Sex Hormones. *Physiological Reviews*, 1971:71-72.

③ 宫下三郎:“1061年に沈括か制造レた性ホルモソ▪につぃこ”。日本医学史杂志,1965年。

④ 宫下三郎:“性ホルモソ▪の▪成”。薮内清:《宋元▪代の科学技▪史》,京都大学,1967年。

⑤ 宫下三郎:《汉药・秋石の药史学の研究》,关西大学,1969年。

取和应用性激素上的光辉成就”①、“沈括对科技史的又一重要贡献”②、“世界上最早的提取，应用性激素的完备记载”③等系列论文，宣扬和支持“性激素说”；1982 年，山西太原工学院孟乃昌先生发表论文“秋石试议”④，主要是在鲁、李二位工作的基础上，从文献考证和理论分析角度深入探讨了秋石的 6 种制备方法，孟在具体问题上提出了一些不同见解，但基本结论是与李、鲁一致的。还有不少论著中转引李、鲁二氏“性激素说”的，姑且从略。我们知道国内有些学者对“性激素说”是持保留意见的，但公开对性激素说提出质疑者，惟有台湾大学刘广定教授一人。他于 1981 年在台湾的《科学月刊》杂志上陆续发表了题为“人尿中所得秋石为性激素说之检讨”⑤、“补谈秋石与人尿”⑥和“三谈秋石”⑦等 3 篇论文，从理论上进行分析和探讨，对秋石为“性激素说”提出了质疑。刘广定先生的主要依据可归纳为以下 3 点：①不是所有的皂甙都能与胆固醇或其他类固醇化合物形成沉淀，也不是所有的类固醇化合物都能和地芰皂宁产生沉淀物。②制备秋石所用的原料都是童尿，几乎不含有性激素。③秋石在常温下潮解，与甾体性激素的稳定性不能吻合。那么，秋石究竟是什么呢？刘广定先生坦率地承认，他也不清楚，尚待深入探究。

---

① 杨存钟：“我国十一世纪在提取和应用性激素上的光辉成就”。《动物学报》，1976 年，第 192～195 页。
② 杨存钟：“沈括对科技史的又一重要贡献北京医学院学报”。1976 年，第 135～139 页。
③ 杨存钟：“世界上最早的提取，应用性激素的完备记载”。《化学通报》，1977 年，第 64～65 页。
④ 孟乃昌：“秋石试议”。《自然科学史研究》，1982 年。
⑤ 刘广定：“人尿中所得秋石为性激素说之检讨”。《科学月刊》，1981 年。
⑥ 刘广定：“补谈秋石与人尿”。《科学月刊》，1981 年。
⑦ 刘广定：“三谈秋石”。《科学月刊》，1981 年。

二、秋石提炼考

显然，以李约瑟、鲁桂珍与刘广定为代表的学者形成了两种截然不同的观点，或者说，都是从理论分析得出的两种结论是根本对立的。孰是孰非，需要人们运用实验手段，作出科学的判断。美国席文(N. Sivin)曾建议人们做皂角汁沉淀法的实验。1986 年，笔者在张秉伦教授的指导下，选择了沈括当年提炼秋石的所在地安徽宣城作为模拟实验场所，就李、鲁特别感兴趣的秋石方 3 种典型提炼法——阳炼法、阴炼法和石膏法作了模拟实验。

1. 阳炼法

沈括在《苏沈良方》的“秋石方”中云：

小便不计多少，大约两桶为一担，先以清水按好皂角浓汁，以布绞去滓，每小便一担，入皂角汁一盏，用竹篦子急搅，令转百千遭乃止，直候小便澄清。白浊者皆定底，乃徐徐撇去清者不用，只取浊脚并作一满桶，又用竹篦子搅百余匝，更候澄清，又撇去清者不用，十数担不过取得浓脚一二斗。其小便须是以布滤过，勿令有滓。取得浓汁入净锅中熬干，刮下、捣碎，再入锅，以清汤煮化，乃于筲箕内布纸筋纸两重，倾入筲箕内，滴淋下清汁，再入锅熬干，色未洁白，更准前滴淋，直候色如霜雪即止，乃入固济砂盒内，歇口、火煅成汁，倾出。如药未成窝，更煅一两遍，候莹白五色即止。细研入砂盒内固济，顶火四两，养七昼夜(久养火尤善)，再研。每服二钱，空心温酒下……

文中“小便一担，入皂角汁一盏”，盏有大小，且浓度不一，我们从《药剂学》中检索到，在宋元明清时期，一白大盏相当于0.2升容量。现在很难确定这一白大盏是否与沈括所用的一盏等于同一容量单位。不过即使两者不等值，我们也可认为一盏的最大容量不会超过0.2升。问题是，每盏所含皂角汁的浓度究竟是多少呢？我们只能采取沉淀剂过量的办法，通过对照，配制了高浓度的皂角汁溶液，即每盏含有200克干皂角搓揉出来的有效成分。

在收集来的每桶尿(50公斤左右)中，徐徐加入一盏皂角汁，经过搅拌、沉淀、去清，再搅拌、沉淀、去清后，得白浊浓脚0.5升左右。将白浊浓脚放入砂锅中加热蒸发，熬干物表面呈棕红色，为了排除各种可能的人为因素，又反复试验，均获同样结果。经过分析，笔者认为，尽管大量的色素随上清液一起除去，但沉淀物中仍不可避免地隐含着来自人尿和皂角的微量色素。开始，它们被白浊的浓脚湮没，一旦将浓脚加热熬干，隐含的色素又显现出来，沈括可能也得到同样的结果，所以，沈括又“刮下、捣碎，再入锅，以清汤煮化，乃于筲箕内，布纸筋纸两重，倾入筲箕内、滴淋下清汁，再入锅熬干，色未洁白，更准前滴淋，直候色如霜雪即止。”李约瑟认为：“这是一个用沸水完全萃取甾体性激素的过程，同时也是尿中的色素逐步地被排除的过程。”笔者多次重复这个步骤，发现这种解释难以自治，也与实验结果不符。因为，既然这是用沸水完全萃取甾体性激素，那么甾体性激素应该溶解于沸水里，留在滤液中；而色素也溶解于沸水，同样保留在滤液中，不可能逐步被排除，因此熬干后仍为棕红色。而沈括的描述正相反，经过一次又一次地捣碎、煮化、过滤，纸上的不溶物却越来越洁白。笔者怀疑，有可能纸上的不溶物才是有用的，因为现代的化学知识表明许多甾体性激素并不溶解在沸水里。仔细阅读沈括原文，发现就沈括的描述来说，既可理解为弃下(滤过液)留上(纸上的不溶物），又可理解为弃上留下。为保险起见，笔者将上下两种产物全部保存，分别装入砂坩锅内，“歇口、火煅成汁，倾出，如药未成窝，更煅一、两遍，候莹白五色即止，细研入砂盒内固济，顶火四两、养七昼夜……”这一过程，李、鲁认为“有珍珠似的甾体结晶升华”。孟乃昌认为“从原文看，是没有（升华）。”笔者认为要想准确地把握这一过程，首先要理解“歇口”、“顶火”这两个关键词的涵义。歇口，敞口也；顶火，盖上贴火也。显然，敞口火煅，会导致大量的升华物逃逸；盖上贴火，又难以在顶盖上形成升华物。在模拟实验中，笔者保守地放弃“歇口”、“顶火”这两个步骤，用盐泥固济后，将温度控制在 180～220℃之间，3 小时后可见升华物。温养 5～7 天，升华物渐增，最后得到 4 种不同的产物：升华物 A 和 B，不升华物 a 和 b。阳炼法的流程和产物如下：

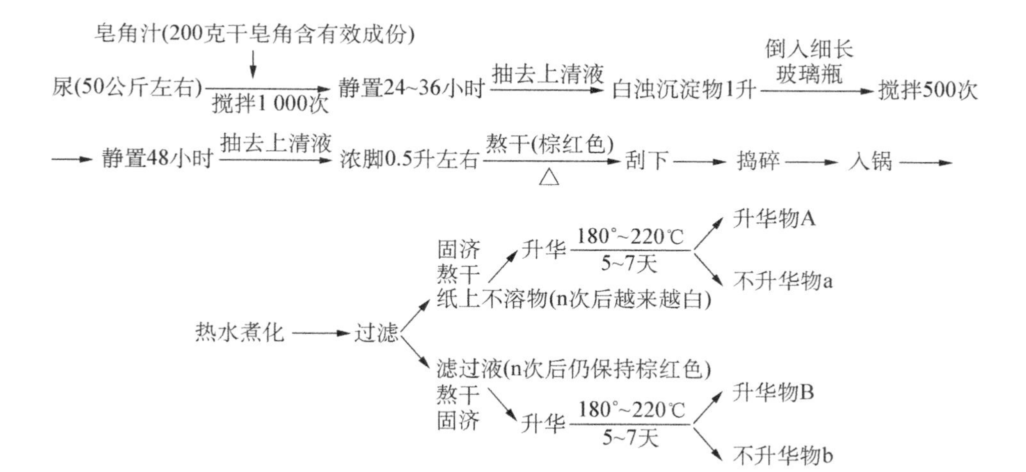

笔者无法确定哪一种产物是“相当纯净的性激素制剂（秋石）”，只好全部保留分别作进一步检测。值得注意的是，每 50 公斤人尿，一般能得到 0.5 克升华物 A，1 克升华物 B，30 克不升华物 a 和 4 克不升华物 b（见表 1）。而沈括提炼的秋石方，规定“每服二钱”，北宋二钱相当于现代的 7.46 克。这种秋石如果真是纯净的性激素，那么，每服二钱性激素是人

体所不能忍受的。

表 1　秋石阳炼法模拟实验数据简表

日期 年　月　日	序号	尿量（公斤）	皂角品名	皂角汁重量（克）	浊脚（毫升）	浓脚（毫升）	浓脚干重（克）	滤过液干重（克）	不溶物干重（克）	升华物A干重（克）	不升华物a干重（克）	升华物B干重（克）	不升华物b干重（克）
1986　4　14	1	52	柴皂	260	1 250	615（白）	38（棕）	6（棕）	31（白）	0.4（棕）	30（白蓝）	1（白）	4.5（灰白）
1986　4　14	2	53	牙皂	265	1 225	610（白）	36（棕）	5（棕）	30（白）	0.5（棕）	29（灰白）	1（白）	4（灰蓝）
1986　4　15	3	49	牙皂	245	1 180	595（白）	35（棕）	5（棕）	30（白）	0.4（棕）	29（灰白）	（白）	4（浅灰）

每 100（克）皂角汁相当于柴牙皂原生药 80（克）。皂角汁 pH≈5，尿液 pH≈6

2. 阴炼法

沈括在《苏沈良方》中云：

小便三、五石，夏月虽腐败亦堪用，分置大盆中，以新水一半以上相和，旋转搅数百匝，放令澄清，撇去清者，留浊脚。又以新水同搅，水多为妙。又澄、去清者，直候无臭气，澄下秋石如粉即止，暴干刮下，如腻粉光白，粲然可爱，都无臭味为度，再研……

这种阴炼法简单易行，没有蒸发、升华等过程，只需在小便中和以新水即可。为了减少因用水产生的误差，笔者不用宣城水厂处理过的自来水，选择了当地还在使用的井水。在每桶人尿中(20 公斤)，徐徐加入 30 公斤井水，搅拌静置后，抽去上清液，再和以井水，如前搅拌静置，反复三次，可获 200 毫升左右的无臭味白色浓脚(见表 2)。

表 2　秋石阴炼法模拟实验数据简表

序号	日期	尿量(公斤)	次第	水(公斤)	搅拌次/时	沉淀(时)	浓脚毫升	晒干天	色泽	数量(克)
1	4.25	20	1 2 3	30 10 10	500/5’ 500/5’ 500/5’	36 36 36	310 240 210	2	洁白	9.5
2	4.25	20	1 2 3	30 20 20	500/5’ 500/5’ 500/5’	36 36 36	300 255 200	2	白	9

这浓脚是甾体性激素吗？李约瑟说：“由于甾体都是以可溶性结合物的形式，(沉淀)似乎是不可能发生的。”孟乃昌也认为“产物作为水难溶性的无机物沉淀，主要地、大量地是磷酸(氢二)钙、磷酸镁、草酸钙……如果附带吸着一些甾体性激素、也是为量微少。”值得注意的是，这种用阴炼法得到的几乎不含性激素的秋石，沈括认为“与常法(阳炼法得到的秋石)功力不侔。”

在阴炼过程中，有一个加水的步骤，李约瑟说“不清楚稀释的目的是什么，至少是无害的，因为这可能有助于除去像尿素和盐类等可溶性物质。”孟乃昌对此有较好的解释，他认为“尿中磷酸根、草酸根离子和钙镁离子等克分子浓度积早已超过相应难溶化合物的溶度积，其所以不沉淀出来，是初排出的尿有胶体保护作用，而阴炼法加水稀释，各种物质浓度均降低三分之一以上，无机盐浓度降低仍能保证它们超过各该溶度积，只有数量级的差别才能改变析出沉淀的可能性，而保护性物质浓度降低三分之一以上，却使它们在接近临界的保护性失去，在千百次剧烈搅拌下，旧平衡打破了，促使磷酸钙、镁，草酸钙等沉淀析出来”。这一解释很能说明一些问题。因为尿本身是一种水溶性胶体，加入水以后，将其保护胶冲稀了，这样就促进了磷酸根、草酸根等离子的沉淀。

就沉淀物的数量来说，孟乃昌认为阴炼法远多于阳炼法的浊脚。实验表明两者相差无几。这两种炼法所得浊脚数量上的接近，虽然尚难断定两种提炼法所得成分的一致，但皂角汁与水作为稀释剂所起的作用似乎有某种相似之处。

将沉淀物置于阳光下暴干，所得秋石洁白光滑，但并不含有李约瑟所推断的“具有相当浓度的脂肪”。李约瑟是从“尿源可能含有糖尿病人排出的脂肪尿”这一假设推断出来的，但这种假设有点牵强。仔细分析导致李约瑟误解的原因，可能源自叶梦德《水云录》中“澄下如腻粉”的“腻粉”。沈括的原文是秋石“如腻粉光白”，腻粉即水银粉（Hg_2Cl_2）强调了秋石像水银粉一样光白的特征。这些特征与笔者在阴炼法中得到的秋石，外观比较吻合。如果排除了高浓度脂肪存在的可能性，那么李约瑟的“游离的甾体性激素会吸附到脂肪上进入沉淀”的说法也就难以成立了。

3. 石膏提炼法

石膏法为明代著名药学家陈嘉谟首创，陈云：

> 炼，务在秋时，聚童溺多着缸盛……每溺一缸，投石膏末七钱，桑条搅混二次，过半刻许，其精英渐沉于底，清液自浮于上，候其澄定，将液倾流，再以别溺满挽，如前投末混搅，倾上留底，俱勿差违……方

> 入秋露水一桶于内，亦以桑条搅之，水静即倾，如此数度，滓秽洗涤，污味咸除，制毕，重纸封，面灰渗，待干成块，坚凝囫囵取出之。英华之轻清者，自浮结面上，质白。原石膏末并余滓之重浊者，并聚沉底下，质缁而暗面者留用，底者刮遗。

模拟实验正处春季，且露水难以收集，则以井水代之。这个实验使用了石膏末作沉淀剂，陈嘉谟虽然对石膏末作了定量规定，"每溺一缸，投石膏末七钱"，相当 26 克。但由于缸有大小，不是固定的容量单位，今天很难确定一缸容量之多少。我们在模拟实验中，同时收集三桶各 50 公斤尿，分别投入 9 克、13 克、26 克石膏末试之，发现所得浓脚并不随石膏末的成倍增加而明显增多(见表 3)。

表 3　石膏炼法模拟实验详细数据表

序号	日期	尿量(公斤)	石膏末量(克)	搅拌次数/时	沉淀(时)	浓脚毫升	次第	水(公斤)	沉淀(时)	浓脚(毫升)	晒渗日	秋石量(克)	色泽(克)
1	86.5.7	50	26	1000/10'	36	1 350	1 2 3	30 30 30	6 6 6	1 020 890 785	3	53	白
2	85.5.7	50	13	1000/10'	36	1 290	1 2 3	30 30 30	6 6 6	1 010 865 765	3	42	洁白
3	86.5.7	50	9	1000/10'	36	1 260	1 2 3	30 30 30	6 6 6	980 830 730	3	35	洁白

可见，如果一缸仅以 50 公斤尿计算的话，笔者投以石膏末七钱作沉淀剂是过量的。浓脚晒干后成块，上下质地差不多，颜色洁白，分不出陈嘉谟所说的轻清者与重浊者之界限，很难将石膏末余滓等"底者刮遗"。或许，这与古今石膏质量不同有关，古代石膏粗劣，乃有余滓，现代石膏纯净，故无沉渣。

不少学者注意到陈嘉谟对秋石阴阳二炼法的批评，陈云：

世医不取秋时，杂收人溺，但以皂荚水澄，晒为阴炼，煅为阳炼。尽失于道，何合于名？媒利败人，安能应病，况经火炼，性却变温耶。

有人认为，这是“在性激素提取方面极为显著的倒退，这一倒退的主要标志乃是对加皂角的极力否定。”笔者认为，陈嘉谟作为当时著名的药物学家，他是否用皂角汁和石膏末做过对照试验，尚难定论。但能否认为否定加皂角汁就是倒退呢？为此笔者做了皂角汁与石膏末两种提炼法的对照实验，结果见表 4。

表 4　皂角汁与石膏末提炼结果对照表

日　期	尿量（公斤）	沉淀剂	数量（克）	搅拌（次/时）	沉淀时	浓脚（毫升）	色泽
年　月　日							
1986　4　29	50	石膏末	20	1000/10’	36	1 320	洁白
	50	皂角汁	225	1000/10’	36	1 180	浅白

* 100 克皂角汁相当于 80 克猪牙皂生药。气温 24℃。

从得到的中间产物来看，石膏末的作用显然要优于皂角汁，不仅浓脚的数量要多 140 毫升，而且颜色也明显白一些。因此，陈嘉谟否定皂角汁，选择新的沉淀剂石膏末似乎不能简单地认为就是倒退，相反，沉淀剂石膏末的使用无疑地为当时开辟了一条不同于阴阳法提炼秋石的新途径，这种提炼法在以后出版的本草书中多有记载。

获得各种样品后，笔者借助中国科技大学结构成分分析中心的先进设备，采用物理化学手段，分别作了检测。

(1) 物理方法

笔者根据各种样品的不同性状，选择气相色谱—质谱联用仪(Gas Chromatogragh/Mass Spectrometer 主机型号 GCT－MS)，或辅之以旋转阳极 X 射线衍射仪和 X 射线荧光光谱仪交叉检测，所有检测方法和结果以表 5 列出。

表 5　各种秋石物理检测结果

炼法	产物	性质	气相-质谱联仪	X 射线衍射	X 射线荧光	主要成分
阳炼	升华物 *A*	棕色。油状。溶于乙醇、苯等。	没有出现甾族化合物的特征峰	—	—	$OC_{13}H_{31}C(=O)—OCH_3$、$C_{17}H_{31}C(=O)—OCH_3$、$C_{19}H_{36}$、$C_{17}H_{35}C(=O)—OCH_3$、$C_{19}H_{37}OH$、$C_{12}H_{14}O_4$
	升华物 *B*	白色粉末状。溶于水以及甲醇	同上	有明显的晶态峰，与 NH_4Cl 的标准强线数据吻合	主要元素为 Cl、S	NH_4Cl，S
	不升华物 *a*	蓝白色，粉末状。不溶于水、乙醇	—	有不明显的晶态峰和非晶态峰，与 $NH_4MgPO4 \cdot H_2O$ 的标准强线数据吻合	主要元素为 P、Mg、Ca、Si、S、Zn、K、Cl	$NH_4MgPO_4 \cdot H_2O$、Ca^{2+}、SO_4^{2-}、SiO_4^{2-}、Zn^{2+}、Cl^-
	不升华物 *b*	灰蓝色，粉末状，微溶于水，不溶于苯、乙醇	—	有明显的晶态峰和非晶态峰，与 NaCl 和 $CaSO_4$ 的标准强线数据吻合	主要元素为 Cl、P、S、Na、K、Mg、Si、Al、Ca	NaCl、$CaSO_4$、PO_4^{3-}、Mg^{2+}、SiO_4^{2-}、Al^{3+}、K^+ Zn^{2+}、SiO_4^{2-}、Cl^-

（续表）

炼法	产物	性质	气相-质谱联仪	X射线衍射	X射线荧光	主要成分
阴炼	秋石	白色，粉末状，不溶于水和有机溶剂	—	有晶态峰与非晶态峰，与 $NH_4MgPO_4 \cdot 6H_2O$ 和 $MgSO_4 \cdot 7H_2O$ 的标准强线数据吻合	主要元素为P、Mg、Ca、S、Si、Zn、Cl、K、Al	$NH_4MgPO_4 \cdot 6H_2O$、$MgSO_4 \cdot 7H_2O$、Ca^{2+}、Al^{3+}、K^+、Zn^{2+}、SiO_4^{2-}、Cl—
石膏炼	秋石	洁白色，粉末状，不溶于水，不溶于有机溶剂	—	有明显的晶态峰和非晶态峰，与 $NH_4MgPO_4 \cdot 6H_2O$、$CaSO_4 \cdot MgSO_4 \cdot 7H_2O$、$Al_2(Mn_2)SiO_2$ 的标准强线数据吻合	主要元素为P、S、Mg、Ca、Si、K、Al、Zn、Cl	与 $NH_4MgPO_4 \cdot 6H_2O$、$CaSO_4 \cdot MgSO_4 \cdot 7H_2O$、$Al_2(Mn_2)SiO_2$、$K^+$、$Cl^-$

笔者还将升华物A和B的质谱图分别与在同等条件下得到的胆固醇、雄酮、睾酮、雌二醇等4种甾体化合物标样的质谱图加以比较（见图1）；将各种样品的X射线衍射图分别与胆固醇、雄酮等4种甾体化合物标样的x射线衍射图作了对照（见图2）。显然，所有的秋石样品都没有显示甾体化合物应有的特征峰。

物理检测的结果表明，以上3种方法提炼的秋石，都不是甾体性激素，而是以无机盐为主要成分的混合物。同时，我们还发现，不升华物a、阴炼的秋石及石膏炼的秋石，它们的主要成分非常相近，在这个共性的背后，很可能隐藏着秋石方的本质，我们不妨大胆地推测，当年沈括阳炼秋石的真正产物或许不是别的，而是不升华物a。

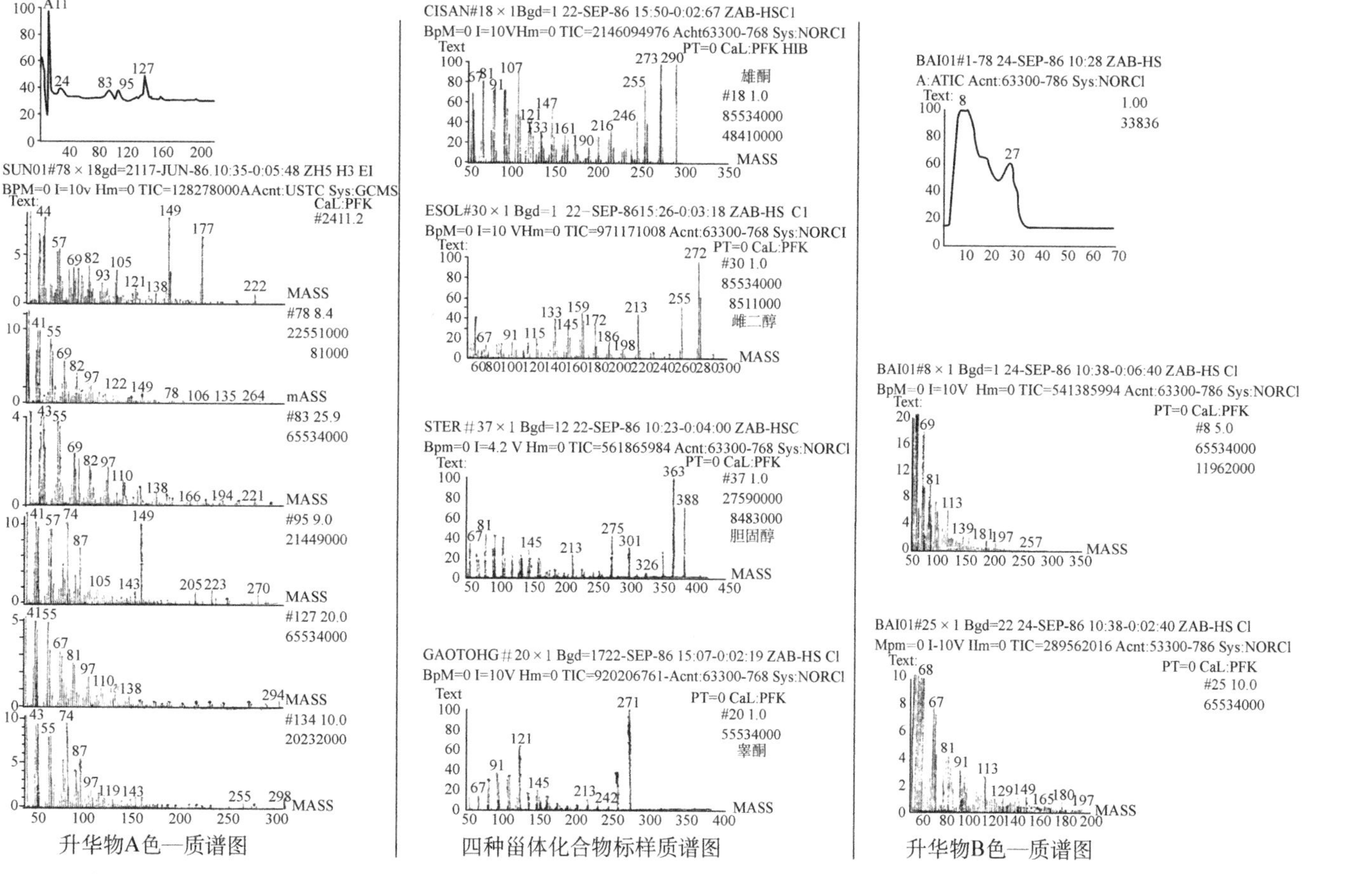

图 1　阳炼秋石升华物样品与甾体化合物标样的质谱图对照

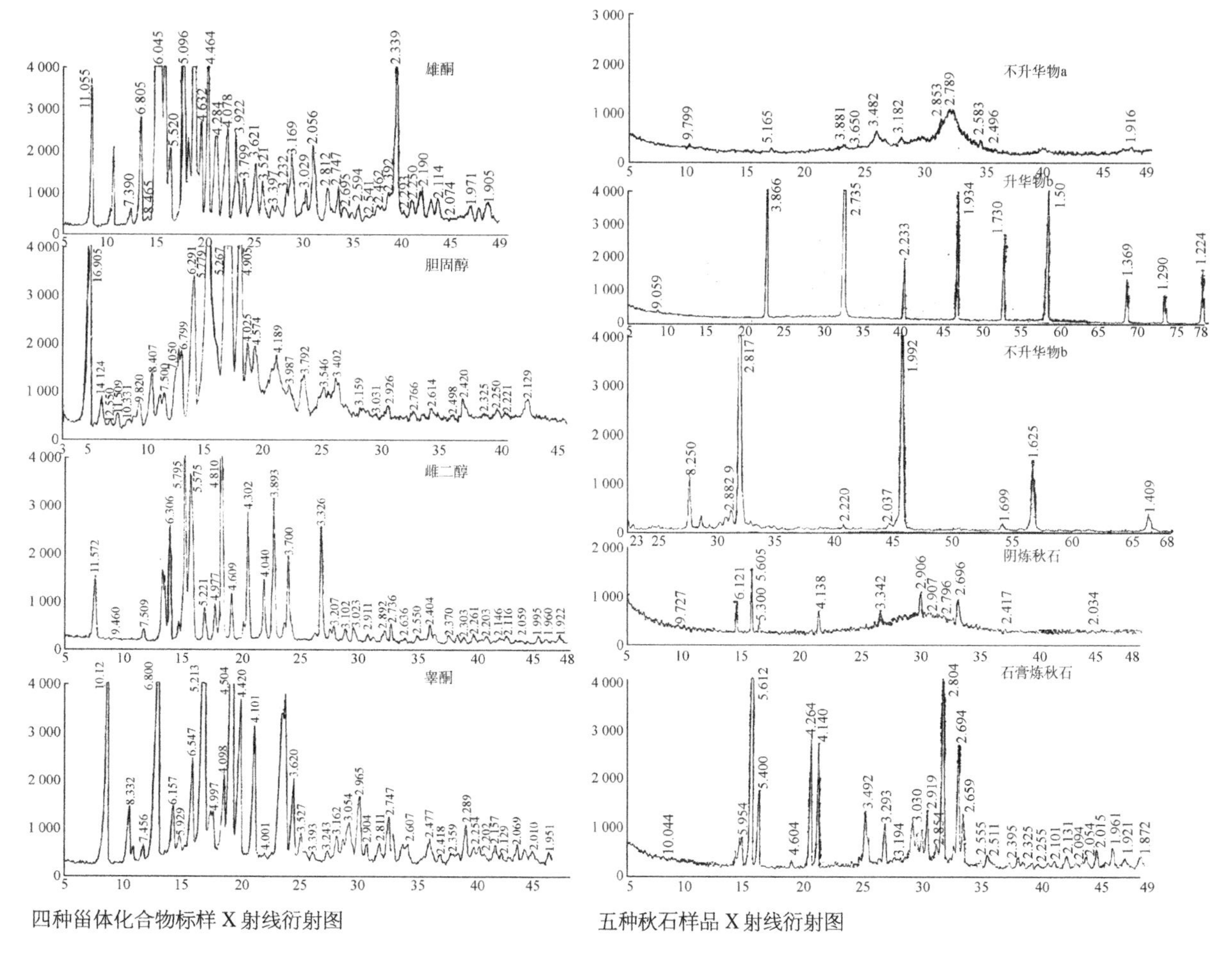

四种甾体化合物标样 X 射线衍射图

五种秋石样品 X 射线衍射图

图 2　秋石各产物样品与甾体化合物标样的 X 射线衍射图对照

（2）化学方法

化学方法是利用甾体化合物对某些化学试剂有特殊的颜色反应，如：Salkowski 反应，将样品溶于氯仿中，加入浓硫酸，如有一定量的甾体化合物存在，则氯仿层出现红色或青色，硫酸层出现绿色荧光；Liebermann-Burchaid 反应，将样品溶于醋酸酐中，加入浓硫酸数滴，如有红→紫→青→蓝→绿的一系列颜色变化，表明样品中有甾体化合物。据此，我们利用这些化学反应分别检测各种样品中甾体性激素存在与否。所有样品的化学检测结果如表 6。

表 6　各种秋石样品的化学检测结果表

<table>
<tr><th colspan="2">样品种类</th><th>Salkowski
反应</th><th>Liebermann
反应</th><th>Tschgaeff
反应</th></tr>
<tr><td rowspan="4">阳炼秋石</td><td>升华物 A</td><td>—</td><td>—</td><td>—</td></tr>
<tr><td>升华物 B</td><td>—</td><td>—</td><td>—</td></tr>
<tr><td>不升华物 a</td><td>—</td><td>—</td><td>—</td></tr>
<tr><td>不升华物 b</td><td>—</td><td>—</td><td>—</td></tr>
<tr><td colspan="2">阴炼秋石</td><td>—</td><td>—</td><td>—</td></tr>
<tr><td colspan="2">石膏炼秋石</td><td>—</td><td>—</td><td>—</td></tr>
</table>

物理与化学检测的结果是一致的，通过理化方法的交叉检测，可以肯定以上 3 种提炼法得到的秋石都不是甾体性激素，而是以无机盐为主要成分的混合物。也就是说，中国古代并没有像李、鲁等所推断的那样，早在 10～16 世纪就成功地从人尿中提取了相当纯净的甾体性激素制剂。有人或许会问，中国古代这种提炼方法，尤其是家皂荚汁的提炼方法，颇具科学性，为什么提炼不出甾体性激素呢？问题在哪儿？笔者试图从理论上作出解释。

早在20世纪20年代，人们就已经知道尿中含有各种性激素。1927年，德国的生理生化学家阿什汉(S. Aschheim)和桑达克(B. Zondek)首先从孕妇尿中提取出雌激素。最早从尿中得到雄性激素结晶的是德国的布特南特(A. Butenandt)，1931年，他从15 000升的尿中提取出15毫克的雄酮结晶。后来测得一般正常人在24小时的尿中可被提取的各种性激素，约20毫克左右，而这些性激素的提取，在近现代主要是采用有机溶剂萃取的方法，溶剂的选择以及操作步骤的改变，往往会直接影响性激素的提取效果。因此，对这些提炼过程中的关键步骤科学地加以考查，或许能够找到问题的答案。

(3) 皂角(Gleditschia sinensis)的分析

李约瑟对在尿中加入皂角汁极感兴趣，并给予高度评价。他凭着多年从事生化研究的直觉，对照1909年德国温道斯(A. Windaus)用地芰皂宁定量地沉淀胆固醇的经典发现，推断出中国古代医学化学家利用皂角中的皂甙沉淀了尿中某些种类的甾体激素，但又指出"还不能确定皂角(G1editschia sinensis)中含有的各种皂甙的活性"。问题是既然皂角的皂甙活性没有确定，又怎能知道它具有地芰皂宁沉淀尿中甾体激素的活性呢?

一般来说，甾体皂甙(不是全部)可以与胆固醇以及具有3β-羟基的甾体化合物生成难溶性的分子复合物，从溶液中沉淀出来，如地芰皂宁就具备了这一活性，而三萜皂甙，由于分子结构不同，则不能与胆固醇等生成难溶性的分子复合物。

那么，生长在中国的皂角含有哪种皂甙呢?《中药大辞典》云："荚果含三萜皂荚，鞣质。其皂甙元具有 $C_{30}H_{48}O_{3}$ 的实验式。"1934年，苏州东吴大学沈康平先生对皂角的皂甙作了初步的研究，他用95%与50%的乙醇溶剂从皂角粉末中提取6.4克皂甙，又分别测定了这些皂甙的溶解度，熔点（199℃～201℃）、确定了分子式（$C_{52}H_{101}O_2$）等，并用石蕊试纸测验皂甙溶液的酸碱度，结果显酸性。1930年代，我国生化学家还无法测定皂甙元的分子结构，但根据沈康平提供的数据推断，它是一种含羧基的三萜皂甙。这种皂甙的活性如何呢？至今未见这种皂甙与甾体化合物的复合沉淀的实验报告，笔者有兴趣地做了这方面的工作。

（1）提取与鉴别：取猪牙皂粉末100克，柴皂粉末50克，分别置于沙氏提取器（Soxhlet extracter）用95％的乙醇回流萃取8个小时，经一系列处理后，得到粗牙皂甙6.27克，粗柴皂甙2.53克。根据某些化学特性反应可以有效地鉴别皂甙的种类，所用方法和结果以表7示之。

表7　皂甙种类化学鉴别结果表*

品名 ＼ 方法/结果	PH	Lieberman法	泡沫法
牙　皂	6	＋	＋
柴　皂	6	＋	＋

● ＋为三萜皂甙阳性反应。

显然，牙皂及柴皂皂甙属于三萜皂甙而不是甾体皂甙。

（2）试管混合模拟：温道斯1909年的实验论文指出：“在90％的乙醇溶液里，0.1毫克的胆固醇与地芰皂宁化合有一个看得到的沉淀。”那么属于三萜皂甙的牙（柴）皂甙与胆固醇等甾体化合物有没有这种特性的反应呢？笔者动手设计了一个实验，将不同剂量的牙（柴）皂甙分别溶于5毫升95％的乙醇溶液中，放置备用；对应配制不同剂量的胆固醇、雄酮、雌二醇和睾酮等4种标样的甾体化合物，分别溶于5毫升95％的乙醇溶液中，一一混合。仔细观察，都未见到沉淀现象发生。

可见,溶于95%乙醇的皂角皂甙,并不具备与胆固醇以及其他甾体性激素复合发生沉淀的活性。其实,不仅是这种皂角皂甙不具备这种活性,早在1930年,德国生化学家科夫勒(L. Kofler)和劳姆(H. Raum)就发现:“在做实验的皂甙之中,只有地芰皂宁,仙客来皂甙,钠一依来特皂甙等能够在胆固醇作用下沉淀,而七叶皂甙,丝石竹皂甙,麦氏远志精皂甙,α-长青藤皂甙,麦氏铃兰皂甙等,都不能在溶液中通过胆固醇的作用发生沉淀,因此,与胆固醇作用出现沉淀性不是皂甙的一般特性。”而李约瑟等人在没有查明中国皂角中所含各种皂甙活性的情况下,以地芰皂宁等沉淀胆固醇的个别现象推广为所有皂甙的一般特性,以此得到的结论也就难免失之偏颇了。

那么,中国古代医学化学家何以在人尿中加入皂角汁呢?笔者以为,这可能是中国古人在提炼秋石时,把皂角汁作为一种去除人尿中污秽的洁净剂。《本草纲目》中曾有记载:

> 古人惟取人中白、人尿治病,取其散血、滋阴、降火、杀虫、解毒之功也,王公贵人恶其不洁,方士遂以人中白设法煅炼,治为秋石。

沈括在《苏沈良方》中云:“世人亦知服秋石,然非清净所结。”很清楚,从直接以人尿为药到提炼人尿为秋石方的演变,“王公贵人恶其不洁”是主要的动因。最原始的火炼秋石,还保留着尿中的糟粕,到了沈括时代,人们已经想到首先应该使沉淀物洁净。而皂角的洗涤功能及它们的广泛应用,肯定引起了中国古人的注意。另外,皂角也是常用药物之一,最早的药草书《神农本草经》把皂角列入中品药物。因此,中国古代炼丹方士很自然地会用皂角作为去除人尿中污秽的洁净剂。当人尿中加入皂角汁以后,他们发现沉淀得到的浊脚比自然沉淀得到的人中白(溺白垽)既多又白,所以,就把这一过程记载下来,流传至今。现在我们知道,所谓皂角汁的洁净剂作用,主要是皂角汁里的三萜皂甙与尿中的硫酸铵、磷酸镁、钙等中性无机盐类复合产生沉淀,以及三萜皂甙本身是一种表面活性物质,可以促进这种沉淀产生,古人不知其作用原理,只是经验性地把皂角汁作为提炼秋石过程中净化人尿的清洁剂而已。

(4) 蛋白质的分析

李约瑟还注意到阴炼法中可能存在的蛋白质所产生的沉淀剂作用,他认为:"只要有蛋白质的存在,所有的尿甾体化合物将随着蛋白质的沉淀而沉淀。"但尿中的蛋白质从哪儿来呢? 他认为,"中世纪中国人肾病频繁,以致在每次收集的尿中,很可能有肾病患者排泄的某种蛋白质";"中世纪中国的血吸虫病广泛蔓延,也是产生蛋白质的一种可能";而且,"皂角汁中也有蛋白质"。

应该承认,中世纪的中国,确实有肾病患者,也不乏血吸虫病人,但是没有任何迹象表明,这些患者的尿会用来制药,相反,作为制备药剂的人尿,历来都受到医药学家、炼丹方士的重视,中国传统用来治病和延年益寿的人尿,通常是选自无病健康者。而提炼秋石从本质上说就是由提纯浓缩人尿演变过来的,如前所述,"王公贵人恶其不洁,方士乃炼之"。因此,医药学家对人尿的要求更高,反对"杂取人溺","童便须用13岁以前无病童子"。更有甚者,有的医学化学家对尿提供者的饮食还作了特殊的规定:

秋石法,用童男童女洁净无体气疾病者,沐浴更衣,各聚一石。用洁净饮食及盐汤与之,忌葱蒜韭姜辛辣羶腥之物……

这种对尿提供者在饮食上的讲究，虽然不一定具有代表性，但至少可以说明，中国古代医学家是非常注意人尿的筛选的，一般情况下，收集的尿源中不可能存在肾病患者和血吸虫病人等排出的某种蛋白质。

皂角汁中是否含有植物蛋白质呢？在所有可查到的有关皂角成分分析的实验报告中，都没有提到皂角含有蛋白质的成分，可以肯定，蛋白质不是皂角中的主要成分，或许存在一些，但其数量很可能少到可以忽略不计的程度。在这一点上，孟乃昌也认为，“沉淀反应是否需要蛋白质，它自何而来，还值得进一步研究。”

即使尿中存在血吸虫患者、肾病患者排出的某种蛋白质，皂角汁中含有的少量植物蛋白质，是否就一定能够沉淀性激素呢？据报道，人尿中尿素的含量高达 3 000 毫克/100 毫升，为血液中尿素含量 20 毫克/100 毫升的 150 倍。尿素是蛋白质的变性剂，毫无疑问，在高浓度的尿素作用下，即使人尿中存在某种蛋白质，也必然会发生变性，使甾体性激素由于蛋白质受体空间结构的改变，失去活性中心而不能与之结合。更有意思的是，人尿中高浓度的尿素虽然导致蛋白质变性，但不会引起蛋白质的沉淀，只有设法除去变性剂尿素之后，蛋白质才得以沉淀。阳炼法中，在沉淀过程之前，并没有任何除去尿素的手段和步骤，所以沉淀也就无从谈起。

3. 水和石膏末的分析

在阴炼法和石膏炼法中，要在尿中加入水和石膏末。其中，李约瑟肯定了石膏末的作用，他认为：“石膏末可能有助于沉淀蛋白质，因此，也当然沉淀与蛋白质结合的甾体激素。”根据前面的分析，这个结论似乎不能成立。笔者认为,在这里可能水作为稀释剂、石膏末作为弱电解质都起了促使沉淀的作用。

我们已经知道,尿溶液是一种胶体溶液,当水或石膏末分别加进胶体溶液的尿中时,就可能打破这种胶态系统内的稳定性。其中,石膏末是一种难溶的电解质(其溶度积 Ksp 为 2.45×10^{-5}),它可以破坏胶体微粒上的双电层,使大量悬浮在胶体溶液中的溶角度较小的无机盐得以沉淀。那么,尿中存在的甾体激素是否沉淀呢? 1930 年,美国生化学家福克(C. Funk)和海伦(B. Harrow)用有机溶剂从尿中萃取甾体激素,他们发现先加电解质盐酸,使尿中的不溶物沉淀后,再作尿液的有机萃取,由此得到的激素剂量比不加电解质盐酸,直接萃取所得到的激素剂量还稍有增加。1934 年,汪猷和吴宪,先加电解质盐酸于尿中,使之沉淀,再加石灰水中和,滤去沉淀物,然后进行尿液的有机萃取,获得的激素量与尿未作处理的萃取量相等。这些结果充分说明,尿液中的甾体激素并没有因为电解质的加入随着不溶无机盐的沉淀而沉淀,它们依然溶解在尿液之中。

综上分析,我们发现,不论是在尿液中加入皂角汁,或者石膏末,还是用水稀释,都有一个相同的化学效应,那就是破坏胶体溶液的双电层,引起或加速尿液中存在的大量不溶物沉淀,而甾体性激素仍保留在尿的上清液中。这些沉淀物尽管由于沉淀剂的不同,在数量上稍有差异,但其主要成分基本相似,这在物理检测中得到验证。既然在提炼秋石的第一步沉淀过程中,中国古代医药学家、炼丹方士使用皂角汁、石膏末和水等不能像李约瑟等所推断的那样沉淀尿中的甾体性激素,那么,以后建立在沉淀物基础之上的蒸发、过滤、升华、结晶等步骤,显然是不可能得到甾体性激素制剂的。也就是说,中国古代炼丹方士和医药化学家制备的秋石方不是甾体性激素制剂,而仅仅是与人中白具有类似功能的、以无机盐为主要成分的药物。

证明这 3 种秋石方不含性激素，受到席泽宗院士①、刘广定②和赵匡华教授等科学史家的高度评价。其中赵匡华教授等指出："张秉伦等以相当严谨周密的模拟实验来分辨这项争论，结果令人信服地证明了刘广定的见解是正确的，沈括得到的'秋石'只是以氯化钠为主的无机盐混合物，并不含性激素，于是使这一问题的讨论告一段落。"③

其实，这一问题的讨论并没有告一段落，不久，美国黄兴宗先生等又对阳炼法和秋石还原丹进行了实验研究，其中阳炼法与张秉伦、孙毅霖实验结果相同，不含性激素；而秋石还原丹的实验结果含有性激素，其产物是：C17～C27 类固醇的结构。因此黄兴宗认为："鲁、李二人所提出的论点，即中国人首先从尿中离析类固醇激素，并将这一结果运用到医学中是相当正确的。但是他们对中国人所采取的所有操作程序都能得到类固醇制剂的设想是不正确的。"④不过黄兴宗先生使用的是现代"真空浓缩干燥法"，不是严格按照古代炼制方法进行的模拟实验，缺乏说服力。正如刘广定教授所说：黄兴宗等"有关'秋石'的研究整个过程甚不严谨，张秉伦的论文与之相较，直有霄壤之别。"⑤此外，黄先生得到的 C17～C27 类固醇结构，不能肯定都是性激素。因此，黄先生说他们得到的"类固醇的全部鉴定，尚在进行中"，但 18 年过去了，至今却未见公布

① 席泽宗："古新星新表与科学史探索"，《席泽宗院士自选集》，陕西师范大学出版社，2002 年，第 726 页。

② 刘广定："科学与科学史研究——再从秋石谈起"。《科学月刊》，1988 年，第 829～830 页。

③ 赵匡华、周嘉华：《中国科学技术史 · 化学卷》，科学出版社，1998 年。

④ Huang H. T., Rodriguez E., Torres V., Gafner F. Experiments on the Identity of Chiu Shi (Autumn Mineral) in Medieval Chinese Pharmacopeias. *Pharmacy in History*, 1990(2).

⑤ 刘广定："科学与科学史研究——再从秋石谈起"。《科学月刊》，1988 年，第 829～830 页。

结果。

鲁桂珍博士健在时，北京医学院阮芳赋先生曾就张秉伦和孙毅霖的3种秋石方模拟实验，以及刘广定的理论分析等否定性激素说之实例，与鲁桂珍进行过专门的讨论和询问。鲁桂珍认为“有关模拟实验可能有问题，例如实验的条件、方法等，某一环节上的疏漏，均可能导致失败。并且古书上提到的炼制法，也还没有全部尝试过。在这样的情况下，不宜过早下否定结论。”①为此，2004年，张秉伦教授等将鲁桂珍、李约瑟明确认为含有性激素的6种秋石方中至今没有做过模拟实验的和虽有实验研究但仍有争议的5种秋石方——即①秋石还原丹（已有“真空浓缩干燥法”实验，但非模拟实验）；②阳炼法（已做模拟实验，还存在一些争议）；③颐氏秋冰法；④刘氏保寿堂经验方；⑤乳炼法——一并进行第二次严格的模拟实验，分别提炼了5种秋石方的最终产品，并对最终产品仍用上述方法进行理化的交叉检测。② 结果见表8：

表8 五种秋石方最终产物样品理化检测一览表

秋石名称	样品检测	化学检测		物理检测			
		Salkowski	Liebermann	色质联仪	X射线衍射	电子能谱仪/X荧光	检测出的化学成分
秋石还原丹	升华物	无显色反应	无显色反应	无性激素特征峰	～	～	$H_2N—CO—CH_2—NH_2$，$C_7H_{11}NO$
秋石还原丹	不升华物	无显色反应	无显色反应		与以下标准强线吻合：KCl，NaCl，$K_3Na(SO_4)_2$	C，Cl，Na，O，N，Mg，K，P，S	KCl，NaCl，$K_3Na(SO_4)_2$，

① 马伯英：《中国医学文化史》，上海人民出版社，1997年，第628页。

② 张秉伦等：“中国古代五种‘秋石方’的模拟实验及研究”。《自然科学史研究》，2004年，第1～15页。

（续表）

秋石名称	样品检测	化学检测		物理检测			
		Salkowski	Liebermann	色质联仪	X射线衍射	电子能谱仪/X荧光	检测出的化学成分
阳炼法	升华物A	无显色反应	无显色反应	无性激素特征峰			$C_{15}H_{31}COOCH_3$，$C_{17}H_{31}COOCH_3$，$C_{19}H_{36}$，$C_{17}H_{35}COOCH_3$，$C_{19}H_{37}OH$，$C_{12}H_{14}O_4$
	升华物B	无显色反应	无显色反应	无性激素特征峰	有明显的晶态峰，与NH_4Cl的标准强线数据吻合	主要元素为Cl，S	NH_4Cl，S
	不升华物a	无显色反应	无显色反应		有不明显的晶态峰和非晶态峰，与$NH_4MgPO_4 \cdot 6H_2O$标准强线数据吻合	主要元素为，Mg，Ca，Si，S，Zn，K，Cl	$NH_4MgPO_4 \cdot 6H_2O$
	不升华物b	无显色反应	无显色反应		有明显的晶态峰和非晶态峰，与NaCl，$CaSO_4$的标准强线数据吻合	主要元素为，Mg，Ca Si，S，Na，K，Cl，P，AL	NaCl，$CaSO_4$
颐氏秋冰法	纸上物	无显色反应	无显色反应	无性激素特征峰			无溶于甲醇的有机物特征峰
	升华物1	无显色反应	无显色反应	无性激素特征峰			$C_7H_8O_2$(对羟基苯甲醇)
	升华物2	无显色反应	无显色反应	无性激素特征峰			$C_{15}H_{31}COOCH_3$，$C_{17}H_{31}COOCH_3$，$C_{11}H_{12}$，邻苯二甲酸二烷脂等
	秋石	无显色反应	无显色反应		与以下标准强线吻合：KCl，NaCl，$K_3Na(SO_4)_2$，	C，O，N，Cl，Na，Mg，K，S	KCl，NaCl，$K_3Na(SO_4)_2$，

（续表）

秋石名称	样品检测	化学检测		物理检测			
		Salkowski	Liebermann	色质联仪	X射线衍射	电子能谱仪/X荧光	检测出的化学成分
刘氏秋石法	秋石	无显色反应	无显色反应		与以下标准强线吻合：KCl，NaCl，$K_3Na(SO_4)_2$，	C，O，N，Cl，Na，Mg，K，S，P	KCl，NaCl，$K_3Na(SO_4)_2$
乳炼法	秋石	无显色反应	无显色反应	无性激素特征峰			$C_{16}H_{22}O_4$，等等

结果表明：两次模拟实验所得到的秋石方最终产物均无甾体激素的特殊颜色反应，也无甾体激素的特征峰。其中，不升华物的成分为 KCl，NaCl，$K_3Na(SO_4)_2$等无机盐，而升华物中除无机盐外，还有长链烷脂或分子量低于 200 的有机物，但无甾体性激素特征峰。究其原因，主要有三个方面：一是人尿中甾体性激素含量很少（童便含量更低），为提炼增加了难度；二是添加物中无合适的甾体激素萃取剂和沉淀剂。李约瑟看中的皂角汁的沉淀作用，由于中国皂荚主要成分为三萜皂甙，鞣质，此外还含蜡醇、廿九烷、豆甾醇、谷甾醇等，[①]不能沉淀性激素，虽然，豆甾醇等有机物在有合适的还原剂、催化剂和保护剂条件下可合成甾体激素，但所有秋石方均不具备这种条件；三是古人没有性激素的基本知识，又无温度计等设备，在反复过滤、熬干、火煅、升打等操作过程中，本来尿中含量很少的性激素也被丢失或破坏。因此，鲁桂珍、李约瑟根据上述六种秋石方说中国在 10～16 世纪之间，“毫无疑问”已从大量人尿中“成功地制备了较为纯净的雄性激素和雌性激素混合制剂”，纯属推测，而无实

① 江苏新医学院：《中药大辞典》，上海人民出版社，1975 年，第 37、1101、1144 页。

验证据。实际上，甚至在 10^{-7} 量级的色质联仪上也测不到任何含有性激素的成分。

明末清初以来，记载秋石提炼的药书文献主要有《本草汇笺》、《医林纂要》、《本草汇》、《本草新编》、《本草备要》、《本草从新》、《得配本草》、《本草求真》、《本草再新》、《本草撮要》等，其中也不乏新方法、新工艺，但从人尿中提取的秋石日趋减少，以致逐渐灭绝失传。究其原因，一是整个社会对炼丹求药的兴趣减退淡化，人们已经感到任何灵丹妙药都难以长生不老，这种观念的转变，是秋石萧条灭绝的主要原因；二是在李时珍时期就已露端倪的"方士以盐入炉火煅成"的赝品秋石①，到了清代，愈演愈烈，以致基本取代了从人尿中提炼的秋石。

现在药店里出售的秋石，主要是用盐为原料制备的赝品秋石，俗称"咸秋石"，这种不以人尿为原料，不合乎规范炮制的秋石，大多产于安徽省桐城县双井街的一家制药厂，笔者曾与张秉伦教授一起专门考察了这家制药厂，总的印象是，厂房破旧，设备简陋，工艺原始，技术落后。整个工序分成两步：第一步，先用井水与食盐煮熬，待盐完全溶解于水后，用三四层滤纸垫在筲箕上，滤去杂质，然后倒入锅内，温火熬干，制成粉状秋霜；第二步，将秋霜装入瓷杯，复以瓷盖，然后放在长 8 米、宽 5 米、深 0.5 米的炉床上，用顶火烘烤 2 小时，待温度上升到 800 摄氏度左右，瓷杯内的秋霜熔化成液态时，去顶火自然冷却，待凝成固体时，从瓷杯中取出，即为杯状秋石了。这种秋石的成分，经定量分析，99%是氯化钠，还有 1%是钾、钙、铝元素和硫酸根离子，可以说是地地道道的无机盐。这种秋石，只能用来消炎去肿，与传统的秋石药效显然是风马牛不相及的。

---

① 李时珍：《本草纲目》(卷五十二)，鸿宝齐书局。

三、秋石药性考

北宋以降,许多中草药书上刊载或引用了以人尿为原料制备的秋石及其药效,沈括的《苏沈良方》、唐慎微的《重修政和经史证类备急本草》、陈嘉谟的《本草蒙筌》、李时珍的《本草纲目》、方以智的《物理小识》、高濂的《遵生八笺》、卢之颐的《本草乘雅半偈》、王光燮的《本草求真》、吴仪洛的《本草从新》、汪绂的《医林纂要》、王石顽的《本经逢原》等 36 种中草药书,分别从不同的医学角度对秋石的药效作了理论上的阐述。阮芳赋先生根据《经史证类备急本草》所引"经验方"中"强骨髓,补精血"、《琐碎录》中"惟丹田虚冷者服之可耳"、《本草纲目》中"主治虚劳冷疾"等等记载,认为秋石主要是作为"助阳药"①应用的。不少人附和此说。笔者以为,这种观点与中国传统的医药学理论相左,也不符合历代药学家、医化学家以秋石却病之本意。

中国医药学源远流长,学派众多,但他们都以一个共同的理论基础作指导,即两千年以前问世的经典著作《黄帝内经》所阐述的基本原理。《黄帝内经》运用阴阳五行说,将药味归纳为辛、酸、甘、苦、咸五种,分别与金、木、土、火、水一一对应。所以,中国医药学家也必然依循《黄帝内经》所规定的准则,对秋石的性味做出鉴定。其最简单的方法就是根据味觉判明秋石的性味。那么,秋石是什么"味"呢?

李时珍曰,"秋石咸温无毒"②;吴仪洛曰,"秋石咸平"③;王光燮曰,

① 阮芳赋:《性激素的发现》,科学出版社,1979 年,第 140 页。
② 李时珍:《本草纲目》(卷五十二),鸿宝斋书局。
③ 吴仪洛:《本草从新》,乾隆丁丑岁刻于石夹川利济堂。

“秋石味咸”[1];王石顽曰,“秋石咸温”[2];汪绂曰“秋石咸平”[3]等等,不一而足。秋石的“咸”性得到众多医药学家的公认,那么,性味“咸”的秋石,具有何种药效呢?《黄帝内经》指出:

> 辛散,酸收,甘缓,苦坚,咸软。[4]

就是说,不同性味的药物,功能不一,药味辛能发散,药味酸能收敛,药味甘能缓解,药味苦能坚固,药味咸能致软。《黄帝内经》还指出,不同性味的药物对五脏的影响各有所偏:

> 酸入肝,辛入肺,苦入心,咸入肾,肝入脾,是谓五入。
>
> 五味入胃,各归其所喜攻,酸先入肝,苦先入心,甘先入脾,辛先入肺,咸先入肾。[5]

可见,药味与脏腑之间有着特殊的联系规律,中国古代医药学家正是根据《黄帝内经》的这些经典理论,利用秋石“咸”的性味和先入肾脏的功能,发挥秋石药效的。

这里所指的肾脏,是中医概念的“肾”,具有司管内分泌系统、泌尿生殖系统以及神经活动等方面的功能,从现代解剖生理学的观点分析,这些功能分属于许多器官,不仅仅属于肾脏。就中医的肾,《黄帝内经》指出:

---

① 王光燮:《本草求真》,乾隆乙丑年书于凤凰公署。
② 王石顽:《本经逢原》,康熙乙亥年书于永堂。
③ 汪绂:《医林纂要》,江苏书局。
④ “藏气法时论”。《黄帝内经·素问》,人民卫生出版社,2005 年,第 46 页。
⑤ “宣明五气”。《黄帝内经·素问》,人民卫生出版社,2005 年,第 49 页。

腹为阴,阴中之阴,肾也。

肾为阴脏,而主水,水性寒凝,故肾气主治于里。[1]

这就是说,肾是人体内主水治里的阴脏,那么,中国古代医药学家利用秋石先入肾的功能,治疗何种疾患呢?这里,有必要先了解一下中医的阴阳学说。中医认为,人的新陈代谢依赖于阴阳二者的平衡。“阴者,藏精而起亟也,阳者,卫外而为固也。”机体阴平阳秘就标志着健康,阴阳偏盛偏衰则意味着生病,即所谓“阴胜则阳病,阳胜则阴病”,“阴阳乖戾,疾病乃起”。因此,《黄帝内经》指出,“谨察阴阳所在而调之,以平为期”[2]。当人体出现阴阳偏盛偏衰的病态时,人们就可以选用自然界中与其病性相反的物类进行调节。对于阴虚阳亢者,可以应用滋阴潜阳的药物,对于阴盛阳衰者,则可以制定抑阴助阳的方剂。秋石作为一种药剂,从本质上来说,就是中国古代医药学家利用秋石“咸”的性味和先入肾的功能,来滋补肾阴,降低邪火妄动,以调节人体新陈代谢平衡的,这在长期的医疗实践中得到了不同程度的验证。诚如《本草蒙筌》所云,“秋石滋肾水,养丹田,返本还元,归根复命,安五脏,润三焦,消痰咳,退骨蒸,软坚块,明目清心,延年益寿”[3];《本草纲目》所云,“秋石主治虚劳冷疾,小便遗数,漏精白浊”[4];《医林篡要》所云,“秋石滋益真阴,去肾水之秽浊,利三焦之决渎。或谓其能使虚阳妄作,真水愈亏,则一偏之论

---

① “金匮真言论”。《黄帝内经·素问》,人民卫生出版社,2005年,第6页。

② “至真要大论”。《黄帝内经·素问》,人民卫生出版社,2005年,第176页。

③ 陈嘉谟:《重刊增补图像本草蒙筌》,崇祯元年金陵万卷楼刻本。

④ 李时珍:《本草纲目》(卷五十二),鸿宝齐书局。

矣”①。不难看出，秋石的药效与雄性激素的壮阳效应有着本质的区别和对立。

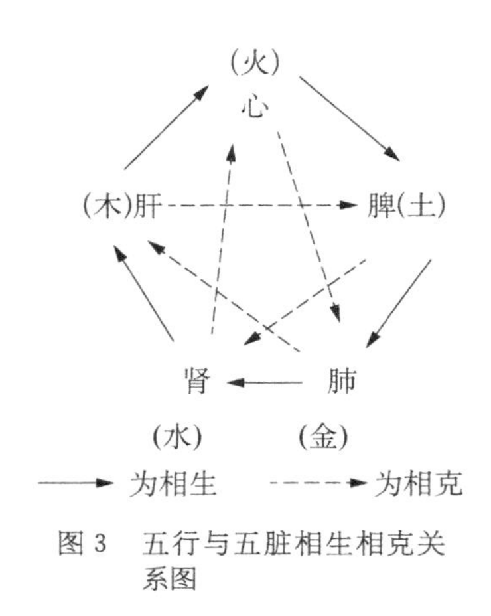

图 3 五行与五脏相生相克关系图

值得一提的是，秋石先入肾脏，不仅仅滋补肾阴，根据五行学说相生相克的关系，它既能滋助相邻的肝脏（属木），也能克抑比邻的心脏（属火），如右图所示：

这就可以较好地理解《本草纲目》转引的几个秋石附方药效，比如“秋冰乳粉丸，服之滋肾水，固元阳，降痰火”，“秋石四精丸，治思虑色欲过度、损伤心气、遗精小便数”等等，它们的药效，无不表现滋阴固阳降火的功能。试想，如果秋石四精丸是壮阳药，那么，一个思虑色欲过度、阴虚阳亢的人，服以“壮阳”的秋石四精丸，就会阳上加阳，必然导致阴气更加虚衰，阳气更加亢旺，使得少水不灭盛火，病情只会加重，哪来药效可言呢？显然，秋石不是壮阳药。

关于秋石的药效和临床应用，在笔者所见的中医药书中，还是沈括于《苏沈良方》中的 4 个病例中所提供的信息最翔实，沈括云：

先大夫曾得瘦疾，且嗽，凡九年，万方不效，服此（秋石）而愈。郎侍郎简，帅南海，其室病，夜梦神人，告之曰，有沈殿中携一道人，能合丹，可愈汝疾，宜求服之。空中掷下数十粒，曰，此道人丹也。及旦，卧席上得药十余粒，正如梦中所见。及先大夫到番禺（广州），郎首问此丹，先大夫乃出丹示之，与梦中所得不殊，其妻服之遂愈。又予族

① 汪绂：《医林纂要》，江苏书局。

> 子常病，颠眩、腹鼓，久之渐加喘满，凡三年，垂困，亦服此而愈，皆只自火炼者。时予守宣城，亦大病踰年，族子急以书劝服此丹，云实再生人也，予方合炼。适有一道人，又传阴炼法，云须得二法相兼，其药能洞人骨髓，无所不至，极秘其术，久之道士方许传。依法服之，又验。此药不但治疾，可以常服，有功无毒。①

沈括所述4个病例中，有2例为病久，难以确诊是何种病。有两例为"瘦疾，且嗽；常病颠眩、腹鼓、喘满"。这些症状与华佗《中藏经》描述的肾病症状颇为相近，华佗云，"肾病，腹大肺肿，喘咳，身重，寝汗出憎风。又喉中鸣，坐而喘咳，唾血出，亦为肾虚寒，气欲绝也"②。显然，沈括的先大夫及族子身患肾虚寒之疾病，在万方不效的情况下，服用这种能滋补肾阴虚寒的秋石方，当然会有奇效。

阮芳赋根据《琐碎录》中的"服者多是淫欲之人，借此放肆"一段话引申出秋石具有助阳作用的结论，李约瑟也认为，"这里有激素活性的明显迹象"。③

《琐碎录》是一本早已佚失的书，现在我们难以知晓作者是谁。也无法窥见该书的全貌，仅据《本草纲目》引载《琐碎录》的全文是这样的：

> 秋石味咸，走血，使水不制火，久服令人成渴疾，盖此物即经煅炼，其气近温，服者多是淫欲之人，籍此放肆，虚阳妄作，真水愈涸，安得不渴耶，惟丹田虚冷者，服之可耳。

① 沈括：《苏沈良方》，人民卫生出版社，1956年，第133页。

② 华佗：《中藏经・论脏腑虚实生死》，人民卫生出版社，2007年，第137页。

③ Lu G. D., Needham J. Medieval Preparations of Orinary. Steroid Hormones. Med. Hist, 1964, 8(2): 101-121.

可以认为，作者所处的时代（大概是北宋时期），可能存在着一股乱服秋石的风气，特别是生活放荡的人，借服秋石以放肆，这位不知名的作者很可能是一位医药学家，他看出这种乱服现象违背了秋石原有的滋阴固阳的药效，因此撰文指出，“惟丹田虚冷者，服之可耳”，并警告说，“久服（秋石）令人成渴疾……虚阳妄作，真水愈涸”。不好解释的是，久服之何以会产生这种后果？可能是这位不知名的作者为纠正时弊而采取的“矫枉过正”的言辞，也可能，这种秋石不是从小便中提炼的而是用氯化钠作原料提炼的咸秋石。但有一点是肯定的，那就是作者显然把秋石与阳药区别开了，否则他不会提到，“况甚则加以阳药，助其邪火乎”的。

即使秋石有壮阳作用，是否就可以断定秋石是性激素的混合制剂呢？恐怕很难下这个结论。我们所熟悉的用于治疗性功能低下的动植物壮阳药，如淫羊藿，菟丝子，鹿茸等，其主要成分如表 9 所示：

表 9　动植物壮阳药主要成分①

药物	主要成分	药效
淫羊藿	淫羊藿甙、皂甙、苦味质、鞣质、挥发油、蜡醇、三十一烷、留醇、软脂酸、油酸	壮阳、强精催欲
菟丝子	菜油甾醇、β-谷甾醇、豆甾醇、β-香树精	补性、强壮
鹿　茸	极少量的女性卵泡激素、胶质、软骨质、磷酸钙、碳酸钙	壮阳、生精

这些中医药方上最常用的壮阳药，其主要成分并不含雄性激素，所以，用壮阳药来论证秋石为性激素制剂显然是不充分的。

通过对秋石方模拟实验所得样品的理化检测，以及中医药学理论的

① 阮芳赋：《性知识手册》，科学技术出版社，1984 年。

初步分析，我们可以认定，中国古人采用人尿为原料制备的上述 7 种秋石方都没有性激素成分，秋石作为一种药剂，其药效，从本质上来说，是滋补肾阴，安固元阳，降低邪火妄动，以调节人体新陈代谢平衡的。

（孙萌萌）

赵 丰

中国古代织机与纺织品种

一、《蚕织图》和《棉花图》

二、蚕桑丝织的生产过程

三、机——中国古代智慧的结晶

四、五彩俱备

五、绫罗绸缎话品种

六、印染与刺绣

中国古代织机与纺织品种

中国古代纺织科技是我国古代科学技术体系中极为重要的一个组成部分。李约瑟在其《中国科学技术史》中，选择了26个以英文字母为开头的中国对世界有贡献的科技成果，其中包括F提花机与水平织机，G缫丝机、纺丝机和并丝机三项与中国古代纺织科技相关。陈维稷和周启澄在写作《中国纺织科学技术史（古代部分）》时也提出了纺织业中的十大发明，其中关于科技方面的有育蚕取丝、振荡开松、大纺车、以缩定捻、人控程序、特种整理等6项。笔者在2008年参与举办“奇迹天工——中国古代发明创造文物展”时也提出了丝绸科技中的五大发明：驯化家蚕、踏板织机、组织系统、提花程序、雕版印花。可以说，中国古代纺织科技代表了我国古代科技的最高水平。

一、《蚕织图》和《棉花图》

中国古代纺织有不少专业的著作，特别是《天工开物》、《农政全书》等，但往往是与农业联在一起，而较为独立地反映丝绸和棉纺生产全过程的是一种连环画形式的《耕织图》中的《蚕织图》和受《蚕织图》启发而完成的《棉花图》。

1. 第一版的《耕织图》

最为有名的《蚕织图》是南宋初年于潜县令楼璹绘制的《耕织图》中的二分之一。楼璹，字寿玉，一字国器，浙江鄞县人，宋代画家。他在绍兴初任于潜县令时创制最早最完整的《耕织图》，此事首见于他的侄子楼钥《攻媿集》中记载：

伯父时为于潜县令，笃意民事，慨念农夫蚕妇之作苦，究访始末，为耕、织二图。耕自浸种以至入仓凡二十一事，织自浴蚕以至剪帛凡二十四事，事为之图，系以五言诗一章，章八句，农桑之务，曲尽情状。……寻又有近臣之荐，赐对之日，遂以进呈，即蒙玉音嘉奖，宣示后宫，书姓名屏间。

按《于潜县志》和《鄞县志》上记载来推算，楼璹作此图的时间不会迟于绍兴十年(1140)。此图中蚕织部分共24事，原图已佚，仅存诗24首，其题目分别是：浴蚕、下蚕、喂蚕、一眠、二眠、三眠、分箔、采桑、大起、捉绩、上簇、炙箔、下簇、择茧、窖茧、缫丝、蚕蛾、祀谢、络丝、经、纬、织、攀花、剪帛。但是据说楼璹的《耕织图》还有副本和石刻。副本留在家中，后由楼钥题跋，其孙楼洪、楼深再按此副本刊诸石。

2. 现存最早的《蚕织图》

目前，现存最早、最完好的一卷《蚕织图》是原藏故宫、现藏黑龙江省博物馆的《宋人蚕织图》，上有相传为宋高宗圣皇后所题的注，所以我们又称其为吴皇后题注本。此图在宋濂《銮坡集》、孙承泽《庚子销夏记》和清《石渠宝笈》中均有著录。据图后元代郑足老跋语看，此图或为南宋翰林院之摹本，但不一定忠实于楼璹原本。图为手卷本，中无间隔，共画有浴蚕、暖种、拂乌儿、摘叶、切叶、体喂、一眠、二眠、三眠、暖蚕、大眠、眠起喂大叶、忙采叶、缚簇、拾巧上山、装山、熁茧、下茧、蚕蛾出种、谢神、约茧、剥茧、称茧、盐茧、瓮藏、生缫、络垛、籰子、做纬、经靷、挽花、下机、入箱等画面，从题注标题来看，已超过24事(如图1所示)。同属于宋代的《蚕织图》在美国克利夫兰博物馆还藏有一个版本，也是手卷，传为

图 1 《宋人蚕织图》

梁楷的真迹，但尺幅远远小于吴皇后题注本。现藏于国家博物馆的一个宋代的《耕织图》虽然也画有织的场面，但这一幅中也有耕的场合，而且是直轴，风格与形式与《蚕织图》相去甚远。

宋之后还有不少《蚕织图》的版本。最为有名的是一套传为元代程棨本的《耕织图》，图上的次序也都是严格按照楼璹所写 24 首诗的次序进行绘制的，上面并用篆书写着 24 首与楼璹所作完全一样的诗，并书有“刘松年笔”的款。这套图由蒋溥进献给乾隆，乾隆帝又在图上的空隙处题写了一套 24 首新作的诗。由于图上有元代姚式的题跋，提到此图作者为元代程棨，因此我们一般称其为程棨本《耕织图》。但我们知道乾隆时期搜刮古董，全国各地一时仿冒之风大盛，笔者就很怀疑这套蒋溥所进的《耕织图》也是后来的作品。不过，乾隆立即就令人刻石制成《耕织图》，藏于颐和园，颐和园至今仍存耕织图一景。而《耕织图》原图存于圆明园，后来在八国联军的抢掠中散失。目前程棨本《耕织图》的原件存于美国华盛顿的弗利尔博物馆，但《耕织图》刻石还有一套拓本，目前法国国家图书馆中有藏。现在国家博物馆还有部分收藏刻石原石，但均已残破不堪。

3. 焦秉贞版的《耕织图》

入清之后，由于康熙帝的倡导，《耕织图》版本日益繁多，甚至泛滥。

在这许多人中，以焦秉贞的影响为大。焦秉贞师事郎世宁，采用了西洋绘画中的焦点透视法，在康熙三十五年(1696)奉敕完成了《耕织图》的绘制，其中耕、织各 23 图，与楼琦本中的 24 事稍有出入，而最大的出入则是焦秉贞本是一个册页，每幅图作长方形，图上皆有康熙题诗(如图 2 所示)。此画著录于《石渠宝笈》等书，目前见于美国国家图书馆。焦秉贞作此画后本人也名声大振，他的画还有大量刻本，其中最常见的是佩文斋和点石斋本，其余还有内府彩色套印本等。后来雍正、乾隆各朝也予以效法，一时间摹刻《耕织图》之风大盛，一些农书、方志上印有《耕织图》，连许多石刻、窗户木雕、瓷器彩绘、年画纸币、墨砚上都有《耕织图》的插图。《耕织图》的盛行，还导致相同类型《棉花图》的诞生。除此之外，当时的宫里还有人参考焦秉贞之画再作《耕织图》，其中一位是冷枚，字吉臣，是焦秉贞的学生，他曾辅助焦氏绘制《耕织图》，后又独自完成《耕织图》全套 46 幅，现藏台北故宫博物院。另一位是陈枚，字殿抡，号载东，乾隆四年(1739)作《耕织图》，共 46 幅，每幅上方题有康熙帝诗句，前有乾隆帝之序。

(a)

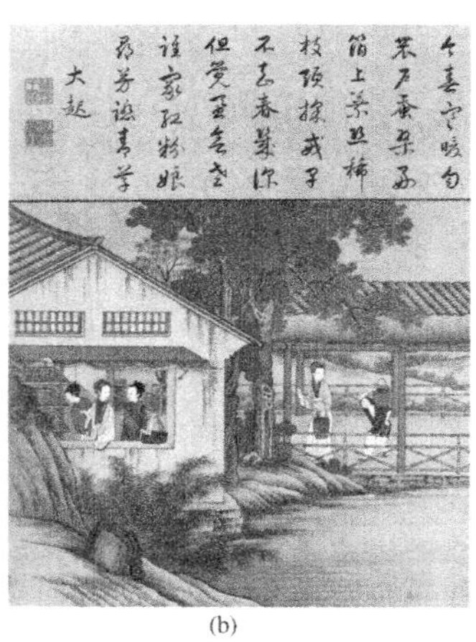
(b)

图 2　焦秉贞《耕织图》

4. 方观承的《棉花图》

《耕织图》的风行还导致了《棉花图》的产生。清乾隆三十年(1765)，直隶总督方观承编撰成《棉花图》，并刻石 12 块。共有图谱 16 幅，依次为布种、灌溉、耘畦、摘尖、采棉、拣晒、收贩、轧核、弹花、拘节、纺线、挽经、布浆、上机、织布、练染，反映了棉花从播种、收获到纺织、染色成布的全过程。每图都有文字说明，并有乾隆皇帝和方观承依据画面内容分别吟咏的七言绝句各一首。由于有乾隆的题诗，因此这套图谱的名称冠以“御题”二字，称作《御题棉花图》。此图可以看作是方观承在督直期间，重视农业生产、记录棉花种植和手工棉纺织业的真实记录，曾对当时推广植棉、发展棉纺业有着较为明显的推动和指导作用(如图 3 所示)。

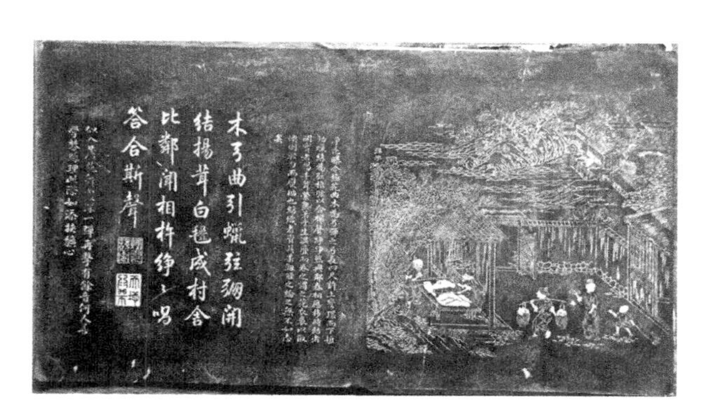

图 3　方观承《棉花图》

二、蚕桑丝织的生产过程

这里，我们以吴皇后题注本《蚕织图》中的画面为主，结合楼璹的《耕织图诗》及其他有关文献，特别是南宋陈旉《农书》中的记载来谈当时蚕织技术的成就。

1. 浴蚕

浴蚕原是一种仪式，自古相袭。宋代浴蚕已分多次。吴皇后注曰“腊月浴蚕”，秦观《蚕书》载：“腊之日，聚蚕种，沃以牛溲，浴于川。”陈旉《农书》载：“待腊日或腊月大雪，即铺蚕种于雪中，令雪压一日。”可见，腊月浴蚕取其经冻历毒之意，目的与后来一样，借恶劣的环境“以杀其子之无力者耳。无力者不得出，则所出皆有力者矣”。《天工开物》载：“低种浣浴，则自死不出，不费叶故，且得丝亦多也。”在养蚕之前还要进行一次浴蚕，楼𪩘《耕织图诗》云：“时节过禁烟，……小雨浴蚕天。春衫卷缟袂，盆池弄清泉。”此诗点明了楼𪩘所处于潜民俗是清明前浴蚕，在室内进行，这与陈旉《农书》所载相符：“至春，候其欲生未生之间，细研朱砂，调温水浴之，水不可冷，亦不可热，但如人体斯可矣，以辟其不详也。”可见这一次浴蚕的主要目的还是为了一种吉祥仪礼，故而用朱砂调色。吴本图中所画与楼𪩘诗中所述极符，且门前树叶嫩绿，可知此为至春浴蚕，这一则说明吴本《蚕织图》摹楼本，腊月浴蚕乃吴皇后说题，二则也说明了当时确有多次浴蚕（如图4所示）。

图4　吴皇后题注本《蚕织图》中的浴蚕

2. 催青、收蚁

吴注暖种即今之催青，拂马儿即今之收蚁。暖种方法一可由人体体温来取暖，故《天工开物》称之为“抱产”，二可由“糠火温之”(陈氏农书)。收蚁虽然在陈旉《农书》上已记载了更好的办法，但在临安一带却仍用鹅毛来撣拂，乌儿便即蚕蚁，浙江一带后来一直沿用这一称呼和这一方法。这里要注意的是吴皇后的题注：“清明日暖种。”楼璹诗中称“谷雨无几天，……华蚕初破壳”，与吴皇后所记相差十多天，这一原因或许可从近代民间调查中得到解释。现杭州城西余杭县是著名蚕种产地，其催青特早，原因之一是当地种植早生火桑很多，收蚁迟了则桑叶要老硬，不仅影响桑树，而且影响收成，原因之二是民间历来有“十年早蚕九年好”的谚语，一般每年早起清明，而于潜可能当时还不具备这些条件，因此在暖蚕的时节上有些差别(如图 5 所示)。

图 5　吴皇后题注本《蚕织图》中的暖种

3. 饲小蚕

饲小蚕包括一眠、二眠、三眠。小蚕饲养中最重要的是两个方面，一是桑叶的供给，二是温湿度的调节。蚁初出时，用叶要特别小心，须用刀切细，方能饲蚕，吴皇后在此注：“切叶喜细叶喂”，楼璹诗云：“柔桑摘蝉翼，簌簌才容刀。”到一眠时可不切而饲，但要取其嫩者，“蚕儿初饭时，桑叶如钱许，板条摘鹅黄，籍纸观蚁聚。”整个小蚕饲养阶段，都要密切注意温湿度的控制。陈旉《农书》云:“蚕,宜用火养之。而火之法,须别作一小炉,令可抬舁出入。蚕既铺叶喂矣,待其循叶而上,乃始进火。火须在外烧令熟,以谷灰盖之,即不暴烈生焰。才食了,即退火。”吴本《蚕织图》中一眠至三眠图中地下有火盆加温,另专门有暖蚕一幅,是楼璹原图中所没有的,说明这一问题得到吴皇后的重视。从蚕的生理学角度来看,小蚕抗低温能力远远差于大蚕,因此,在养小蚕中加上“暖蚕”一幅,说明了当时人们对蚕生理的熟悉和认识。饲小蚕的蚕具有箔《王祯农书》称槌、植(即槌)等(如图6所示)。

图6　吴皇后题注本《蚕织图》中的育蚕

4. 饲大蚕

楼璹诗云:“三眠三起余,饱叶蚕局促,众多旋分箔,早晚槌满屋。”三眠之后蚕体增大,称为大蚕,大蚕在箔中难以再养,要换大而呈长方形的筐,此过程在楼璹本中称为分箔,吴本《蚕织图》上虽无此名,但即是大眠之图,图上两女子抬箔将蚕分于筐上,明确说明了这一点。大蚕饲养的特点是需叶量大,故在大眠前后加“忙采桑”一幅,并有挑桑者来往于蚕室。此时大蚕下需高温,且天渐转暖,故无火盆加温(如图7所示)。

图7　吴皇后题注本《蚕织图》中的采叶

5. 上簇

上簇是蚕丝生产的重要环节，它与生丝质量、解舒率等有密切的关系。簇是蚕结茧的场所，吴本《蚕织图》所画之簇即今之伞形簇，在浙江一带广泛应用。吴注称其为“山子”，注云：“用茅草装山子为(谓)之搏簇，拾蚕于上作茧。”所载原料与楼璹诗中“翦翦白茅短”一句相符。上簇之法与《蚕桑辑要》相符：用竹木架芦簾，簾上载草山，列置于上，将老蚕盛于广漆盘内，盥手布于簇上。图中筐下叠放着两捆簇，筐边一人正在“撒簇轻放手”，后面的一群人有的拿着盛蚕的盆，有的在将蚕布于箔上。上簇时先将早熟之蚕拾于簇上使之早吐，称之为“拾巧上山”，吴皇后注：“又十来日，身微皱，透明红色，粗四分，长二寸半，长足，故拾巧者上山子。”然后再使大批熟蚕一起上簇，称之为“装山”。上簇时一要注意环境的安宁，二要提高上簇温度，既能加快蚕的吐丝，又能使丝胶迅速干燥，减弱黏着，改善解舒，这在《蚕织图》上有了反映，吴注为“火力茧”，楼璹诗中命其为“炙箔”：“老翁不胜勤，候火珠汗落。”与吴本图中正好相符，这说明明代宋应星《天工开物》中所载结茧“出口干”之诀在南宋已产生(如图8所示)。

图8 吴皇后题注本《蚕织图》中的上簇

6. 选茧、剥茧

当时选茧和剥茧是在同一过程中完成的。故楼璹诗有“择茧”中

图 9　吴皇后题注本《蚕织图》中的选茧

“大茧至八蚕，小茧止独蛹”对茧的分类评价，又有“茧衣绕指柔”一句，吴本图中有“剥茧”一幅，图中画男女幼少四人，边选边剥。选茧的目的是剔去蛾口、黄斑、同宫、畸形等不符合缫丝要求的茧，剥茧是为了将茧子外层松散的、强度和纤度等指标均差的茧衣剥去，以利缫丝（如图 9 所示）。

7. 贮茧

在常温下，蚕结茧后七八日即会化蛾，故此，若要延长缫丝的期限，必须贮茧。我国古代贮茧方法很多，有晒、有烘、有蒸、有盐，吴本《蚕织图》中所画为“盐茧”，楼璹诗“窖茧”云：“盘中水晶盐，井上梧桐叶。陶器固封泥，窖茧过旬浃。”吴注还有“秤茧”，说明盐茧时所加盐和茧有一定的比例，这可在陈旉《农书》中看到：“藏茧之法，先晒令燥；埋大瓮地上，瓮中先铺竹箦，次以大桐叶覆之，乃铺茧一重。以十斤为率，掺盐二两，上又以桐叶平铺。如此重重隔之，以至满瓮；然后密盖，以泥封之”（如图 10 所示）。

图 10　吴皇后题注本《蚕织图》中的贮茧

8. 缫丝

我国古代缫丝可分为生缫和熟缫两种，熟缫是茧经盐、烘等贮藏工序之后再缫，生缫即是立即缫丝，生缫所得之丝鲜洁明亮，质量较好，吴皇后注中为“生缫”，说明南宋时已将生缫和熟缫明确分开。关于当时南方缫车的型制，从图中看，当与近代杭嘉湖地区保存的丝车无大区别，亦与秦观《蚕书》所载基本相符：丝车有架，架上有或，或转靠一脚踏曲柄连杆机构带动。车上还出现了络绞机构：“当车床左足之上，建柄长寸有半，柄为鼓，鼓生其寅以受环绳，绳应车运，如环无端，鼓因以旋。鼓上为鱼，鱼半出鼓，其出之中，建柄半寸，上承添梯。”添梯即同今之络绞杆，有了这个机构，则丝不会固定地绕于一直线之上了。从吴本图中看，丝或下并没有火盆（也许刚巧被遮挡了），但陈旉《农书》却载：缫丝时“随以火焙干，即不黯斁而色鲜洁也。”说明宋应星《天工开物》所载缫丝“出水干”之法也在南宋就已形成（如图11所示）。

图11　吴皇后题注本《蚕织图》中的缫丝

9. 织造

此部分包括准备和上机两大过程。准备又包括络丝、整经和摇纬。络丝是先将缫车大或上的丝退下装于“络垛”，宋应星《天工开物》称为“络笃”，然后上作悬钩，引致绪端，手中执籰旋绕，以俟牵经织纬之用，正如楼璹诗中所说："朝来掉籰勤，宁复辞腕脱"（如图 12 所示）。籰子摇动之后有两用，一是摇纬，摇纬有纬车，将丝绕于小纡管上，楼璹诗"晴空转雷东"是也；二是整经，图中作刺丝，即丝织，整经时将籰子整齐地列于地上，引出丝绪，或直接卷于经轴，或过糊后再卷于经轴。过糊今称浆丝，《天工开物》："凡糊用面筋内小粉为质。纱罗所必用，绫绸或用或不同。……糊浆承于簆上，推移染透，推移就干。"与吴注本《蚕织图》中称为"织作"的一图应该相同，原来一直以为过糊最早见于《天工开物》，过糊的目的是增加经丝的各种强度指标，可见当时纱罗绫绸所用原料是纤度小的丝线，所得织物也较轻薄（如图 13 所示）。

图 12　吴皇后题注本《蚕织图》中的络丝

图 13　吴皇后题注本《蚕织图》中的过糊

综上可知，吴皇后题注本《蚕织图》反映了我国南宋初期浙江一带的蚕桑丝绸生产技术系统，其工艺之完善，设备之进步，说明我国古代蚕桑丝绸生产技术至此已经定型，元明清三代并无大变。《蚕织图》是我国蚕织技术史上的重要资料，它的地位，只有明代宋应星的《天工开物》中"乃服篇"能与之相提并论，但这已晚了约 500 年。

三、机——中国古代智慧的结晶

中国文字是一种象形文字，汉字中的“机”字繁体写作“機”，就是一台织机的形象。它的左侧是一个“木”字，表示织机是用木头做的，右侧的下面是一个“戍”字，正是一个织机机架的侧视图，而“戍”字上面是两绞丝“幺”，象征织机上装经的经轴是在织机的顶上。所以，汉字中的“机”字最初指的就是丝织机。但到了后来，机字的含义慢慢地扩大了。首先是扩大到一些其他的工具，譬如说：机械、机具、机器、机构、机关等，再后来又扩大到一些表示智慧和聪明的词，如机动、机要、机敏、机智、机灵、机巧等等。这说明，在中国古人看来，丝织机是当时最为复杂的工具，用丝织机来织制丝绸，是中国古代各种技术中最为奇妙的部分，相当于今天的 IT 高科技行业，真是灵机一动，各种漂亮的花纹就织出来了。

但是，织机的发展也不是一蹴而就的。从最初的原始腰机开始，到战国前后的踏板织机及多综式的提花机，再到唐代的束综提花机，中国丝织机的真正定型和完善，也走过了几千年漫长的路程。

1. 多种多样的原始腰机

人们最初使用的织机是以手提综开口的原始腰机。所谓的原始腰机，是指一种没有机架的、但能够完成织机的基本功能要求的一些机具。其最明显的特征是将织轴用腰背或腰带缚于织造者腰上，根据人的位置来控制经丝的张力，在经轴与织轴之间，没有固定距离的支架。最早的原始织机在距今 7 000 年前的浙江河姆渡遗址中就已经发现了，但更为完整的原始腰机构成可以从杭州余杭反山墓地属于良渚文化的 3 对共

6件玉饰件织机件来推测，通过对玉饰件截面的分析可复原出整个织机的构造，主要由用以夹住织物的卷布轴、用以形成开口的开口杆和用以固定经丝的织轴3个部分构成，其中开口杆是织机中最为重要的部件(如图14所示)。

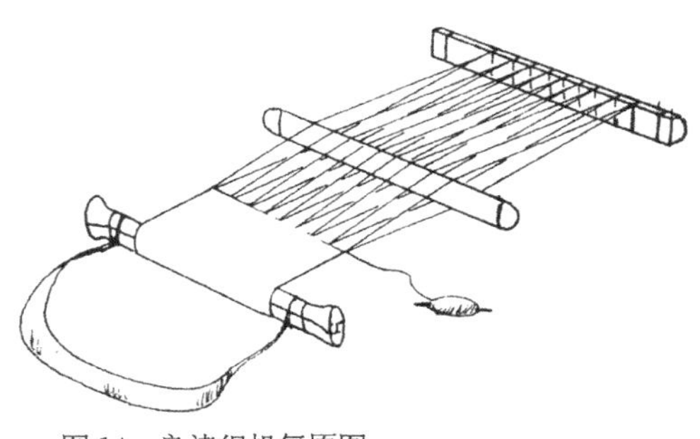
图14　良渚织机复原图

在我国广大的新石器文化遗存中，均不同程度地出土过原始机具部件，如浙江河姆渡遗址、河南磁山—裴李岗遗址、浙江杭州良渚文化遗址等等，但把这些原始机具部件定为原始腰机，实赖于近现代民族学的调查和比较研究。在我国广大的少数民族地区都保存了原始腰机的织造技术，所用机型有2类：一是以脚来固定经轴的足蹬腰机，二是利用简易的木架来固定经轴的悬轴腰机。

足蹬腰机在今日黎族、彝族、高山族等聚居地应用极广，云南晋宁石寨山出土汉代贮贝器上的人物形象亦可作为足蹬腰机的实例(如图15所示)。悬轴腰机在目前少数民族中的使用亦极广，不过其型制略有不

图15　石寨山青铜贮贝器上的纺织形象

同，如云南崩龙族腰机的经轴被高高地悬在木结构房屋的上部；新疆维吾尔族腰机的经轴被固定在两根地桩上；云南文山苗族使用的腰机则有一专用于固定经轴的木架。这类悬轴腰机的经轴通常要配有"胜花"或称"羊角"，即经轴两端的棘轮，它在织造过程中可以控制经丝的渐放。这类胜花的图案曾大量出现在新石器时代的彩陶、纺轮艺术上，或能说明悬轴腰机出现亦相当早。

2. 踏板织机

踏板织机大约出现在战国时期，这被李约瑟博士誉为是中国对世界纺织技术的一大贡献。《列子·汤问》中记载了一个纪昌学射的故事，说他"偃卧其妻之机下，以目承牵挺"，这牵挺可能就是踏脚板。踏板织机的最早图像却较多地出现在东汉时期的画像石上，如山东滕县宏道院和龙阳店、嘉祥县武梁祠、肥城西北孝堂山郭巨祠、济宁晋阳山慈云寺、江苏沛县留皇城镇、铜山洪楼、泗洪曹庄、四川成都曾家包等地均有出土。特别是武梁祠、洪楼、曹庄等地发现的画像石织机上的踏脚板与综片的连接方法非常特殊，在织机的经面之下、中部偏上处似有两根相互垂直的短杆伸出，短杆通过柔性的绳索或刚性的木杆分别与两块踏脚板相连（如图 16 所示）。从后世的踏板立机推测，这类斜织机应该采用了中轴装置，中轴上的一对成直角的短杆通过曲柄或绳子与两块踏脚板分别构成两副连杆机构。这一点似乎可在法国吉美博物馆所藏的一台东汉釉陶织机模型中得到更为明确的证实。这样，我们根据这台织机模型及汉画石上的织机图像复原了一台汉代的踏板斜织机（如图 17 所示）。从其原理来看，我们可以称其为中轴式踏板斜织机。

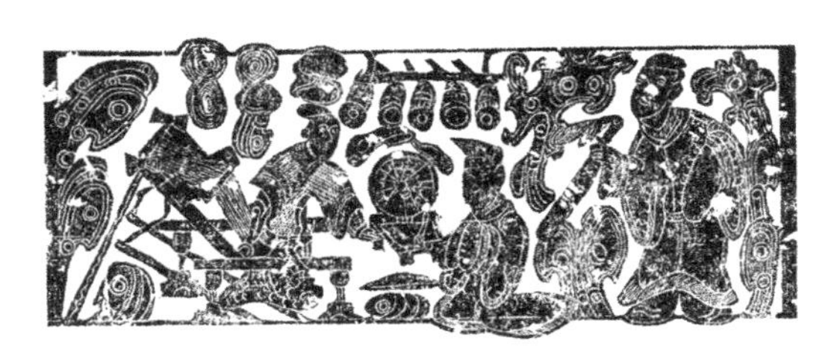

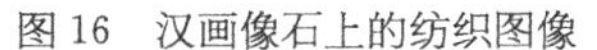

图 16　汉画像石上的纺织图像

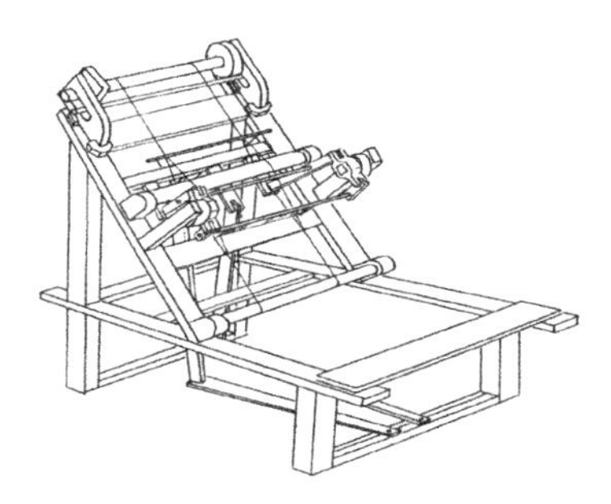

图 17　汉代踏板斜织机复原

踏板斜织机到后来渐渐少见，但元代《梓人遗制》中仍可看到其遗存的影子，其机架已基本直立，当时被称为立机子。立机子的最早形象出现在甘肃敦煌莫高窟内时属五代的 K98 北壁《华严经变》图中，但在唐末敦煌文书中已出现了称为“立机”的棉织品名。此后，立机子的图像在山西高平开化寺北宋壁画、国家博物馆所藏明代《蚕宫图》中均可看到，但最详细的记载要数元代薛景石《梓人遗制》中的立机子了，我们根据文中的尺寸记载和图形例示可以作出其复原。

踏板织机还有很多种不同的类型。其中有一种是依靠织工的身体来控制张力的织机，可称为踏板卧机。对于踏板卧机的最早形象描绘是在四川成都曾家包东汉墓的画像石上，而最为明确的记载是元代薛景石的《梓人遗制》。这类织机在民间一直还在使用，湖南浏阳夏布、陕西扶风棉布等均是用这类织机织造的。其基本特征是机身倾斜、单综单蹑、依靠腰部来控制张力。具体地，又可分为没有采用张力补偿装置的直提式卧机和采用了张力补偿装置的提压式卧机两类。在我国湖南瑶族地区使用的织机属于第一类直提式卧机。它由两根卧机身和两根脚柱组成机架，机架之外主要的开口部件就是一个架在直机身上的提综杠杆，中间是转轴，轴后一根短杆，通过绳索与脚相连，轴前两根短杆，提起一片综片。最简单的提压式卧机是湖南湘西土家族用的打花机，它也有倾斜的卧机身，直机身在中，上有一对鸦儿木，一端连着脚踏杆，另一端连着综片开口，开口机构中的最根本的区别就是采用了张力补偿装置，即在把脚踏杆与鸦儿木的后端相连时，中间还连有一根压经杆（如图18所示）。

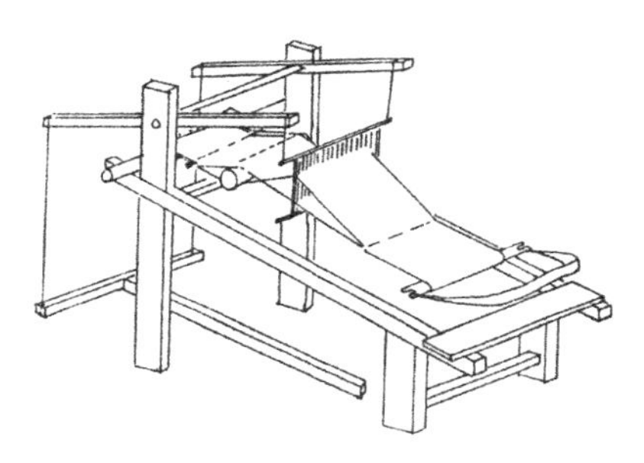

图18　踏板卧机复原

从历代藏画来看，自唐宋起，踏板织机较多地采用双综式，即用两蹑分别控制两片综，两综分别开两种梭口，以织平纹织物。经面大体是水平状。传为南宋梁楷的《蚕织图》及元代程棨本《耕织图》中都绘有踏板双综机。两机的型制基本一致，有一长一短两块踏板，长的脚踏板与一根长的鸦儿木相连，控制一片综，短的脚踏板与两根短的鸦儿木相连，控制另一片综。两组鸦儿木架在织机中间的机架上，这个机架相当于早期的"马头"处，但远比马头来得大。经面也不再像汉代斜织机那样倾斜，在织造处经面基本水平，而经轴位置稍高，中间用一压经木将经丝压低，亦是一种张力补偿机构。明代《便民图纂》中所绘织机与此相同。这种双综机是用踏脚板通过鸦儿木使综片向上提升而开口的，在开口时，两片综之间没有直接关系，是由踏脚板独立传动提升的。因此，我们把这种双综踏板机称为单动式双综机。

单动式双综机还在继续使用。现存的缂丝机也属此类，不过，它的鸦儿木乃是横向安置。在机架顶上，有着一根与经线同向的轴，轴上安置两片与纬丝同向的鸦儿木，机下是两根与鸦儿木同向的踏脚杆，杆与鸦儿木在机边用绳相连。这种装置颇有些类似明清时提花机上的范子装置。

约于元、明之际，互动式双蹑双综机出现了。这种织机的特点是采用下压综开口，由两根踏脚板分别与两片综的下端相连，而在机顶用杠杆,其两端分别与两片综的上部相连。这样,当织工踏下一根踏脚板时,一片综就把一组经丝下压,与此同时,此综上部又拉着机顶的杠杆,使另一片综提升,形成一个较为清晰的开口。要开另一个梭口时,就踏下另一块踏脚板。这种开口机构十分简洁明了(如图19所示),在欧洲12、13世纪已十分流行。中国的素织机从单动式向互动的演变,可能得益于13世纪东西文化交流的兴盛。我们现在能在民间看到的双蹑双综机,基本上就是这种型制。

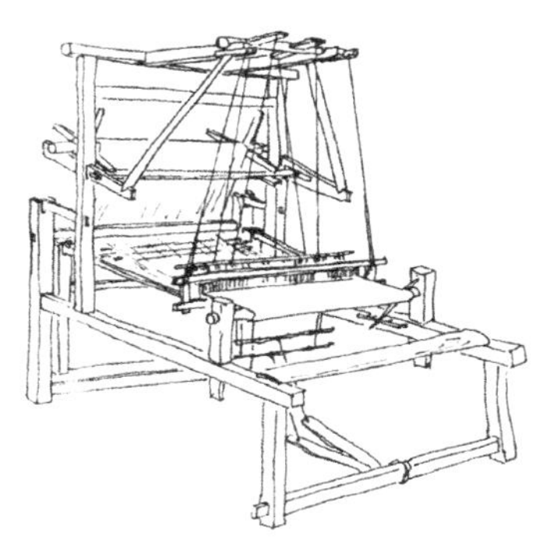

图19　互动式双蹑双综机

3. 提花机与提花技术

织机中最为复杂的是提花机,最为复杂的技术是提花技术。所谓的提花技术也就是一种复杂的信息贮存技术。凡有图案的丝织品必须将这种复杂的提花信息用各种安装在织机上的提花装置将其贮存起来,以使得这种记忆的开口信息得到循环使用。这就如同是今天计算机的程序,编好这套程序之后,所有的运作都可以重复进行,不必每次重新开始。从湖北江陵马山楚墓出土的战国织锦来看,至迟在春秋时期,中国的提花机和提花丝织技术已经非常成熟。

但是,提花技术并不是一蹴而就的,它经历了从挑花到提花的一个过程。前述所有织机均可用挑花杆在其上挑织图案,尤其是原始腰机、斜织机和水平机,在历史上也确曾用于挑花织制显花织物。挑花的方法有两种,一是挑一纬织一纬,这种方法必须要求织者胸有成竹;二是挑一个循环织一个循环,这种方法应用得普遍一些。但不管如何,这种方法仍不能提高工效，因为挑花的信息无法长期贮存并反复利用。为了解决这一问题，古人们摸索出两条途径，由此而走向提花技术。一条途径是将挑花杆“软”化，即用综线来代替挑花杆，这样演变成为多综式提花机；另一条途径是保持挑花杆挑好的规律不变，而寻求某一种关系把其中的规律反复地传递给经丝，这样就出现了花本式提花机。

4. 多综式提花机

一般认为，汉代已出现了多综式提花机。可靠的证据来自《三国志·方技传》注：“旧绫机五十综者五十蹑，六十综者六十蹑。”三国时期说旧绫机显然就是汉代的情况，这种一蹑控制一综、蹑综数量相等的织机，应是踏板式多综提花机，今人称为多综多蹑机。当然，在此以前应该还有手提多综提花机。

踏板多综机的机型至今仍可在四川双流县找到，称为丁桥织机。其实这是一种栏杆织机，在全国各地都有分布。其特征是用一蹑控制一综，综片数较多，但是幅度较狭，仅能织腰带而已。丁桥织机所用综有两种，一种是提综、又称范子，综眼上开口，踏板通过鸦儿木将范子提升；另一种是伏综，又称占子，是下开口的综眼，踏板直接拉动占子的下边框将综片压下，经丝也就压下，此占子由机顶的弓棚弹力回复。当然，丁桥织机不等于汉代的踏板多综机。我们知道，汉代尚无伏综的出现，其织物的幅宽也将远远大于丁桥织机上的幅宽。不过，其主要原理应该是相同的（如图 20 所示）。

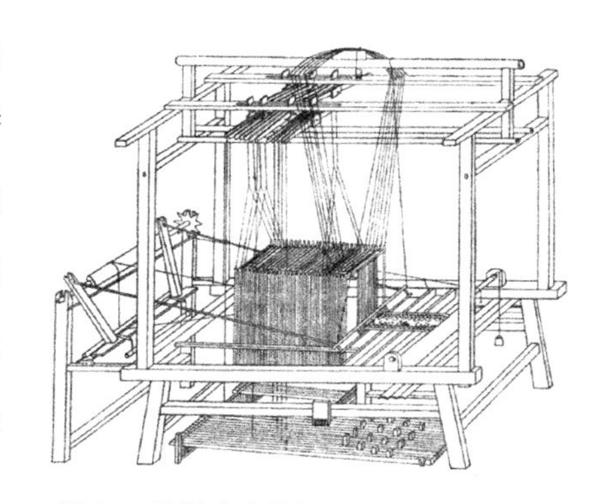

图 20　踏板式多综机

5. 低花本提花机

低花本提花机可以有多种形式，其中较为典型的是竹笼机。竹笼机的挑花杆常用竹制，故而，由挑花发展而来的花本式提花机也首先采用竹编花本，这些竹编花本约出现在汉代。但其型制在今日亦有遗存，广西、湖南、贵州境内保存颇多，当地一般称为竹笼机或猪笼机。其特点是一只挂在机上的大竹笼，竹笼上排列着100根左右的提花竹棍，与吊综绳结成花本。在提花开口时，它经历了以下步骤：凡是要提升的经丝穿入在竹棍之前的综线，不提升者则在竹棍之后，这样提花竹棍就把两组综线分开，然后，把竹笼上提，使经丝形成开口，再用压经板和开口竹管等工具使开口更加清晰。而作为花本的竹棍则移到竹笼的另一面排在最后，以作下一循环。这一原理十分科学（如图21所示）。

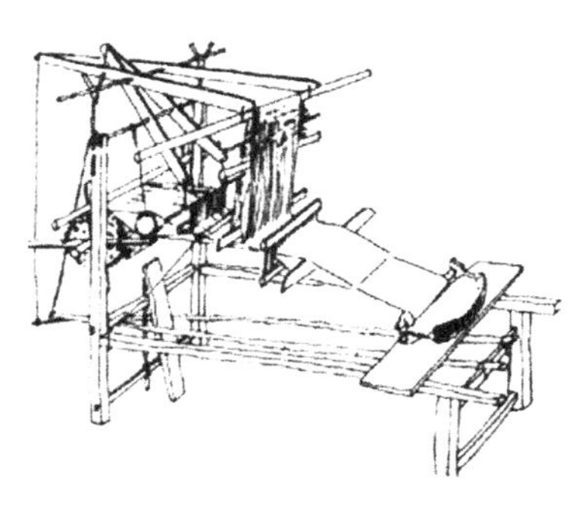

图21　花本式竹笼机

竹笼机的型制虽在近代发现，但古代史料中亦能找到踪迹。东汉王逸《机妇赋》中所描述的那台提花机，应该就是竹编花本机。赋文如下：

胜复回转，剋象乾形。大匡淡泊，拟则川平。光为日月，盖取昭明。三轴列布，上法台星。两骥齐首，俨若将征。方圆绮错，极妙穷奇。虫禽品兽，物有其宜。兔耳跧伏，若安若危。猛犬相守，窜身匿蹄。高楼双峙，下临清池。游鱼衔饵，瀺灂其陂。鹿卢并起，纤缴俱垂。宛若星图,屈伸推移,一往一来,匪劳匪疲。

文中的高楼、鹿卢均应是指提起竹编花本的装置,星图就是竹制花本。竹编花本机直到唐代仍在应用,故唐代施肩吾《江南织绫词》中有“女伴能来看新聶,鸳鸯正欲上新枝”之句。

6. 束综提花机

束综提花机是以线制花本为特征的提花机。它一方面是竹编花本机的直接变形,另一方面是将中亚纬锦机的 1 - N 把吊系统与中国传统的花本相结合的产物。

束综提花机在初唐时出现。新疆吐鲁番出土的一件吉字对羊灯树锦,是一件图案在一个门幅内左右对称、经向上下循环的织锦,可能已经是束综提花机出现的一个实例。而初唐时大量涌现的小团花纹锦,则是十分明确的带有 1 - N 把吊装置束综提花机的产品①。元稹《织妇词》中描写荆州贡绫户“变缉撩机苦难织”也是指此。但其实物图像直至南宋才出现,黑龙江省博物馆所藏《蚕织图》中有一架绫机和中国历史博物馆藏《耕织图》中的罗机即属此类(如图 22 所示)。这台束综提花机的机身平直,中间隆起花楼,花楼上高

图 22　吴皇后题注本《蚕织图》中的束综提花机

① Zhao Feng. *Jin, taquete and samite silks: The Evolution of Textiles Along the Silk Road, China: Dawn of a Golden Age (200 - 750AD)*. The Metropolitan Museum of Art and Yale University Press, 2004:67 - 77.

悬花本，一拉花小厮正用力地向一侧拉动花本，花本下连衢线，衢线穿过衢盘托住，下用衢脚使其垂悬于坑。花楼之前有两片地综，地综通过鸦儿木用踏脚板踏起。织机用筘，筘连叠助木以打纬。

这种机身平直的线制花本提花机可称之为水平式小花楼提花机，主要适宜于织制绫罗纱绸等轻薄型织物，是江南地区常见的提花机型。使用水平机架的原因是为了减轻叠助木的打筘力量，宋应星说“以其丝微细，防遇叠助之力”也正是指此。元代薛景石《梓人遗制》所载的华机子也是一种水平式提花机，它把机架尺寸和织机部件都描述得十分详细。

《天工开物》中记载的提花机属斜身式小花楼提花机：“凡花机通身度长一丈六尺。隆起花楼，中托衢盘，下垂衢脚。地气湿者，架棚二尺代之，提花小厮坐在花楼架上。机末以的杠卷丝，中用叠助木两枝，直穿二木，约四尺长，其尖插于筘两头。……其机式两接，一接平安，自花楼向另一接斜倚低下尺许，则叠助力雄。”显然，斜身的目的是为了提高打纬的叠助冲力。清代提花机的发展，有一个显著特点是机身倾斜度增加。

束综提花机的发展顶峰是大花楼机，南京摹本缎机和妆花机即属此类。其特点是花本大而呈环形，亦可以看作是花本再一次从衢线中分离出来的结果。其花纹循环可以极大，织出像龙袍一类的袍料，循环达十余米。拉花时拉花工坐在机中间往后拉。机身形式通常亦为斜身式。至于提花机所用地综片数则由织物品种而定，2、5、8 片不等，综片包括提综和伏综两种，根据不同品种选用（如图 23 所示）。

图 23 大花楼束综提花机

7. 花本——提花程序

提花机的程序被称为花本。宋应星在《天工开物》上对花本有一段十分经典的解释：

> 凡工匠贯花本者，心计最精巧。画师先画何等花色于纸上，结本者以丝线随画量度，算计分寸秒忽而结成之。张悬花楼之上，即织者不知成何花色，穿综带经，随其尺寸、度数提起衢脚，梭过之后居然花现。

这种线制的花本到后来就发展成贾卡提花机上的纹板，用打孔的纸版和钢针来控制织机的提花，打孔的位置不同，织出的图案也就不同。再后来，有孔的纸版又启发了电报信号的传送原理，这也就是早期计算机的雏形。由此可以看出，中国古代发明的提花机对世界近代科技史的影响是十分巨大的。

四、五彩俱备

1. 石染与草染

矿物颜料利用粘合剂印上织物或是用其极细的粒子染上织物在古代被称为石染。当时常用的颜料有红、黄、绿、蓝、黑、白多种。其中赤铁矿又名赭石(Fe_2O_3)曾是最早用于织物着色的颜料,但不久就为朱砂(HgS)所大量代替。河南荥阳青台村仰韶文化罗织物上已见朱砂的痕迹,到殷周时期就更为普遍,它以其色彩之纯、浓、艳获得了广泛欢迎。直到马王堆汉墓中仍发现有整匹朱砂染色的织物,以后逐渐少见。黄色矿物原料主要是石黄,又分雌黄(As_2S_3)和雄黄(AsS),在西周时期已见于涂染,黄色带有红光,色相丰满纯正。后来织物印染中的矿物类黄色颜料多被金色替代。青绿色的颜料大多是含有铜离子的矿物,其中有空青($CuSO_4$)、石绿[$CuCO_3 \cdot Cu(OH)_2$]、石青($2CuCO_3 \cdot Cu(OH)_2$)等,其中石绿即是孔雀石。

白粉之属颇多。一种称为垩土,又名白善土,被用作织物的增白剂,亦作白色颜料。后来使用铅粉[$PbCO_3 \cdot Pb(OH)_2$],又称胡粉,乃铅粉调糊而用;又有密陀僧者,乃铅粉调荏油而用。长沙马王堆汉墓出土印花织物中,还有使用绢云母 $KAl_2(Si_3Al)O_{10}(OH \cdot F)_2$ 作粉白色颜料和用方铅矿(主要成分是 PbS)作银灰色颜料的情况。黑色矿物原料主要是墨,早期可能曾使用天然黑色矿物,后来则烧漆烟和松煤而成,又有加入各种胶质或药料之举,使墨色、墨光得到改善。

但中国古代纺织品染色中主要还是用植物染料。《周礼·地官》中有“掌染草”之职：“掌以春秋敛染草之物，以权量受之，以待时而颁之。”染草就是草木染料，现称植物染料。《唐六典》载：“凡染大抵以草木而成，有以花叶、有以茎实、有以根皮，出有方土，采以时月。”其中最为重要的红色染料有茜草、红花、苏木等，黄色染料有槐米、栀子、黄檗、地黄等，蓝色染料主要是靛蓝，但可以制备靛蓝的植物则有蓼蓝、槐蓝、菘蓝等多种，紫色染料只有紫草，绿色染料有一种冻绿，其他黑、褐色的染料更多，几乎所有植物的皮、茎都含有单宁，均可以通过媒染法染成深褐色。

2. 红花与染红

红花中含有两种色素，红花素溶于碱而不溶于酸及水，黄色素溶于酸及水而不溶于碱，红花染料的制备、提取及染色一系列工艺技术均是以此为基础的。

红花染料的制备形式一般有两种，一种可称之为干红花，另一种是红花饼。干红花的制作法在《齐民要术》中被称为杀花法：“摘取即碓捣使熟，以水淘，布袋绞去黄汁；更捣，以粟饭浆清而醋者淘之，又以布袋绞去汁，即收取染红勿弃也。绞讫，著瓮器中，以布盖上，鸡鸣更捣令匀，于席上摊而曝干。”红花饼制法与此相似，只是最后捏成薄饼，阴干收贮而已。

在红花使用的早期阶段，人们把上等的红花素用于制备胭脂，而把次等的含有不少黄色素的染液用于丝绸染色。约自唐代起，红与黄色素的分离技术进一步提高，人们已经能染得纯红花素上染的色彩，称为真红。明代方以智《物理小识》云：“河水浸红花，次日裹盛，洗去黄水，又以温水洗之，又以豆萁灰淋，水洗之，乃泡乌梅汤点（槌乌梅与干红花等分），帛籍黄檗而染红。”先用中性或偏酸性的河水浸，均是为了进一步淘去红花饼中的黄色素。然后用碱性的豆萁灰浸出红花素，再用酸剂乌梅水将花汁中和到酸性，便可用于染色。改变红花素染液的浓度，则可得到不同的染色如莲红、桃红、银红、水红等。

3. 靛蓝与染蓝

各种蓝草的茎叶中均有可以缩合成靛蓝的吲哚酚，但它在各植物细胞中的存在形式却是有所不同的。其中菘蓝中的形式为菘蓝甙，当它遇到碱时即可水解游离出吲哚醇，从而氧化为靛蓝；而其他蓝草如蓼蓝、马蓝中是靛甙，必须经过长时间发酵、在酶和酸的作用下才能水解游离出吲羟，再氧化为靛蓝。这一原理决定了我国靛蓝染技术发展的历程。

蓝染的早期工艺是碱制靛，只能用于菘蓝。起初是将草木灰与蓝液一起染色，碱剂使菘蓝甙水解而直接氧化积淀于织物之上。到魏晋之时采用石灰和发酵先将菘蓝水解制靛，然后再还原染色，其制靛方法在《齐民要术》中有记载：

> 七月中作坑，令受百许束，作麦秆泥泥之，令深五寸，以苫蔽四壁，刈蓝倒竖于坑中，下水，以木石镇压令没，热时一宿，冷时再宿。洒去荄，内汁于瓮中。率十石瓮，著石灰一斗五升。急手抨之，一食顷止。澄清，泻去水，别作小坑，贮蓝淀著坑中。候如强粥，还出瓮中，蓝淀成矣。

《天工开物》所载制靛之法与上相似，但需水浸 7 日，增加了发酵时间，使得蓼蓝等一些必须酶和酸才能水解出吲羟的植物也能用于制靛，故可称为发酵制靛。蓼蓝制靛可能出现在唐宋前后，在此以前，蓼蓝只可染碧，不堪为靛。

制成的靛蓝本身不溶于酸、碱溶液，它在染色前必须被还原成靛白，以可溶于碱性溶液的靛白进行染色。《天工开物》说："凡靛入缸，必用稻灰水先和，每日手执竹棍搅动，不可计数。"稻灰水和的目的是提高溶液的碱度，中和发酵产生的酸，加快反应过程。搅动是为了加快发酵还原，使靛蓝还原成靛白溶于染液，上染于纤维，然后再在空气中氧化成靛蓝而被固着在纤维上。如此反复多次，就能染得较深较牢的蓝青色。

4. 媒染

除红花为酸性染料、靛蓝为还原染料、栀子、郁金、姜黄等少量直接染料外，绝大部分染料均含有媒染基因，可用媒染工艺染色。

媒染染料的染色工艺首先涉及媒染剂。古代媒染剂大多可分为铁剂和铝剂两类。铁离子媒染剂主要来源于绿矾，其基本成分为 $FeSO_4$，因其能用于染黑，故又称皂矾。在唐代，陈藏器《本草拾遗》中记载了一种人工制备的铁浆作铁媒染剂："此乃取诸铁于器中水浸之，经久色青沫出，即堪染青。"其原理是让铁在水中被氧化成氧化铁，并转化为氢氧化铁而沉淀，极少量的铁离子能起到媒染作用。铝离子媒染剂以明矾为主，主要成分为 $KAl(SO_4)_2$，但它的应用较迟，在中原较早是应用草木灰作媒染剂。据魏唐时期的史料记载，当时用烧灰作媒染剂的植物主要有藜、柃木、山矾、蒿等，据现代科学方法测定，它们之中含有丰富的铝元素，因此，草木灰中的主要作用是铝媒染。

媒染工艺的缘起有着各种不同的因素，但它的工艺种类却是自始至终就不外乎同媒法、预媒法、后媒法和多媒法 4 种。

5. 五行与五彩

以上许多染料均可通过单染、复染等各种工艺、各种配方染成无数的色彩。古代色名的繁多，也说明了染色技术的发展。

我们在分析和研究新疆等地出土的汉式云气动物锦色彩时发现，当时的大部分云气动物锦的用色总数恰好都是五色。有的织锦在同一区域内只能用 3 种色彩的经线，织工就在不同区域内变换色彩来增加；有的在一个区域内只能用 4 种色彩，织工就另外再增加 1 种色彩；而尼雅遗址出土的“五星出东方利中国”锦在每一处都有五色，也就不用再分出区域。这一现象决非偶然，它应与当时的阴阳五行学说相关。

《周礼·冬官》考工记：“画绘之事杂五色。东方谓之青，南方谓之赤，西方谓之白，北方谓之黑。天谓之玄，地谓之黄。青与白相次也，赤与黑相次也，黄与玄相次也。青与赤谓之文，赤与白谓之章，白与黑谓之黼，黑与青谓之黻。五彩备谓之绣。”这里说明，标准的五色或五彩是赤、黄、青、白、黑，一般将其与中国传统文化中的五行或五方相联系。五行或五星中的金、水、木、火、土分别与白、黑、青、红、黄相对应。而五方中的东、西、南、北则分别与青、赤、白、黑相对应，加上居中的天玄地黄，中间一方就算作黄。汉代云气动物纹锦中的五色显然也与此有关，特别是“五星出东方利中国”锦，明显地就将五星与织物上的五色一一对应。但是当时织锦五色一般都采用蓝、红、黄、绿、白 5 种，分别以蓝取代黑、以绿取代蓝，这可能是因为织锦以美为贵，因而织工喜欢采用较为漂亮的色彩，或是民间使用五色的情况还不是十分严格。

到了汉之后，色名记载越来越丰富，但也相当分散，较为集中的有汉代《说文》、元代《碎金》和《南村辍耕录》、明代《多能鄙事》、《天工开物》、

《天水冰山录》、清代《扬州画舫录》、《布经》、近代《雪宧绣谱》，此外在明清档案资料中关于上贡缎匹色彩的记载也相当丰富。如红色就有大红、桃红、脂红、肉红、葧萝红、落叶红、枣红、乌红、不老红、梅红、绯红、小红、莲红、银红、水红、木红、靠红、退红、淮安红、京红、海棠红、双红、亮红、血牙、牙绯、并红等 20 多种；黄色有赭黄、杏黄、栀黄、柿黄、鹅黄、姜黄、柳黄、金黄、嫩黄、江黄、丹黄、沉香、象牙、中明、园眼、蜜黄、明黄、古铜、藩黄、松花、秧色、荷花、沙石、米色、粉黄、藤黄、老缃、墨缃、银缃、蜜色、水蜜、泥金等近 30 种；蓝色调中有蓝青、蛋青、翠蓝、天蓝、合青、虾青、沔阳青、佛头青、大师青、小缸青、潮蓝、睢蓝、海青、蒲青、石青、京青、佛青、墨青、真青、青扪、燕尾青、胶青、蒲蓝、赤蓝、京蓝、海蓝、宝蓝、湖蓝、月蓝、软蓝、双蓝、品蓝、菜青、灰青、桃青等。几乎每一大类的色名都在 20 种以上，可见中国古代染色技术水平之高超。

五、绫罗绸缎话品种

1. 布和帛：平素织物

平纹是纺织品中最为简单的组织，也就是通常所说的一上一下的结构，用这种结构织出的品种虽然简单，但却是最为基本的，纺织品中 99% 以上的织物采用的都是这种组织。如大量生产的麻布和棉布，用的都是平纹组织，通常也就称为布。但当丝绸上采用这种组织结构时，却会根据其丝线的粗细、经纬的密度，或是是否加捻，或是是否练染等分成很多种类，有着不同的称呼。

最早对平纹类丝织物的称呼是帛，另一个通名是缯，汉代之时开始

“缯帛”并用，许慎《说文》中说：“缯，帛也”；又说“帛，缯也。”约在魏唐之际，绢才成为一般平纹类素织物的通称。《说文》里把绢说成是一种带有麦秆色的平纹织物，恐怕是指一般的未经染色而返黄的一种颜色。到魏唐时期的各家注疏中，已经把绢列为一种大类名，魏唐时期的赋税中均用绢作总名，也说明绢在当时已作为普通平纹织物的通称。

然而，绢之中还有很多分别。缟、纨、素、绡均是普通的未经精练的平纹类织物，练是对于练熟后却未经染色的熟绢的别称。至于彩色绢的名称，在后期十分简单，在绢之前加一个色名即可。但在早期却十分复杂，几乎一种色彩一个专用词，如纯赤色的为绛，浅绛色的为纁，茜染成的红色为缙，青而扬赤的为绀等，《说文》中共收此类词 30 多个，后来多数已废弃不用。

此外，丝线细、密度小的平纹织物具有轻薄的感觉，可称为纱，或更明确为平纱。纱在古时亦可写作沙，《礼记》说“周王后、夫人服以白纱縠为里，谓之素沙”，就是取其孔稀疏能漏沙之意。汉代有素纱、方孔纱等纱品种名称。素纱是普通的纱，但亦相当轻薄。另一种方孔纱，又称方目纱，在汉代经常被作为缅，或制纱冠，或制衬垫。但是，丝线粗、密度大的平纹类织物或可称为绨。《说文》：“绨，厚缯也。”史料中还有一种织物名为缣，这可能是指一种重平结构织成的织物。这种组织出现很早。在河南安阳殷墟妇好墓中，就在青铜器印痕上发现了多处这类组织的织物遗痕，有二上二下的纬重平、经重平和方平。后来，在河南信阳春秋黄君孟夫妇墓中亦有同类实物发现，河北满城汉墓发现的更多。通过加捻丝线的使用，织成平纹织物，并经精练即可使其起绉。这种质地较为轻薄、经缕纤细并表面起绉的平纹丝织物，古代称为縠，后世称为绉。

2. 从绮到绫

图 24　北朝时期的楼堞纹绮

绮的名称出现较早,《楚辞·招魂》中有"纂组绮绣"之句,《说文》云:"绮,文缯也。"文缯也就是有花纹的平素类织物,与战国秦汉的出土实物相比较,可知这是指当时的平纹地暗花织物,这在汉代被称为绮(如图 24 所示)。

但是,到了魏晋南北朝时期,绮的名称除了在诗文中偶尔见到之外,在现实生活中却极少出现,而类似的暗花织物被称为绫。绫的名称在唐宋时期出现十分频繁,一般的平纹地和斜纹地的暗花织物均被称为绫。唐代百官公服用绫制作:"亲王常服及三品二王后服大科绫罗、五品以上服小科绫罗、六品以上服交梭双纠绫……"。唐代各地贡丝织品中绫占了很大比重,名类之多令人惊叹。河北的定州、河南的蔡州及中唐以后的江浙一带,都是绫的重点产区。当时绫的生产量也是巨大的。《唐六典》记载官府织染署中设有专门的绫作,择各地技巧精良的工匠织造。如武后时期,仅绫锦坊中就有"巧儿"365 人,内作使下绫匠 83 人,掖庭绫匠 150 人。除官营外,唐代民间作坊织绫也颇盛,如定州何明远"家有绫机五百张",像这样规模的大作坊,是前代所没有的。到宋元明清,绫的品名的出现仍然是有增无减,品种变化也相当丰富,但多是斜纹地上的单层显花织物(如图 25

图 25　辽代的团花纹绫

所示)。

对于绫组织的说明,唐代大诗人白居易有一首《缭绫》诗写得极为客观,恰如其分:

> 缭绫缭绫何所似,不似罗绡与纨绮。
> 应似天台山上月明前,四十五尺瀑布泉。
> 中有文章又奇绝,地铺白烟花簇雪。
> 织者何人衣者谁,越溪寒女汉宫姬。
> 去年中使宣口敕,天上取样人间织。
> 织为云外秋雁行,染作江南春水色。
> 广裁衫袖长制裙,金斗熨波刀剪纹。
> 异彩奇文相隐映,转侧看花花不定。

这里有几句对于理解唐代的绫这一品种特别有意思。如:"缭绫缭绫何所似,不似罗绡与纨绮",绫和罗、绮都是暗花织物,但还是有不同的,白居易把细微的区别都说出来了;"应似天台山上月明前,四十五尺瀑布泉",45 尺是当时 1 匹 4 丈等于 40 尺的规格,而且唐代在检验时通常以重量为准,因此,当时的人会多织一些,以保证重量;"中有文章又奇绝,地铺白烟花簇雪"这里的地和花指的就是织成文章(图案)的地和花,但更为奇妙的是白居易用"烟"和"雪"两字之恰当,烟和雪都是白的,从当时情况看,浙东一带的绫以平纹地上显花为主。这种绫的表观效果正是地部稍暗,如铺白烟,花部较亮,似堆白雪;"织者何人衣者谁,越溪寒女汉宫姬,去年中使宣口敕,天上取样人间织",说的是缭绫的生产任务来自宫里,缭绫的图案设计也是来自宫里,但生产织造是在浙东越州也就是今天的浙江绍兴一带进行的;"织为云外秋雁行,染作江南春水色”，这里明确地指出了先织后染的工艺，云外秋雁正是唐代十分常见的官服用绫纹样，正史中有雁衔威仪的记载，可以互证。江南春水色乃是一种色彩，这与暗花织物的定义相同；“异彩奇文相隐映，转侧看花花不定”，异彩只是某一种奇异之彩，并非有多彩；隐映，正是暗花织物图案若隐若现的情况；在阳光下从不同的角度看，图案根据光照角度时强时弱地呈现出来，甚至是时有时无，这便是转侧看花花不定的缘故。

3．缎：明清时期最为流行的织物

缎是以缎纹组织织成的丝织物。在宋元时期，缎一般被称为“纻丝”，而缎的名称一直到明清文献中才有较多的出现，其中有以产地为根据者，如川缎、广缎、京缎、潞缎等；有以用途命名者，如袍缎、裙缎、通袖缎等名；有以纹样命名者，如云缎、龙缎、蟒缎等；有以组织循环大小为据者，如五丝、八丝、六丝缎、七丝缎，还有以工艺特征命名者，如素缎、暗花缎、妆花缎等。最早能够见到的暗花缎实物是在江苏无锡的钱裕墓(1320)出土的5枚暗花缎(如图26所示)。此后，暗花缎就变得十分常见，如山东邹城的李裕庵墓(1350)[①]和江苏苏州的曹氏墓(1367)。

图26　明代的暗花缎织物

缎织物一般都用丝织而成，其中又可分成很多品种。暗花缎是指

① 山东邹县文物保管所：“邹县元代李裕庵墓清理简报”。《文物》，1997年，第7期。

在织物表面上以正反缎纹互为花地组织的单层提花织物。其花地缎组织单位相同而光面相异，故能显示花纹，在今天被称为正反缎。有时，经面缎作地纬面缎作花被称为暗花缎，而经面缎显花纬面缎作地的则被称为亮花缎。大凡明清史料中所称的彭缎、贡缎、库缎、头号、摹本、花累等均是指暗花缎。素缎是指不提花的缎织物，一般是经面缎才有缎的光泽效果。各种素缎之间的主要区别在于组织循环的大小。

缎织物也有是色织的，也就是说有两种色彩以上的缎织物，其中最常见的是闪缎。这是一种经纬丝线异色（常常是对比强烈的两种色彩）的单层提花缎。一般的组织是经面缎作地、纬面缎或纬面斜纹起花，这样在经线色彩为主的经面色彩中常常会有纬线间丝点色彩在闪烁不定，故称闪缎或闪色。《咸淳临安志》中载纻丝品名有"闪褐"，或许就是闪缎的前身，惜无实物可证。明代缎名中更有指明深青闪大红或大红闪官绿等经纬丝色彩，说明了闪字的用法确是恰到好处。

4. 纱与罗：绞经织物

纱与罗的经线在织造时相互纠绞，从而形成一些稀疏的孔，因此称为纱罗。纱的原意就是稀疏可以漏沙，故而部分稀疏的平纹组织亦可称为纱，但在绞经织物中，有一种两根经丝相互绞转且每一纬绞转一次的组织也具有特别明显的方孔，而且这种方孔不易发生滑移，更加牢固，因此也被称为纱。素织的 1∶1 绞纱称为方孔纱，又称单丝罗，约在唐代后期出现。王建《织锦曲》云"宫中犹着单丝罗"，当即指此。约在宋初，暗花纱出现。暗花纱其实就是绞纱组织和平纹或其他普通组织互为花地的提花织物。其中主要有亮地纱、实地纱、浮花纱、春纱等品种类型（如

图 27 所示)。

图 27　清代几何纹纱

罗也是绞经织物,但其所形成的孔不呈方形,因此,人们一般说:方孔曰纱,椒孔曰罗。早期的罗组织常被人们称为链式罗,其主要特点是地经与绞经之间虽有严格的比例,却没有明确的绞组。这种罗最早出现在商代,殷墟妇好墓出土的连体甗和铜小方彝等青铜器上有着许多罗织物的遗痕,就属于此类。链式罗在汉唐之际达到极盛,而且一直延续到明代晚期。不过,这类组织的罗的生产技术如今已经失传了。今天我们所说的杭州的传统产品杭罗其实是一种直罗,也就是带有经向或纵向空路的绞纱织物(如图 28 所示)。

图 28　汉代杯纹罗

5. 缂丝的起源和发展

缂丝是用所谓"通经断纬"方法织制的。织制时,以本色丝作经,彩色丝作纬，用小梭将各色纬线依画稿以平纹组织缂织。其特点是纬丝不像一般织物那样贯穿整个幅面，而只织入需要这一颜色的一段。早在宋代，庄绰《鸡肋篇》就对缂丝的织法和特色作了简明描述："定州织刻丝，不用大机，以熟色丝经于木木争上，随所欲作花草禽兽状，以小梭织纬时，先留其处，方以杂色线缀于经纬之上，合以成文，若不相连。承空视之，如雕镂之象，故名刻丝。如妇人一衣，终岁可就。虽作百花，使不相类亦可，盖纬线非通梭所织也。"这里的刻丝就是缂丝，有时也被写作剋丝、克丝等。

在我国，缂丝最早发现在毛织物上，被人们称为缂毛。到唐代则发展成为缂丝，新疆吐鲁番、甘肃敦煌、青海都兰等地都曾出土过唐代的缂丝。宋代是缂丝发展的鼎盛时期，由于宋朝皇帝的喜爱和院体绘画的迅速发展，加速了缂绣品纯艺术化的过程。缂丝作品经常以绘画作品为母本，其作品中也有大量的欣赏性艺术品。如朱克柔的花卉缂丝册页、沈子蕃的几件花鸟作品，均是如此。其缂丝作品有缂丝榴花双鸟、茶牡丹、莲塘乳鸭等，其风格与宋代院画颇为相似（如图 29 所示）。同时，宋代依然制作大量缂丝的日用品，洪皓《松漠纪闻》中就有回鹘人用缂丝织袍的记载，出土实物中更多的为缂丝帽、缂丝靴套等。

图 29　传宋人朱克柔《缂丝牡丹图》

到元代，缂丝技术的进一步发展，出现了用缂丝来织制皇帝御容的作品，称为织御容。织御容是蒙元特有的御容制作方式，其出现体现了蒙古族对丝绸的热衷，元代《画塑记》中就记载了当时摹织蒙古皇帝御容的史实。蒙元时织御容以绘御容为粉本，尼泊尔人阿尼哥是已知制作织御容的第一人。但目前传世真正的缂丝御容只有大都会博物馆所藏缂丝曼陀罗上的元文宗和元明宗帝后像，虽然这与记载中的织御容不完全一样，但从中还是可以看出其织造的技术和水平之高。

6. 锦：最华丽的丝织物

锦字由金与帛两字组合而成，表明了最初人们对锦的理解和解释："锦，金也，作之用功重，其价如金，故唯尊者得服之。"锦之所以作之用功重，实是由于其工艺的复杂和织技的高超。锦是一种熟织物，多彩织物，能通过组织的变化，显示多种色彩的不同纹样，当时，就把这类织物称为锦。后来又慢慢地形成了一个规律：织彩为文（纹）曰锦。分析当时的织物可知，织彩为文大多都是重织物。但到了宋元之后，熟织物或重织物大量出现，致使锦的名称反而少用，大多都被具体地称为缎罗之类。这样的好处是可以把锦的范围主要限于双插合重组织的类型。

文献中最早出现"锦"字是在《诗经·小雅·巷伯》中："萋兮斐兮，成是贝锦。"但在实物中，我们认定的最早的织锦则是西周开始出现的经锦，它以经线显花的重组织织成被称为经锦。到东周时期的春秋战国墓葬中，经锦已是一统天下的织锦种类，其中最为著名的是湖北江陵马山楚墓中所出的舞人动物锦，它采用的经线有深红、深黄、棕三色，分区换色，纬线为棕色，图案中出现了对舞人、对龙、对凤、对麒麟以及几何纹等题材，纬向布局，经向长5.5厘米、纬向长49.1厘米，说明了当时经锦的织造已采用了多综式提花机进行织制（如图30所示）。汉代也是经锦非常流行的

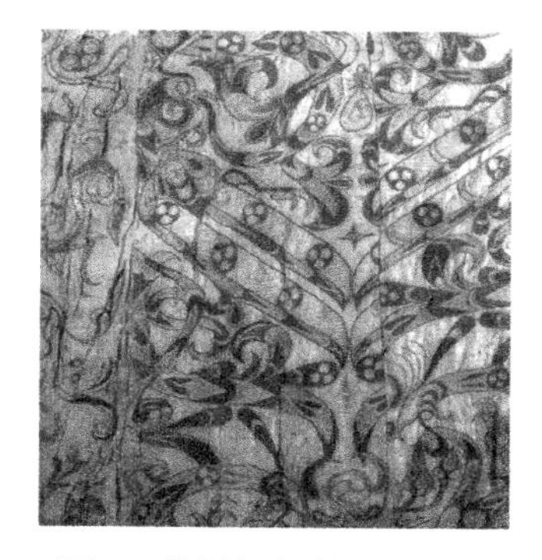

图30　战国舞人动物经锦

年代，在湖南长沙马王堆的出土织锦中，还有一种绒圈锦和凸纹锦，它们是在经锦的图案基础上，再织出一个层次的绒圈图案，使得织物上的图案变得丰富，更有锦上添花的效果。这种品种，很有可能就是汉代文献中记载的“织锦绣”。

大约从魏晋南北朝起，织锦中开始出现纬锦的织物。新疆吐鲁番、营盘和花海等地都有很多属于公元5世纪的墓葬，其中出土了大量的平纹纬锦，多是简单的动物云气纹，说明了纬锦开始在丝织技术中的应用。到初唐前后，斜纹纬锦也开始出现，并随即盛行起来。但是在纬锦中，我们还是可以按照一些织造的细节把它们分为东西两大类型。所谓的西方类型又可以称为波斯锦、粟特锦和撒搭剌锦，其经线加有很强的Z捻，其图案多具有明显西域风格，其产地可能在中亚粟特地区（如图31所示）。另一类型是唐式纬锦，其所用经线为S捻，其图案以宝花或花鸟题材为主，主要产于中原（如图32所示）。

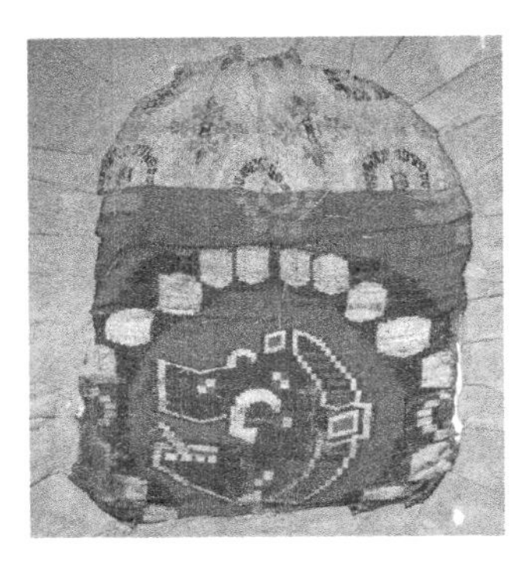
图31　唐代联珠纹猪头纹锦

图32　唐代宝花纹锦

到了唐代中晚期，这类纬锦的基本组织结构和织造技术又有了极大的变化，其中出现了一个称为辽式纬锦的种类。这是因为最初为人们知道这类织锦是从分析辽代丝织的过程中发现的，而且这是辽代织锦的基本特点，因此我们称其为辽式纬锦。辽式纬锦和唐锦最基本的区别在于其明经的作用不同，唐锦中的明经只在表面固接并产生斜纹的效果，而辽式纬锦的明经只在织物的表面和反面各出现一次，其余则位于上下层纬线之间，与夹经的位置相同。

辽式纬锦包括斜纹纬锦和缎纹纬锦两大类。斜纹纬锦又可分为普通的辽式斜纹纬锦、辽式浮纹斜纹纬锦、妆金斜纹纬锦和辽式菱形斜纹纬锦等几类。缎纹纬锦是指以缎纹为基本固结组织的双纬面重织物，也可分为普通的辽式缎纹纬锦、浮纹缎纹纬锦、妆金缎纹纬锦等。辽式纬锦经线一般都无明显加捻，明经总是单根而夹根通常为 2 根甚至是 3 根一副；纬线为散丝，可多达 5 至 7 种色彩。这类纬锦的组织在宋代织锦中也见广泛应用。苏州瑞光塔北宋云纹瑞花锦、杭州雷峰塔地宫出土五代织锦及辽宁省博物馆藏后梁织成金刚经等采用的都是这种组织，只是在配色、加捻等各方面有所变化。

将金织入织锦可以称为织金锦，纳石失是元代最著名、最具特点的织金锦，又称纳赤思，是波斯语织金锦 Nasich 的音译词（如图 33 所示）。当时百官高档服饰多用纳石失缝制，“无不以金彩相尚”，官方在全国范围内有条件地区设置“染织提举司”，集中织工，大量织造纳石失，作衣服和日常生活中的帷幕、茵褥、椅垫炕垫。至于军中帐篷，据马可·波罗记载，当时也是使用这种织金锦制成的。

图 33　元代双狮纹织金锦

7. 三大名锦

传说中的三大名锦是宋锦、蜀锦、云锦，宋锦以时代名，在学术界称为宋式锦，蜀锦以地名，云锦以纹饰名，但实际上都是以地区划分的。

宋式锦产于苏州。康熙年间，有人从泰兴季氏处购得宋裱《淳化阁贴》10帙，揭取其上宋裱织锦22种，售于苏州机房模取花样，开始生产。这些生产出来的织锦采用了宋代图案，用的却是清代的组织，故只能称为宋式锦或仿宋锦。明清宋锦可根据工艺的精细、用料的优劣、织物的薄厚及使用性能，分为重锦、细锦、匣锦3类。重锦用丝线乃至金线或片金，在3枚经斜地显3枚纬斜花，质地厚重、精致，妆花色彩层次丰富，多用作巨幅挂轴、各种铺垫及陈设品用料；细锦组织多变，多采用短跑梭织制，用丝较细，织造较疏、厚薄适中(如图34所示)；匣锦又称小锦，图案多小型几何填花或自然型小花，用色素雅简单，织造较粗，质地软薄，专用于装裱书画囊匣之用。

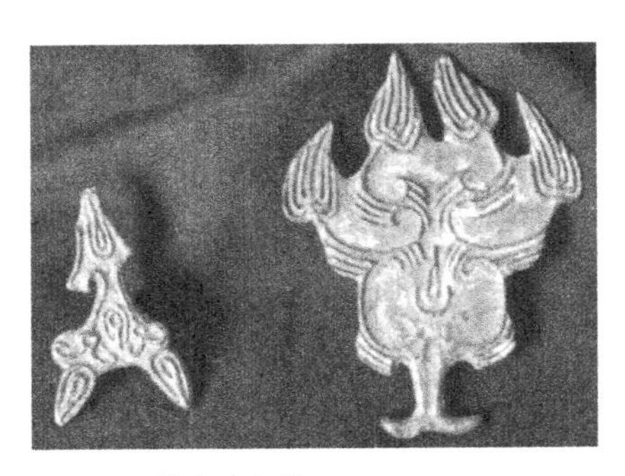

图34　明代宋式织锦

蜀锦产于四川成都，自古有名，但明末遇乱而毁，清初由浙江人恢复，此时蜀锦亦与汉唐蜀锦有很大的区别。清代蜀锦以浣花锦、巴缎、回回锦等尤为著名，其组织大多以经线作地，纬线显花，属特结型重组织，但也有用单插合重组织的。其特点是用色鲜艳、明亮、谐调，织造精致、细密，质地较轻薄、柔软。

云锦一般被认为与南京相关联，较为公允的观点是云锦起源于元代，兴盛则在明清，并一直延续至今。但事实上，云锦在历史上只是对云纹织锦的美誉，它作为地方性专用名称要迟至民国时期。另一方面，云锦的品种很多，大多数都不属于锦的工艺范围，如库缎、妆花等，但也有织金和织锦确实采用了特结重组织。其织金又称库金，织锦中则有二色织金库锦、彩花库锦、抹梭妆花、芙蓉妆等品种。

8. 起绒织物

绒是在织物表面通过织造的方法以形成一层绒毛的服用面料品种。中国史料中最早关于绒类织物的可靠记载应是《元史·舆服志》中的“怯绵里”,《元史》中自注为“剪茸”,也就是经过剪毛的绒类织物。

绒类素织物,主要有平绒、雕花绒、双面绒和玛什鲁布四种。明清文献上常见有“剪绒”、“天鹅绒”、“漳绒”、“建绒”、“卫绒”和“倭缎”等名目,它们都是经起绒组织的素织物,只是质量、外观有高下精粗之分,名称或因产地、习俗而异。其中某些品种又有“花、素之分”。但这里的花并非指提花,而是指保留部分绒圈不割破以形成割毛绒和轮圈绒两种层次的雕花。我们所说的素绒,是全割绒而不雕花的单面绒,如漳绒(素)、天鹅绒(素)、建绒等,但一般大家都称其为漳绒(如图35所示)。

图35 清代漳绒织物

漳绒若需雕花,则织造时不割绒。直至全匹完成后,下机制于“绒绷”之上进行雕花。雕花工皆略谙画法。未雕花前需用粉笔将纹样绘于纸面,并在织物表面划分区域,再将纸样覆盖在织物一定部位印上纹样粉痕。雕花时即按此粉痕进行。由于雕花绒在机上不割绒,因此织造较快,一人每月可织6丈。雕花操作相当费时,大致每4张绒机配备1名雕花工人。

用提花的方式织出绒圈形成的图案,再在织物上进行割绒或者留下

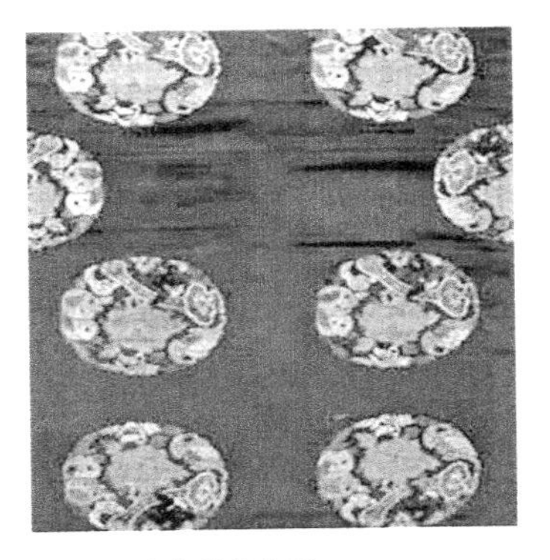
图 36 清代漳缎织物

绒圈，这类起绒织物通常被称为漳缎。漳缎这一名称的来源，是基于它首创于漳州的传说。《乾隆漳州府志》称漳缎为“漳之物产”。但是，这种类型的织物在明代南京已有生产。漳缎包含一些非常精美的品种，如敷彩漳缎、金彩绒和妆花绒缎，它们足以代表我国古代丝织技术的最高水平(如图 36 所示)。

六、印染与刺绣

1. 最早的凸版印花

印花技术是绘画技术的延伸，它将染料或颜料拌以粘合剂，并用凸纹版或镂空版将其直接印在织物上显花。最早的凸版直接印花实物出土自湖南长沙马王堆一号汉墓，墓中出土的金银色印花绢采用金、银、黄3 种颜色套印而成，这种印花方法成为中国印刷术的真正源头。但最重要的印花板实物出土于广州的南越王墓。这也是西汉初期的一座大墓，墓中不仅发现了与马王堆相似的印花织物，还出土了 2 块青铜质的凸纹印花版。一块较大，呈菱形，其图案与马王堆汉墓金银色印花纱的火焰纹相似；另一块较小，呈人字形，其图案与金银色印花纱的龟背骨架相似。这证实了早期采用的乃是凸版印花。

凸版印花的出现，当与秦汉印章流行有关。就其大小来看，印花版长不过 6 厘米，宽不过 4 厘米，较普通印章略大；就其型制来看，两者之间亦十分相似，印花版背面均有一穿孔小钮，供手持压印用；使用的方法亦基本相同，当时印章多用印封泥，正文反刻，印花版则用于印织物，但印法是一致的（如图37所示）。因此，中国首先出现凸纹印花技术乃是与中国传统的印刷方式密切相关的。

图37　西汉青铜印花版

用凸版进行印花的方法在魏唐间几乎没有发现什么实物，但到宋元时期变得十分流行，说明当时获得了极大的发展。在各地宋元墓葬中尤其是在南宋黄升墓中，发现了许多衣服边饰均是用凸纹版结合手绘印制的。从实物分析来看，这种凸纹版的大小可在长为5～50厘米之间、宽为1.5～5厘米之间，较为狭长，大概是专为印制服装边饰的花版。因此可以印彩亦可印金，将厚薄适宜的涂料色浆或粘合剂涂在花版上，印出花纹图案的底纹，或蘸上泥金印出金色的轮廓，然后再用手工敷绘或勾勒，完成整个作品。

2. 绞缬：防染印花的原义

古代印花中最为常见的是防染印花，当时称之为缬。缬的本义是指绞缬，就是今日所称的扎染。唐代《一切经音义》说“以丝缚缯染之，解丝成文曰缬”，很清楚地解释了缬的本义是绞缬。最早的绞缬实物约出现于魏晋时期（如图38所示），但唐代文献中则有撮晕缬、鱼子缬、醉眼缬、方胜缬、团宫缬等众多的名称。

用于服饰的绞缬实物到魏晋时期开始才有较多的发现，如甘肃敦煌佛爷庙北凉墓葬中、玉门花海魏晋墓中、新疆尉犁营盘墓地及吐鲁番阿

图 38　北凉绞缬绢

斯塔那北朝至隋唐墓葬群中均有出土，在敦煌盛唐时期的石窟中和藏经洞中亦有很多发现，图案亦有一些变化。但多为小点状，也有少量网目状和朵花状的图案。此外，日本正仓院也珍藏着一些自唐朝传去的绞缬织物。

从出土的实物来分析，当时的绞缬主要采用的方法共有 3 种：一是缝绞法，用针引线穿过织物，然后抽紧扎绞，进行染色。这种方法为缝绞法，是绞缬工艺中最常用、变化最丰富的一种方法。二是绑扎法，通过叠坯或不叠坯地将织物进行绑扎、染色形成绞缬的方法。目前所见最多的鱼子缬、醉眼缬、鹿胎缬等小点圈形的图案，都是依靠此法得到的。三是打结法，这是一种最简单的绞缬方法，简单得无需针线，只要打个结，靠织物本身进行防染，产生的图案一般为直条纹。日本正仓院所藏一件“绯夹缬绝”似为打结法绞缬产品。青海都兰出土的晕绸葡萄绫或许也是打结法的产物。

3. 夹缬：自创的雕版防染印花

夹缬是指用两块对称的夹版夹住织物进行防染印花的产品。夹缬之名始于唐，唐代白居易《玩半开花赠皇甫郎中》诗云：“成都新夹缬”；新疆吐鲁番唐代文书中有“夹缬”被子之名(TAM193);敦煌卷子亦多次提及“续缬”(S.5680)和“甲缬”(P.4975),亦是指夹缬;连当时日本的《倭名类聚抄》中也收入了夹缬一词,可见夹缬应用之盛。

据唐人所著《因话录》载:“玄宗柳婕好,有才学,上甚重之。婕好妹适赵氏,性巧慧,因使工镂版为杂花,象之而为夹缬。因婕好生日,献王皇后一匹,上见而赏之,因赐宫中依样制之。当时甚秘,后渐出,遍于天下,乃为至贱所服。”出土的夹缬实物也都发现于盛唐之后。新疆吐鲁番有白地印花罗和天青地上印出红花绿叶的印花绢,在敦煌藏经洞中有许多套色或单色的印花绢实例(如图39所示)。此外,在苏联的北高加索地区也发现了极为精致的唐朝夹缬,在日本正仓院中更是保存大量的完好的唐朝夹缬及一些日本的仿制品。宋代夹缬尽管在史料上亦偶有所见,但实物却是发现在北方的契丹国境内。内蒙古巴林右旗辽庆州白塔出土丝织品中有大量的辽代夹缬,其中有单色的褐地云雁纹夹缬绢、红地塔松纹夹缬罗、双色的萱草纹夹缬罗和莲花纹夹缬罗等。最为引人注目的是山西应县佛宫寺发现的辽代“南无释迦牟尼佛”,纵65.8厘米,横62厘米,是一件十分典型的三套色夹缬加彩绘的作品。

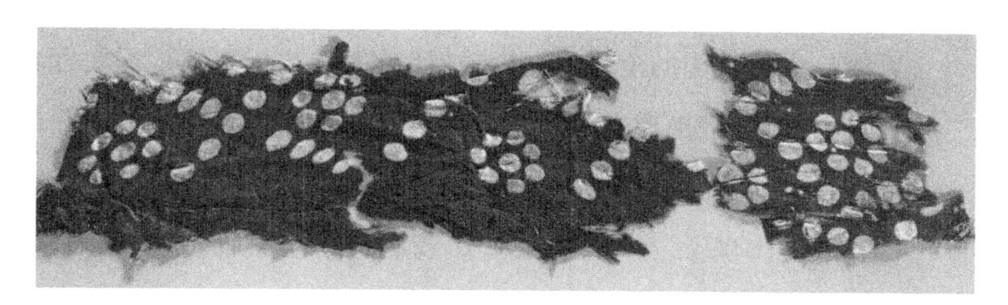

图39 唐代夹缬绢

直到近代,浙南民间尚能找到用夹缬工艺进行棉布蓝印被面的实例。根据我们的调查,传统夹缬在浙南地区一直流行,特别是在今天温州市下辖的永嘉、瑞安、平阳、乐清、苍南等地仍有较多的存留。现存的夹缬花版实测长 43.1 厘米、宽 17.1 厘米。花版的材料选用糖梨木制作,其品质要求是质地细密坚硬,以防水渗透雕刻花纹轮廓清晰。所选用的棉布长约 10 米、宽 50 厘米,染制时先要对折成宽 25 厘米的布条。接着将土布以竹棒为轴,卷成一卷,然后开始叠布。因为夹缬被面共有 16 幅图,使用 17 块雕花版,除头尾 2 块单面雕刻,中间 15 块全部双面雕刻。铺版叠布从第 1 块到第 17 块,两块版之间折叠铺入一层,条布共重复折叠 16 次,染色时用单套靛蓝。

4. 蜡缬与蓝印花布

蜡染最早见于印度或是中亚地区的棉布上。新疆民丰尼雅在 1959 年时发现了一座东汉墓,墓中发现了现存最早的一件蜡染棉布。这件蜡染棉布的图案已残,但仍然可推测一些重要的部位。其左下角引人注目的是一位半裸女像,颈饰珠圈,手持丰饶角,头后有背光。关于她的身份有不少说法,一说是伊什塔尔女神,一说是阿娜希塔,一说是鬼子母,还有一说是阿尔道克修。织物的中间,有一人正在与狮子搏斗的场面,有可能是中亚某国的王,或是希腊神话里的赫拉克来斯。这类题材无疑来自希腊神话,但出现在蜡染棉布上,则又说明它可能是印度北部犍陀罗地区的产品。它的来到起码使中国对蜡染有所了解。但到了魏晋时期,西北地区出现了以点染法点上蜡液后进行防染而成的丝织物(如图 40 所示),这种先以蜂蜡施于织物之上,然后投入染液染色,染后除蜡的方法就被称为“蜡缬”。然而在中原地区,蜡缬很快为使用以草木灰、蛎灰之类为主的碱剂进行防染印花的灰缬所代替。唐代的灰缬非常流行,这种灰缬便是后来广泛用于棉布印染的蓝印花(如图41所示)。

图40　北朝蜡染丝织品

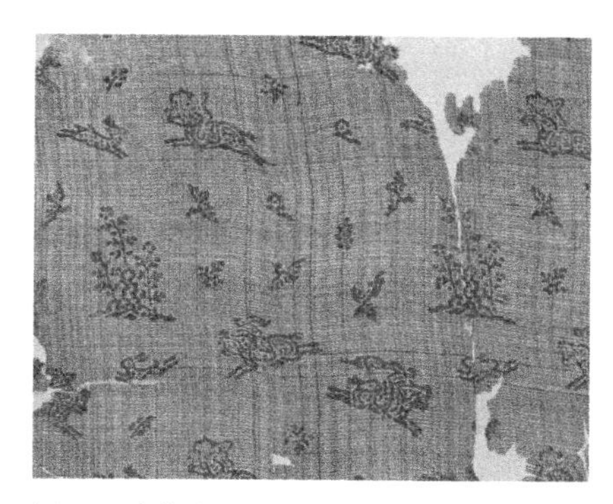
图41　唐代狩猎纹灰缬绢

5．刺绣

刺绣是一种利用丝线，通过穿刺运针、以针带线的手法进行创造的工艺技术，在我国很早就已出现。殷商时期的青铜器上已确实留有刺绣的痕迹，山西绛县横水西周墓地中也出土了保存有清晰刺绣荒帷印痕的泥块。

锁针是现存刺绣实物中最早出现的刺绣针法，横水出土的刺绣印痕用的就是这种技法，其特点是前针勾后针从而形成曲线的针迹，是中国的发明，这种刺绣针法在战国秦汉时期已达到顶峰，荆州马山一号楚墓和长沙马王堆汉墓出土的刺绣就是极好的实例(如图42所示)。南北朝时期佛教的盛行扩宽了刺绣的题材，善男信女往往不惜工本，以绣像来积功德。为了提高生产效率，

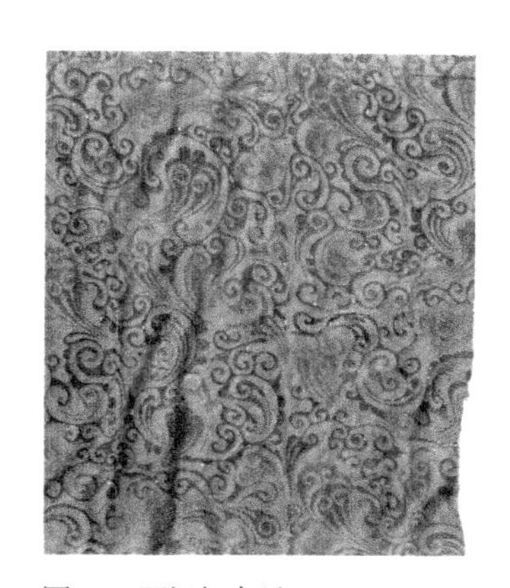
图42　西汉长寿绣

图 43　唐代刺绣佛像

图 44　明清之际的露香园顾绣

绣工开始尝试用表观效果基本一致的劈针来代替锁针。

到了唐宋时期，刺绣艺术的发展达到了一个新的阶段，刺绣针法基本齐备，各种针法基本均已出现。当时大量采用的是运针平直，只依靠针与针之间的连接方式进行变化的平针技法，它常用多种颜色的丝线绣作，其色彩丰富，因此也有人称其为"彩绣"。这与唐代刺绣生产的发展有着密切的关系。因为当时刺绣更多的是用来显示豪华的装饰品，史载玄宗时贵妃院有刺绣工700人，规模极大，她们的主要工作应该是制作日用装饰性刺绣，在这样的情况下，为提高刺绣效率，大量采用平绣必然成为一种发展的趋势（如图 43 所示）。

明清之际，刺绣更为普及，各地都形成了自己独特的风格，产生了众多的名绣，有以一家姓氏命名者，如上海露香园顾绣（如图 44 所示）。但大量的是以地方命名的地方性绣种，如苏绣、蜀绣、粤绣等，外观上更加富丽生动，刺绣的技法系统也更为完善。

（张善涛）

赵　丰

丝绸之路与东西纺织文化交流

一、西方传说中的蚕与丝绸

二、丝绸之路的走向

三、丝绸之路上发现的纺织品

四、丝绸之路与东西纺织技术交流

五、丝绸之路与东西纺织艺术交流

丝绸之路的概念由德国地理学家李希霍芬提出，用于描述公元前后东西方文化交流中最为频繁的一段交通要道。在此道上交易的大宗贸易产品是丝绸，故称丝绸之路。丝绸之路作为东方与西方进行文化交流的重要通道为人类文明的进步作出了极大的贡献，在这条路上，东方的丝绸与其他物品被输送到地中海沿岸，而中亚、西亚及欧洲的纺织技术与实物也被东方所吸收和融合。在中国古代科技中，纺织技术对世界的影响也是很大的。

一、西方传说中的蚕与丝绸

在很早的年代里，由于相隔遥远，路途不便，外国人无法了解中国丝绸的真实情况，只有从个人脑子里产生奇异的想像。他们将吐丝的蚕称为“蚕儿”或“赛儿”(Ser)，而把养蚕的国家称为赛里斯(Seres)，养蚕的人称为赛里斯人，因此，赛里斯即成为中国的代称。在众多的希腊作家关于远东地区的文献中，有着各种各样的关于东方蚕儿和赛里斯人的传说。

西方对丝绸来历的第一个看法是树上生羊毛的故事，这或许与他们了解亚麻的生产和羊毛有较大的关系。维吉尔(Vigile，前70～前19)在《田园诗》中写道：“赛里斯人从他们那里的树叶上采集下了非常纤细的羊毛。”斯特拉波(Strabon，约前63/64～23年间)在《地理书》中写道：“也是出于同一原因(气候的酷热)，在某些树枝上生长出了羊毛。尼亚格说，人们可以利用这种羊毛纺成漂亮而纤细的织物，马其顿人用来制造座垫和马鞍。”到老普林尼(Pline L'Ancien，23～79)的时候，虽然罗马的人们已经穿上了丝绸服装，但人们对丝绸的来历不甚了解，依然认为它们是一种树上采集的羊毛类纤维。老普林尼在其《自然史》一书上生动地描述了赛里斯人和他们的织物:“人们在那里所遇到的第一批人是赛里斯人,这一民族以他们森林里所产的羊毛而名震遐迩。他们向树木喷水而冲刷下树叶上的白色绒毛,然后再由他们的妻室来完成纺线和织造这两道工序。由于在遥远的地区有人完成了如此复杂的劳动,罗马的贵妇人们才能够穿上透明的衣衫而出现于大庭广众之中。”

大约从包撒尼雅斯(Pausanias, 2世纪)开始,人们已经知道丝绸来自一种叫蚕儿的昆虫,因此,他在《希腊志》中则非常详尽地描写他所知道的蚕儿的由来:“至于赛里斯人用作制作衣装的那些丝线,它并不是从树皮中提取的,而是另有其他来源。他们在国内生存有一种小动物,希腊人称之为赛儿,而赛里斯人则以另外的名字相称。这种微小动物比最大的金甲虫还要大两倍。在其他特点方面,则与树上织网的蜘蛛相似,完全如同蜘蛛一样也有8只足。赛里斯人制造了于冬夏咸宜的小笼来饲养这些动物。这些动物做出一种缠绕在它们的足上的细丝。在第四年之前,赛里斯人一直用黍作饲料来喂养。但到了第五年,因为他们知道这些笨虫活不了多久了,改用绿芦苇来饲养。对于这种动物来说,这是各种饲料中的最好的。它们贪婪地吃着这种芦苇,一直到胀破了肚子。大部分丝线就在尸体内部找到。”

二、丝绸之路的走向

时至今日,丝绸之路的概念已深入人心,同时也有所扩展。一般人们心目中理解的丝绸之路起码有3条:草原丝绸之路、沙漠绿洲丝绸之路和海上丝绸之路,此外还有西南丝绸之路、东亚丝绸之路等多种说法。

它们在不同的时代所扮演的角色也各有侧重(如图 1 所示)。

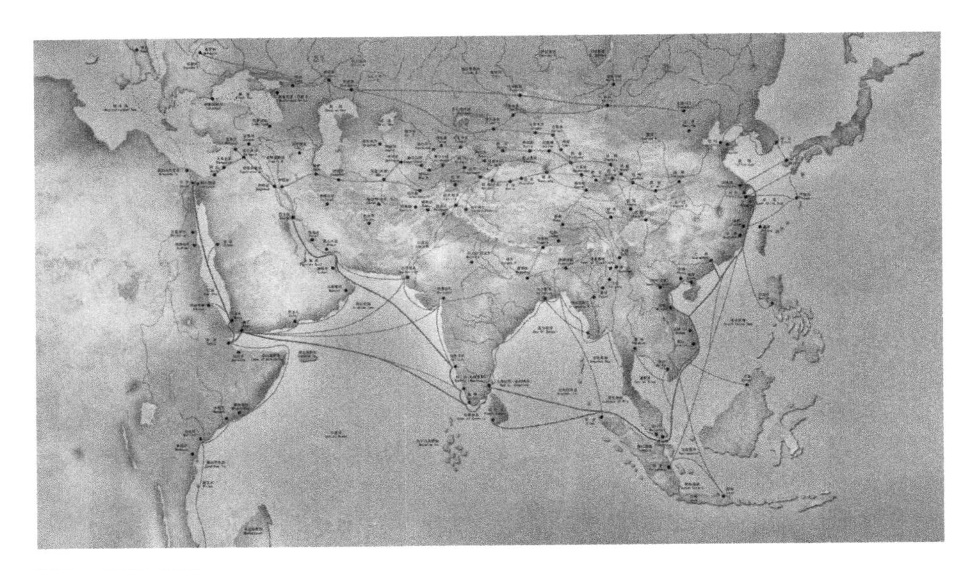

图 1　丝绸之路图

1. 草原丝绸之路

草原丝绸之路是一条较早开通并在公元前 5 世纪前后有过辉煌历史的通道。这一通道东起蒙古高原，翻越天堑阿尔泰山，再经准噶尔盆地到哈萨克丘陵，或直接由巴拉巴草原到黑海低地，横贯东西。此道所经之处，多是无边的草原，因此，开辟此道者当为古代的骑马民族。这一通道在公元前 5 世纪的希腊历史学家希罗多德的巨著《历史》中已经提及，当时居住在黑海周围的斯基泰商人曾沿着此道东来。另一部成书于战国时期的中国文献《穆天子传》中也提及周穆王曾西行遇西王母。据《穆天子传》载，此道亦正是由中原出发，经新疆、越葱岭而止于吉尔吉斯旷野的草原丝绸之路。这条通道还得到了大量考古资料的证实。在伏尔加河、西伯利亚、蒙古高原、河套地区以用及新疆北部，都能见到具有斯基泰风格的文物，如兽首铜刀、短剑、双耳深腹铜锼等。尤其要指出的是位于阿尔泰山麓的巴泽雷克巨型斯基泰古墓中，既发现了公元前 5 世纪左右的中国丝绸、漆器，还发现了波斯阿契美尼德王朝的文物。这些实物亦表明，在公元前 5 世纪前后，中国丝绸已通过草原丝绸之路传至欧洲。

2. 沙漠绿洲丝绸之路

沙漠绿洲丝绸之路又称西域丝绸之路，也就是李希霍芬最早提出的丝绸之路。大略地说，此路东起当时的京都长安，经河西走廊而到敦煌。由敦煌起可分南北两路。南路从敦煌经楼兰、于阗、莎车等地，越葱岭到大月氏（今阿姆河中部）、安息（即波斯，今伊朗），再往西可达条支（今伊拉克）、大秦（罗马帝国，今地中海沿岸）。北路从敦煌到交河、龟兹、疏勒，越葱岭到大宛（乌兹别克斯坦费尔干纳），再往西经安息而达大秦。由于沿途多为沙漠和戈壁，由绿洲逐站相连，故称沙漠绿洲丝绸之路。汉武帝时，张骞曾两次出使西域，基本上走通了这一条道路，史称“张骞凿空”。但此道的全盛时期是在汉魏隋唐的千余年间，无论是中国的史籍如《汉书・匈奴传》、《汉书・西域列传》、《新唐书・地理志》，还是欧洲的著作《地理志》等，均有大量关于中国丝绸在当时经此道传入欧洲的记载。沿途发现的汉唐丝绸更是明确地把此道的走向勾画出来了。

这一段丝绸之路在历史上也有兴衰。自汉代张骞凿空之后到魏晋南北朝就是一个动荡的时期，丝绸之路上的往来不断，但风险极大。这种局面到唐代初期因唐朝政府对中亚一带的影响加大而大大改善，当时唐朝与粟特地区的往来空前兴盛，大量粟特人来到中国经营丝绸贸易。但到了伊斯兰东扩之后，这种局面被改变了。一直要到蒙古军队横跨欧亚之后，这一段丝绸之路又出现了一段时期的短暂的辉煌。入明之后，这一段丝绸之路就渐渐衰落下去了。

3. 海上丝绸之路

海上丝绸之路的路线开辟甚早。初为东海丝绸之路，通往朝鲜、日本，后为南海丝绸之路，通往东南亚各国。《汉书·地理志》上记载了目前所知我国最早的一次丝绸海贸经过："有译长属南门，与应募者俱入海，市明珠、璧流离奇石异物，赍黄金杂缯而往。"此事约发生在汉武帝时期，属于宫廷的黄门译长率队远航至都元、邑卢没、湛离、黄支、已程不国，其中最远的黄支和已程不分别位于今天的印度和斯里兰卡境内。

从唐代起，我国的海上丝绸贸易发展到了一个新的阶段。此时，沙漠绿洲的丝绸贸易规模逐渐缩小，安史之乱及吐蕃占领河西等事件，使其濒于中断。同时，全国的丝绸生产中心逐渐南移，沿海经济也有了很大的发展，使海上丝绸之路进入了空前的发展期。这一时期中，丝绸外贸重要港口增多，广州、扬州、明州、泉州等相继设立市舶司，海上贸易的性质由朝贡为主向贸易为主转变。从宋代赵汝适的《诸蕃志》、元代汪大渊的《岛夷志略》、明代的《星涯槎览》、《东西洋考》等著作的记载来看，唐代以来，我国丝绸已通过这些港口传入亚洲各地及北非埃及一带，并通过那里再转运至欧洲。

15世纪的地理大发现，使世界进入了一个新纪元，海上丝绸之路的线路又有了新变化，打通了直接由中国传入欧洲和美洲的通道。明代中叶，西班牙和葡萄牙商人分别从太平洋和印度洋上来到南中国海，开辟了太平洋商路和印度洋商路。这条航线延续达200多年之久，每年都有若干艘千吨以上的大帆船横渡太平洋，每艘均载丝绸1 200箱上下，被称为“丝绸之船”。17、18世纪，荷兰和英国在印度相继设立东印度公司，操纵了当时对华丝绸贸易。18世纪末，美国也加入了对中国的丝绸贸易。总之，这一时期的海上丝绸之路已通往世界任何一个角落。

三、丝绸之路上发现的纺织品

在中国以外的丝绸之路沿途最早的纺织品发现应是俄罗斯的巴泽雷克，后来在蒙古的诺因乌拉也有较多的发现，其中不仅有中国生产的织锦和刺绣，还有大量来自西方的刺绣和毛毡织品，反映了草原丝绸之路带来的文化传播和交流。在中国境内，丝绸之路沿途发现的纺织品实物更早，但这里主要介绍的是东汉魏晋至隋唐时期中国境内的丝绸之路沿途出土的纺织品。

1. 河西走廊汉晋墓

1979年，甘肃省博物馆文物队在位于敦煌附近的马圈湾烽燧遗址发现了不少属于西汉时期的织物，大量为毛织品，但也有少量的丝绸，其中包括带有菱纹及云纹相结合的云气菱纹锦残片和大量绢织物。而更为大量的发现是在武威的磨咀子，出土有自西汉晚期到东汉中期的纺织品，最为重要的是62号墓，包括各种绢、纱、菱纹罗、绒圈锦、丝带及红色人字轧纹绉等。近年甘肃玉门花海毕家滩魏晋墓地又出土了不少丝绸织绣品。

2. 新疆尼雅汉晋墓

尼雅遗址位于新疆民丰县北约150公里的尼雅河尽头的沙漠之中，系汉代“精绝国”故址。20世纪初，斯坦因进入尼雅，获取了大量文书和纺织品织物。1959年，新疆博物馆考古队李遇春一行在那里发现了一具棺木。棺内有一对男女尸体并清理出其身上的万世如意锦袍、白布刺绣裤腿、锦袜、手套及鸡鸣枕、阳字锦袜、刺绣镜囊、刺绣粉袋等。1995年，尼雅考古人员清理了墓葬八座，其中最为重要的是M3和M8两座，出土了“王侯合昏千秋万岁宜子孙”锦被、方格纹锦袍、“安乐如意长寿无极”锦枕，以及为最珍贵的“五星出东方利中国”锦护膊（如图2所示）。

图2　汉“五星出东方利中国”锦护膊

3. 楼兰遗址和墓地

楼兰遗址分布于新疆若羌罗布泊南岸，1900年，斯文·赫定和他的考察队发现了楼兰古城遗址。1906年，斯坦因来到楼兰，并挖掘了众多纺织文物。1979年起，中日合作对古楼兰地区进行了考察和发掘，在楼兰古城遗址中出土了纺织品共59件，并在楼兰城郊的两处古墓群平台墓地MA和孤台墓地MB中进行发掘，清理出土了大量精美的丝织品共74件。2003年，楼兰地区发生珍贵王陵被盗事件，新疆考古人员紧急赶往现场，采集丝织品及服饰若干(如图 3 所示)。

图 3　楼兰遗址

4. 营盘墓地

营盘位于新疆尉犁城东南 150 公里处。自 1989～1999 年 10 年间，考古人员分 3 次在营盘清理了墓葬数百座，获得了不少纺织品。从质地上可以分为丝、毛、棉、麻四类，前两类最多，占出土文物总数的 1/3 以上。丝织品中有绢、绮、绦、绣、锦、染缬等，毛织品中有罽、毯、毡、编织带、毛绣及毛绳等。其中出土的毛织物更为令人注目，红地对人兽树纹罽系 M15 墓主人的外袍面料，其图案是典型的罗马风格的裸体天使和石榴树纹(如图 4 所示)。

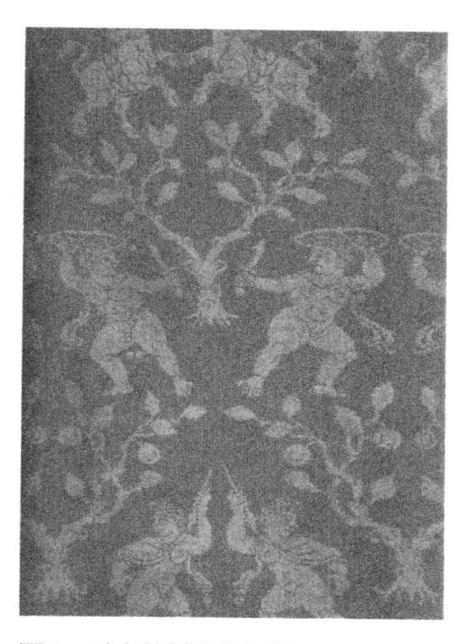

图 4　对人兽树纹罽纹样

5. 山普拉

山普拉墓地位于新疆和田洛浦县境内，共发掘墓葬 68 座，殉马坑 2 座，出土文物千余件，其中包括大量风格独特的纺织品及服饰，引起国内外学术界的普遍关注。特别是以缂织毛绦为装饰的喇叭裙成为山普拉的特点。从包裹、披挂毛织毯保暖、御寒，到不加裁剪的贯头衣和简单裁剪的织成衣、裤，山普拉墓地出土服饰式样主要是套头长袖衣、套头短袖衣、平腿长裤、灯笼腿长裤和喇叭裙。

6. 扎滚鲁克

扎滚鲁克村在新疆且末县托格拉克勒克乡，共有墓葬数百座，于1985～1998年间由新疆博物馆、巴州文物管理所进行联合发掘。扎滚鲁克一号墓地的主体文化共分3期，其中第二期相当于战国至西汉初期，墓中出土了来自中原的织锦和刺绣，第三期文化时代为东汉至晋，即3至6世纪，墓中出土有大量棉毛织物，也有不少丝织品，特别重要的是一批丝线加的强捻的丝织物，被确定为新疆当地产品，还有一件双头鸟的刺绣也十分有趣。

7. 吐鲁番出土的高昌及唐代西州时期织物

图5　吐鲁番出土的彩绘绢画

新疆吐鲁番阿斯塔那和哈喇和卓两处墓地的考古是新中国成立后北朝到隋唐丝织品发现的最主要成果。自1959年起，新疆的考古工作者在吐鲁番地区进行调查和科学发掘，先后11次共清理古墓456座，属于魏晋时期的42座，属于高昌王朝时期(531～640)的115座，属于唐西州时期的(7世纪下半叶到8世纪下半叶)共173座。其中出土了极为大量的纺织品，特别是丝麻织物，从中可以看到中原丝绸生产对丝绸之路沿途产生的影响(如图5所示)。

8. 青海都兰的发现

1983年起，青海都兰热水和夏日哈等乡的吐蕃墓地被发现和发掘，仅其中M1墓中出土的丝织品据统计有300余件，近百余种不同的图案或结构，其中大部分为锦、绫之属，花纹极美，织造极精，从年代上看，墓中出土的不仅有早到北朝至隋的产物，也有大量盛唐时期的作品，但主要的则属于唐代中期，即吐蕃占领河西走廊这一时期。但这一地区的盗掘也非常严重，大量丝织品流传国外，其中部分见之于报道，其质量之精美，超出人们的想像（如图6所示）。

图6　红地大窠对狮锦

9. 陕西法门寺的发现

1981年8月23日，扶风县法门寺塔倒塌了一半，从而导致了1987年陕西省考古研究所对法门寺地宫的发掘，使埋藏1 000余年的大量唐代皇室丝织品重见天日。据法门寺地宫出土的碑文可知，最后一次开启地宫迎送佛骨是在唐懿宗时期，此后地宫就被关闭，因此，地宫中供奉的丝绸大部分是懿宗时期晚唐的产品，其中最为精美的是红罗地蹙金绣随奉真身菩萨佛衣模型一套五件，以及包裹佛指用的锦套一件。另在一个腐朽的白藤箱里，堆积的丝绸有23厘米厚，达780层，如将其揭开铺展，可达400多平方米(如图7所示)。

图7　法门寺出土铁函上附着的丝织品

10. 敦煌的发现

1900年,王圆箓打开了藏经洞的大门,在其中发现了无数的写经及各种用丝绸制成的佛幡绣像。后来,斯坦因和伯希和来到敦煌,从王道士手中骗取了大约2/3的文物,这些文物被运到英法两国后,主要被收藏于伦敦的大英博物馆和巴黎的集美博物馆,包括不少丝绸制成的佛幡、经帙、绣像及各种残片。

中华人民共和国建立之后,敦煌文物研究所又对莫高窟前部分洞窟进行了维修,在维修过程中又发现两批丝织品。一批是北魏时期的刺绣,另一批是盛唐时期的,于1965年在莫高窟的K130、K122、K123窟前出土。敦煌文物研究所在发表报告时对其作了初步的鉴定,盛唐时期的织物以绫、绢为主,并施以碱印、夹缬、拓印等印染加工方法。近年在莫高窟北区洞窟的考古过程中,又有不少元代的纺织品发现。

四、丝绸之路与东西纺织技术交流

1. 养蚕技术的传播

中国丝绸对世界的贡献首先在于中国的丝绸生产技术随着丝绸的外传而传播,尤其是养蚕技术的传播。不过,这种传播是分阶段的,第一步是养蚕技术传到中亚一带。

唐代玄奘《大唐西域记》中有一段关于传丝公主将蚕种传入瞿萨旦那国的故事："昔者此国，未知蚕桑，闻东国有之，命使以求。时东国君秘而不赐，严敕关防，无令桑蚕种出也。瞿萨旦那王乃卑词下礼，求婚东国。……命使迎妇而诫曰：……我国素无丝绵桑蚕之种，可以持来，自为裳服。女闻其言，密求其种，以桑蚕之子，置帽絮中。……遂入瞿萨旦那国。"斯坦因从新疆和田一带的丹丹乌里克遗址发现的一块传丝公主画板中也可以看到这一故事（如图8所示）。从出土实物来看，这一过程发生在公元3世纪前后，于是当地"阳春告始，乃植其桑，蚕月既临，夏事采养"，中亚一带开始有了桑蚕丝绸业。

图8　和田出土传丝公主画板

养蚕技术从中亚向欧洲的传播据说也有一段有趣的故事。在查士丁尼（Justin，483～565）统治时期，波斯人控制着丝绸之路的要道，使得东方的丝绸要转手波斯才能到达罗马。此时有一位波斯僧侣将蚕种藏于手杖之中带至罗马，这一故事被记载在泰奥法纳（Theo Phane，750～817）的书中。据他介绍：一位波斯人曾在拜占庭介绍过有关蚕虫的起源问题。在此之前，罗马人对此尚一无所知。这位波斯人来自赛里斯人之中，他曾在一个小盒子里搜集了一些蚕卵，并且将之一直携至拜占庭。当春天到来时，他用桑叶来喂虫，在蚕虫吞食了这些树叶后，便长出了翅膀。查士丁尼曾向突厥人传授对有关蚕虫的诞生和织茧的工序问题，突厥人对此感到惊讶不已，因为突厥人当时控制着赛里斯人的市场和港口，而这一切过去均属于波斯人。可能正是因为蚕种的正式传入，才使得人们对丝绸生产的秘密才有了解读，把蚕归入蛾类昆虫，而这些虫子在希腊文中应该称为 Bombyx，这就是今天蚕蛾的拉丁学名。

2. 提花技术的传播和交流

除了蚕桑技术，缫丝和丝织提花技术也对西方的纺织技术产生了重大的影响。其中的提花机就是一个极好的实例。但这一观点在西方却并没有得到广泛的承认，除了李约瑟、库恩等研究中国科技史的学者外，很少有人将提花机的发明权给予中国。这倒并不一定说是西方人的欧洲中心论在起作用，很可能是因为东西方本身对提花机定义的差异所引起的。

我们对提花机的定义是通过某一种事先设定的程序来控制提花机的开口，从而控制提花机织出的图案。这种程序可装置于现代贾卡式提花机的龙头中的纹针和纹版，可以是最为先进的电子计算机，也可以是古代提花机上的花本，当然也可以是一种不为我们所熟知的装置。从湖北江陵马山战国墓出土的舞人动物纹锦上的重复的错花现象来看，当时的织锦图案已经使用一定的方法或装置可以控制提花开口，也就是说，图案沿经线方向可以得以重复。这样，人们从原始的挑花方法发展到了提花，由此避免复杂的挑花工作，避免重复的记忆，即使是一个对提花一无所知的人，也可以坐在提花机上较为简单地操作踏脚板或是操作花本综片织出花纹。

但是，战国时期的提花机究竟是什么类型的，人们还是有不少争论。最主要的观点有两种：一是与后世相同的束综提花机，上有花楼，花楼中安置花本，由花本来控制提花，这种与西方人所说的提花机 drawloom 的概念基本一致；另一观点是多综多蹑提花机，由多片综片中的穿综来控制提花，这种织机在英文中不能译成 drawloom，因为它没有一个拉花的动作。

通过我们对汉唐时期中国与丝绸之路沿途生产的纺织品的研究表明，东西方的织花织物之间在技术上有着一个极为明显的差别。这一时期中国的经锦无论是马山楚墓的织锦还是尼雅出土的汉锦，所有的图案都只有经向循环而无纬向循环，即使是表观具有明显纬向循环的杯文罗和几何纹锦，它们在纬向也不是真正的循环。因此可以肯定，当时的提花机只能织出经向循环而无法制造纬向循环，这种提花机并不是像我们后来所看见的那种可用多把吊产生纬向循环的束综提花机。非常可能的机型之一是多综多蹑机，也有可能是由一人控制的低花本提花机。但是，在西方的纬显花织物中，它们都有着极为严格的纬向循环而一直没有经向循环，这正说明西方的织机采用的是一种能够控制纬向循环、但无法控制经向循环的装置。这种织机很有可能是与现存伊朗的兹鲁织机相似，织机没有花本，但有综线，每次提综，织工都需要重新开始挑花，在挑花之后，它可以控制多根经线提升，形成纬向的图案循环。在提升的时候，织工用的是一个提花的动作，因此可以被称为 drawloom。

可以这样推测，中国丝织品特别是织锦在传到中亚包括中国的西北地区时，当地的人们开始模仿中国的织造技术。但西域织工将中国的织锦方向调转了 90 度，不仅是在组织结构上有了变化，同时还将中国织锦图案循环方案也作了 90 度的改变，结果是西域当地生产的织锦在纬向有着很窄的循环，但在经向却没有固定的循环。

不过，中国织工后来又从中亚织工那里得到了启发，学习了控制纬向循环的方法。这种织机以线制花本为特征，新疆吐鲁番阿斯塔那出土的一件灯树对羊纹锦就是图案在经纬向均有循环的实证，而隋末唐初时大量涌现出的小团花纹锦更是十分明确的带经纬两向循环的束综提花机产品，这也说明了真正的提花机在这一时期形成了。这时出现的应是一种小花楼织机，我们可以在宋人的画作中清楚看到它的形象，这种提花织机机身平直，中间隆起高悬花本的花楼，一拉花者坐在花楼之上根据纹样要求用力向一侧拉动花本，花楼之前有两片地综，由坐在机前的织工直接用脚踏控制，并由他负责投梭打纬织造。这种花楼织机最为核心的技术就是织造织物图案所需的循序，称为“花本”。这算是丝绸之路东西方纺织科技交流带来的一个发明、一段佳话。也可以说，科技的发明是在交流之中产生的（如图 9 所示）。

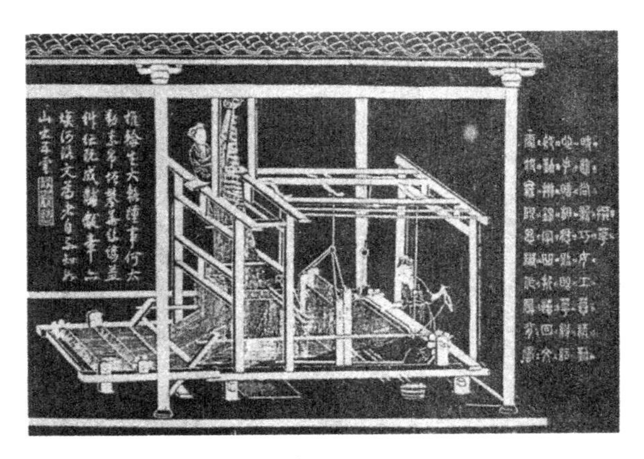

图 9　宋人画中丝织提花技术

3．中国丝绸对世界科技的影响

中国对世界文明的贡献还表现在中国的四大发明——纸、印刷术、火药和指南针。这是中国人最容易引为自豪的若干项科技成果，而这四大发明中就有两项与丝绸有着直接的关系。纸字的最初含义就是制丝绵过程中的茸丝的积淀物。《说文》云:“纸,絮一笘也。”《通俗文》云:“方絮曰纸。”也就是说,纸是丝绸在水中漂洗过程中产生的絮积淀在竹编的箔上形成的一层薄纸。印刷术的发明也直接与丝绸上的凸版印花术有关,因为马王堆出土的印花丝织品已是大面积的多彩套印,这比正式出现的唐代雕版印刷品要早将近 1 000 年,完全可以说,丝绸上的凸纹版印花是后代雕版印刷术的鼻祖。此外,海上丝绸之路的发达也直接促进了指南针的实践和完善。因此,有人提出,中国的四大发明其实是三大发明,丝绸可以替代其中的纸和印刷术两项。观点新奇,但也不无道理。

至于织机更是一个极为精巧的机械结构,从踏板通过连杆传递到综片开口的机构是中国人对世界机械史的贡献。而丝绸提花的原理,也就是将花纹图案通过综片与踏杆的配合,或通过编制花本的方式储存信息并将其转化为提花程序的过程,包含着深刻的数学思想。它在传入欧洲之后,不仅对欧洲丝织技术的发展产生了极大的影响,法国里昂的贾卡在中国织机提花原理的基础上,发明了贾卡织机(如图 10 所示),而且对近代电报通讯技术、甚至是计算机原理的发展产生了极大的影响。

图 10　贾卡发明的带有打孔纸版龙头的提花机

五、丝绸之路与东西纺织艺术交流

1. 汉晋时期西方母题的输入

早在 1959 年的尼雅考古中,人们已经发现两件可以拼合的蓝地白花印花棉织品(如图 11 所示),一般称为蜡染。这两件棉布可以拼全成一件,其中最重要、最完整的区域中有一裸女像,人们围绕此像进行了许多的讨论。原报告称此像为菩萨,但近来学者的研究表明这一形象有很多种可能性,一是希腊神话中的提喀(Tyche),二是印度神话中的鬼子母或是佛教中的诃利帝(Hirati),三是贵霜王国的丰收女神阿尔多克修(Aldoksho)。这一形象较多地流行于印度西北部的犍陀罗文化区,她往往是一女性,手持角状花束,在当地被认为是保护小孩之神。

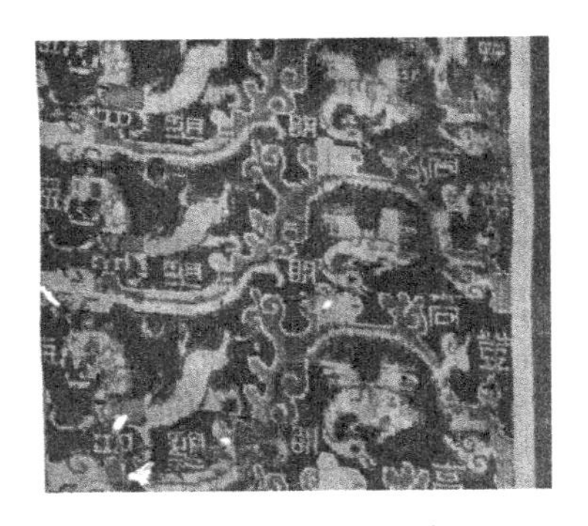

图 11 尼雅出土蓝白蜡染棉布

图 12 山普拉出土马人武士缂毛织物

位于和田地区洛浦县的山普拉墓地中也出土了不少有趣的纺织品,其中最为引人注目的是两只裤腿上所用的面料,它用缂毛技术织成,一只裤腿上织有较大的武士人像,另一只裤腿上织有吹着短笛的马人形象(如图 12 所示)。这马人就是希腊、罗马神话中的坎陀耳(centaur),他的出现,进一步证实了希腊化艺术对这一地区的影响。而武士人像则与斯坦因得于楼兰的毛织品上的赫密士头像极为相像,也与中亚河中地区卡尔查延遗址出土的希腊风格的彩陶人像非常相似,而且很有可能与贵霜早期的赫来士家族相关。所有这些,无疑都是犍陀罗文化对中国西北地区影响的结果。

营盘出土的毛织物更为令人注目，其中最为突出的是对人兽树纹罽、鹰蛇飞人罽、卷藤花树罽等。对人兽树纹罽系 M15 墓主人的外袍面料，它采用的是双层组织，以红黄两色显示花地。更为奇特的是其图案，整个纹饰设计规整对称，每一区由 6 组以石榴树为轴两两相对的人物、动物组成(一区纵长 0.8 米)，每一组以二方连续的形式横贯终幅(幅宽 1.18 米以上)，各区图案又以上下对称布局。图案中人物共 4 组，形象一致，均男性，裸体、卷发、高鼻、大眼，各组人物姿态互异，手中分别持兵器，两两相对，表现出不同的对练姿态，细致生动。两组动物，对羊和对牛，前蹄腾空，身躯矫健敏捷，极富动感。袍上的整体纹样同样体现出希腊化艺术的影响，上面的裸体男性可能就是希腊神话中的爱神厄洛斯，其发式与米兰或库车等地流行的西域艺术中厄洛斯的发式不同，采用古典艺术或犍陀罗艺术中厄洛斯像的表现形式，可见这件长袍显然来自大夏或犍陀罗等希腊化世界。

1959 年尼雅发掘时曾出土过一条十分完整的栽绒毯，作缠枝葡萄叶纹，明显地也是西方的母题。1995 年的尼雅墓地也是如此，大部分棺盖上都会有一层毛毯或是毡毯覆盖。营盘墓地的情况也非常接近，也出土了不少毛毯，主要为粗纺的平纹毛毯，幅宽不到 1 米，长在 1.5 米左右，多用来包裹尸体或覆盖木棺。最为精彩的是一件栽绒毯，覆盖在 M15 的彩绘木棺上，它采用单经扣的方法，绒毛长 1.5～2 厘米，其主体纹样为一伏卧的狮子，四周有双边框。狮的造型别具特色，腰部细缩，前身后臀隆起，形成大的起伏，体现出强烈的动感。此狮子的形象明显带有异域的风格(如图 13 所示)。

图 13　狮纹地毯

2. 西域母题对在中国织锦中的应用

魏唐时期，不仅是带有西方母题的织物直接从西方输入中国西北地区，同时，这些母题开始被中国的丝织工匠所吸引，用于自己生产的丝织品上。

狮：波斯艺术中也常见狮子之像，有人认为这是密特拉神（Mithra）的化身，是波斯主神阿胡拉（Ahura）的主要侍从。吐鲁番出土方格兽纹锦中有狮子图案，另一件香港私人收藏的锦缘绫袍上也有云山狮纹锦，均可以为证。

象：象亦产于南亚地区，是南亚热带丛林中极为重要的交通工具。此外，象背也是人们表演的场所，所谓“象舞”，也就是在象背上表演的舞蹈。方格兽纹锦中的象，其实就是一个撑着华盖、铺着莲座、上有坐人的舞台。中国丝绸博物馆藏有一件簇四卷云联珠对兽锦上也有象戏的形象，在大象背上有乐师正在弹奏琵琶（如图 14

图 14　簇四卷云联珠对兽锦中的象纹

所示)。

羊:北朝之时,西亚长角之羊的形象来到中国,通常作站立或蹲踞姿势。比较波斯器皿上羊的造型来看,可知这是一种山羊(goat),或许还有一种是野山羊(ibex),一般体形健壮,能做跳跃状。因此,波斯艺术作品中还有将此类山羊插上双翼的例子。

鹿:鹿的情况与羊相似,北朝至唐的鹿纹与中国传统鹿的造型亦有较大区别。这是一种马鹿,又称赤鹿(stag),体态健壮,体长可达 1.8 米,肩高约 1.5 米,雄鹿有角,多达 8 叉,身上可骑人,波斯所见鹿纹图案,均为牡马鹿(grap),与中国传统的鹿亦相去甚远,故此类鹿纹当来自西亚,初唐的大鹿纹锦即为马鹿纹锦。

马:中亚之马自汉以来就为东方所珍视,汉武帝数次征战大宛以求汗血宝马,唐朝也在边关进行绢马贸易。波斯的马在当地亦被视为神灵,身上生翅,可称天马。一说它为埃及之太阳神,一说它为波斯之Tishtrya 神。北朝末期天马行空来到中国,频繁地出现在织锦图案之中。

骆驼:人称沙漠之舟的骆驼是丝绸之路上的主要运载工具,原非中国所有。北朝起开始大量出现有牵骆驼贸易的壁画、画像砖、陶器及丝织品等,其中最著名的是吐鲁番出土的隋代的胡王牵驼锦及都兰出土的对波狮象牵驼纹锦(如图15 所示)。

图 15　隋代胡王牵驼纹锦

猪:猪通常只以猪头的形象出现,青面獠牙,是西亚和南亚分布极广的野猪,也经常出现在金银器和石刻艺术上。一般呈两种形态,或是在狩猎中被追杀，或仅作猪头状，后者被认为是波斯祆教中的伟力特拉格纳神(Verethraghna)的化身。隋朝中原已在石棺上出现此类造型，唐代织锦中已发现三例。

孔雀：南亚产物，十分漂亮。约在汉代或更早为中原所知，北朝时已见"金钱孔雀文罗"的记载和对狮对孔雀锦的实例出现。此时的孔雀大多均口衔缓带或花，是一种独特的姿势。这种姿势或与后来粟特锦中含绶鸟的形象有关。

提婆：新疆吐鲁番阿斯塔那出土的《高昌条例出钱文数残奏》(574)中多次提到"提婆锦"的名称，应是产于内地并具有"提婆"图案的织锦。提婆(Deva)是雅里安人原始宗教中的主神之一，即天神。到吠陀时代，提婆在印度和伊朗两个民族中仍是神名，但其地位却有很大的不同。在伊朗，提婆被称为 Daeva，视作恶魔之化身，而在印度，提婆则被认为是战胜恶魔的善神。从一般教义均是善神战胜恶魔来看，"提婆锦"中的提婆不会是伊朗的恶神而应是一位来自古代印度的神祇。

太阳神赫利奥斯：赫利奥斯是希腊神话中的太阳神，他不同于后来赤身裸体的阿波罗。传说他是提坦巨神许珀里翁及其妹兼妻子特伊亚的儿子，每日驾四马金车在空中奔驰，从东到西，晨出暮没，用阳光普照人间。当赫利奥斯出现在北朝到隋之际的织锦上的时候，其所含的文化因素来源就更为复杂了。出土于青海都兰热水墓中的红地簇四云珠日神锦是西北地区所出各种日神锦中最为典型的一件(如图 16 所示)。其簇四骨架由外层卷云和内层联珠

图 16　红地簇四云珠日神锦

组合成圈，圈间用铺兽和小花相连，圈外是卷云纹和中文“吉”字，圈内是太阳神赫利奥斯。他头戴宝冠，上顶华盖，身穿交领衫，腰间束紧，双手持定印放在身前，双脚相交，头后托以联珠头光，坐于莲花宝座。宝座设于六马所驾之车上，车有六轮，中为平台，六马均是带翼神马，三三相背而驰，车上有两戟卫士，似为驾车者，还有两人仅露面部，似为执龙首幡者，整个图案对称、平衡，显得庄严、安详。仔细分析，可知这一赫利奥斯身上含有来自希腊、印度、波斯、中国等文化圈的因素。希腊的神、希腊的题材，但其造型却明显具有印度佛教的意味，华盖、头光、幡、莲花宝座等均是佛教中特有的因素。至于联珠圈等装饰性纹样及整个簇四骨架构图则是萨珊波斯的风格。此锦产地判定为中国内地，其上带有的中国文化因素就更多了：中国文字“吉”和“昌”的存在是最明显的标志，铺兽和龙首幡也是特征，此外，该锦采用的平纹经二重组织结构也是中国文化因素的一个方面。由此看来，赫利奥斯从西方走到东方、从上古走到中世纪，其遭遇也相当奇特，本身发生了很大的变化，以致我们在判断其原型时也遇到了很大的困难。

葡萄：葡萄据说是由张骞通西域时带回国内的，它似乎在东汉末期已经出现于丝绸图案之上。新疆民丰出土的鸟兽葡萄纹绮就是一例，另据《西京杂记》载，汉时已有蒲桃锦。魏晋时则应用更广，新疆吐鲁番出土了龙雀葡萄纹刺绣，记载中也说后赵石虎生产蒲桃锦。葡萄纹样的流行，在唐代更甚，在敦煌壁画、铜镜等艺术品中也都得到反映。

异样文字：唐代文献上曾有禁织异样文字的法令，这类异样文字应该就是外国语。外国语出现在丝织物上最早应属公元 3 世纪前后的佉卢文。在新疆尼雅、楼兰、营盘等地发现的汉式织锦残片上，已经发现了一些写有佉卢文的墨书残迹，其中一件意为“织有汉字的锦”。而发现于营盘的一件兽面纹织锦上除织入汉字“王”字之外，还织有佉卢文一行。

这件织锦的技术明显是汉式的，即生产这一织锦的织工应是汉人，他在锦中同时织入汉字和佉卢文的用意显然是为了在汉人和使用佉卢文的人较多的丝绸之路上销售这一织锦。在这里，佉卢文和汉字的意义十分相近，都作为点缀用，而不是图案的主体。

3. 联珠纹的流行和国产化

一般认为，西域文化对丝绸图案的最大影响是联珠纹。联珠纹其实并不是主题纹样，而是一种骨架的纹样，即由大小基本相同的圆形几何点连接排列，形成更大的几何形骨架，然后在这些骨架中填以动物、花卉等各种纹样，有时也穿插在具体的纹样中作装饰带。联珠纹用于丝绸图案最早见于北齐徐显秀墓壁画中对服饰的描绘，壁画中有两种丝绸纹样，一种是以佛像头作主题的联珠纹，另一种是联珠纹中的对鹿图案。而联珠纹的实物最早见于北朝时期。

进入唐代之后，这种图案形式已为唐朝所吸收并消化，国内也出现了一些有中国特色的联珠团窠。吸收的第一步是仿制和模拟，隋代何稠就曾仿制波斯金绵线锦取得成功。在初唐至盛唐的丝绸作品中，有几件大型的联珠团窠纹锦确为中国所织无疑。其中有出土于吐鲁番的“花树对鹿”锦，联珠团窠内作对大鹿状，并有正反汉字“花树对鹿”；现藏于日本的四骑狩狮纹锦，团窠直径达45厘米，联珠环内共有四骑射狮人物，马身上各烙有“山”、“吉”两个汉字；出土于青海都兰的大窠联珠对虎锦、大窠联珠狩狮锦、大窠联珠狩虎锦等。这类织锦的制作工艺十分精致，均采用纬线显花，团窠循环亦相当大，是仿制的重点。还有一类较小的团窠联珠如对马、对羊、对凤、对孔雀等则采用经线显花，风格变化已较大。

消化的过程其实就是变化的过程。图案仍然使用联珠纹，但已将联珠纹进行变化，再施移花接木之手，置换主题纹样。其突出的例子是小窠联珠小花锦和中窠双珠对龙纹绫。

小窠联珠小花锦的图案在各地都有极多发现，吐鲁番、都兰、正仓院、苏联的中亚地区均有，但最惊人的还是敦煌壁画和陕西懿德太子墓中彩绘武士俑上大量的联珠小花锦纹。敦煌壁画中的大多属隋至初唐时期，懿德太子墓(706)已属盛唐，锦纹多作团窠状错排，联珠环中小团花、联珠环外十样花，然而变化相当丰富，色彩变化更多。从风格上看，联珠纹已退到不很注目的位置，而其全貌更像团花一般。需要说明的是，这类织锦明确采用了与后世完全一致的提花技术，是典型的中国技术，毋庸置疑。

再看看唐代流行的团窠对龙纹绫(如图17所示)。这类绫的流行面也相当广，都兰、吐鲁番均有出土，正仓院也有多件传世，其中最著名的是吐鲁番出土的带景云元年题记的一件，题记还指明了其产地是剑南双流县(今四川双流)，这证实了其流行期亦在盛唐时期。我们在此不必讨论其龙的主题与联珠纹结合的意义，只需看看其团窠环的变化，有联珠、双联珠、花瓣联珠、卷草等种类，就可以看出中国织工在仿制时的再创造、再加工的匠心所在了。

图17　团窠联珠对龙纹绫

联珠纹的进一步国产化就是成为陵阳公样。凡述及唐代丝绸图案，人们总会对“陵阳公样”津津乐道：“窦师纶，字希言，纳言，陈国公抗之子。初为太宗秦王府咨议，相国录事参军，封陵阳公。性巧绝，草创之际，乘舆皆阙，敕兼益州大行台检校修造，凡创瑞锦宫绫，章彩奇丽，蜀人至今谓之陵阳公样。……高祖、太宗时，内库瑞锦对雉、斗羊、翔凤、游麟之状，创自师纶，至今传之。”这段文字告诉我们：窦师纶在唐初曾为蜀地设计上贡锦绫图案，并形成一定的风格，被称为“陵阳公样”，这种图案一直到张彦远写作《历代名画记》时（约大中初，847）仍能见到。根据我们的研究，花环团窠与动物纹样的联合很可能就是陵阳公样的模式。

陵阳公样所使用的团窠环可分成3个类型。一种是组合环，如前所述团窠双珠对龙纹绫亦可算作是两种不同联珠的组合，后来又有花瓣加联珠、卷草加联珠、卷草加小花（花团如珠）等变化，是陵阳公样与联珠团窠较为接近的一种。第二种是卷草环，唐诗中“海榴红绽锦窠匀”所云正是这类团窠，实例亦不少。敦煌莫高窟藏经洞中发现的团窠葡萄立凤锦虽然已经残破（如图18所示），但花环仍可复原，立凤也能看出大概。第三种采用花蕾形的宝花形式作环，其环可以根据蕾形的处理情况而分成显蕾式、藏蕾式、半显半藏式3种。其中的主题纹样变化丰富，从实物来看，有凤凰、鸳鸯、龙、狮子、鸟、鹿、孔雀等，大都是中国传统中较熟悉和喜爱的形象。

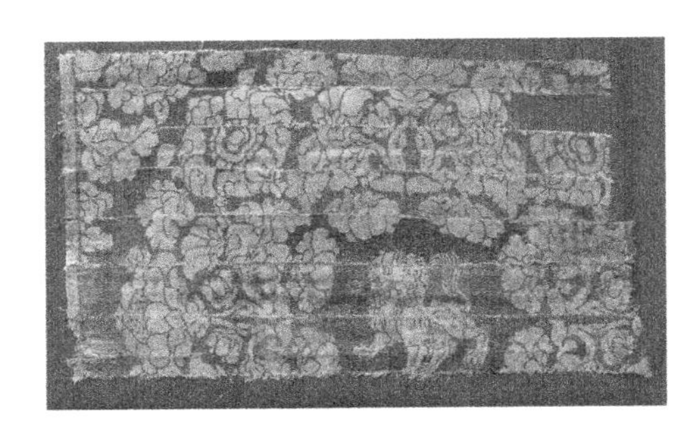
图18　团窠宝花立狮纹锦

4. 纳石失上的狮雕设计

到了蒙元时期，欧亚之间的交流又达到了一个空前的高峰，伊斯兰艺术与中国艺术的交流成果也非常明显。在这一时期出土的织物中，不仅有中原风格的织物，而且还有许多西域风格的中原生产的产品。这些产品大多以雕、狮、格力芬、瑞兽等大型禽兽为主题纹样。《蜀锦谱》中有簇四金雕、狮团、盘象等均似西域风格的图案，尤其是雕类图案，在丝绸之路上发现甚多，较能代表当时中西文化交流的存在。

雕类图案在唐代已经出现，其中大多数是含绶鸟形，具有中亚风格。蒙元时期的雕类图案基本继承了唐代的风格，多作对雕状。这类图案的织锦，在内蒙古也有发现。德国柏林工艺美术博物馆及 Krefeld 纺织博物馆均藏有著名的黑地对鹦鹉纹纳石失（如图 19 所示），鹦鹉翅上还织有波斯文字，这是较为多见的对称形式。双头鸟纹样原本在西方织物中常见，特别是在欧洲收藏的 10 至 13 世纪的织锦中，有大量实例。蒙元纳石失上，也有大量的同类纹样。美国克利夫兰博物馆藏有 2 件大型元代纳石失，其中心题材即为双头鸟。其中一件红地纳石失采用的是细密卷云地上的双头鸟，另一件原为红地、但现已变为黑地的瓣窠对兽纹的外面也有双头鸟纹样。这两件织物上的双头鸟有一个共同点，即爪均抓一龙头，这是十分重要的典型的中亚双头鹰的造型。

图 19　元代对鹦鹉纹织金锦

还有一类雕类图案是将雕类排列成对称的或是一向行走的队列。如北京故宫博物院所藏那件著名的织金锦佛衣，虽然其上的大部分都可确定为明代产品，但带饰上的一段鹰纹织金锦还可断为元时产品。其上的鹰纹是一排左向、一排右向行走，布局明显与其他雕纹不同。又如内蒙古达茂旗明水墓地的对雕纹织金锦风帽，采用的也是成排对称的、对雕面对面排列的图案，其风格与背靠背、回头相向的对雕纹样有很大出入。

除了雕外，纳石失上的对兽纹也非常流行，但其中主要的是人面狮身的斯芬克司和鹰喙兽身的格力芬。内蒙古达茂旗明水墓地出土的一件狮身人面的纹样（如图 20 所示）也是典型的西域题材，同类造型还在蒙古时代的中亚—伊朗陶器和铜镜上屡见不鲜。更为典型的对狮纹样可以克利夫兰博物馆的黑地团窠对狮对格力芬织金锦为例，其团窠内的对狮背向跃起，十分矫健。这种背靠背、回头相向的造型与上述对禽基本一致，在同一时期的纳石失上还可以看到对格力芬等题材。对豹的纹样见于上述藏于美国克利夫兰博物馆的黑地瓣窠对兽织金锦上，它的尾巴上也带有一龙头，属于典型的中亚风格。对格力芬的纹样不仅可以在前述黑对团窠对狮对格力芬织金锦上的团窠圈外看到，还可发现在新疆盐湖古墓中出土的织金锦及大量当时织金锦中。此外，当时的彩色织锦上也有大量的对格力芬，如内蒙古元集宁路故城遗址出土的格力芬锦被采用的也是中亚地区曾经十分流行的格力芬题材（如图 21 所示）。

图 20　狮身人面纹织金锦

图 21　狮身人面纹织金锦

5. 中国风和大洋花

17～18 世纪，随着东方航线上的海外贸易日益繁忙，大量中国的生活奢侈品运往欧洲各国，这其中又以茶叶、丝绸和瓷器为大宗。其中充满异国情调的丝绸和瓷器图案，给他们带来了关于中华帝国的形象化的联想。加上入华传教士书信中透露的信息，来华经商的西方商人的渲染，一股对中国奢侈品的狂热爱好便席卷欧洲。这就是装饰艺术中的“中国风”。

“中国风”，法语称为“Chinoiserie”。作为一种艺术装饰风格，它首先出现于17世纪。18世纪中期，因法国路易十五宫廷的提倡获得了突出的发展，并迅速传播和流行到欧洲的其他地方。值得注意的是，“中国风”与真正的中国原产物品上的装饰风格不同，它不是对中国装饰风格的直接模仿，而是以中国这一遥远而神秘的国度为灵感来源，选择一些中国事物（人物、背景或物品）作为素材，经过欧洲人丰富的联想，与他们传统的构图方法相结合，而产生的一种典雅、华丽、充满异国情调的装饰风格。很多装饰史家都认为，当时在法国宫廷及欧洲其他地方流行的罗可可装饰风格，其中就有“中国风”的体现。

欧洲丝绸中的“中国风”主要体现在18世纪的法国，里昂、都尔、巴黎等城市是这类丝绸织物的生产重镇。当时装饰艺术中罗可可样式兴起，设计师们将罗可可艺术的纤柔华丽与欧洲人想像中的中国风情相结合，于是身穿长袍的中国人物、雕梁画栋的楼台亭阁、山清水秀的田园风光、春夏秋冬的风花雪月等中国题材，便大量出现在法国的丝绸产品中。

“中国风”在纺织领域的表现，首先体现在壁挂中，包括壁毯与刺绣壁挂。17世纪末18世纪初英国伦敦的Soho壁毯与刺绣壁挂体现出中国风情，稍后法国戈贝林与博韦织毯厂在18世纪20年代后生产过以中国为主题的大型系列壁挂，对同时代的丝绸纹样产生过重大影响。法国丝绸织物上最初在“奇异纹样”上体现出东方影响，但不很明显。所谓奇异纹样是1795～1815年间流行的一种主题相当抽象的怪异纹样。大约到1840年左右，法国又集中出现了一批“中国风”丝绸织物，尤其以里昂生产的织物最为精美，成为法国路易十五时期“中国风”的典型。

里昂中国风格丝绸织物的辉煌，与法国著名图案设计师扬·罗菲尔(Jean Revel)有关。扬·罗菲尔本人也是一名画家，擅长描绘花卉，但以染织图案设计闻名。他的贡献主要是发明了色彩浓淡渐变渗化的织造方法，晕染效果均匀自然，使绸面上的花卉获得如绘画般真实的生动效果。他还发明了“坐标纸设计法”，用坐标纸将织造点一个一个地标出，以区分经线或是纬线起花，在织物设计史上具有重要意义。这一工艺的发明，使得丝绸图案得以表现栩栩如生的画面，追求绘画般的效果。根据社会的流行时尚，里昂的染织设计师从当时以表现中国题材闻名的艺术家，如布歇、毕芒等作品中吸取灵感，尤其是毕芒，直接为里昂的丝绸提供纹样设计，产生了一大批优秀的中国风丝绸图案。图面以表现中国人的生活为主，他们穿着中国长袍，或散步，或饮茶，或聊天，或垂钓，怡然自得，人物场景往往置于绮丽的中国花园中，有楼台楼阁，玲珑的宝塔、奇形怪状的假山洞窟，让人充满联想的棕榈树，并配上阳伞、贝壳、中国用具以及各种代表中国的奇禽异兽，给人以异国情调的强烈感受。构图的方式则是西方的传统，有菱形骨架的花卉与中国题材的结合，也有独特的水面与浮岛式构图。

欧洲生产的“中国风”作品中有一类是对中国传统图案的直接模仿。这类纹样的题材有云龙、花鸟、竹石等，表现手法也很相近，有时几可乱真。故宫博物院有一块“湖色罗纹地竹叶纹绸”，被认作中国产品而加以收藏。从织物的纹样(竹枝竹叶)、色彩(浅湖色)、组织(平纹地经浮花)和结构来看，都可视作晚清的作品。但是，细加观察之后，发现布头背面打有一淡紫色印记(用的是Stamp Pad而不是中国印泥)，在一鸭子商标四周有“Registered Trade Mark，L Permezel & Cie，Lyon，Yards86”的记载。这说明上述织物是法国里昂的产品，不知如何进入宫廷以代“御用”了。第一类“中国风”纹样与中国纹样之间的差异在于前者相对而言粗糙草率一些。工笔花鸟图案有时也会被表现为带有速写风格的单线平涂。

除欧洲本地外，17～18世纪欧洲各国还以来样加工的方式，向中国定制了大量“中国风”的丝绸织物，有提花、印花、手绘等，根据欧洲的流行时尚，由欧洲设计师设计好纹样，中国工匠加工生产。在故宫博物院中保存着一种大花卉的彩织缎，这类花纹在英国18世纪的戏装上可以看到，其色彩也与英国的原物非常接近。同类织物在瑞士、美国等地也有保存，但被认为是中国的产品，主要是织造的技法及织物的幅宽与欧洲的产品仍有很大的不同，因此被认为是中国织工生产的向欧洲输出的织物。

外销丝绸中还有一类是手绘作品。这些织物大多是来自苏杭等地，运到广州后，在广州的作坊里进行手绘加工，绘上欧洲流行花样后出口。大部分的丝绸的底色以浅色或本色为主，面料大多为薄纱和缎纹、平纹织物。纹样大多是花卉植物，有的以柔软的花卉枝条为骨架，填上一束束花朵或西方的仕女人物，或以卷曲的绸带作骨架，以西方人热衷的各种中国物品点缀其中(如图22所示)。还有一部分是整体独花纹样，中国风格的主题有假山、花坛和花卉植物等。

图22　欧洲的中国风手绘印花织物

无疑地，欧洲的丝绸特别是法国和意大利的丝绸在康乾时期也有不少的进口。欧洲丝绸或许是由传教士们带进来的。在故宫博物院的收藏中，有不少乾隆时期的织物带有极为强烈的西方色彩。如有一部分是玫瑰花的产品，比较法国生产的同类设计可知，这类玫瑰是极为典型的西方设计，而且其所用金、银线的材料，其所用组织结构，其设计中的明暗效果等都是中国丝织所不具备的，因此，这些织物无疑是西方的进口产品。特别要指出的是，这其中有不少被认为是金宝地的产品，被人们看作是南京云锦产品，这显然有误。事实可能恰恰相反，正是欧洲输入的大量用金产品激发了中国织工的灵感，才使后来的云锦产生了金宝地，正是欧洲现代美术的影响，才使得中国的丝绸图案设计中慢慢引进了立体的效果。有意思的是，故宫所藏的一件织物，正与一幅绘画中乾隆马鞍上的坐垫完全一样。

元代开始，中国丝绸上出现了一些大洋花图案，通常作卷草大花型；花型壮大，配色特殊。明清时期，这种织物越来越多。清代中期以后，大洋花图案日益增多，使用玫瑰、牵牛、月季、牡丹、莲花等大型花卉，并对其造型进行变化，如牡丹变成尖花瓣、莲花变成圆花瓣等，与中国传统有所区别，故被称为洋花（如图 23 所示）。

图 23　清代织物中的大洋花织物

（张善涛）

韩　琦

印刷术的发明及其演进

一、雕版印刷

二、活字印刷

印刷术与火药、指南针一起，早被西人称为中国的三大发明。英国培根(Francis Bacon)在17世纪曾说:“这三种发明将全世界事物的面貌和状态都改变了，又从而产生无数的变化。印刷术在文学，火药在战争，指南针在航海中都发挥了巨大作用。历史上没有任何帝国、宗教或显赫人物，能比这三大发明对人类的事物有更大的影响力。我们现在很清楚地知道发明是来自中国的。”若再加上造纸术，就是今天人们熟知的中国古代四大发明，这是中华民族对人类社会作出的伟大贡献，也产生了无比深远的影响。

印刷术被称为“神圣的艺术”，又号称“文明之母”，其重要性人尽皆知。人们常说“知识就是力量”，而这种力量的源泉之一，就是印刷的书本。中国在公元7世纪唐初贞观年间发明雕版印刷，比欧洲早约700年。11世纪北宋庆历年间，毕昇发明活字印刷术，则比德国谷腾堡早约400年。1300年以来，由于印刷术的广泛采用，中华文明绵延不绝，对世界做出了不可磨灭的贡献。

一、雕版印刷

1. 唐宋时期的雕版印刷源流

雕版印刷的发明时间，是几百年来争论不休的老问题。古今中外学者有多种说法，归纳起来分为7种，即:汉朝说、东晋说、六朝说、隋朝说、唐朝说、五代说、北宋说。根据目前掌握的考古资料，汉朝说、东晋说、六朝说，未免过早，北宋说又太晚，均不能成立。清代流行的五代说，已为敦煌发现的唐咸通本《金刚经》等实物所推翻；而隋朝说因为误解文献，信者已不多,比较可信的只有唐朝说了。由于唐朝统治约300年(618~907),对于印刷术的具体发明年代又多有不同说法,有初唐说、中唐说等,而以唐末说占多数。有人提出7世纪唐初贞观说,根据的是明代杭州人史学家邵经邦(1491~1565)的《弘简录》。这条材料首见于清人郑机(约卒于1880年之前)的《师竹斋读书随笔汇编》。《弘简录》卷四十六原文云:"太宗后长孙氏,洛阳人。……遂崩,年三十六。上为之恸。及宫司上其所撰《女则》十篇,采古妇人善事。……帝览而嘉叹,以后此书足垂后代,令梓行之。"

"梓行"两字即是雕版印行,意思很明白。长孙皇后卒于贞观十年(636),可见此书的印行,就在这年或稍后。当时民间或已有印本出现,所以太宗才想起把它出版。问题在于邵氏是16世纪的史学家,其书究属第二手史料。两《唐书》、《通鉴》、《太平御览》虽然提到《女则》,但都没有"令梓行之"一句。不过《弘简录》是一部正式通史,邵氏曾将之自比于宋郑樵的《通志》,是他花了15年工夫,四易其稿才得以写成。从中可见邵氏之谨慎不苟,又自称"述而不作",因此他的说法应该不是凭空臆造。

唐代玄奘法师曾经印施佛像,亦可为此说旁证。唐冯贽《云仙散录》引《僧园逸录》云:"玄奘以回锋纸印普贤像,施于四方,每岁五驮无余。"玄奘法师于贞观三年(629)西游印度,645年回国,麟德元年(664)圆寂,所以印制佛像一事应该在他回国以后。他用纸印的普贤菩萨像,每年多至五驮,数量不少,可惜都没有流传下来。而敦煌发现的五代单幅大张普贤像与文殊观音像,即可能与玄奘所印相仿佛。

明代弘治—正德年间的学者陆深则是第一位主张印书始于隋开皇年间者。陆氏《河汾燕闲录》云:"隋文帝开皇十三年十二月八日(594年1月5日),敕废像遗经,悉令雕撰。此印书之始,又在冯瀛王先矣。"

陆氏所引材料见于隋费长房《历代三宝记》，因为北周废佛，“毁像残经，慢僧破寺”，致使“塔宇毁废，经像沦亡”，隋文帝杨坚即位之初则大力提倡佛教，于开皇元年（581）普诏天下任听出家，仍令计口出钱，营造经像。至开皇十三年，又“敬施一切毁废经像绢十二万匹”，“重显尊容，再崇神化，颓基毁迹，更事庄严，废像遗经，悉令雕撰”。但是文中提及“毁像残经”，经是经，像是像，明显是两回事，因此所谓“废像遗经，悉令雕撰”者，即雕造已毁之佛像，并撰集佛教遗经。清初王士祯云：“予详其文义，盖雕者乃像，撰者乃经，俨山（指陆深）连读之误耳。”因此可见隋开皇说肇起于陆氏误解文义，之后他人转引陆深语，又有将“悉令雕撰”改为“悉令雕版”，还有改为“雕造”，不免以讹传讹，目前信者已不多。

根据目前已有的文献资料与考古实物，均不能证明东汉、六朝、后赵、北齐及隋朝已出现雕版印刻书籍这一史实，只有少数可作为唐初贞观说的佐证。当然，此问题的最终解决，尚有待于新史料与考古实物的发现。

唐代刻书地点可考者，有京城长安、东都洛阳、越州、扬州、江东、江西等地，尤以益州成都较为发达。8世纪长安出现了书坊，据中国国家图书馆所藏敦煌照片唐写本《新集备急灸经》，下题“京中李家于东市印”。背面是咸通二年（861）写的阴阳书，三年写的神灵药方，可知它是咸通以前所印，而写本《灸经》是从印本传抄的。又上都东市大刁家印《历书》。西安藏有长安市西郊晚唐墓出土的印本《陀罗尼神咒经》，中间为佛像，似着色，四周方形为汉文咒语，与唐成都卞家印卖的咒本相似，疑是长安产品。原藏在一铜盒内，铜盒有唐咸通年号，则此方印本当为咸通或咸通以前所印，是国内现存最古的唐印本了。

敦煌发现的《金刚经》有“咸通九年（868）四月十五日王玠为二亲敬造普施”刊语一行。这卷佛经被公认为是现存世界最古的印本书之一。

王玠为普通民间信佛弟子，出资印经。他印造的动机，是为他的父母祈福消灾，故称“为二亲敬造普施”。卷首有释迦牟尼佛说法的扉画（如图 1 所示），妙相庄严，刻镂精美，是一幅成熟的作品，是世界印刷史上的冠冕，现藏英国伦敦。

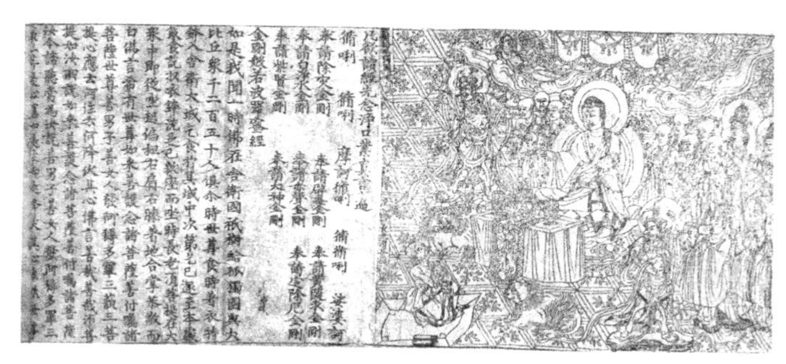

图 1　《金刚经》卷首释迦牟尼说法

1966 年，韩国庆州佛国寺释迦塔石塔内发现木版印刷的《无垢净光大陁罗尼经》（如图 2 所示）。据学者考订，认为它是 704～751 年（新罗圣德王三年至景德王十年，即唐武则天长安四年至玄宗天宝十年）间刊印的。这卷佛经比咸通本《金刚经》长 4 尺，又约早一百几十年，比 770 年日本宝龟本《无垢净光根本陀罗尼经》等四种，也早几十年，被称为世界上现存最古老的木版印刷中的珍宝。此经使用了 4 个武则天的制字

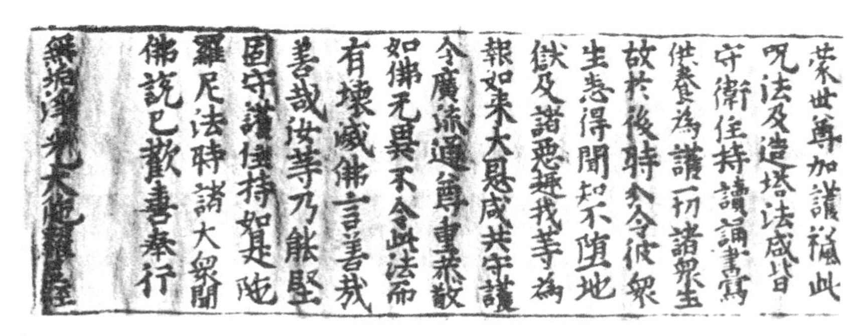

蒙世尊加護福此
呪法及造塔法咸皆
守衛住持讀誦書寫
供養為護一切諸衆生
故於後時令彼衆
生悉得聞知不墮地
獄及諸惡趣我等為
報如來大恩咸共守護
令廣流通尊重恭敬
如佛无異不令此法而
有壞滅佛言善哉
善哉汝等乃能堅
固守護住持如是陁
羅尼法時諸大衆聞
佛說已歡喜奉行
無垢淨光大陁羅尼經

图 2　韩国佛国寺《无垢净光大陁罗尼经》

(证、授、地、初)。然而有武后新字并不能证明它是新罗印刷，却可证明为唐朝的雕印。载初元年(689)武后创制了10多个制字，译经者、刻版者为了遵从武后法令，或社会上已流行，才会使用这些新字。假使这些新字传到新罗，也只能在少数文人偶一使用，不会很流行，因为新罗没有遵从武后法令的必要。至于一般书写或刻书，自然乐于常用的字体，而不会用写刻麻烦、笔画繁复的怪字。

唐朝与新罗文化交流频繁，贞观十三年(639)，新罗、高句丽、百济各遣子弟入唐国学读书。过了10年，新罗用唐衣冠。新罗僧慈藏自唐取去《三藏》400余函，举国欢迎。僧洪庆又自唐闽府航载《大藏经》回国。既然卷帙浩繁的整部《大藏》，几次被他们和尚运载回国，那么轻轻一卷印本佛经，被他们携归，自然更在情理之中。因此学者认为它是8世纪初唐朝的印本，而不是新罗自己刊的。在此卷经后几十年，日本出现了宝龟本《陀罗尼经》。据说被藏在百万小木塔中，因为数目大，可能是日本自造，但受中国刻经的影响是无疑的。

唐代之后中国进入了五代十国时期。这一时期虽只短短五六十年，但是朝代更替频繁，各地军阀割据，形成十数个地方政权；加之契丹等族的掠夺屠杀，使得开封洛阳一带中原地区数百里无人烟。而较为偏远地区如蜀、南唐、吴越、闽国，却保持偏安局面，成了文化中心，经济繁荣，印刷业也比较发达。政府出版了监本经书，为后世监本之滥觞，因此在印刷史上这一时期占有重要地位。五代刻书地点有开封、江宁、杭州、青州、瓜州、沙州、闽、蜀，其中尤以开封、成都、杭州为盛。

宋朝建立之后，政府不但热心于国家图书馆之收藏补充，更大力提倡刻书。国子监等刻印儒家经典、史子医书，除颁发各地外，并许可印卖。因宋代君主多崇释、道二教，故又镌刻佛、道两藏。在这一情势下，私人对于编刻书籍的兴趣大增，南宋地方官从事刻书成为一时风气。陆游云:“近世士大夫所至喜刻书版。”王明清云:“近年所至郡府,多刊文籍。”陆游父子、范成大、杨万里、朱熹、张栻等百余人在各处做官无不刻书。他们或刊自己的著作,或刻其祖先著作,或刊其地乡贤名宦著述。至于各地士大夫刊其师友著述,或将家藏善本付梓流通者,更不胜枚举。

宋代地方机关安抚使司、茶盐司、提刑司、转运司、郡斋、县斋、郡庠、府学、县学、学宫、书院等都刻书,成为官书。其中以郡斋、州学所刻为较多。此外还有公使库本:宋于各州军边县都设立公使库,供给往京官吏的食宿。公使库有所谓公使钱、公使库醋钱等名目,除作为免费招待官员外,又有余款可以刻书,有的还设有印书局。地方官刻书有时亦动用公款。

由于刻书印卖有利可图,故开封、临安、婺州、衢州、建宁、漳州、长沙、成都、眉山,纷纷设立书坊,所谓“细民亦皆转相模锓,以取衣食”。至于私家宅塾以及寺庙,莫不有刻,故宋代官私刻书最盛,为雕版印刷史上的黄金时代。宋代刻版书代替了手抄,给读者以莫大方便,使科技文化得到大发展。宋代刻书的特点有三:一为政府重视与地方官的提倡。二为刻本内容丰富,品类齐全,印造精美,为后世不能及。三为刻书地点的逐步增多。北宋刻书之地可考者不过30余处,而南宋则约近200处。南宋十五路几乎没有一路不刻书,而浙、闽、蜀三地所刻尤多。

杭州在北宋时已有书坊,南渡后私人书铺更多,纷纷设立,称为经铺、经坊或称经籍铺、经书铺、书籍铺,又叫文字铺。可考的有20家,其中有的还是从汴京迁来的。杭本刊刻精良,名闻国内外。宋藏书家叶梦得云:“天下印书以杭州为上,蜀本次之,福建最下。”

建阳县与建宁府附郭的建安县,是南宋出版业的中心之一。福建刻本称为“闽本”、“建本”或“建安本”,建阳麻沙镇所出的,称“麻沙本”。麻沙本因为粗制滥造,旨在速售,错误较多,几乎成了劣本或恶本的代名词。又用柔木刻版，字画容易模糊损坏，多用本县出产的竹纸来印，纸质脆薄，颜色黄黑，因为内容与材料形式都不好，所以给人一种不良印象。但是因为“福建本几遍天下”，品种繁多，成本低廉，因此流传到现在的宋版书，以建本为较多，自然其中也不乏刻书精美与有学术价值的作品。南宋时，连孤悬海外的琼州也刊有医书。可以说南宋时代的雕版印刷，几乎传布到全国各地了。

唐以前的书籍，由于历代兵火，大部分都已不存。而宋人著作传世较多，一部分古代作品也靠宋代印本流传下来。所以宋代印刷对于保存中国古代文化，其功甚大。宋代不但首次雕印了先秦汉代诸子哲学著作，还出版了不少科技书。而医学因政府的重视，尤为发达，官私出版的医书最多。古今类书有不少版本，还出现了消遣娱乐书籍。

宋太祖开宝四年(971)，差人往成都雕《佛藏》，这是中国第一次雕印《大藏经》，也是国内外各种《佛藏》的祖版，被称为“益州版”，因始刊于开宝年，或称《开宝藏》。后来福建僧俗在福州东禅等觉院开雕《大藏经》版一副，称《崇宁万寿大藏》，或称“东禅寺版”。而福州城内开元禅寺也雕造了《毗卢大藏经》版，称“开元寺版”。两浙西路湖州归安县宣和中任密州观察使致仕的王永从，于绍兴二年(1132)捐舍家财，于思溪圆觉禅院内开镂《大藏经》，称《思溪圆觉藏》。嘉熙三年安吉州(即湖州)思溪法宝资福禅寺刊佛经，称《思溪资福藏》。苏州一带僧俗在平江府陈湖中碛砂延圣院设立大藏经局，自理宗绍定四年七月开雕，至元英宗至治二年始毕功，称《碛砂藏》。

辽代也刻有两部《契丹藏》，金代、西夏都有不少刻书。和宋代相比，元代刻书渐趋衰落，至明代刻书又大盛。清代雕版印刷由盛转衰，木活字流行，道光后西方印刷术传入中国，雕版印刷被逐渐淘汰。

2. 套印、版画及彩印

现存套印最早的实物，首推元代中兴路（今湖北江陵）资福寺所刊《金刚经注》（如图 3 所示）。卷首扉画坐着的无闻老和尚注经，侍童一人，旁立一人，书案、方桌、云彩、灵芝均红色，上旁松树黑色。正文经注亦朱、墨两色，书名《金刚般若波罗密经》红色。时间应在 1340～1341 年间。雕版创用两色，实是印刷史上的大事。

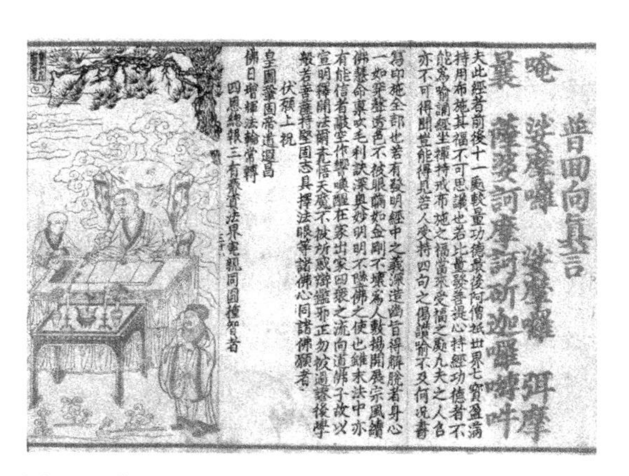

图 3　元代资福寺所刊《金刚经注》

(1) 湖州套印

到了明末，湖州闵、凌两家才把套印技术发扬光大，由两色而发展为三色、四色，甚至五色，这在色印史上更是一大进步。湖州套印约始于万历九年（1581）凌瀛初的《世说新语》，一说始于万历四十四年（1616）闵齐伋的《春秋左传》。两家印本均为万历、天启、崇祯间产品。明胡应麟云："近湖刻、歙刻骤精。"又云："凡印有朱者，有墨者，有靛者，有双印者，有单印者。双印与朱，必贵重用之。"湖刻之所以精美，当因采用双印，即套印而言。闵齐伋是乌程县秀才，家资富有。齐伋所刻有老、庄、列三子，诸家诗集及《楚辞》，其兄弟子侄也多刻书。凌氏一家则有凌瀛初及凌濛初，凌濛初刻《孟浩然诗集》，其家族也多有刻书传世。

套印本以各种鲜艳的彩色，印在雪白连四纸上，娱目怡情，吸引读者的喜爱，最适合于有评注及各种标点符号的作品与地图，使人一目了然。栏上录批评，行间加圈点标掷，务令词义显豁，段落分明，最便初学诵读。行字疏朗，便于套印，框中无直线，框内多为8行或9行，每行19字。这类印本尤其三四色者，一书而用数书之费，既费资本，又耽误时间，并须有一定的印刷技巧，才不至于参差出格。闵、凌两家套印书共有144种，大多数为朱、墨两色，三色者13种，四色4种，五色1种。

(2) 版画

明代印刷的特色之一是版画的发达。插图书籍一书少或数幅、数十幅，多则甚至一两百幅。不反数量大，而且质量又往往超宋轶元，达到版画艺术的高峰。插图或为上图下文的连环画，或插在每一回目或正文中间，而以集中附在卷首的为多。明成、弘以后，民间说唱、词话、小说、戏曲广泛流行。出版家为了迎合读者的喜好，推广销路，无不冠图，所谓“古今传奇行于世者，靡不有图”。插图能增加图书的趣味性，帮助理解正文的内容，提高读者兴趣，雅俗共赏，受到广大读者的拥护，故明季附图的书籍成为一时风尚。精心雕镂，巧夺天工，俾观者目眩心飞，以迎时好，以广招徕，以万历、天启、宗祯年间最为风行，呈百花齐放的局面。版画约可分为四派：北京派、南京派、建阳派（以上三派版画线条粗放朴实，古趣盎然）、徽州派。徽派版画纤丽细致，姿态妍美，不但眉目传神，栩栩如生，帘纹窗花，也刻镂入微，穷工极巧，是名副其实的绣像绣梓，开卷悦目，引人入胜。刻工大部分产自歙县虬村（或作虬川村），都姓黄，自称新安黄氏，或古歙黄氏。“时人有刻，必求歙工。”他们常被外地请去刻书，有的因为生活工作关系，也就迁居他乡。

(3) 彩印

明万历以后，随着通俗文艺小说、戏曲的流行，徽派版画的技术已达到最高峰，于是有人又想出在图画上印上颜色。安徽歙县程氏滋兰堂所刻《墨苑》(约 1605)施彩色者近 50 幅，多半为四色五色印者，此书各彩图皆以颜色涂于刻版上，然后印出，虽一版而具数色，五彩缤纷，文彩绚丽，夺人目睛。《墨苑》内的《天老对庭图》(如图 4 所示)，有红色、黄色的凤凰，和绿色的竹子，用五色墨，模印数十幅。次年，新安黄一明刻的《风流绝畅图》，除墨印本外，又有彩印本，人物之衣履，乃至肤色目光、窗帏，都印得很出色。约 1600 年《花史》内有红色荷花，绿色叶子。最初是用几种颜色涂在同一块雕版上，如用红色涂在花上，绿色涂在叶上，赭色涂在树枝上，但这样印出来容易混淆不清。所以又进一步把每种颜色各刻一

天老對庭頌
黄帝坐於殊庭觀於大皇之野有神鳥者五御日而來棲於扈
閣其為狀也龍文而龜身燕頷而雞喙雀植而麐化鴻前而麟
後蛇頸而魚尾鸛顙而鴛腮縷以赤金錯以黃銀間之紫翠五
綵備焉帝顧而異之于是奏咸池之樂張於洞庭之游羣臣風
后力牧有焱氏畢在賡歌而和焉帝復異而問之是何祥也余
何德以感靈乎羣臣未有以復也左顧而屬天老天老對曰是
火精也産弇州之西丹山之穴所謂鳳皇者也羽虫三百六十
而此為之長豈其形之瑰瑋備至德焉首若護青戴仁也嬰若
白蛩抱義也斧若丹赤負禮也胃若石墨蘊知也足下蝕黃顧

图 4 《墨苑》内的《天老对庭图》

块木版，印刷时依次逐色套印上去，因为它先要雕成一块块的小版，堆砌拼凑，有如饾饤，故明人称为“饾版”。饾版是很细致复杂的工作，先勾描全画，然后依画的本身，分成几部，称为“摘套”。一幅图画往往要刻三四十块版子，先后轻重印六七十次。把一朵花或一片叶印出颜色的深浅、阴阳向背，看起来好似北宋人的没骨画法。这样复制出来的画，最善于保持中国绘画的本色和精神，因为所用的颜料和宣纸，都是和原画所用的相同，具有民族艺术的特色。这种饾版彩印，在印刷史上又是一大飞跃，在 17 世纪初年已很成功。最突出的代表作品有江宁人吴发祥刻的《萝轩变古笺谱》，山水花草动物图，用饾版、拱花法套印。漳州颜继祖小引称：“吾友吴发祥语余云，少许丹青，尽是匠心锦绣，固翰苑之奇观，实文房之至宝。”《萝轩变古笺谱》印于天启六年(1626)，比胡正言《十竹斋笺谱》早 19 年，但比天启七年《十竹斋书画谱》却只早一年。

胡正言，原籍安徽休宁，移家南京鸡笼山侧，与吴氏同居南京，又均从事笺谱的雕印。他于南京斋前种竹十余竿，所以名其居为“十竹斋”，自号“十竹主人”。他精于六书，篆、隶、真、行，一时独步。又能造好纸、好墨，精于刻印，又擅长绘画。他印造的《十竹斋书画谱》，分书画册、竹谱、墨华册、石谱、翎毛谱、梅谱、兰谱、果谱等 8 谱 16 册。《十竹斋笺谱》有博古、人物、花石等 32 类(如图 5 所示)。原稿画得好，刻时得心应手，刀下传神，印时用棕刷帚代笔，先后浓淡手势轻重，恰如其分。胡氏与良工朝夕研讨，十年如一日，能匠心独运，做到画、刻、印三绝。所以不论花卉羽虫，神韵生动，色彩逼真，栩栩如生。难怪他的朋友杨龙友说他“巧心妙手，超越前代，真千古一人哉”！他的作品立刻受到大江南北的人们欢迎，初学画的人奉它为临摹范本，对绘画教育起了很大的作用。吴氏、胡氏又用拱花的方法，就是将雕版压印在纸上，把白纸压成凸出的花纹

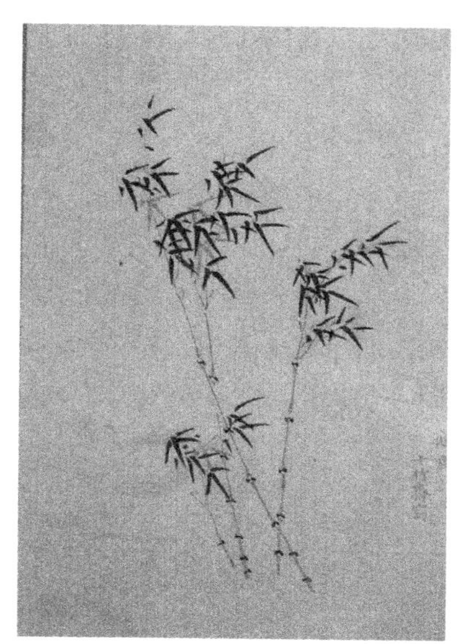

图 5　胡正言印造的《十竹斋笺谱》

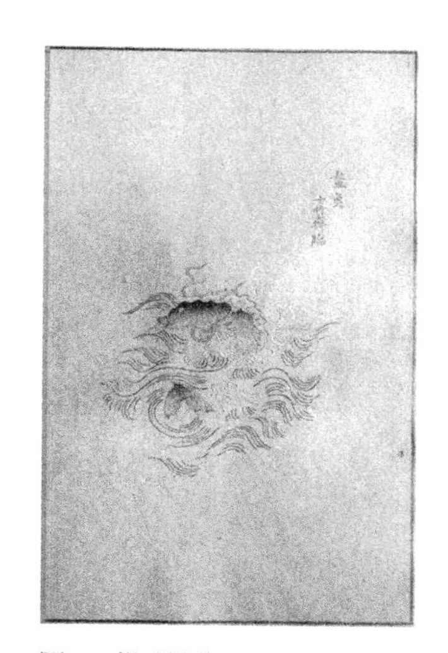

图 6　胡氏拱花印刷法

(如图 6 所示),有如现在使用的钢印一般,这可说是一种无色的印刷。用它来衬托画中的流水、白云,花叶的脉纹,更显得素雅大方。

明代的饾版彩色,清人亦有模仿。如苏州刻《本草纲目》附图 2 册,《三国演义》桃园三结义等图,康熙《耕织图》,均为彩色套印。康熙金陵王衙刊《西湖佳话》的西湖全图、西湖十景,乾隆时吴逸《古歙山川图》1 卷,都为五彩套印。青在堂画花卉翎毛,是仿胡氏十竹斋的。《十竹斋画谱》嘉庆二十二年(1817)被芥子园重付梨枣,光绪校经山房又有翻刻本。彩色套印的神韵色泽均不及原本。五彩《芥子园画传》为嘉兴王槩兄弟三人所绘,康熙十八年(1679)饾版彩印第一集,康熙四十年(1701)印本分 3 集,嘉庆二十三年(1818)又有 4 集。绚丽悦目,嘉庆后一再翻刻，成为初学画者的教科书，比《十竹斋画谱》更流行，影响也最大。

图 7　乾隆时期丁亮先饾版印刷的花鸟画

乾隆时苏州丁亮先、丁应宗用饾版印刷了许多花鸟画（如图 7 所示），雕刻精细，并采用拱花技术，印在白色的纸上，色彩绚丽，是套色印刷中不可多得的精品。丁亮先是天主教徒，生活在乾隆中叶，与江南的欧洲传教士多有来往。他不仅自己印刷，还从事洋画的交易，他的作品很可能通过传教士销到欧洲。乾隆时苏州一带还有人仿照西洋的透视法，制作年画和其他文学题材的印刷品，现仍有一些保存在欧洲和日本的博物馆。

道光二十八年（1848）影印书屋版《金鱼图谱》，画着 56 种不同的金鱼，大肚突目，体态生动，每一种印上它们的本来颜色，每页四周有浅绿色松、竹、梅花边图案。《浙东镇海得胜全图》为彩印。光绪七年上海印《第一才子书三国演义》，每卷首插图着色，这是木刻套印配合新法铅印的例子。

3．蜡版印刷与锡浇版

宋朝人不但利用各种木版、铜版作为印刷工具，并且发明用蜡来印刷。绍圣元年（1094）开封京城人为急于传报新科状元名单，等不及刻木版，就用蜡来代刻印。这条记载见于宋人何薳《春渚纪闻》卷二："毕渐为状元，赵谂第二。初唱第，而都人急于传报，以蜡版刻印。渐字所模，点水不著墨，传者厉声呼云：‘状元毕斩第二人赵谂！’识者皆云不祥。而后谂以谋逆被诛。则是毕斩赵谂也。”当时新状元是毕渐，但是因为蜡有油性，“渐”字偏旁三点水不着墨，没有印出来。传报者大声呼喊：“状元毕斩第二人赵谂！”后来这位赵榜眼终于被斩云。这种蜡印适合于紧急需要而有时间性的作品，元明两代是否使用，未见记载，清代则常用来印刷报纸（如图 8 所示）。

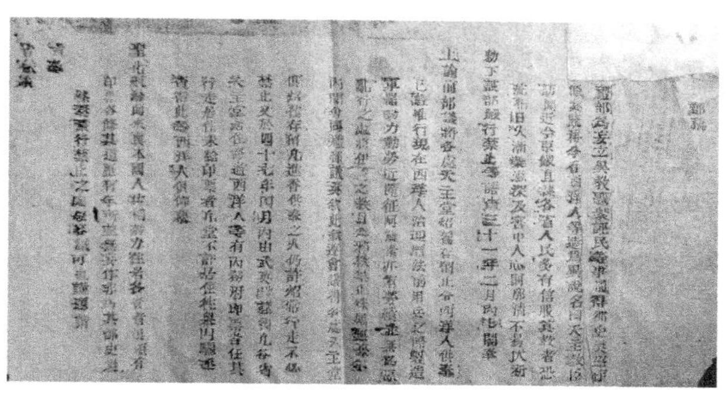

图 8　清代蜡印报纸

明初已有人用锡版来印造伪钞，遭到极刑。清乾隆五十二年(1787)歙县程敦为印《秦汉瓦当文字》一卷，“始用枣木摹刻，校诸原字，终有差池。后以汉人铸印翻砂之法，取本瓦为范，熔锡成之。”程氏用熔化的锡镴浇铸翻印，可称别开生面的印刷。

二、活字印刷

1. 毕昇发明的活字印刷及其在宋代的应用

活字印刷术的发明，是印刷史上的一次伟大技术革命。世界上第一个发明活字印刷术的是宋朝的平民毕昇，时间在北宋仁宗庆历年间(1041～1048)。他比欧洲最先用活字印《圣经》的谷腾堡要早四百年。关于毕昇的发明，有沈括(1031～1095，一作 1030～1094)《梦溪笔谈》的记载(如图 9 所示)，可以信而无疑。《梦溪笔谈》卷十八云：

> 版印书籍唐人尚未盛为之，自冯瀛王始印五经，已后典籍皆为版本。庆历中有布衣毕昇又为活版，其法用胶泥刻字，薄如钱唇，每字为一印，火烧令坚。先设一铁版，其上以松脂、腊和纸灰之类冒之。欲印，则以一铁范置铁版上，乃密布字印，满铁范为一版，持就火炀之，药稍熔，则以一平版按其面，则字平如砥。若止印三二本，未为简易，若印数十百千本，则极为神速。常作二铁版，一版印刷，一版已自布字，此印者才毕，则第二版已具，更互用之，瞬息可就。每一字皆有数印，如“之”、“也”等字，每字有二十余印，以备一版内有重复者。不用则以纸贴之，每韵为一贴木格贮之，有奇字，素无备者，旋刻之，以草火烧，瞬息可成。不以木为之者，木理有疏密，沾水则高下不平，兼与药相粘不可取，不若燔土，用讫，再火令药熔，以手拂之，其印自落，殊不粘污。昇死，其印为予群从所得，至今保藏。

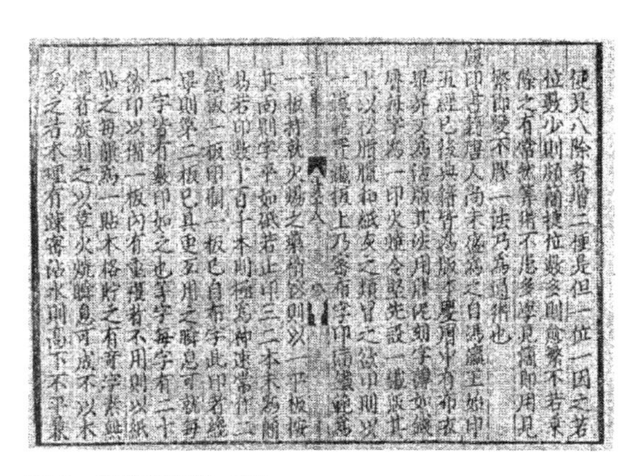

图 9 《梦溪笔谈》书影

毕昇用火烧硬的胶泥活字印，一个一个排列在铁框子里印书，虽然原始简单，而与通行铅字排印原理基本相同，正如沈括所说："若止印三二本，未为简易，若印数十百千本，则极为神速。"可知其效率很高。沈括在毕昇发明活字时，只有十几岁。毕昇在世界印刷史上居于如此重要的地位，可是他的发明在当时并未得到重视，史书上不见他的名字，只有沈括知道这件事的重要性，把它记录下来。

除了毕昇、沈括及其子侄辈之外，北宋是否还有人知道泥活字印书法？这一直是学术界的疑问。所幸在邓肃（1091～1132）的《栟榈先生文集》中发现一首诗，可以证明在北宋末南宋初（至迟 1132 年前），仍有人对活字印书法有一定程度的了解，诗这样写道：

> 结交要在相知耳，趣向不殊水投水。请看丘侯对谢公，箭锋相契无多子。丘侯平日论律人，详及谢公喜与嗔。一得新诗即传借，许久夸谈今见真。车马争看纷不绝，新诗那简茅檐拙。脱腕供人嗟未能，安得毕昇二版铁。

这首诗是唱和邵武人"谢吏部""铁字韵"而作，其中提到"新诗"写成之后，广为传播，但单靠手写已不能满足要求，于是感叹道："安得毕昇二版铁?"这里提到的"二版铁"，也就是《梦溪笔谈》中的"常作二铁版，一版印刷，一版已自布字，此印者才毕，则第二版已具，更互用之，瞬息可就。"邓肃，号栟榈，福建南剑沙县人，又在京城开封做官，可见毕昇的方法在当时已有一定的知名度。

宋代用泥活字印书者，还有光宗绍熙四年（1193）周必大印自著的《玉堂杂记》。周氏文集名《周益国文忠集》，或称《周文忠大全集》，其卷一百九十八中有绍熙四年与程元成给事札子："某素号浅拙，老益谬悠，兼之心气时作，久置斯事。近用沈存中法，以胶泥铜版，移换摹印，今日偶成《玉堂杂记》二十八事，首慁台览。尚有十数事，俟追记补缀续衲。窃计过目念旧，未免太息岁月之沄沄也。”

文中称“用沈存中法”，因沈括《梦溪笔谈》记毕昇胶泥活版法，遂以为沈法，实即毕昇法。周氏称“以胶泥铜版，移换摹印”，可能把胶泥活字，布置在铜版上，或铜盘内，故称胶泥铜版，移换摹印，充分表明活字印刷的特点，须把活字移动调换，排成版面，才能印刷。他首先印成自著的《玉堂杂记》28 条。可知南宋时南方仍有人仿毕昇法印书。而周氏《玉堂杂记》之出版，是世界第一部活字印本，可以填补活字印刷自北宋至蒙元初中间一段空白。

2. 西夏活字

1991 年，在宁夏贺兰山拜寺沟方塔废墟中发现了西夏文佛经《吉祥遍至口和本续》残本(如图 10 所示)，无卷首、卷末与题跋，印刷的年代不可考。同时发现的有西夏崇宗贞观年(1102～1114)西夏文木牌、仁宗乾祐十一年(1180)发愿文两件。《吉祥遍至口和本续》为藏传佛教密典，而西夏后期正是藏传佛教在西夏传播与发展的时期，有人推定它为西夏晚期活字印刷品，因为此经具有活字的一些特点：①版框栏线四角不衔接，长短不一；②墨色浓淡不均；③有个别字排倒；④有隔行线的痕迹。并据王祯《农书》卷二十二“造活字印书法”所记“排字作行，削成竹片夹之”，而沈括《梦溪笔谈》无隔行的工序，因此断定此经为木活字印本。不过，有隔行线的痕迹，并不是木活字独具的特征，金属活字也有这一现象；此外，有的印本虽是木活字印本，但是印得完全像雕版一样，如武英殿聚珍版的一些木活字印本。因此仅以有无隔行线来区别木活字和其他活字，

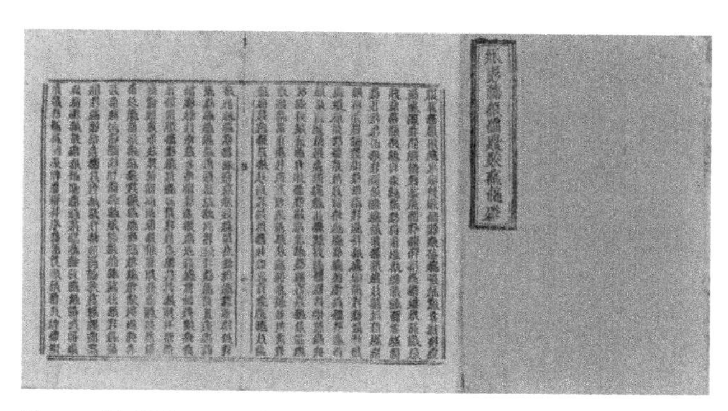

图 10 《吉祥遍至口和本续》残本

理由不够充分。

日本藏有西夏文《大方广佛华严经》残本十卷，发愿文中有“发愿使雕碎字”的句子，经日本学者研究，认为木活字印，并以为是最古老的木活字本实物。国家图书馆所藏佛经中以《大方广佛华严经》数量最大，占全部《华严经》的 2/3。

西夏文《华严经》的卷第四十，有西夏文刻款 2 行，译文如下：

“实勾管作选字出力者盛律美能慧共复愿一切随喜者皆当共成佛道”。

“选字出力者”5 字，意指印书要经过拣字的过程。

又《华严经》卷五题款中有木刻押捺题记两行，内容为：“都行愿令雕碎字勾管做印者都罗慧性　又共行愿一切助随喜者共同皆成佛道”。其中“碎字”即指活字而言。以上这些题款说明，此经用活字雕刻而成。

有人根据西夏文《华严经》残卷，行字之间歪斜参差不齐，正面纸背墨色浓淡不一，有不少挖补重印之字，又有印错之字，并不挖补，即于其上加盖校正，又有用墨笔填写小字的，以为这些都是活字之证。也有人认为这部仁宗(1125～1193)时的西夏文《华严经》，是用元代杭州刻的木活字所印。

1987年，在甘肃武威发现西夏文佛经《维摩诘所说经》(如图11所示)，经研究初步认定亦为仁宗时印本，并根据笔画内含气眼、笔画变形和断折等现象，认为是泥活字印刷。假使以上几部西夏文著作真的是活字印，那当然是现存最早的活字本了。

图11 《维摩诘所说经》书影

3. 元代活字

(1) 泥活字(杨古)

元初曾有忽必烈的谋士姚枢“汲汲以化民成俗为心，自版小学书、《语》、《孟》、《或问》、《家礼》，俾杨中书版四书，田和卿尚书版《声诗折中》、《易程传》、《书蔡传》、《春秋胡传》，皆脱于燕，又以小学书流布未广，教弟子杨古为沈氏恬(按：当为活)版，与《近思录》、《东莱经史说》诸书，散之四方。”(见元姚燧《牧庵集》卷十五《中书左丞姚文献公神道碑》)

沈氏活版就是沈括所记的毕昇活版，上述活动的时间约在蒙古太宗十三年至海迷失称制三年(1241～1250)，比毕昇恰晚200年。杨古在辉县印还是燕京印，用的什么活版，文中未详。

关于姚枢，真定人苏天爵(1294～1352)的《元名臣事略》也写道："自版小学书《语》、《孟》、《或问》、《家礼》，俾杨中书版四书，田尚书版《声诗折中》、《易程传》、《书蔡传》、《春秋胡传》，又以小学书流布未广，教子弟杨古为沈氏活版，与《近思录》、《东莱经史说》诸书，散之四方。"《元名臣事略》依据的是姚燧所撰神道碑，但文字略有改动。后来许有壬(1287～1364)《圭塘小藁》卷六《雪斋书院记》，也介绍了姚枢的活动，并提到了"教弟子杨古为沈氏活版"，明代刘昌的《中州名贤文表》又转录《雪斋书院记》，使得杨古活字印书之事广为流传。

15世纪朝鲜著名学者金宗直跋朝鲜活字本《白氏文集》云："活版之法始于沈括，而盛于杨惟中，天下古今之书籍无不可印，其利博矣。然其字率皆烧土而为之，易以残缺，而不能耐久。"金氏说杨惟中盛行活字，都用泥土烧成，但是据《牧庵集》原文，杨惟中在燕京出版的，仍是雕版，金氏之所以犯错误，可能是把"杨中书"(杨惟中)和杨古混为一谈，于是把杨古的活字印书加到杨惟中头上。又朝鲜本《简斋诗集》跋云："活字版之法始于沈括，而盛于杨充，然其字率皆烧土而为之，易以残缺，而不能耐久。"关于杨惟中、杨充盛行泥活字印书，未见国内记载，朝鲜学者所称，或另有根据。杨古所印的朱熹与吕祖谦的书，虽晚于周必大印书，也是中国较早的活字印本。

从上述宋元文献可见，毕昇发明的泥活字，不仅被沈括记录下来，在北宋末也为人所知，到了南宋，则被周必大用于印刷自己的文集，到了元代则有杨古印书，15世纪，这些记载又传到朝鲜，亦为当地人所熟悉。因此，毕昇的活字印刷方法在宋元时代流传应用还是相当广泛的。

(2) 木活字(王祯、马称德)

毕昇用胶泥活字时，也曾试验过用木作活字，但他认为木的纹理有疏密，沾水则高下不平，兼与药相粘，不可取，反不及燔土，不至玷污，故舍木而用泥。而正式用木活字印书的人，最早的当数元代的王祯，其时间稍晚于杨古的活版。王祯，山东东平人，他不仅是著名的农学家，又是机械学家，在印刷史上亦有重要贡献。元贞元年(1295)起，他任安徽旌德县尹六年，生活朴素，自己捐薪俸兴修学校、桥梁、道路，教农民种植树艺，施药救人。大德四年(1300)调任信州永丰县尹(今江西广丰县)，又在那里提倡栽桑种棉，因此这两地人民对他都是口碑载道。

王祯的最大贡献当属《农书》。在旌德县任内时，他已开始写作此书，并计划出版。他感到这部书字数多，雕印困难，所以请工匠创造木活字约 3 万多个，2 年完工。它的方法是先用纸写好大小字样，糊于木版上刻字，刻好字以后，用小细锯，把字一一锯开，再用小刀修成一样大小。再一行行排字，用竹片隔开来，排满一版框，用小竹片垫平，木楔塞紧，使字都牢固不动，然后涂墨铺纸，用棕刷刷印。王祯在排字技术上有所独创。他认为排字工人走来走去寻字，很不方便，于是制造了两个木质大转轮盘(如图 12 所示)，依号数铺摆木字，一人坐在中间，左右俱可推转轮盘拣字，叫做“以字就人”，比起以人寻字，可减轻劳动，提高效率。《农书》卷二十二后面的“造活字印书法”把从写韵刻字、锯字、修字、造轮取字、安字，一直到印刷，有系统地记录下来，成为印刷史上很珍贵的文献。

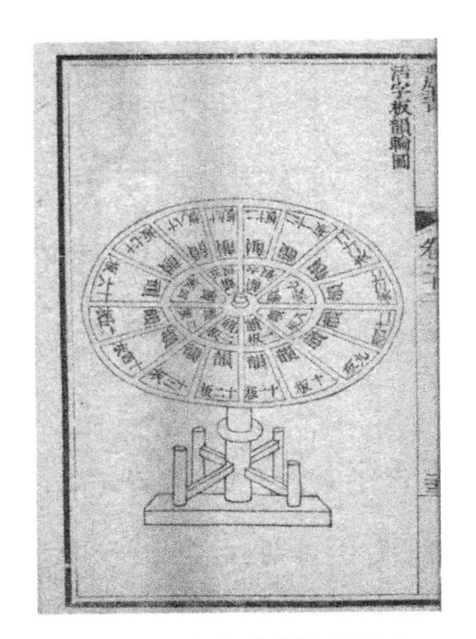

图 12　王祯所制木制大转轮盘

王祯的活字本想用来印自著的《农书》，后来调官江西，也把这副印书新工具从安徽带去，而那时江西方面已把《农书》雕成整版，并未用上。王氏在旌德时，只印过他自己纂修的大德《旌德县志》，时间是在大德二年(1298)。全书6万多字,不到一个月而百部齐成,证明活字印刷的确效率很高,这也是中国方志中最古的木活字本。

在王祯以后20多年,马称德也用活字来印书。马氏为河北广平人,延祐六年(1319)任奉化知州,3年中开河筑堰,兴修水利,垦荒田13顷,大规模植树造林,还设立学校,建造藏书楼。他在任上还"镂活书版至十万字",比王氏的木字要多3倍。至治二年(1322)用活字书版印成《大学衍义》等书。他修的延祐《奉化州志》,可能也用新活字印成的。马氏印书是否模仿王氏,不得而知,但元代木活字流行于皖南、浙东一带则已是事实了。

元代木活字还流传到维吾尔族。1908年法国汉学家伯希和在敦煌发现元代回鹘文木活字,现藏巴黎吉美博物馆。后来敦煌亦有所发现,现藏敦煌研究院。回鹘人在中国印刷术西传的过程中起到了非常重要的作用。

(3) 锡活字

首先提到锡活字版的,是王祯的《造活字印书法》,说:"近世又铸锡作字,以铁条贯之,作行,嵌于盔内,界行印书。但上项字样难于使墨,率多印坏,所以不能久行。"文中所说的近世,是元初,或是宋末,这比西洋用金属活字印书,几乎要早一两百年。王氏明白地说铸锡作字,可见锡字是经过造模浇铸,而不是在锡块上直接刻字,锡字能用铁丝穿成行,想必是每个锡字有小孔,把它们穿好,排在字盘内,再用界条隔开来印书。由非金属的活字,到金属的锡字,在造字工艺上是一大进步。但是由于那时没有好的油墨配合,往往印坏,因此这个新发明,只是昙花一现,未能长久流行。至于锡字创自何人,始于何地,印有何书,王氏都没有交代。

4. 明代活字

(1) 木活字

明代随着社会经济与文化的发展，木活字印刷比元代更为流行，尤其万历年间(1573～1620)印本更多。胡应麟(1551～1602)云：“今世欲急于印行者有活字，然自宋已兆端，今无以药泥为之者，惟用木称活字云。”清龚显曾云：“明人用木活字版刷书，风乃大盛。”从流传的实物来看，明代的木活字确是比较普遍。有的印本一开卷便可知其为活版，但有的与雕版难以区别。至于活字中再细分木字与铜字，自然更困难。铜版书有不少标明为铜字，而木活字本则本身很少有标明为木字的。因此对于同一印本常常是甲以为木字，而乙认定铜字，异说纷纭，莫衷一是。

明代政府未闻用活字印书，而分封各地的藩王除大量雕印书籍，以表示其崇文好学、附庸风雅外，也有采用活字的。他们所造的多为木字，而非金属活字。宋、元有不少书院刻书，但书院采用活字则起于明代。明代私人亦有活字印书的，如南京监生胡旻即为其中之一。嘉定徐兆稷借用别人的活版，印行其父徐学谟所著记载嘉靖一朝掌故史料的《世庙识余录》26 卷，100 部。活字版既可以自用，又可借人使用，这是为雕版所不及的。

明代木活字本有书名可考者约 100 余种，多为万历印本，弘治以前的极少见。其有地名可考者，除成都、建昌、南京等处外，又有江苏、浙江、福建、江西、云南等地。

明代木活字本中有名者有《鹖冠子》，版心下方有“活字版”、“弘治年”或“碧云馆”字样，碧云馆主姓名待考。书皮有乾隆三十八年四月“两淮盐政李质颖送到马裕家藏《鹖冠子》壹部计书壹本”大朱印。首有乾隆癸巳(1773)御题诗一首。因为乾隆一再提到此书，又为《四库全书》中《鹖冠子》的底本，所以在活字版中颇负盛名。明末南方亦开始用木活字来排印家谱。

(2) 铜活字

历史上中国金属活字印刷中最流行的既不是锡字，也不是铅字，乃是铜字。

① 无锡(华氏安氏)

中国真正的铜活字印刷，当以明代华燧会通馆所制的为最早。华燧(1439～1513)字文辉，号会通，江苏无锡人，“少于经史多涉猎，中岁好校阅，辄为辨证，手录成帙。既乃范铜版锡字，凡奇书艰得者，悉订正以行，曰：‘吾能会而通之矣。’”

邵宝《容春堂集·会通君传》云：“既而为铜字版以继之，曰：‘吾能会而通矣。’乃名其所曰会通馆。”他的铜字大约制成于弘治三年(1490)，据其自述：“燧生当文明之运，而活字铜版乐天之成。”他的最初动机只是为减少手笔抄录的麻烦，后来乃得以公行于天下。当时有人打算把《宋诸臣奏议》重新刻版，但是惧怕费用浩大，于是就请会通馆活字铜版印正，以广其传，终于弘治三年印成50册。由于当时只用一副活字，正文和小注不分大小，每行内双排，参差不齐，有的字只印出一半，墨色模糊邋遢，沾手便黑；加之校勘不精，脱文误字，每卷都有，甚至有脱一两页者，字句不贯，文义隔绝，印得实在不甚高明，然而它却是中国目前所知最早的金属活字印本。后来华氏又陆续印行宋人潘自牧的《纪纂渊海》、谢维新的《古今合璧事类前集》，与未详作者的《锦绣万花谷》。后者分华家小铜版与大铜版两种，小铜版当指小铜字，大铜版当为大铜字。会通馆铜版印书可考者约19种，在明人铜字印本中数量方面首屈一指，而时间又最早。其中弘治十三年(1500)以前印的《宋诸臣奏

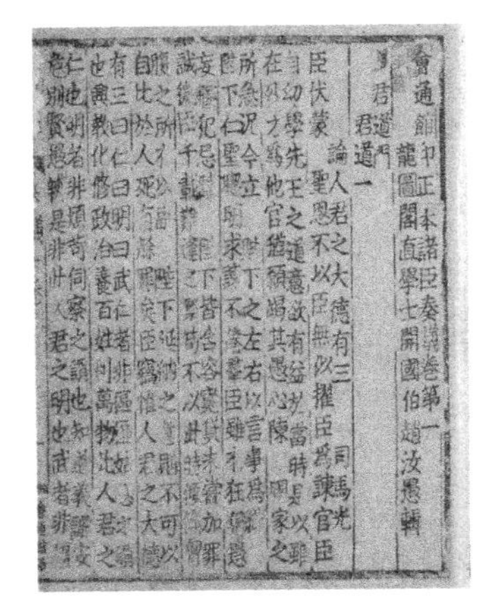
會通館印正本諸臣奏議卷第一
龍圖閣直學士開國伯趙汝愚輯
君道門
君道一
論人君之大德有三 司馬光

图 13 《宋诸臣奏议》书影

议》(如图 13 所示)、《锦绣万花谷》、《容斋五笔》、《百川学海》、《九经韵览》、《文苑英华纂要》、《音释春秋》、《古今合璧事类前集》等 8 种,相当于欧洲的摇篮本,特别珍贵。

华燧的叔伯华珵,成化八年(1472)贡生,做过一任北京光禄寺署丞,窖粟万钟,辟田千顷,书画古董多有收藏,且精于鉴别。康熙《无锡县志》说他“又多聚书,所制活版甚精密,每得秘书,不数日而印本出矣”。苏州名士祝允明云:“光禄(指华珵)年逾七十,而好学过于弁髦。又制活字版,择其切于学者,亟翻印以利众,此集之所以易成也。自沈梦溪(即沈括)《笔谈》述活版法,近时三吴好事者盛为之;然印有当否,则其益有浅深。”他虽比华燧大一辈,但选印的陆放翁《渭南文集》、《剑南续稿》两书都在弘治十五年(1502)印,比会通馆的稍晚一些。

华燧的亲侄华坚,也在正德年间印书。华坚印书多有“锡山兰雪堂华坚允刚活字铜版印行”牌子或刊语,又有“锡山”两字圆印,及“兰雪堂华坚活字铜版印”篆文小印。兰雪堂印有汉蔡邕、唐白居易、元稹等著名文学家的诗文集,马总《意林》,及唐人类书《艺文类聚》。后者有华坚的儿子华镜正德乙亥(1515)写的后序。兰雪堂本一行内排印两行,被称为兰雪堂双行本,传世稀少,颇得藏书家的好评,但《蔡中郎集》亦“亥豕鲁鱼,无页不有”。兰雪堂所有印本多注明活字铜版,其活字有“刊字芦宽”,似乎是镌刊的。

明代中叶无锡地方除上述华珵外,又有三大富豪,当时的民谣说:“安国、邹望、华麟祥,日日金银用斗量。”三家之中尤以安国(1481~

1534)为魁，富儿敌国，称“安百万”，单是在松江府的田就有 20 000 亩。安国居无锡胶山，种桂花 2 里余，因自号“桂坡”。以布衣经商起家，曾修筑常州府城，遇荒年出银米赈济，有“义士”之称。他喜欢购买古书名画，闻人有奇书，必重价购之，以至充栋，然后“铸活字铜版，印诸秘书，以广其传”。

安国造字印书，约始于正德七年(1512)左右。时南京吏部尚书廖纪修有《东光县志》6 卷，听说安国家有活字铜版，就托他代印。正德十六年安氏印好后，就送去。这部正德《东光县志》可说是中国唯一用铜活字印的方志。安氏印书一般多不记年月，只有《吴中水利通志》标明“嘉靖甲申(1524)安国活字铜版刊行”。明俞泰跋安刻《初学记》云：“经、史、子、集活字印行，以惠后学，二十年来无虑数千卷。”今印本可考者 10 种，数量仅次于华燧。清初钱谦益《春秋繁露》跋云：“金陵本讹舛，得锡山安氏活字本校改数百字。”可知他印书比较认真，错误较少。明秦金撰安国墓志铭说“铸活字铜版”，由于秦氏与安国同乡又同时，此说应该可信。而安国的后代安吉却说“镌活字铜版”，印行《颜鲁公集》、徐坚《初学记》等书。金属所铸造或镌刻的，应是活字的本身，而不是安放活字字印的铜版或铜盘字架。安国造字约在正德年间，后于会通馆约 20 多年，当时他 30 岁左右，因此不管是铸是刻，都是仿华氏制造的。清初安璿说：“翁(指安国)闲居时，每访古书中少刻本者，悉以铜字翻印，故名知海内。今藏书家往往有胶山安氏刊行者，皆铜字所刷也。”其实安国印书，虽多用铜字，但仍有木刻本，如沈周《石田诗选》(正德)及《左粹类纂》称锡山安国刻于弘仁堂，《颜集》、《初学记》既有铜版，又有木版。可惜的是安国死后，“六家以量分铜字”，全部铜字同其他田地财产一样，也被 6 个儿子四六瓜分，每人所得的铜字各残缺不全，成为无用的废物。

华燧传有“范铜版锡字”一句，故有人怀疑华氏会通馆除铜字以外，似乎也铸过锡字。但究竟是铜是锡,或两者均有之,在未发现当时活字实物,及更详细可信之史料前,尚难下结论,故一般仍把华氏活字列入铜活字中。至于安国的活字,因有其裔孙安璿“量分铜字”的记载,可以肯定是铜活字了。

② 常州

无锡近旁的常州也有铜版,称“常州铜版”。常州铜版,只有明嘉靖间藏书家开州人晁瑮宝文堂藏有《杜氏通典纂要》、《艺文类聚》两种,未详出于何家。

③ 苏州

明代又有金兰馆、五云溪馆、五川精舍、吴郡孙凤等各家印书,多在今苏州一带,正如祝允明所说“近时三吴好事者盛为之”。上海唐锦《龙江梦余录》云:“近时大家多镌活字为铜印,颇便于用,盖起于庆历间时布衣毕昇为活版。”明谢启元《谢先生杂记》亦云:“近时大家多镌活字铜印,颇便于用。其法盖起于庆历间,时布衣毕昇为活版,法用胶泥刻字,火烧令坚。作铁版二,密布字印,一版印□,一版布字,更互用之,瞬息可□□本,其费比铜字则又廉矣。”铜字之便利,已为一般人所公认了。

正德年间长洲还有人印了《唐五十家诗集》。正德五年(1510)舒贞刻《曹集》,田澜序云:“舒曰:‘往岁过长洲,得徐氏《子建集》百部,行且卖之无余矣。近亦多问此集,贞久无以应之。盖彼活字版,初有数,而今不可得也。”明松江华亭人何良俊《四友斋丛说》卷二十四云:“今徐崦西家印五十家唐诗活字本《李端集》”,故可知为徐缙所印。

④ 南京

南京张氏未详其名,印本流传者仅有《开元天宝遗事》一种,卷上首页有“建业张氏铜版印行”一行,不记年月。旧为明代著名艺术家文征明藏书,有玉兰堂印,文氏卒于嘉靖三十八年(1559),年 90 岁,则此书亦当为弘、正或嘉靖间印本。

⑤ 浙江

浙江铜版仅知有正德本《诸葛孔明心书》一卷，题“浙江庆元学教谕琼台韩袭芳铜版印行”。书前有韩氏题识，称：“兹用活套书版翻印，以与世之志武事者共之，庶亦得乎安不忘危之意云。”末书“正德十二年(1517)丁丑夏四月之吉，琼台韩袭芳题于浙东书舍。”可知韩氏铜版是活字版，并且印于浙东。庆元县旧属浙江处州府，在浙、闽二省之交，地颇偏僻，而居然也有铜版。

⑥ 芝城(建宁)

现存的明代铜活字本中，以芝城铜版《墨子》15 卷最为藏书家所艳称，白纸，蓝印二册。卷八末页中间有“嘉靖三十一年(1552)岁次壬子季夏之吉，芝城铜版活字”一行。卷十五末中间有“嘉靖壬子岁夷则月中元乙未之吉，芝城铜版活字”字样。自六月至中元，只有一个半月，即已印成。芝城由芝山得名，为建宁府城之别名，也就是现在福建的建瓯县。因此芝城铜版实际上就是建宁府城的铜活字版。后来看到明版《墨子》有堂策槛主人识语凡例云：“购求四方，得江右芝城铜版活字缮本。”不称铜版活字本，而作铜版活字缮本，似为据铜版活字抄缮的写本，而非铜字原本。芝城铜版又印有《通书类聚尅择大全》。

⑦ 建阳

建宁除府城有铜版外，其属邑建阳县也有铜版，建阳铜版可考的有游榕制品。明万历元年(1573)湖州茅坤印徐师曾所著《文体明辨》，题“建阳游榕活版印行”，或“闽建阳游榕制活版印行”，书一出版，一时争购，至令楮贵。何以见得游榕所制活版不是木字，而是铜字呢？这可从第二年(1574)印本《太平御览》得到证明。因为这两部书的大字与小注小字，字体一模一样，四周单边，排印格式、纸墨等也多相同。而《御览》

版心下方，往往有“宋版校正，闽游氏仝版活字印一百余部”，目录卷五有“宋版校正，福建游氏梓制活版，排印一百余部”大字两行。所谓“仝版”即铜版之简写，有些地方又作“饶氏仝版”，“宋版校正，饶氏仝版活字印行壹百余部”。这一副铜版盖为游榕所制，后为游、饶两氏合伙所有，故在同一书内或称游氏仝版，或称饶氏仝版。所谓饶氏即福建书商饶世仁。常熟周堂从闽贾饶世仁购得半部宋版《御览》，又借无锡顾氏、秦氏所藏的半部，合成全书作为底本，印好 100 余部，与顾、秦二家分而有之。这部 1 000 卷 118 册的大书，虽然一再标明用宋版校正，而校对马虎，脱误错字不少，字体歪斜，又有个别字横排的，排版技术亦不高明。奇怪的是这两部书不在建阳印，却在江浙印，可见他们的工作流动性很大。

明代铜活字，并非纯铜，而是铜合金。文献上只说华燧范铜版锡字，华珵所制活版甚精密，至于如何制法，缺少资料。唐锦则称：“近时大家多镌活字为铜印。”似乎铜字是镌刻的。有人认为大概是用字模浇制的，虽然个别字体不很规则，最常用的字可能不只一个字模，所以同一个字，字形就有出入，浇铸很粗率，需要修整，才能应用。因无明确记载，又无实物留传，是铸是刻，仍难肯定。

总计明代铜活字本可考者约有 62 种，以无锡华家为最多，安家次之，建宁、常州又次之。清黄丕烈跋《铜活字墨子》云：“古书自宋、元版刻而下，其最可信者莫如铜版活字，盖所据皆旧本，刻亦在先也。”明铜活字本为清代以来藏书家所宝爱。

(3) 铅活字

中国自制的铅活字最早见于明弘治末至正德初年(1505～1508)。陆深《金台纪闻》云：“近日毗陵人用铜、铅为活字，视版印尤巧便，而布置间讹谬尤易。”明代常州人不但用铜版，又创为铅字，在制造金属活字方面有卓越的成就。

5. 清代活字

(1) 木活字

清代木活字更被广泛使用，流行几遍各省。方以智云："沈存中曰：'庆历中有毕昇为活版，以胶泥烧成。'今则用木刻之，用铜版合之。"所谓铜版合之，或指木字排在铜版制的字盘内而言。清初至乾隆年间活字版在南北各地流行。明代弘治、正德、嘉靖年间盛行金属活字印书，而清初方以智、王士祯提到的是木活字铜版印刷，可见金属活字印书至清初已逐渐衰落。

乾隆时济南周永年倡议用活字印《儒藏》，欲使《儒藏》起到现代图书馆与出版机构的作用，并供给贫寒阅览者以饮食与薪水。国内学宫书院，名山古刹，凡有《儒藏》的地方，都预备活版一副，刷印秘籍，互通有无，如此数十年，书籍渐次流通，可以由少变多。周氏拟用活字版来增产书籍，互通有无，是首先主张大规模采用活字印刷的人。

乾隆帝修《四库全书》时想把从《永乐大典》内辑出来的佚书，刊印流传。而原先藏在武英殿铜字库内的铜字、铜盘，已被改铸为铜钱，因有"毁铜昔悔彼，刊木此惭予"的诗句。自注云："且使铜字尚存，则今之印书不更事半功倍乎？深为惜之。"而这次要印的书数量多，雕版非易。当时管理武英殿刻书事务，原籍朝鲜的金简（？～1794）建议，最好用枣木活字来排印，不但可以提前出书，并且可以大量节省工料费用。他把刻木版与木活字仔细对比，举出一个生动的例子，说雕 15 万个大小枣木字及木槽版、添空木子箱格等，共需银 1 400 余两。而刻一部司马迁《史记》，须写刻字 1 189 000 个，需梨木版 2 675 块，合计工料银也要 1 450 余两。而有了一副枣木活字版后，一劳永逸，各种书籍都可任意排印，何等方便，而后者印出来的，只是一部《史记》而已。他用这种算细账的方法，说服了乾隆。乾隆看了他的奏折，批了“甚好，照此办理”。又叫他添备10万余字。次年(1774)五月，共刻成大小枣木字253 500个，实用银1 749两1钱5分，连同备用枣木子、摆字楠木槽版、夹条、检字归类用松木盘、套版格子、字柜、版箱、版凳等，统共实用银2 339两7钱5分。用这套新造的活版工具，先后共印成《武英殿聚珍版丛书》134种。每种用连四纸(或作连史纸)与竹纸印刷，前者约5部至20部，专备宫中等处陈设，后者约300部左右，定价通行。今日所看到的几乎均为黄色竹纸本。每种书前均冠有乾隆御制《题武英殿聚珍版十韵诗》一首。

乾隆四十二年(1777)把这部丛书颁发到东南五省，并准所在翻版通行，而江、浙、闽、赣、粤五省官书局先后翻刻的仍为雕本，并非活字本，故有的封面题“乾隆丁酉九月颁发，奉敕重锓”字样。乾隆末、嘉庆间又排印了周煌《续琉球国志略》、《乾隆八旬万寿盛典》、《吏部则例》等八种，行字与《聚珍版丛书》本不同，世称为聚珍版单行本。

武英殿聚珍版是清代内府所造的木活字，规模比较大，它是在元王祯的方法基础上加以发展与改进的。如王氏先在一块整版上雕字，用细锯锯开，而这次则先做一个个独立的木子，把字样贴于木子上刻字。王氏削竹片为界行，而这次则先用梨木按书籍式样，每幅刻18行格线名套版，印刷时先印框栏格子，再印文字于套格内，因此每页四周边栏接口处，不像一般活字本留有缺口。王氏用小竹片来垫版，这次则改用纸折条。王氏用转轮排字盘，以字就人，而这次则改用字柜，按照《康熙字典》分子、丑、寅、卯十二支名，排列12个大字柜，每柜做抽屉200个，每屉分大小8格，每格贮大小各4字，俱标写某部某字及画数，则知在于何屉，如法熟习，举手不爽。摆字的需要某字时，向管字人喊取，管字人听声就给他，当时认为“如此检查便易，安摆迅速”。大概摆大字书，每人一日可排二版，小字只排一版。又恐同时摆书，某一类字重复出现太多，字数不敷应用，则创为按日轮转之法，暂排别书，等木字归类后，继续排原书。印刷时如遇大热天，木子渗墨膨胀，即略为停手，将版盘风晾片刻，再为刷印。金简把办理这次印书经验写成总结，从造木子、刻字、字柜、槽版、夹条、顶木、中心木、类盘、套格、摆书垫版、校对印刷、归类，逐日轮转办法，分别条款，一一绘图说明。用这套聚珍版木字摆印，名《钦定武英殿聚珍版程式》（如图 14 所示）。比王祯的《造活字印书法》更为详明具体，是中国活字印刷史上的重要文献。武英殿聚珍版在故宫西华门内的武英殿。这大批珍贵的木字久贮武英殿内，未能充分利用。后来竟被值班的卫兵们拿来烤火取暖，早已荡然无存了。

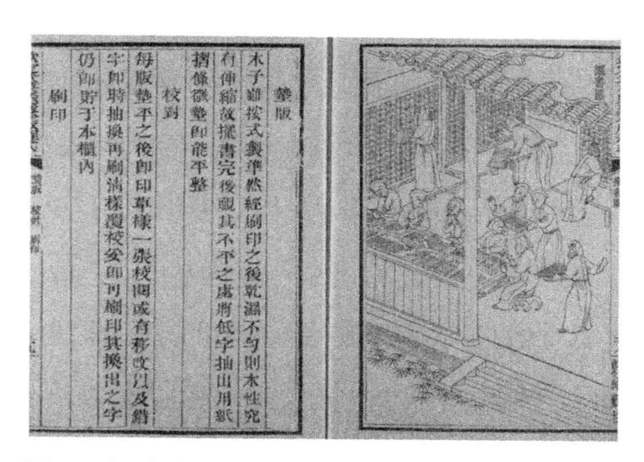
墊版
木子雖按式製準然經刷印之後乾濕不勻則木性究
有伸縮故擺書完後觀其不平之處將低字抽出用紙
摺條襯墊即能平整
校對
每版墊平之後即印草樣一張校閱或有移改以及錯
字即時抽換再刷淸樣覆校妥即可刷印其換出之字
仍歸貯于木櫃內
刷印

图 14　《钦定武英殿聚珍版程式》书影

自从《钦定武英殿聚珍版程式》介绍了简单易行的印书方法后，各地官衙私家纷纷仿效，地方衙门均曾用活字印书，印本均不多。同、光间在各省先后设立官书局，刊刻经史，多者至数百种。有人以为全部是刻版，其实也不乏活字。清代书院与明代书院一样，有的也用活字印书。清代私家木活字更为盛行，士大夫为了扬名显亲，与表彰先贤起见，往往自制活字，或借用或购买活字，来刊印自己与祖先的著作或当地的文献。还有营业性的书坊，不少采用木字印书。

总之，清代直隶（今河北）、山东、河南、江苏、浙江、安徽、江西、湖北、湖南、四川、福建、广东、陕西、甘肃等十四省，已各有活字印本了。

清代木活字印本除家谱外，不及雕版远甚。又活字印本数量一般亦较刻版为少，有的只刷印数部，多的也不过印数十部或百余部而已。清代木活字又印报纸，这是沿袭崇祯十一年（1638）以后的老法。袁栋说“近日邸报往往用活版配印，以便屡印屡换，乃出于不得已，即有讹谬，可以情恕也。”乾隆初年如此，直至清末仍如此。19世纪还用木活字印《京报》。光绪二十一年（1895）八月维新派人士在北京用木刻活字，出版一种刊物，也名《万国公报》，后改名《中外纪闻》，又名《中外公报》。隔日发行一册，形式与《京报》相似，每册只有论说一篇，每期印一两千份，随同《京报》附送王公大臣；但在是年冬就被清政府封禁。

中国古代重视门阀，故谱牒之学甚盛。家谱在元、明又兴起，清代大盛行。最通行者为家谱与宗谱两名，多用木活字印。家谱与方志是中国史学中两大巨流，一是家族史，一是地方史。

清代木字家谱分布在江、浙、皖、赣、湘、鄂、川、闽等省。清代木活字家谱，以江、浙两省占压倒多数，而两省中尤以浙江绍兴府、江苏常州府为最多。这些地区多聚族而居，族权发达，几乎村村有祠堂，每姓有家谱。绍兴府八县中县县有谱，绍兴一带有专门从事印谱的工人，俗称“谱匠”或“谱师”，其中仅嵊县谱师，清末即多至一百余人。每当秋收后，他们挑着字担，到绍兴或宁波一带乡镇做谱。他们字担上的木字或称木印，只有两万多字，分大、小两号，是用梨木雕成的宋体字，遇缺字则临时补刻，字盘用杉木制，用竹片垫平。

嵊县谱匠在长期工作实践中，为了把字排得更好更快，把字盘分常用字盘与生僻字盘两类，又称内盘与外盘。内盘放置常用的皇帝年号，天干地支，年月日时，长次幼男女，讳字号行，娶配适葬，一、二、三、四……数字及之、乎、者、也等虚字。外盘为便于记忆，编成“君王立殿堂，朝辅尽纯良”等五言诗28句。把头脚偏旁同类的字排在诗句的每一字下，如君（群）王（弄理圣王）立（产端）殿（殿殳）堂（尚掌），只要记住诗句，检字就比较迅速。这样既不同于武英殿的字柜，又异于王祯的转轮盘，在文字排列上，又突破了字典的部首常规，这种革新创造精神是很可取的。他们由五六人或七八人组成一班，内分刻字、图像、排字、刷印、打杂，而以包头（经理）总其成。工作时间视族分大小，谱中资料多少而定，少则一两月，多则四五月或半载即可完工。宁波所属鄞县、慈溪、镇海、奉化亦流行谱牒，台州、金华、衢州所属次之，浙西又次之。

江苏以常州、无锡一带为最盛。常州的排印工在清代最负盛名。包世臣云：“常州活版字体差大，而工最整洁，始惟以供修谱，间及士人诗文小集，近且排《武备志》成巨观，而讲求字画，编排行格，无不精密。”又“底刻而面写，检校为易，以细土铺平，版背折归皆便。”常州木字一头刻字，底面又写字，所以拣字归字比较容易。又用细土在字盘内铺平，作为垫版之用，以此印工被称为“泥盘印工”。因为常州泥盘印工技术高明，所以安徽人将省立的官书局——曲水书局设立在常州龙城书院先贤祠内，醵金招募梓人，自备聚珍。甚至有四川人把家谱稿本也寄到常州排印，而常州印工不到四五十天，就把《泸州南门高氏族谱》印好。常州附近的苏州府、镇江府及其所属各县也流行家谱。安徽则以旧徽州府绩溪、歙、黟、休宁、祁门、婺源六县及桐城为盛。安庆、宁国、池州、庐州四府偶有之。

家谱一般印数自七八部至十数部，或二三十部，也有多至四五十部甚至一百部的，每部编成字号，由各房珍藏。多用洁白连史纸印。开本甚大，因为木字大，本子自然随之而大，普通多为高约30厘米左右，宽约20厘米左右。绍兴、宁波一带的印本，有高至46厘米，宽至37.5厘米的。而康熙五十三年(1714)江西余干《黄埠徐字宗谱》竟高至50厘米,宽至33厘米,比一般印本宽大得多。清代活字家谱除木字外,又有用泥字或铜字印的各一种。

(2) 铜活字

清代政府最早制作的活字是铜字,比木字约早60年。康熙年间已有了铜字,《星历考原》、《数理精蕴》、《律吕正义》这几部天文、数学、音乐书籍,康熙末都用内府铜字排印。陈梦雷在诚亲王胤祉邸,借用内府铜字,印行了他的《松鹤山房诗集》9卷,《文集》20卷。诗文集宋字而略近颜体,笔画较粗,与《古今图书集成》横轻直重的标准方体字不同。

陈梦雷,康熙九年进士,因附耿精忠被发配关东。康熙三十七年东巡,梦雷献诗,得赦还京,皇帝令其辅导皇三子胤祉读书。他为了报答知遇之恩,曾研精覃思,利用王府及自己藏书,编辑了一部包罗万象的类书3 600余卷,名为《汇编》。从康熙四十年(1701)十月开始,向王府领银雇人抄写,至四十五年四月全书告成。仅在5年内,完成了这部大书的初稿。五十五年进呈钦定,赐名《古今图书集成》,于同年设馆,由陈梦雷所取修书人员80人,继续增订,约于五十八年完成。陈氏《汇编》原为3 000余卷。《图书集成》有1万卷,似乎是增加了6 000多卷。这部有1 600千万字的巨著,还是国内外学者经常使用的重要参考书。用铜字排印《古今图书集成》,是清内府最大的印刷工程。康熙五十九年奉谕旨刷印。

乾隆帝称,康熙年间编纂《古今图书集成》,"刻铜字为活版"。武英殿刻铜字人每字工银2分5厘,比木刻宋字(明体)、软字(楷体)的工资几乎贵几十倍,金属坚硬,比木版难刻,工价自然倍增。当时不说铸铜字人,而说"刻铜字人",可见铜字是刻的。这部大类书排印完工后,没有听说再印何书,就把大批铜字藏在武英殿的铜字库,设有库掌一员,拜唐阿二名,专门管理。后来就被这些管理人员监守自盗,恰巧北京钱贵,他们怕受罚，就建议毁铜铸钱。乾隆九年(1744)将铜字库所残存的铜字、铜盘统统销毁，改铸铜钱。后来乾隆想出版从《永乐大典》内辑出来的佚书时，已后悔无及，不得不重新雕造大批枣木活字了。

① 江苏

清代民间使用铜活字最早者，要算吹藜阁，吹藜阁主人可能为苏南常熟一带人。其印本有《文苑英华律赋选》4 卷，在书名页与目录下方及卷四终末行，均有“吹藜阁同版”5 字，同版就是铜版的简写，明人或写作“仝版”。书为虞山钱陆灿选，有康熙二十五年(1686)钱氏写的自序说：“于是稍简汰而授之活版，以行于世。”封面说是铜版，他又说是活版，其为铜活字版无疑。不过他没有说明铜活字版是自己的，或借用别人的。它的出版比《图书集成》要早 40 年，是清代最初的铜字本。

② 杭州

浙江杭州铜字印书可考的，有咸丰二年(1852)吴钟骏用聚珍铜版，印行他的外祖父长洲孙云桂所著的《妙香阁文稿》3 卷，《诗稿》1 卷。吴氏在跋文中称：“今岁长夏，校巡事毕，始以聚珍铜版，排次成文，印以行世。”他在杭州做官，遇聚珍版，就把它排印，可知铜字并非他自有，而是借用别人的。另一部杭州铜字本，是第二年(1853)满洲人麟桂在浙江做官时排印《水陆攻守战略秘书》7 种。末册有“省城西湖街正文堂承刊印”一行，是由麟桂出资，而由杭州书坊承印，书中只说用活字版印之。何以知其为铜字呢？因为它与福田书海林氏的铜版字体完全相同，以致又有人以为这部丛书是咸丰三年林氏铜版本。案林氏铜版本有《军中医方备要》，而此丛书 7 种中，也有这一种，两相比较，两书内容相同，字体行款一模一样，但有一两页未满行的，字数却不同，两本同中有异，可知并非一时所摆。盖一印于福州，一印行杭州，致有此微异。林氏排印的似乎只有《军中医方备要》，而此七书中每种前有麟桂题词，并无林氏之名，封面题麐月方伯集印，其为麟桂印于杭州无疑。又《水陆攻守战略秘书》的字体，与上述《妙香阁诗文稿》也几乎完全相同，而《妙香阁诗文稿》明明是铜聚珍本，因此他们都是铜字本。杭州所用的铜字，大概就是福州福田书海林氏的铜字，至于何以他的铜字会流落到杭州，则文献不足，无从查考了。

③ 福州（林春祺）

福田书海的铜活字，为福州林春祺所造。春祺 20 岁时曾赴杭州、苏州读书，跟他的父亲宦游洛阳、广东。他从小就听他的祖父和父亲谈起古铜版书，常常惋惜社会上没有铜版，以致古今博学之士的宝贵著作，因无力刊版而失传。他为了实现祖父的志向，于是从 18 岁那年起，就捐资兴工镌刻，花了 20 多万两银子，辛苦了 20 年，终于照《洪武正韵》笔划，刻成楷书铜字大、小各 20 余万字，古今字体悉备，大、小书籍皆可刷印。林氏镌刻了大、小铜字多至 40 余万个，在亚洲制造金属活字史上是罕有其匹的。这样在制造时财力、物力、人力上一定会遇到不少困难，无怪他说："为之实难，成更不易，中间几成而不成者屡矣。半生心血，销磨殆尽，岌岌乎黾勉成此。"又说："岁乙酉（1825）捐资兴工镌刊，时春祺年十八，至丙午（1846）而铜字版告成。"前后经过 21 年，时林氏年仅 40 岁。

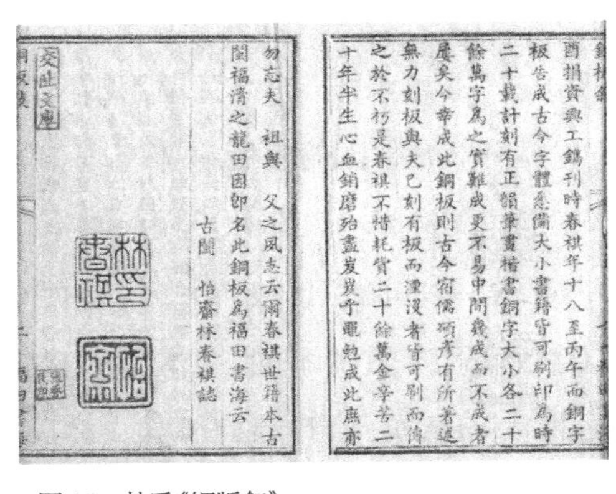
酉捐資興工鐫刊時春祺年十八至丙午而銅字
板告成古今字體悉備大小書籍皆可刷印爲時
二十載計刻有正韻筆畫楷書銅字大小各二十
餘萬字爲之實難成更不易中間幾成而不成者
屢矣今幸成此銅板則古今宿儒所著有所著述
無力刻板與夫已刻有板而湮沒者皆可刷而傳
之於不朽是春祺不惜耗貲二十餘萬金辛苦二
十年半生心血銷磨殆盡岌岌乎黽勉成此庶亦
勿忘夫 祖與 父之風志云爾春祺世籍本古
閩福清之龍田因卽名此銅板爲福田書海云
古閩 怡齋林春祺誌

图 15 林氏《铜版叙》

林氏原籍福清之龙田，因即名此铜版为"福田书海"云。林氏所印有顾炎武《音学五书》，而所见者只有顾氏《音论》和《诗本音》两种。在《音论》卷首有林氏自己写的《铜版叙》一篇（如图 15 所示），说明造铜活字的原因和经过，是中国制造铜活字的仅有文献。

书名反面有“福田书海铜活字版，福建侯官林氏珍藏”四行。《诗本音》末记镌刊铜版姓名，有“古闽三山林春祺怡斋捐镌”字样。铜字楷体精美，纸墨精良，每页版心下方均有“福田书海”四字。又林氏所印《军中医方备要》二小册，黄纸封面题“侯官林氏铜摆本”，行款字数与前二书同，版心却无“福田书海”四字，亦无出版年月。林春祺又印有《四书便蒙》14 册，版心有“福田书海”，扉页有“考镌铜字侯官林氏珍藏”。

④ 台湾(武隆阿)

台湾嘉庆十二年(1807)出现了铜活字本。有一位满洲将军武隆阿，姓瓜尔佳氏，正黄旗人，当时任台湾镇挂印总兵官，造铜字印书。龚显曾《亦园脞牍》卷一云：“台湾镇武隆阿刻有铜活字，尝见其《圣谕广训注》印本，字画精致。”安徽人姚莹道光间在台湾做官时，也看到武氏的铜字本，说：“此间有武军家亦铸聚珍铜版，字亦宋体，而每版只八行，不惬鄙意。”

清代铜版书虽不及明代之多，而除江苏、浙江、福建外，又有北京与台湾，流行的范围却更广泛，而规模之大，雕刻之精，也胜过明代了。

(3) 锡活字(佛山邓姓印工)

据美国人卫三畏(S. Wells Williams)的记载，鸦片战争后不久，中国人不但铸造过大批锡字，并有锡活字本的出现。广东佛山镇为清代四大镇之一，工商业发达，赌博特别兴盛。有一位邓姓印工为了印刷彩票，在道光三十年(1850)开始铸造锡活字，当年五月以前就铸成了两副活字，字数超过 15 万。他花了 10 000 元以上资本，前后造成 3 副活字，共 20 多万个，一副是扁体字，一副是长体大字，又一付为长体小字，作正文的小注用。他的铸造方法是首先在小块木头上刻字，把笔画刻清楚，用刻好的木字印在澄浆泥上，再把熔化的锡液浇入泥模中，等到锡液冷却凝固后，敲碎泥模，取出活字，经过修整，使其高低一律。这些碎泥第二次仍可用来做泥模。据说这比西洋用铜模铸字既简便，又经济。为了节约金属材料，他所铸锡字只有 4 分多高，比外国铅字短矮。印刷时他把活字一个个排列在光滑坚固的花梨木字盘内，扎紧四边，以免印刷时活字跳动，字盘三边各有一脊背，高与活字齐，印成时即为书的一面的边栏。用纯黄铜做界行，半页 10 行，中间被版心隔开，与雕版书一样，把一页分成两面。当稿子校正后，即上墨用刷帚来印刷。之后他几乎用了两年的时间，在咸丰二年(1852)印成了元代史学家马端临的《文献通考》348 卷，凡 19 348 面，订成 120 大册，字大悦目，纸张洁白，墨色清楚，这是世界印刷史上第一部锡活字印本。他在造模铸字方面有独创性，在排印用墨的技术也很成功。他还印了几种别的书，但书名已不可考了。

雕版印刷术在公元 7 世纪的中国诞生，活字印刷术又在 11 世纪由中国人首先发明，其中的源流、发展值得我们自豪和纪念，其中的历史悬疑也尚待人们去进一步探究。1 300 年以来，中国始终以雕版印刷为主，活字印书始终居次要地位。在活字印刷中又以木活字为主，且多出于私人之手。较为少见的官刻活字有康熙内府刻铜字及乾隆造木活字等，但并未普及。19 世纪鸦片战争前后，随着西方的石印、铅印技术输入中国，传统中国印刷技术被逐步淘汰，这一现象也值得我们深思。随着新世纪中国的日益强大，国际地位的日益提高，如何在当今信息化、电子化的环境里完善发展中文印刷的技术将是我们长期追求的目标。

（张善涛）

郑 诚

中国古代的火药与火器

一、火药的起源

二、宋元早期火器

三、元明传统火器

四、明清火器之欧化

五、军用火药之发展

技进于道

火药，本文特指黑火药，即由硝石(KNO_3)、硫黄(S)、木炭(C)按一定配比组成的混合物。有关火药的历史地位，最著名的评论，莫过于培根(Francis Bacon，1561～1626)《新工具》(*Novum Organum*)所言：印刷术、火药、指南针，在学术、战争、航海三个方面，“改变了整个世界的面貌和事物的状态”，“从这里又引起无数的变化，以致任何帝国、任何教派、任何星辰对于人类事务都不及这些机械发明更有力量和影响。”①

《新工具》出版于1620年，即万历四十八年，火药用于战争至少已有600年的历史了。20世纪中期以降，随着学术研究的深入，火药与火药武器发源于古代中国，得到了普遍承认。含有硝石、硫黄、木炭成分的混合物发生燃烧、爆炸现象，一般认为是中古术士在炼丹实践中发现的，时间不迟于唐代。10世纪末、11世纪初，宋朝开始量产军用火药，主要是含硝量较低的火药膏，用于制造弓弩发射的燃烧箭(火箭)与投石机抛掷的燃烧弹(火砲/火毬)。12～13世纪，宋金元三朝的长期战争中，出现了利用高硝火药冲击波的硬壳爆炸弹(铁火砲、震天雷)以及原始的管形火器(陈规火枪、金人飞火枪、寿春府突火枪)。最迟13世纪末，元朝军队已开始装备管形金属火器。14世纪中叶，元末群雄混战，火铳已非罕见之物。至14世纪后期，明朝军队装备了大量金属火器(铜手铳、碗口铳等)。15世纪初，以永乐天字铜手铳为代表的传统火器达到技术高峰。13世纪前后，中国火器技术向周边扩散，间接催生了欧洲的火药武器。16世纪前叶，欧洲火器又经海路传入东亚。16～17世纪，明朝东南沿海以及北部边疆的一系列军事冲突，推动了欧式火器的引进与本土化

① 译文参考潘吉星：“论中国古代火药的发明及其制造技术”。《科技史文集》(第十五辑)，上海科学技术出版社，1989年，第31页。略有改动。

(佛郎机铳、鸟铳、西洋大砲)。明人亦因地制宜,有所创造(如三眼铳、虎蹲砲、叶公砲等)。17 世纪中期,明清战争加速了火器欧化进程。17 世纪末,清廷掌握的火砲技术接近欧洲水平,此后则长期停滞。19 世纪中后期,经过两次鸦片战争及太平天国战争,清末最终转向全面引进西方近代军事技术。19 世纪末,随着近代化学工业的发展,古老的黑火药也被各类无烟火药取代,逐渐退出了军事领域。

中国火药、火器史研究,已然积累了丰厚的成果,研究文献数以百计,涵盖的历史时期长达千年,涉及化学史、军事史、技术史、中外交流史等诸多领域。总体框架相当完备,研究分支众多,存在大量问题与争论。本章的目标,主要是从技术史的角度,综述相关研究成果。分为火药的起源、宋元早期火器、元明传统火器、明清火器之欧化、军用火药的发展,凡五节。所涉时代,大致以 18 世纪为下限。挂一漏万,势所难免。①

一、火药的起源

讨论火药的起源,首先需要为火药下一个定义。从现代科学的角度,火药是能够产生自供氧内燃烧体系的混合物。其中不可或缺的成分

① 相关研究可参考:冯家昇:“火药的发现及其传布”。《史学集刊》,1947 年,第 5 期。(收入《冯家昇论著辑萃》,中华书局,1987 年,略有删节);冯家昇:《火药的发明和西传》,华东人民出版社,1954 年,及上海人民出版社,1978 年;有马成甫:《火砲の起原とその伝流》。吉川弘文館,1962 年;成东、钟少异编:《中国古代兵器图集》,解放军出版社,1990 年;李约瑟(Joseph Needham)等著:《中国科学技术史》(第五卷,第七分册,火药的史诗),科学出版社、上海古籍出版社,2005 年(据 1986 年英文版译出);钟少异主编:《中国古代火药火器史研究》中国社会科学出版社,1995 年;赵匡华、周嘉华;《中国科学技术史·化学卷》,科学出版社,1998 年;王兆春:《中国科学技术史·军事技术卷》,科学出版社,1998 年;刘旭:《中国古代火药火器史》,大象出版社,2004 年。

硝石,扮演了氧化剂的角色。所谓起源,也需区别发现与发明。在技术发明的意义上,火药之为火药,乃是有意利用其燃烧或爆炸特性而专门制造的人工产品。换言之,仅是发现某种含硝混合物具有爆燃爆炸现象,并不意味着发明了火药。

1. 火药与炼丹术

冯家昇先生的经典论文《火药的发现及其传布》(1947)确立了解释火药起源问题的基本论点,即中国古代炼丹家发现/发明了火药[①]。换作更为严格的表述,即中古术士在炼丹活动中发现含硝混合物的爆燃爆炸现象,进而发明了火药。

炼丹术主要分为外丹术(造长生延年药)与黄白术(炼造药金药银),始于汉晋,至唐大盛。半个多世纪来,为探究火药起源,炼丹术文献(集中收于《道藏》)中同时含有硝石、硫黄(或雄黄、雌黄)、炭质(或有或无),可能引起(或刻意避免)爆燃爆炸的配方、制法,大都得到了认真考察,深化了我们对古代炼丹实践的认识。[②] 追溯火药的起源,实际上是探讨古人认识含硝混合物性质的历程。

硝石(消石)、硫黄(及雄黄雌黄)见于今本《神农本草经》,汉代以降即为医家与丹师常用之物。中土炼丹术的药物配伍原则遵循阴阳学说,硝石、硫黄分别被视作阴药与阳药,同时烧炼的机会较多。东晋年间

---

① 该文开篇强调了发现与发明的区别,认为火药是炉火家(即炼丹术士)偶然发现的(收入《冯家昇论著集萃》1987年的版本无此节)。《火药的发明和西传》(1954)则始终用"发明"之说。

② 研究回顾,参阅刘广定:"火药源起时期的问题"。《中国科技史论集》,国立台湾大学出版中心,2002年,第351～359页。

(4 世纪)或许已有炼丹术士发现含硝混合物的爆炸现象。[①] 早期文献中所谓消石,涉及多种盐类,并非专指硝酸钾。陶弘景(5 世纪)《本草经集注》记载了通过“强烧之,紫青烟起”,鉴别“真消石”之法。[②] 焰色反应为判断钾硝提供了可靠依据。

一般认为,唐代流行的伏火法与火药的发明关系密切。伏火是炼丹活动中的常用措施,目的在于改变药物固有本性,适应炼丹的各种特殊需要,含义广泛,方法多样。外丹术主要以火炼的方法去除金石毒性,制造长生药,故曰伏火。黄白术中,普遍使用四黄(即雄黄、雌黄、硫黄、砒黄)点化赤铜、铅锡为“金银”。这些点化药剂受强热时容易挥发、燃烧失散,需作预处理,制伏其本性,也称伏火。[③]

宋人纂集《诸家神品丹法》卷五,辑录了 4 种“伏火硫黄法”或“伏硫黄法”,其四:

伏火硫黄法

硫黄、硝石各二两,令研。右用销银锅,或砂罐子,入上件药在内,掘一地坑,放锅子在坑内,与地平,四面却以土填实。将皂角子不蛀者三个,烧令存性,以钤逐个入之。候出尽焰,即就口上着生熟炭三斤,簇煅之。候炭消三分之一,即去余火不用。冷取之,即伏火矣。[④]

---

① 王奎克等:“砷的历史在中国”。《自然科学史研究》,1982 年,第 2 期;容志毅:“东晋道士发明火药新说”。《化学通报》,2009 年,第 2 期。所据史料可有多种解释,难以定论。

② 陶弘景编,尚志钧、尚元胜辑校:《本草经集注》(辑校本),人民卫生出版社,1994 年,第 137 页。

③ 赵匡华、周嘉华:《中国科学技术史·化学卷》,第 411～413、453～456 页。特别考察了木炭(草木药)如何引入丹药配方,成为伏火的重要药剂。

④ 《正统道藏·洞神部·众术类》(第 594 册)。4 条分题作“葛仙翁紫霄丹经法·伏火硫黄法”、“孙真人丹经内伏硫黄法”、“黄三官人伏硫黄法”、“伏火硫黄法”。“伏火硫黄法”曾被视为“孙真人丹经”的内容(冯家昇,1947)。后来研究者多不取此说。

即采用硫黄、硝石与皂角子(含碳物质)合烧之法,制造“伏火硫黄”。此方具体年代无考,一般认为出于唐代。

类似的方法,又见于《铅汞甲庚至宝集成》卷二《太上圣祖金丹秘诀》:

> 伏火礬法
>
> 硫二两、硝二两、马兜铃三钱半。右为末,拌匀,掘坑,入药于罐,内与地平。将熟火一块弹子大,下放里面。烟渐起,以湿纸四五重盖,用方砖两片,捺以土,塚之。候冷取出,其硫黄住。每白礬三两,入伏火硫黄二两为末,大甘锅一个,以药在内,扇成汁,倾石器中,其色如玉也。①

即用硫、硝、马兜铃(含碳物质)共烧,制成“伏火硫黄”。再以“伏火硫黄”与白礬混合,制造“伏火礬”。以上 2 种伏火法的目的是改变硫黄性质,方法是通过可控的低强度燃烧反应(出现“焰”、“烟”),得到不易挥发、燃烧的稳定物质“伏火硫黄”。埋罐入地,实以砖土,应是安全措施。上述两种伏火法中,均出现硝、硫及含碳物质的混合物,形式上与黑火药类似,但属于加工环节,并非最终产品。《铅汞甲庚至宝集成》据考系元代或明初(14 世纪)纂集之书,所收《太上圣祖金丹秘诀》题元和三年(808)清虚子撰,很可能出于伪托,未必是 9 世纪初的著作。②

有关炼丹爆炸事故的记载,也为火药起源问题提供了线索。《太平广记》卷十六引李复言(9 世纪初)《续玄怪录》杜子春故事,炼丹不慎造成“紫焰穿屋”、“屋室俱焚”。紫焰常被视作存在硝石的佐证。五代中期(10 世纪前叶)成书的《真元妙道要略》罗列炼丹禁忌,提及“有以硫黄、

① 《正统道藏 · 洞神部 · 众术类》(第 595 册)。
② 王家葵:“《铅汞甲庚至宝集成》纂著年代考”。《宗教学研究》,2000 年,第 2 期。

雄黄合硝石，并蜜烧之，焰起烧手面及烬屋舍者”；又云“硝石宜佐诸药，多则败药。生者不可合三黄等烧，立见祸事。凡硝石伏火了，赤炭火上试，成油入火不动者即伏矣。”①所谓硝之生者，也就是未经“伏火”改性之硝。《铅汞甲庚至宝集成》卷四《丹房镜源》则记载了用炭火草叶共热伏硝之法，可令硝“不折一切物”。②

由于史料极为有限，且形成年代难以确考，目前仅可大致推测，唐代炼丹术士利用硝与草木药合烧硫黄，改造硫黄药性，获得不易挥发的“伏火硫黄”；又以硝与草木药合烧，获得丧失助燃性的“伏火硝石”；对于硝硫炭质混合物易燃易爆，已有了明确的认识。当某些术士开始尝试利用这类混合物的破坏力，火药的发明也就不远了。根据现有文献，火药最初便是用作武器，火药武器出现的时间不晚于北宋初年(10 世纪末)。

2.《武经总要》火药方

宋敏求(1019～1079)《东京记》记载，北宋都城开封府设有广备攻城作，“其作凡一十目，所谓火药、青窑、猛火油、金火、大小木、大小炉、皮作、麻作、窑子作是也。皆有制度作用之法，俾各诵其文，而禁其传。”①大略同一时期由曾公亮等人奉诏编纂的《武经总要》(约 1047 年成书)详细记载了 3 个火药配方，或许便是上述开封府火药作的定例，也是世界范

---

① 《真元妙道要略》原题郑思远撰，考见翁同文：“真元妙道要略的成书时代及相关的火药史问题”。《宋史研究集》(第七辑)，中华丛书编审委员会，1974 年，第 271～290 页。

② 有研究者认为《铅汞甲庚至宝集成》所收《丹房镜源》系宋人伪托，成书于北宋大观二年(1108)至南宋末年。参见王家葵：“炼丹家本草《丹房镜源》考略”。《中华医史杂志》，1996 年，第 1 期。

① 王得臣：“麈史・卷上・朝制”。《全宋笔记》(第 1 编，第 10 册)，大象出版社，2003 年，第 9 页。引宋敏求(次道)《东京记》。

围内已知最为古老的火药配方。[②]

其一为通行配方，既用于抛石机发射的火毬，又可用于燃烧箭，可称为火砲火药。

> 火药法
> 晋州硫黄十四两　窝黄七两　焰硝二斤半
> 麻茹一两　乾漆一两　砒黄一两
> 定粉一两　竹茹一两　黄丹一两
> 黄蜡半两　清油一分　桐油半两
> 松脂一十四两　浓油一分
> 右以晋州硫黄、窝黄、焰硝同捣，罗砒黄、定粉、黄丹同研，乾漆捣为末，竹茹、麻茹即微炒为碎末，黄蜡、松脂、清油、桐油、浓油同熬成膏。入前药末，旋旋和匀。以纸五重裹衣，以麻缚定，更别镕松脂傅之。以砲放。复有放毒药烟毬法，具火攻门。[③]

一枚火毬所需火药膏总重 82.2 两，约 5 斤。焰硝占 49%，晋州硫黄（晋州硫铁矿所产人工硫黄）17%，窝黄（或系天然硫黄）约 8.5%；黄蜡、松脂、清油、桐油、浓油占 18.5%，这些易燃含碳物，也是火药膏的粘合剂。其他成分仅占 7%。竹茹、麻茹等纤维物质，有利于火药膏成团。砒黄、定粉、黄丹似是用于产生毒烟。以上述物料制成膏团，用五层纸包裹，麻

② 矢野仁一(1917)最早发表论文，揭示《武经总要》火药方的重要性。参见矢野仁一："支那に于ける近世火器の伝来に就て"（上、下）。《史林》（第二卷，第三号、第四号），京都帝国大学，1917 年 7 月、10 月。后收入氏著《近代支那の政治及文化》（东京：イデア书院，1926），第 320～369 页。

③ 曾公亮、丁度等撰：《武经总要前集》（卷十二），50b～51a，正德间刊本。郑振铎编：《中国古代版画丛刊》，上海古籍出版社，1988 年。

绳固定，外涂松脂。参照同卷烟毬、蒺藜火毬条说明，施放时需用铁锥烙透点燃。

据今人模拟实验，此类火药膏初为黑褐色胶泥状，十余小时后凝结为坚硬固体。仿制火毬用烧红铁锥点火，“燃烧猛烈，呈白色光焰。经测试，燃烧中心温度达 1 300℃”①。火毬是燃烧性火器，火药含硝量低，也没有独立的炭粉，不具备爆炸性能。但燃烧时间长，燃烧温度高，且不易熄灭。可以设想一枚点燃的火毬自抛石机投向高空，飞行百米，重重坠落，纸囊破碎，燃烧物四散飞溅的情景。

其次为蒺藜火毬火药。

> 蒺藜火毬，以三枝六首铁刃，以火药团之，中贯麻绳，长一丈二尺。外以纸并杂药傅之，又施铁蒺藜八枚，各有逆须。放时，烧铁锥烙透，令焰出。
>
> 火药法：用硫黄一斤四两，焰硝二斤半，粗炭末五两，沥青二两半，乾漆二两半，捣为末。竹茹一两一分，麻茹一两一分，剪碎。用桐油、小油各二两半，蜡二两半，镕汁和之。外傅用纸十二两半，麻一十两，黄丹一两一分，炭末半斤，以沥青二两半，黄蜡二两半，镕汁和合，周涂之。②

不计外敷部分，内部火药膏 79.7 两，约 5 斤。火药配方与前者大同小异。主要可燃物：焰硝 50%，硫黄 25%，粗炭 6%；桐油、小油、蜡，9.5%。有独立炭粉。燃烧猛烈，燃速高于火砲火药，但仍不具备爆炸性能。

其三为毒药烟毬火药方。

---

① 刘旭：《中国古代火药火器史》，第 18～20 页。

② 曾公亮、丁度等撰：《武经总要前集》（卷十二），57a。

> 毒药烟毬。毬重五斤,用硫黄一十五两,草乌头五两,焰硝一斤十四两,芭豆五两,狼毒五两,桐油二两半,小油二两半,木炭末五两,沥青二两半,砒霜二两,黄蜡一两,竹茹一两一分,麻茹一两一分,捣合为毬,贯之以麻绳一条,长一丈二尺,重半斤,为弦子。更以故纸一十二两半,麻皮十两,沥青二两半,黄蜡二两半,黄丹一两一分,炭末半斤,捣合涂傅于外。若其气熏人,则口鼻血出。二物并以砲放之,害攻城者。①

毒药烟毬,内部药料重约 5 斤(77.7 两),焰硝占 38%、硫黄 19%、木炭末 6%;桐油、小油、沥青、黄蜡、竹茹、麻茹,占 15%;4 种毒药(草乌头、芭豆、狼毒、砒霜)占 22%。焰硝的比例在 3 种配方中最低。经模拟实验,烧红铁锥刺入纸包球内,有一点火苗喷出,拔出铁锥,喷出灰黑色烟气。该配方燃烧热很低,有利于施放毒烟。②

综合来看,上述 3 种火药方内,焰硝和硫黄都是含量最高的物质,合计约占 60%~75%;硝、硫之比为 2 比 1。3 种配方均含有桐油、竹茹、麻茹、黄蜡,似为粘合定型之用。其余配料,视功能而增减。这类配方应当是在传统军用燃烧剂配方基础上改进而成。

二、宋元早期火器

自 11 世纪初至 13 世纪末 200 年间,燃烧性火器、爆炸性火器、管形火器(从喷火筒至管形金属射击火器)相继出现,得到广泛使用,奠定了

① 曾公亮、丁度等撰:《武经总要前集》(卷十一),23a。
② 杨硕、丁儆:"古代火药配方的实验研究"。《中国古代火药火器史研究》,第 49~50 页。

火药武器的基本类型。

1. 燃烧性火器

火药什么时候开始用于军事，或者说最早的火药武器何时出现？10世纪初之说影响甚大，至今广为沿用。[①] 唐末藩镇混战，天佑三年(906)九月，淮南军攻克洪州(即豫章，今南昌)(《资治通鉴》卷二六五)。据路振(957～1014)《九国志》，淮南军武将郑璠“从攻豫章，璠以所部发机飞火，烧龙沙门。率壮士，突火先登。”按宋初许洞《虎钤经》(约1004年成书)卷六：“飞火者，谓火砲、火箭之类也。”明代之前，所谓“砲”指的是抛石机，或其抛掷物。火砲则指抛掷纵火物的抛石机，或其抛掷的纵火物。早期研究者未能在宋以前文献中发现“火砲”一词。鉴于《武经总要》(1047)所载火砲、火箭之纵火物已是火药制品，故而推论10世纪初的豫章之战已经使用了火药武器，“发机飞火”可能是抛石机发射火药燃烧弹。

实际上，根据《武经总要》反推百年之前的情况并不可信。唐人武元衡(758～815)《出塞作》即有“白羽矢飞先火礮，黄金甲耀夺朝暾”之句。唐代兵书《太白阴经》所述火箭，乃是“以小瓢盛油冠矢端”，射出后瓢破油散，再行纵火燃烧。唐代火砲、火箭所用纵火物原是油脂艾草等传统材料。将“发机飞火”解释为火药武器，恐难以成立。[②]

北宋初年，出现了不少新式火攻战具。按《玉海》卷一五〇《兵制》：

---

① 冯家昇：“火药的发现及其传布”。《史学集刊》，1947年第5期；冯家昇：《火药的发明和西传》，第16页。后文的观点更为明确。

② 详见钟少异：“10世纪初火药应用于军事的两个推论质疑”。《中国古代火药火器史研究》，第55～62页。

“开宝二年(969)三月,冯继昇、岳义方上火箭法,试之,赐束帛。”《宋会要辑稿》兵二六:“真宗咸平三年(1000)八月,神卫兵器军队长唐福献亲制火箭、火毬、火蒺藜。”①《续资治通鉴长编》卷五二:咸平五年(1002),“冀州团练使石普自言能为火毬、火箭,上召至便殿,试之,与辅臣同观焉”。开宝二年的“火箭”当属创新之物,与传统燃烧箭有异,很可能已是火药武器。咸平三年的火箭、火毬、火蒺藜,可与《武经总要》互证,当是火药武器无疑。

北宋早期的主流火药武器,仍是借助弓弩、抛石机、抛石索发射,利用纵火物燃烧攻敌,延续了传统思路。改进之处在于火药膏团代替了油脂草艾,火箭火砲随之有了新旧之别。宋初的燃烧用火药膏团,相对后世发射用火药,硫黄、油脂含量高,硝石含量低。较之传统纵火物,火药膏燃烧时间长,不易熄灭(硝石为强氧化剂)。今人模拟实验,仿造《武经总要》常规火药(火砲火药)成品,发现用木炭火、皮纸绳火等煴火,尚且不能点燃。需如《武经总要》所述,使用烧红的铁锥点火。② 引燃难度较高,看来是为了保证使用安全的设计。

根据《武经总要》,火药燃烧箭主要有两种形制。一种是常规“火箭”,“施火药于箭首,弓弩通用之,其缚药轻重,以弓力为准”(前集卷十三)。其二为“火药鞭箭”,“以火药五两贯簇后,燔而发之”,借助竹竿绳索,以甩鞭之法掷出(前集卷十二)。

宋代火药燃烧箭的产量很大。元丰七年(1084),开封府供应河州、

① 《宋史》卷一九七《兵志》:开宝三年(970),“兵部令史冯继昇等进火箭法,命试验,且赐衣物束帛”;咸平三年(1000),“八月神卫水军队长唐福献所制火箭、火毬、火蒺藜”。《续资治通鉴长编》卷四七,咸平三年(1000)九月辛丑条:“神卫水军队长唐福献火箭、火毬、火蒺藜”。

② 刘旭:《中国古代火药火器史》,第18～19页。

熙州等地(今甘肃)边防军器,各类常规弓弩刀牌之外,有神臂弓火箭 10 万只,火药弓箭 2 万只,火药火砲箭 2 千只,计 12 万 2 千只,约占供给总箭数的十分之一;另有火弹 2 千枚,当为抛石机所用。① 《三朝北盟会编》卷六八引《避戎夜话》,靖康元年(1126),宋军统制姚仲友建议在汴京城东壁布防 500 人,每人发火箭 20 支,常箭 50 支,每个火盆内烧 10 个铁锥,供 20 名射手发射火箭。列入火盆、铁锥,应是配合火药箭使用。南宋末年,火药燃烧箭仍在批量制造。开庆元年四月至景定二年七月(1259～1261),2 年 7 个月内,建康府(今南京)火器工场“添修二万五千三百九十五件”,内有火弓箭 9 808 只,火弩箭 12 980 只(《景定建康志》卷三九)。

宋人的火药武器很快传入辽国。熙宁九年(1076)五月辛酉,“河东路经略司言:‘北界人称燕京日阅火砲,令人于南界榷场私买硇黄、焰硝,虑缘边禁不密,乞重立告赏格。’于是审刑院、大理寺申明旧条行之。”(《续资治通鉴长编》卷二七五)可见此类禁令早已有之。对邻国施行火药原料禁运,并未能阻止新技术的传播。也正是由于战争频仍,刺激了火药武器的发展。

2. 爆炸性火器

爆炸性火器大概是最早以火药作为动力能源的武器。11 世纪中叶

① 李焘:《续资治通鉴长编》(卷三四三),元丰七年三月癸巳条。北宋各地守军武器配置差异甚大,按《续资治通鉴长编》(卷二九三),元丰元年(1078)十月壬戌条:“军器监言……如大名府城围四十余里,砲手止有四人,其他挂搭、施放火药、(金)[金]火等人,亦皆阙。”又,黑水城出土伪齐阜昌三年(1132)文书,有调动砲手二人、火药匠两人之记载。参见孙继民:“火器发展史上的重要文献——新刊伪齐阜昌三年(1132 年)文书解读”。《敦煌吐鲁番研究 · 第十卷》,上海古籍出版社,2007 年。

成书的《武经总要》列举了火毬、火箭等10余种火器，主要是燃烧性火器。[①] 12世纪初至13世纪初，宋金战争中，出现了一些疑似爆炸性火器的记载。靖康元年(1126)，金兵围汴京，宋军“夜发霹雳砲以击贼”(李纲《靖康传信录》卷二)。文字过简，无从稽考。绍兴三十一年(1161)采石矶之战，南宋水军发射“霹雳砲”，“盖以纸为之，而实之以石灰、硫黄。砲自空而下落水中，硫黄得水而火作，自水跳出，其声如雷。纸裂而石灰散为烟雾，眯其人马之目”(杨万里《海鳝赋后序》)。药料如仅有硫黄，当不至发生爆炸。“自水跳出”，亦难致信。此物或许是填装火药、石灰的纸壳炸弹。再如开禧三年(1207)襄阳之战，守城宋军使用了“霹雳砲”、“霹雳火砲”(赵万年《襄阳守城录》)。

从传世文献看来，金朝军队首先大规模使用了铁壳炸弹(铁火砲、震天雷)。按赵与褰《辛巳泣蕲录》，嘉定十四年(1221)，金兵围攻南宋蕲州(今湖北蕲春)。守城宋军“同日出弩火药箭七千支、弓火药箭一万支、蒺藜火砲三千支、皮大砲二千支。”估计仍为低硝燃烧性火器。金军则动用抛石机，向城中大量发射“铁火砲”——“形如匏状而口小，用生铁铸成，厚有二寸，震动城壁”，“其声大如霹雳”。一宋兵被“铁火砲所伤，头目面霹碎，不见一半”。铁火砲无疑是高硝爆炸性火器。

天兴元年(1232)，蒙古军队围攻金南京(汴梁，今开封)，最令攻城部队畏惧的武器乃是金军的震天雷与飞火枪(后详)。“其守城之具，有火砲名震天雷者，铁罐盛药，以火点之，砲起火发，其声如雷，闻百里外，所爇围半亩之上，火点著甲铁皆透”。蒙古军以“牛皮洞”推至城下，借助掩体保护，挖凿城墙。金军“以铁绳悬震天雷者，顺城而下，至掘处

① 有研究者认为蒺藜火毬和霹雳火毬是最早见诸记载的爆炸性火器。此说仍存争议。叶英：“爆炸性火器的起源”。《中国古代火药火器史研究》，第73～79页；刘旭：《中国古代火药火器史》，第20～21页。

火发,人与牛皮皆碎迸无迹。”(《金史·赤盏合喜传》)[①]震天雷应是体积较大的铁壳炸弹。金朝统治着硝石、硫黄(山西)资源丰富的华北地区,又与技术水平较高的宋朝长期对峙,拥有发展新式火器的有利条件。

金朝灭亡(1234),长达40年的宋蒙战争随即开始。南宋大量生产铁火砲。宝祐五年(1257),李曾伯谓“荆淮之铁火砲动十数万只。臣在荆州,一月制造一二千只。”(《可斋续稿后集》卷五)。1259～1261年,建康府造成“十斤重铁砲壳四只,七斤重铁砲壳八只,六斤重铁砲壳一百只,五斤重铁砲壳一万三千一百零四只,三斤重铁砲壳二万二千零四十四只。”(《景定建康志》卷三九)。金、宋灭亡,铁火砲为蒙元继承。竹崎季长的名作《蒙古袭来绘词》(1293),图绘1274年元军远征日本之役,战斗场景中便出现了一颗火焰喷出,弹片飞溅的圆形炸弹。至元十七年(1280),扬州砲库也曾因管理不善,发生极为惨烈的火药爆炸事故(周密《癸辛杂识前集·砲祸》)。

爆炸性火器需要高硝火药、坚硬外壳(杀伤元件)、引信装置。关于早期引信的记载,有一种观点认为,《武经总要》中蒺藜火毬、霹雳火毬的外傅杂药(不含硝、磺)可形成缓燃药层,起到点火引信的作用。[②]《武经总要》中的猛火油柜(希腊火喷火器)则使用低硝火药(火砲火

---

① 约在弘治十年(1497)稍前,何孟春“春往使陕西,见西安城上旧贮铁砲曰震天雷者,状如合碗,顶一孔,仅容指,军中久不用。余谓此金人守汴梁之物也。”又云“其城上震天雷又有磁烧者”。参见何孟春:《余冬序录》(卷五七),11a～b,四库全书存目丛书子部第101册影印嘉靖刻本;明代空心铸铁弹实物遗存,参见程瑜、李秀辉、范学新:“北京市延庆县出土兵器的初步研究”。《文物科技研究》(第7辑)科学出版社,2010年,第148～159页。又,天启六年(1626)的宁远之战,守城明军用“万人敌”(罐装炸药)击毁后金军覆盖“一层牛皮一层铁皮”的凿城掩体,与金人用震天雷守汴梁事如出一辙。

② 叶英:“中国引信起源的发现与考证”。《现代引信》,1991年,第1期。

药)作为引火物。元好问《续夷坚志》卷二,记金世宗大定(1161～1189)末年,山西阳曲一猎户捕狐,“腰悬火罐,取卷爆潜爇之,掷树下。药火发,猛作大声,群狐乱走,为网所罥。”一般认为此处的“卷爆”当即引火线。

3. 管形火器

管形火器可大致分为喷火器与射击火器。12 世纪的陈规“火枪”、13 世纪金人“飞火枪”、寿春府“突火枪”,公认为最早的三种管形火药武器。①

据汤璹《德安守御录》(1193),绍兴二年(1132),知府陈规指挥德安(今湖北陆安)防御战,获得胜利。是役“又以火砲药造下长竹竿火枪二十余条,撞枪、钩镰各数条,皆用两人共持一条,准备天桥近城,于战棚上下使用”。按《三朝北盟会编》卷一五一,“[陈]规以六十人持火枪自(两)[西]门出,纵烧天桥,城上以火牛助之,倏忽皆尽。”这种需要两人共持的长杆竹火枪或在 3 米以上,用于焚毁敌方的木制登城塔架(天桥)。所用“火砲药”仍应是燃烧性的低硝火药。这类竹竿火枪相当于火焰喷射器(喷火枪)。

火药喷火枪,100 年后再次见于文献记载。天兴元年(1232)的汴梁保卫战,守城金军的一大利器为“飞火枪”,“注药以火发之,辄前烧十余步,人亦不敢近”(《金史・赤盏合喜传》)。次年(1233),金军将领蒲察

① 敦煌一绢本彩绘佛画中恶魔手持的喷火筒状物,曾被视作 10 世纪的火枪(火药喷火枪),系中国最早的管形火器;也有人认为四川大足石窟一神像手持瓶状物表现了 12 世纪初的手铳。后续研究表明,前者缺乏旁证;后者神像手持者实为风袋,而非手铳。参见刘旭:《中国古代火药火器史》,第 26～29 页.

官奴计划放弃归德，撤往蔡州，先行偷袭城外蒙古军营寨，“五月五日，祭天。军中阴备火枪战具，率忠孝军四百五十人……持火枪突入。北军不能支，即大溃。”火枪与飞火枪实为一物，《金史·蒲察官奴传》载其形制：

> 枪制，以敕黄纸十六重为筒，长二尺许，实以柳炭、铁滓、磁末、硫黄、砒霜之属，以绳系枪端。军士各悬小铁罐藏火，临阵烧之，焰出枪前丈余，药尽而筒不损。盖汴京被攻已尝得用，今复用之。

长度约70～80厘米的厚纸筒，固定于枪杆前端，当可单人手持。史传未提及硝石，然火焰既可发“丈余”，药料中必有此物。“小铁罐藏火”，可随时点燃引信。砒霜产生毒烟。铁滓、磁末，如颗粒较大，可形成硬质杀伤物。总体而言，飞火枪仍是喷火武器。①

此后宋军亦有使用火枪的记载。德祐二年(1276)，宋将姜才与元将史弼战于扬州，宋军“骑士二人挟火枪刺弼，弼挥刀御之，左右皆仆，手刃数十百人。”(《元史·史弼传》)这段史料似可解读为枪端筒内火药喷射放尽，仍可用作冷兵器刺敌。

就目前所知，“突火枪”是最早见于史籍记载的管形射击火器。按《宋史·兵志》：

> 开庆元年(1259)，寿春府……又造突火枪，以巨竹为筒，内安子窠，如烧放，焰绝然后子窠发出，如砲声，远闻百五十余步。

---

① 铁屑粉末是也烟火成“花”效果的必要配料，飞火枪的出现似与烟火的发展颇有关系。

“突火枪”可以说是近代枪砲的鼻祖。这种武器并不依靠喷射火焰伤敌。“子窠”究竟何物，难以定论，很可能是颗粒状硬物，与火药分层填装。“焰绝”似指引火线烧尽。爆炸声则为火药燃气推送“子窠”至管口，瞬间猛烈膨胀所导致。13 世纪前期爆炸性火器已然流行，高硝火药足以炸碎铁质外壳。竹筒强度低，限制了火药性能。发挥高硝火药优势，提高射击威力，金属管形火器已然呼之欲出了。按《景定建康志》卷三十九《军器》，1259～1261 年，建康府制造“突火筒”333 个、添修 502 个。“突火筒”与“突火枪”有何异同，尚难定论。元代的金属管形射击火器“火筒”似乎继承了“突火筒”的名称。①

三、元明传统火器

1. 元代铳筒

13 世纪晚期至 15 世纪前期，即元初至明初约百年间，火药武器最显著的发展当属管形射击火器的出现与发达。按《元史·达礼麻识理传》：至正二十四年(1364)，上都留守达礼麻识理“纠集丁壮苗军，火铳什伍相联”。这支部队装备的火铳是何面目？

借用明代火器称谓，传世元代火铳实物可分碗口铳(或盏口铳)与手铳两类，均为铜制。内蒙古锡林郭勒盟元上都遗址东北发现的大德二年(1298)款碗口铳，是迄今所知最为古老的火砲遗存。该铳为铜铸，铜色紫，重 6 210 克，全长 34.7 厘米。铳身可分铳口、前膛、药室、尾銎 4 节。

① 钟少异：“早期管形火器研究”。《中国古代火药火器史研究》，第 116～119 页。

铳口外侈，略成碗形。口外径 10.2 厘米，内径 9.2 厘米，壁厚 0.5 厘米，膛深 27 厘米。药室微隆起，上开有一药线孔(火门)。尾銎中空，长 6.5 厘米，两侧有对称穿孔，径约 2 厘米。尾口周沿略凸起，径 7.5 厘米。铳身阴刻两行八思巴字铭文，释读作"大德二年于迭额列数整八十"。"迭额列"应是专有名词，推测当为地名或职司。铳尾对称穿孔，推测用于安置水平轴，既可将铳身固定于铳架，又便于俯仰瞄准，作用类似后世的砲耳。此铳无疑是元朝官造火器，很可能是卫戍上都的元军遗物。①

大德二年款碗口铳发现之前，国家博物馆藏"至顺三年"(1332)款铜碗口铳长期被视为铸造年代最早的火砲。该铳长 35.3 厘米，口径 10.5 厘米，尾底口径 7.7 厘米，重 6 940 克，铳口外侈，尾銎两侧开有对称方孔。② 形制与大德二年铳颇为相似。

铜手铳是单兵携带的轻型火器，铳身分前膛、药室、尾銎 3 段。药室隆起，上开一孔。尾銎中空，可插入木柄。黑龙江阿城、西安东关景龙池、北京通县各曾出土一件无铭文铜手铳，研究者认为系元代之物。军事博物馆所藏"至正辛卯"(1351)款铜手铳，铭文可疑。③ 浙江余姚发现之"天佑丙申　朱府铸造"款铜手铳，可以确信为张士诚在江浙一带称王时所造，天佑三年丙申即元至正十六年(1356)。该铳全长 32.6 厘米，铳口内径 2.8 厘米，重 3 665 克。前膛长 16.5 厘米。药室突起，腹围 18.8 厘米。尾銎长 16.5 厘米。前膛外壁阴刻铭文。铳口、铳尾各有一道加

① 钟少异、齐木德・道尔吉、砚鸿、王兆春、杨泓："内蒙古新发现元代铜火铳及其意义"。《文物》，2004 年，第 11 期。

② 王兆春：《中国古代军事工程技术史(宋元明清)》，山西教育出版社，2007 年，第 84 页。该铳铭文是否伪造，不无疑点。参见杨价佩："元代火铳研讨会综述"。《中国古代火药火器史研究》，第 190～198 页。

③ 杨价佩："元代火铳研讨会综述"。《中国古代火药火器史研究》，第 190～198 页。

强箍，药室前后各有两道加强箍。[1]

元代火铳，时人多谓之“火筒”。按徐勉之《保越录》(1359)，至正十九年(1359)二月，朱元璋部将胡大海攻绍兴城，张士诚部将吕珍坚守，战至五月围解。远程武器，双方均使用箭、砲(投石机)、火筒。守军屡次以“火筒”击杀敌方攻城前锋，至射死一将领；三月间，守军巡河战船“每以火筒数十应时而发”，击退胡部。五月，胡大海全面攻城，“飞矢如雨，又以火筒、火箭、石砲、铜弹丸击射入城中”。[2]

至正二十六年(1366)十一月，徐达率军包围张士诚都城平江(今苏州)，架设高台，俯瞰城内，“每层施弓弩、火铳于上，又设襄阳砲以击之，城中震恐”(《明太祖实录》卷二一，丙午十一月癸卯)。[3] 次年六月，张士诚之弟张士信为“龙井砲”击死。时人杨维桢(1296～1370)称“龙井砲”为“铜将军”，赋诗咏之(《铁崖逸编》卷二)。铜将军似即铜制火铳，可与传世实物相互印证。

2. 洪武火铳

元朝大概是最早大量使用管形金属火器的古代国家。然而蒙古军队退回草原，很快便失去了火器技术。元末混战的局面加速了火铳的扩散。朱元璋建立的明朝最终胜出，火器的发展也进入一个新时期。火铳

---

① 陆文宝:“新发现张士诚“天佑”年铭铜铳小考”。《中国古代火药火器史研究》，第143～146页。

② 徐勉之:《保越录》，4a～b. 11a. 16b. 22a，中国国家图书馆藏明末刻本。绍兴战事期间，吕珍命长洲主簿蒋至道“往来浙西，提督粮运，及于杭州制备军器火药，供给无失”(前书. 24b)。可见火药系重要军需品。

③ 襄阳砲即配重式抛石机，13世纪后期自中亚传入，蒙古军用之攻襄阳城，世称西域砲、回回砲或襄阳砲。

最终取代了投石机,“砲”字也获得新的含义。

洪武十三年(1380)正月规定:“凡军一百户,铳十、刀牌二十、弓箭三十、枪四十”。(《明太祖实录》卷一二九)即十分之一的军士需装备火铳。洪武末年在籍军士约120万人,如全面装备火铳,数量当超过10万件。

现存洪武年款铳砲30余件,延续了元代手铳、碗口铳特征。最早一批有铭实物,为洪武五年(1372)至八年,宝源局为江阴卫、骁骑左卫、神策卫等地所造7件铳砲。其中铜手铳3件,阴刻铭文作“长铳筒”,口径20～22毫米,全长430～448毫米,重约1.6千克。铜碗口铳两件,铭作“碗口筒”,口径134/110毫米,全长317/365毫米,重9/15.75千克。大型铜碗口铳两件,铭作莱州卫莱字七号、二十九号“大砲筒”,形制一律,口径230毫米,全长630毫米,重73.5千克。这一时期的铳砲铭文规范,刻有“宝源局造”、卫所名称、数量编号,说明洪武初年,铸造铜钱的宝源局(1361年设立)同时负责生产铜铳,调拨卫所。

现存洪武十年至十二年有铭铜手铳至少22件,则为凤阳、南昌、吉安、袁州(今江西宜春)、杭州、江阴、金陵等地卫所自造,口径多在19～24毫米,全长多为430～450毫米,重2千克上下,标准化程度颇高。洪武十年至十八年款铜碗口铳四门,为凤阳、横海卫、永宁卫(今川贵交界)、永平府自造。[1] 铭文均无编号,然多刻有监造官员、教师、军匠姓名。可知洪武十年之前,制造火器的权力已下放至地方。

铜铳之外,尚有“大明洪武十年丁巳岁□季月吉日平阳卫造”阳文款铸铁砲三门,形制一律,尺量相近。口径约21厘米,通长约100厘米,重量约445千克。前膛直筒,铸有两对耳柄,尾部药室膨大。其中一门铁砲筒内,尚遗存合口大石弹。山西平阳为冶铁中心,造铳足见地方

---

① 王兆春:《中国科学技术史·军事技术卷》,第152～157页。

特色。[①]

利用火药燃气作为动力的反推式火箭，明初似已投入战场。按《太祖实录》卷一八九，洪武二十一年(1388)沐英远征云南定边，“置火铳、神机箭为三行”，“铳、箭齐发”。正德《大明会典》卷一二三，洪武间海运随船军器定制，每船例有“手铳筒一十六个”、“神机箭二十枝”。“神机箭”数量甚少，应非火铳发射物。以上两条，或系反推式火箭的早期记载。

3. 永乐至正德

军事冲突直接推动了武器装备的发展。建文年间的靖难之役，便是一场使用火器的内战。朱棣夺取帝位后，南定交趾，北征朔漠，派遣舰队数下西洋，火器均扮演了重要角色。[②] 永乐年间，火铳经技术改良，制造精工、产量巨大，军事体制、战术运用相应有所创新，传统火器达到鼎盛时期。此后近百年间，技术发展相对停滞。直到 16 世纪前期欧式火器传入东南沿海，方才改变这一格局。

永乐、正德间有铭火铳实物已有 40 余门见于报道。[③] “天字”铜手

---

① 郑巍巍：“洪武大砲をめぐって：明前期の火砲技術および制度の一断面”。《同志社グローバル・スタディーズ》，第 2 号，2012 年 3 月。此外，山西汾阳尧庙现存同类生铁大炮一门，阳铸铭文“大明洪武十年丁巳□夏孟日吉日□□卫铸造”，耳柄残阙。承蒙常佩雨先生告知。

② 周维强：“试论郑和舰队使用火铳来源、种类、战术及数量”。《第七届科学史研讨会汇刊》，中央研究院科学史委员会，2007 年，第 377～396 页。推测郑和舰队火器(手铳、碗口铳)数量超过 5 000 门。

③ 参见王兆春：《中国科学技术史 · 军事技术卷》，第 160～164 页。考古发现补充资料，参见李鼎元：“河北怀来县出土明代火器”。《考古》，1992 年第 11 期。赤城县博物馆：“河北赤城发现明代窖藏火器”。《文物春秋》，1994 年第 4 期，克字铳数据；张松柏：“阿鲁科尔沁旗白城明代遗址调查报告”。《内蒙古文物考古文集》，中国大百科全书出版社，1994 年，第 685 页，显字铳数据。

铳最具代表性，现存永乐七年(1409)九月造5238号，二十一年(1423)九月造65876号，正统元年(1436)三月造98629号等，凡三十余门。口径在13～17毫米间，全长345～360毫米，重2.2～2.5千克。① 胜字(正统款)、烈字(成化款)、神字(弘治款)手铳，则为宣德以降新编号。

永乐十三年九月造英字(15034号)、奇字(12046号)、功字(18568号)、克字(13724号)铜铳，口径52～53毫米，全长436～440毫米，重约8千克。形制类似天字手铳，然尾銎较短。明代前期的各型"将军铳"与之一脉相承，体量增大而已。碗口铳实物罕见，仅知永乐七年九月造显字3840号铜铳，全长50厘米，重25千克②。

这一时期，火铳由中央造兵机构(兵仗局、军器局)统一生产，禁止地方私造。制造年度集中，如永乐七年所造天字手铳，即超过18 000门(据实物编号差值)，应与永乐八年成祖亲征漠北有关。按万历《大明会典》"弘治以前定例"，军器、鞍辔二局三年一造火器，碗口铜铳3 000个、手把铜铳3 000把、铳箭头90 000个、椴木马子30 000个、檀木马子90 000个云云，已是15世纪末相对和平时期的标准。

永乐天字铜手铳，除高度规范、工艺上乘，形制设计更有重要改进。一则铳管改直筒为锥体，管壁自铳口至药室逐渐加厚。二则在点火孔周围加铸长方形药池，外设曲面火门盖。药池可撒放火门药，点火可靠性较引线大为提高；火门盖可翻转开合，防风避雨。

手铳的发射物主要为散弹与铳箭，碗口铳发射大圆弹。传世洪武五年宝源局造铜手铳(河北赤城出土)、永乐七年奇字铳(12046)，管内皆遗

① 永乐手铳口径较洪武手铳略小5毫米，长度略短80毫米。

② 曹永年："阿鲁科尔沁旗出土的永乐七年铜铳跋"。《蒙古学信息》，1995年，第3期。推测该铳为永乐八年明军遗弃。

存填装物。前者为2层，内火药、外铁砂。后者为3层，火药与铁砂之间，尚隔有木马子。[①] 木马子即木活塞，有助于密闭火药，提高燃气压力，增加射击威力。借助木马子，火铳即可发射箭簇。明代前期，京师及地方军器局均定期批量生产铳箭，至嘉靖后期(16世纪中叶)，铳箭已基本废弃。

永乐朝火铳的技术改良似与安南人士有关。永乐五年(1407)平安南，俘虏大虞国王弟黎澄(1374～1446)。黎氏擅长火器技术，入京师，授官工部，"专督造兵仗局铳箭、火药"；其子黎叔林(1400～1470)继父职，二人先后为明廷服务60年(《明宪宗实录》卷六六)。有研究者认为，铳箭、木马子、火门盖，有可能是借鉴交趾火铳的改良。[②]

约在永乐八年设置的京军神机营，必然大量装备最新设计的火铳。景泰二年(1451)南京兵仗局款火铳铜药匙，阴刻"神机铳"字样，形制与另一天字款(23259)火铳药匙略同(全长155毫米，匙口5毫米)。[③] 明代前期所谓"神机铳"、"神机枪"之类，似乎多是永乐改良型火铳。

有关明初火器技术的文献记载十分匮乏，传本《火龙经》曾被视作主要依据。后续研究表明，《火龙经》所载永乐十年焦玉自序，系后人伪托；这类作品直到明代后期始有钞本流传，多抄嘉靖以后兵书，内容驳杂，并

---

① 成东、钟少异编:《中国古代兵器图集》，解放军出版社，1990年，第231页。

② 参见张秀民:"明代交阯人在中国之贡献"。《中越关系史论文集》，文史哲出版社，1992年，第54～61页；李斌:"永乐朝与安南的火器技术交流"。《中国古代火药火器史研究》，第147～158页。木马、铳箭何时得到普遍使用，尚难定论。按正德《大明会典》，洪武间定海运随船军器，每船有"铳马一千个"(卷123)，则洪武年间手铳已用木马。明军使用铳箭较明确的记载已在永乐之后。一般认为，朝鲜早期火器为14世纪后期自中国传入。《园朝五礼序例 · 兵器图说》(1474)对火器形制记载较详，"铳筒"(多箍，无药池)类武形制，配备铳箭。至壬辰倭乱(1592～1598)初期，铳箭仍是朝鲜军队火器的主要发射物。

③ 有马成甫:《火砲の起原とその伝流》，第134～136页。

非可靠史料。[①]

四、明清火器之欧化

16 世纪初，葡萄牙武装商船到达东亚海域，开启了欧亚大陆两端直接而深刻的物质文明交流。欧洲火器技术伴随战争与贸易，流入东亚各地。正德嘉靖之际，明朝官方借鉴葡萄牙舰载提心式后装砲，大量仿造所谓佛郎机铳（提心式后装砲），使之成为明军的制式火器。嘉靖中期，东南沿海的明朝军队开始配备鸟铳（火绳枪）。佛郎机铳与鸟铳，也成为中国火器欧化第一阶段的标志。万历末年，满洲崛起，辽东战事愈烈，明朝方面着手引进、仿制欧式前装砲，即所谓西洋大砲或红夷大砲，被视为西方火器传华第二阶段的开始。明清战争中，冲突各方大力仿造欧式前装砲。至康熙后期，国势巩固，战事消歇，中土火器技术的发展趋于停滞。[②] 经过一个半世纪（约 1520～1670），佛郎机铳、鸟铳与西洋大砲逐渐成为中国主要的火器类型。

1. 佛郎机铳

正德年间，葡萄牙人（时称佛郎机人）携带的提心式后装砲传入华土，明人将这类火砲统称为“佛郎机”（以下称佛郎机铳）。16 世纪初，华

① 钟少异：“关于‘焦玉’火攻书的年代”。《自然科学史研究》，1999 年，第 2 期；李斌：“《火龙经》考辨”。《中国历史文物》，2002 年第 1 期。

② 尹晓冬、仪德刚：“明末清初西方火器传华的两个阶段”。《内蒙古师范大学学报（自然科学汉文版）》，2007 年，第 4 期。

商或许已在东南亚接触到此类火器，进而传入本土。正德十二年(1517)前后，宁王朱宸濠密谋起事，便曾招募工匠制造佛郎机铳。正德十四年，致仕高官莆田林俊(1452～1527)闻宸濠之乱，使范锡为佛郎机铳并抄火药方，派人自福建送往江西，助王守仁平叛。①

正德十二年，葡萄牙船队首次抵达广州，与明朝官方接触。广东按察司佥事顾应祥(1483～1565)代管海道，接待了这批“佛郎机”人，同时获得了佛郎机铳。

> 铳乃其船上带来者，铳有管，长四五尺。其腹稍大，开一面，以小铳装铁弹子，放入铳腹内。药发则子从管中出，甚迅。每一大铳，用小铳四五筒，以便轮放。其船内两旁，各置大铳四五个，在舱内暗放，敌船不敢近，故得横行海上。彼时正值海寇猖獗，遣兵追捕。备倭卢都司命通事取一铳送予应用。其外又用木裹以铁箍三四道束之。询之，曰恐弹发时铳管或裂故也。昇至教场试之，远可二百步，在百步内能损物，远亦无力。其火药与中国不同，都司曾抄其方，不知广中尚存否。②

正德十六年，广东按察司副使巡视海道汪鋐(1466～1536)命白沙巡检何儒派人秘密招募杨三、戴明等长期为葡萄牙人工作的海员，仿造佛郎机铳，进而成功驱逐葡萄牙船只，缴获火砲大小 20 余

① 参见周维强：“佛郎机铳与宸濠之叛”。《东吴历史学报》，第 8 期，2002 年 3 月。林俊所获佛郎机铳，可能来自福建仙游民间武装首领魏昇(1459～1517)。参见周铮、许青松：“佛郎机铳浅探”。《中国历史博物馆馆刊》，1992 年，第 17 期。

② 顾应祥：《静虚斋惜阴录》(卷十二)，20a～b，《四库全书存目丛书・子部》第 84 册影印明刻本；李斌：“关于明朝与佛郎机最初接触的一条史料”。《文献》，1995 年，第 1 期，第 105～112 页。

件[1]。其后何儒升任应天府上元县主簿，受命仿造葡人舰艇"蜈蚣船"，用以架设佛郎机铳，提升南京江防力量。嘉靖四年(1525)造成4艘，每艘配备了12门佛郎机铳。所谓蜈蚣船，形容船体狭长，两侧多桨，原型或即欧洲的帆桨战船(galley)。[2]

嘉靖八年(1529)十二月，汪鋐(时任右都御史)奏言"先在广东亲见佛郎机铳，致远克敌，屡建奇功，请如式制造"。[3]

> 其铳管用铜铸造，大者一千余斤，中者五百斤，小者一百五十斤。每铳一管，用提铳四把，大小量铳管，以铁为之。铳弹内用铁，外用铅，大者八斤。其火药制法，与中国异。其铳举放，远可去百余丈，木石犯之皆碎。[4]

相对中国传统火器，佛郎机铳最突出的特征无疑是提心式后装设计，可迅速更换子铳，连续发射。瞄准具(照星照门)与砲耳砲架也很重要。汪氏所见葡萄牙舰载提心式后装砲，母铳为铜制，子铳(提铳)为铁制(应为熟铁锻造)。铅包铁形式的砲弹以及火药制粒工艺也随佛郎机铳一并传华。

由于不少高层官员的大力推动，1550年之前，佛郎机铳已成为东南沿海、北方边境明朝军队的制式火器，广泛应用于海战、城防、墩堡，亦与

① 戴明或杨三，当即Diogo Calvo船上的中国基督教徒Pedro，参见博克塞："明末清初华人出洋考(一五〇〇～一七五〇)"。朱杰勤译：《中外关系史译丛》，海洋出版社，1984年，第96～97页。

② 普塔克："蜈蚣船与葡萄牙人"。《文化杂志(澳门)》，2003年，第49期。

③ 《明世宗实录》(卷一〇八)，嘉靖八年十二月庚辰条。

④ 汪鋐："奏陈愚见以弭边患事"。黄训编：《皇明名臣经济录》(卷四三)，1a～3b。中国国家图书馆藏嘉靖三十年刻本。次年九月，汪鋐再次奏请，力主在北方边镇推广佛郎机铳。

战车配套使用。[①]《筹海图编》(1562)留下了佛郎机铳的典型图像。至隆庆间万历初年，谭纶(1520～1577)为兵部尚书，又造"大佛朗机铳"，"五千架于蓟镇、四千架于京营"。[②] 同一时期，戚继光(1528～1588)在蓟镇制造了车载大型佛郎机铳，铜母铳重达千斤，名之"无敌大将军"。

16世纪前期，京师军器局开始量产多种型号的佛郎机铳。

> 大样、中样、小样佛朗机铜铳。
>
> 大样，嘉靖二年，造三十二副，发各边试用。管用铜铸，长二尺八寸五分，重三百余斤。每把另用短提铳四把，轮流实药腹内，更迭发之。
>
> 中样、嘉靖二十二年，将手把铳、碗口铜铳改造，每年一百五副。又停年例铳砲、铳箭、石子、麻兜、马子等件，添造一百副。
>
> 小样，嘉靖七年，造四千副，发各营城堡备敌。重减大铳三分之一。八年，又造三百副。二十三年，造马上使用小佛朗机一千副。四十三年、又造一百副。[③]

明朝的中央兵工厂"停年例铳砲、铳箭"、"将手把铳、碗口铜铳改造"，转产铜佛郎机铳。现存明代佛郎机实物，多为轻型。迄今发现母铳10余件、子铳约40件。1984年河北抚宁一次出土佛郎机铜铳母铳3支，子铳24件。母铳编号胜字1148号、3258号、4258号，阴刻铭文"嘉靖二十四年造"(后两件)，"隆庆四年京运"(三件均有)。尺量相近，其一通长63

① 周维强："明朝早期对于佛郎机铳的应用初探(1517～1543)"。《全球华人科学史国际学术研讨会论文集》，淡江大学，2001年，第203～232页。

② 俞大猷：《正气堂集·又祭谭二华文》。点校本，福建人民出版社，2007年，第630页。

③ 申时行等：《大明会典》(卷一百九十三)，万历间内府刻本，《续修四库全书·史部》(第792册)。

厘米，口径 2. 2 厘米，重 4 千克，后部开长方形修口(11. 8 厘米×3. 8 厘米)，用于填装子铳。子铳长 15. 5 厘米，口径 1. 6 厘米，重 0. 8 千克。[①]此似即单兵使用之小样佛郎机铳。

传世子铳实物，除铜铸外，另有铁心铜体样式。兵仗局造胜字款“佛郎机中样铜铳”子铳 4 件，长度约 30 厘米，口径约 2. 7 厘米，重量在4. 25～5 千克之间。纪年自嘉靖十二年(1533)造胜字 2451 号，至嘉靖二十年造胜字 6443 号。由此推测，1533～1544 年间，年产量在 500 门上下。万历二年(1574)兵仗局造胜字中样铜佛郎机铜制子铳，编号至 17114。[②]

明代民间大量私造佛郎机铳。早在 1540 年代，佛郎机铳已是东南沿海武装商船与海盗的常用火器。按嘉靖《广东通志》(1561)，“海寇所铸，大者九尺，其次三五尺不等，中藏铁管，横薄四五寸，厚一分许。铁铳心一条，卷铁叶二三重，圆直光滑，弹出无阻。”[③]“铁铳心”即子铳。母铳最长者 9 尺(288 厘米)，外径 4、5 寸(13～16 厘米)，与戚继光《纪效新书》(1584)规定之一号佛郎机铳(长 8、9 尺，重 1 050 斤)不相上下。[④]

2. 鸟铳

明清时期的鸟铳，又称鸟嘴铳，主要是前装滑膛火绳枪。锻铁卷筒制成，内筒光滑细长。先自铳口下火药、铅弹；前后手持握木制枪托、枪

---

① 邸和顺、沈朝阳：“抚宁县发现明代”。《文物春秋》，1989 年，第 4 期。胜字，小型子母炮。

② 王兆春：《中国古代军事工程技术史(宋元明清)》，第 284 页。

③ 黄佐纂：《广东通志 · 卷三二 · 军器》，18b，广东省地方史志办公室影印中山图书馆藏明刻本。1997 年。

④ 戚继光：《纪效新书(十四卷本)》(卷十二)，点校本，中华书局，2001 年，第 271～272、277～278 页。

柄，借照星照门瞄准目标；拨动扳机，慢燃中的火绳随龙头下落，通过火门药引燃发射药。鸟铳的射程与射击精度远高于传统手铳。

与佛郎机铳的情况类似，葡萄牙人东来造成鸟铳的扩散。按《南浦文集·铁砲记》，日本天文十二年（1544），葡萄牙商船达到种子岛，携有火绳枪，当地人见其威力，遂请传授造法用法，购买 2 门。次年，国友锻冶成功仿造，世称“种子岛铳”，开启日本火器时代的序幕。而随船到日，为双方居间沟通的“大明儒生”“名五峰者”，便是著名的海商—海盗首领王直（？～1560）。王直似乎也参与了仿造鸟铳的生意。[①]

1540 年代，闽浙沿海走私贸易盛行。1547～1549 年间，明军将领卢镗在浙江巡抚朱纨麾下与武装海商（华人、葡萄牙人、日本人）作战，缴获了不少欧式火器，也成为中国引进与推广鸟铳的关键人物。郑若曾《筹海图编》（1562）云：

> 予按，鸟铳之制，自西番流入中国，其来远矣。然造者多未尽其妙。嘉靖廿七年，都御使朱纨，遣都指挥卢镗破双屿，获番酋善铳者，命义士马宪制器，李槐制药，因得其传，而造作比西番尤为精绝云。[②]

双屿港（位于今舟山群岛六横岛）是 1540 年代宁波外海著名的走私贸易中心，中国、日本、葡萄牙商人与此聚会交易。嘉靖二十七年（1548），明军攻打双屿时，已经使用了少量鸟铳。[③] 此役“获番酋善铳者，命义士马

---

① 王直估定鸟铳工料银价清单，每杆成本三两八钱三分。参见唐顺之：《武编·前集》（卷五），11a～12a。

② 郑若曾：《筹海图编》（卷十三）。《中国兵书集成》（第 16 册），解放军出版社，第 1272 页。

③ 中岛乐章：“16 世纪 40 年代的双屿走私贸易与欧式火器”。郭万平、张捷主编：《舟山普陀与东亚海域文化交流》，浙江大学出版社，2009 年，第 34～43 页。

宪制器,李槐制药,因得其传”。由于掌握了制造技术,鸟铳开始在东南沿海明军中推广。[①] 嘉靖三十五年八月,卢镗次子卢相擒获辛五郎,献俘京师。卢相即留神机营教习鸟铳,三十六年以教习鸟铳有功,升仪真守备。[②] 嘉靖三十七年,京师兵仗局造鸟嘴铳 10 000 把。[③] 推测其仿造样品与技术,当即卢相传授,源头仍可追溯到 10 年前的双屿之战。

1550～1570 年代,东南沿海长期动荡,倭寇、海盗之患不绝,鸟铳成为浙江、闽粤沿海明军的常见装备,民间亦多有扩散。隆庆年间,戚继光升任蓟镇总兵官(1570),大批南兵调防北疆,同时携入鸟铳。然而直到 17 世纪初,北方边镇的本地部队很少使用鸟铳,亦无京师军器局、兵仗局定期生产的记载。

1590 年代东征援朝之战,日军鸟铳造成了明军的大量伤亡。中书舍人赵士桢(1553～?)留心火器技术,“既得西洋铳于游击将军陈寅,又得噜蜜番铳于锦衣卫指挥朵思麻。”[④]万历二十六年(1598)五月,进献噜蜜铳、西洋铳等火器图式、样品,请旨广为制造。噜蜜铳即土耳其火绳枪[⑤]、西洋铳即欧式火绳枪。赵士桢推广新式火器的计划,因多方掣肘,未能实现,他的名作《神器谱》则成为 1600 年前后的火绳枪技术的珍贵记录。这一时期,明人研发了数款多管火绳枪及子母铳式火绳枪(参见

---

① 按,唐顺之《武编》前编卷五(10a～11a)载“鸟铳匠头义士马十四呈”制造鸟铳工料银价“每铳一杆用福铁二十斤价银二钱”云云。王兆春指出马十四与马宪很可能是同一人。参见王兆春:《中国古代军事工程技术史(宋元明清)》,第 291～292 页。

② 许国忠修,叶志淑纂:《(万历)续处州府志》(卷八),3a,万历三十三年成书,中国国家图书馆藏晒印本。

③ 申时行等纂:《大明会典》(卷一九三),3b,《续修四库全书・史部》(第 792 册),影印万历间内府刻本。

④ 赵士桢:《神器谱・恭进神器疏》,玄览堂丛书影印万历二十六年刻本。

⑤ 和田博德:“明代の鉄砲伝来とォスマン帝国:神器譜と西域土地人物略”。《史學》,1958 年,第1～4 期。

《神器谱》、《利器解》),颇见巧思,然而产量甚少,影响有限。

万历末年,随着辽东危机加剧,更多鸟铳投入北方战场。① 例如万历四十八年(1620),徐光启练兵通州,请求工部改造下发了2 000门噜密式鸟铳。②《满洲实录》载有反映1620年代辽东战事的多幅插图。画面中的明军鸟铳,枪管中部装有叉形支架,这一形制也为清军继承。17世纪末至18世纪中期,清朝与准噶尔汗日的战争旷日持久,中五流行的"赞巴拉特"火器(火绳枪为立)传入清朝,得到大量仿造,乾隆以降成为八旗军的普遍装备。③ 直到19世纪中期,火绳枪仍是清军的主流轻火器。

3. 西洋大砲

明清时代的欧式前装滑膛砲,较常见的称谓是西洋大砲与红夷大砲(红衣大砲)。明末所谓红夷主要指荷兰,兼及英国。居住在澳门的葡萄牙人则自称来自西洋。这也反映了欧式前装砲的早期来源。西洋大砲传华,对17世纪的东亚局势产生了重大影响。

16世纪中叶,明人与葡萄牙人在闽浙沿海时有冲突,应已接触到少量欧式前装砲。《筹海图编》(1562)所载铜发熕之图,具有明显的域外特征,原型可能是一门葡船前装舰砲①。随着葡萄牙人定居澳门(1557),西

---

① 1978年,辽阳城南出土一批明代火器,内有鸟铳枪管3支。其一口径1.4毫米,长870毫米,倍径62。铳管前有照星、后有照门,木柄已不存。参见杨豪:"辽阳发现明代佛朗机铜铳"。《文物资料丛刊》(第7辑),文物出版社,1983年,第173～174页。

② 王重民辑:《徐光启集》,上海古籍出版社,1984年,第172页。

③ 张建:"火器与清朝内陆亚洲边疆之形成",南开大学博士论文,2012年,第82～95页。

① 郑诚:"发熕考——16世纪传华的欧式前装火炮及其演变"。《自然科学史研究》,2013年,第32卷,第4期,第504～522页。

班牙人在马尼拉建城(1571),明朝结束海禁(1567)、开放漳州月港对外贸易,数以万计的闽粤商民往来澳门、马尼拉,目击当地欧式火砲者不在少数。为西人铸砲作坊服务的华籍工匠,也会接触到西砲制造技术。万历中期,入华耶稣会士采取知识传教路线,与明朝官绅交游。关注西学、信奉天主教的士人群体随之出现。引进欧洲火砲技术,无论是在知识阶层,还是在工匠阶层,业已具备基本条件。

万历四十六年(1618)努尔哈赤誓师伐明,辽东明军节节失利。少数接触到西学的士大夫,期望借助欧式火砲,扭转颓势。天启元年,光禄寺少卿、天主教徒李之藻上"制胜务须西铳疏",极言西砲之利:

> 其铳大者,长一丈,围三四尺,口径三寸。中容火药数升,杂用碎铁碎铅,外加精铁大弹,亦径三寸,重三四斤。弹制奇巧绝伦,圆形中剖,联以百炼钢条,其长尺余。火发弹飞,钢条挺直横掠而前,二三十里之内,折巨木,透坚城,攻无不催。其余铅铁之力,可暨五六十里。其制铳,或铜或铁,煅炼有法,每铳约重三五千斤。其施放有车,有地平盘,有小轮,有照轮;所攻打,或近或远,刻定里数,低昂伸缩,悉有一定规式。其放铳之人,明理识算,兼诸技巧,所给禄秩甚优,不以厮养健儿畜之。似兹火器,真所谓不饷之兵,不秣之马,无敌于天下之神物也。②

西砲管壁较厚,铳身前弇后丰,逐渐加粗,倍径(火门至砲口距离与口径之比)较大;砲身多装照星照门,以供瞄准;两旁加铸铳耳,方便调整射击角度。充分发挥欧式火砲的威力,是一项系统工程,包括形制设计(模数

② 王重民辑:《徐光启集》,第179～181页。按,17世纪的前装滑膛砲射程不会超过五六里。明清文献中对火砲射程的记载往往甚为夸张。

概念，以口径为基数，设计各部分比例）、冶金铸造、配套设备（砲车、铳弹、测准工具等）、操作训练等诸多因素。万历四十七年，明朝官员首次仿造吕宋铜砲的努力并不成功。①

以徐光启为首的奉教士大夫，对引进西砲起到了关键作用。万历四十八年（1620），徐光启练兵通州，致函李之藻与杨廷筠设法购求西铳。十月，张焘与孙学诗（分别为李、徐门人）奉派至澳门，经葡商捐助，获得大铁铳4门。天启元年（1621），第一批"西洋大砲"运至北京。天启年间，明朝高层对引进西砲颇为积极，又有来自广东沿海3艘欧洲沉船（分属英国、荷兰）的42门铁砲及铜砲先后运抵北京。其中约半数打捞自英国东印度公司商船独角兽号（1620年于阳江县近海因飓风沉没）②。天启三年四月，张焘率领若干葡人军士运砲抵京。八月，试砲时发生炸膛事故，未几葡人遣回澳门，仅有少量明军接受了操作西砲的短期训练。

重型火砲运输困难，机动性较差，并不适合野战，但在守战与攻城战中的表现优异。天启六年正月，努尔哈赤围攻宁远，明军凭城用砲，始获大捷。此役宁远城头安置西砲11位，其中10门"红夷大砲"出自欧洲沉船，1门"西洋大砲"则属于最初自澳门调运的大铁铳。③ 次年皇太极进

① 万历四十七年，协理戎政黄克缵自其家乡泉州，"募同安善铸吕宋铜砲者十四人"至北京，次年，铸成28门吕宋大铜砲，7门解往辽东。这批工匠应是在马尼拉接触过西班牙人的铸砲工艺，但因未能掌握关键技术，所造之砲仅外形差似，铸造质量与砲身设计均颇有缺陷，未能在辽沈之役中发挥作用。参见黄一农："明末萨尔浒之役的溃败与西洋火砲的引进"。《中央研究院历史语言研究所集刊》，第79本，第3分，2008年。

② 今北京尚存四门，铸有英国东印度公司盾形徽章，阴刻"天启二年总督两广军门胡题解红夷铁铳二十二门"字样。通长约300～308厘米，口径12～12.5厘米，考为发射12磅铁弹之半蛇铳（demi-culverin）。参见黄一农："欧洲沉船与明末传华的西洋大砲"。《中央研究院历史语言研究所集刊》，第75本，第3分，2004年。

③ 10门红夷砲可能来自电白县外海荷兰沉船。参见汤开建、委黎多：《〈报效始末疏〉笺证》，广东人民出版社，2004年，第161～164页。

攻宁远、锦州，明军再次以坚城重砲战术取胜。崇祯三年，明军则以西砲攻城，收复后金占领下的滦州。

崇祯元年(1628)七月，明廷再次向澳门购募火砲、铳师。三年正月，葡萄牙军官公沙的西劳率领 31 名铳师、工匠和傔伴自澳门抵达北京，携有 7 门大铁铳、3 门大铜铳以及 30 门鹰嘴铳。登莱巡抚孙元化(1583～1632，徐光启门生，天主教徒)与同教之王徵(辽海监军道佥事)、张焘(历官东江前协副总兵)合作，借助葡籍军士，练兵造铳，力图建立一支精锐的火器部队。然而崇祯五年正月，孔有德部叛军攻陷登州。同年七月，孙元化与张焘于京师弃市，王徵遣戍，亲天主教势力自此淡出军中。次年，孔有德、耿仲明率部降清，这支装备精良西砲并受到西人训练的劲旅，反而成为满洲的利器。①

天聪五年(1631)，皇太极起用汉人工匠首次造成 3 门红夷型铁砲，命名为"天祐助威大将军"，次年再铸 4 门；崇德八年(1643)又在锦州铸成"神威大将军"(铁心铜体砲)35 门。加之历次战役自明军缴获数十门、孔有德等归降所携约 12 门，占领北京(1644)之前，清军已拥有百余门西砲。天聪五年的大凌河战役，皇太极首次动用全体汉军，以 6 门红夷砲，54 门将军砲，连日轰击，攻克子章台。自此清军发展出汉人砲兵与满蒙步骑协同作战的新战术。关外的围城战中，明军逐渐不再具备火器上的优势。② 集中重砲攻克坚城，也在清军入关后统一全国的战争中一再上演。

在明帝国的另一端，天启二年(1622)，荷兰舰队进攻澳门失败，转而占领澎湖，要求与明朝通商，双方随即发生武装冲突。荷兰人的重型舰

① 黄一农："天主教徒孙元化与明末传华的西洋火砲"。《中央研究院历史语言研究所集刊》，第 67 本，第 4 分，1996 年。

② 黄一农："红夷大炮与皇太极创立的八旗汉军"。《历史研究》，2004 年，第 4 期。

砲威力凸显，故而时人盛称“红夷砲”。闽粤地区的冶铁技术发达，且易获得西砲样品。崇祯初年，闽粤两省地方督抚开始大量仿造，有数百门被运往北方战场。对于众多海商—海盗集团而言，欧式火砲更是不可或缺的利器。受到招抚成为明朝将领的郑芝龙(1595～1661)，依仗坚船利砲，次第消灭竞争者，以至可与荷兰舰队相抗衡；郑成功(1624～1662)得以将荷兰势力逐出台湾，明郑势力与清廷对抗数十年，亦是凭借质、量俱佳的船队与西砲。[①]

天启崇祯年间，出现了第一批介绍西法砲学的编译作品：何良焘《祝融佐理》(天启间成书)；张焘、孙学诗《西洋火攻图说》(佚)；孙元化《西法神机》；何汝宾辑《兵录・西洋火攻神器说》(1628)；汤若望授、焦勖纂《火攻挈要》(1643)。清初尚有穆尼阁《火法》(收入薛凤祚纂《历学会通・致用部》)、南怀仁《神威图说》(1682，佚)。这类著作主要由耶稣会士与华人合作编译，参考了欧洲砲学专书。以《祝融佐理》为例，笔录者何良焘，曾在澳门为西人代笔。该书现存道光间钞本，约16 000字。该书首先介绍铜铳铸造法、铁铳锻造法，继而解说战铳、攻铳、守铳3类10余种型号火砲尺量参数(以口径为基数)、配套砲车构造、砲弹形制、火药配方、辅助设备(洗铳羊毛帚等)、测准工具(矩度、铳规)。最后条列各型火砲弹药比例、平仰射程。可考得部分内容出自Collado《实用砲学手册》(1586)与Prado《砲学指南》(1603)。[②]

欧式火砲从设计制造到操作运用所需各类知识，绝非如教科书一般系统传入。单纯模仿其外形并非特别困难。至于根据“模数概念”设计

---

① 黄一农：“明清之际红夷大砲在东南沿海的流布及其影响”，《中央研究院历史语言研究所集刊》，第81本，第4分，2010年。

② 郑诚：“《祝融佐理》考——明末西法砲学著作之源流”。《自然科学史研究》，2012年，第31卷，第4期。

火砲,生产工艺的种种细节,运用铳规、矩度、铳尺等根据数学原理制造欧洲砲兵器具[③],以至填装弹药的诸多技巧,则有赖特殊传授。个别情况下,例如葡籍铳师协助孙元化登州练兵、康熙年间南怀仁为清廷造砲[④],此类知识方能得到有效贯彻。

明末欧式火砲的流行,得益于密切接触欧洲文明,也有赖本土成熟的冶金制造技术。就铸造技术而言,尽管编译作品介绍了欧洲的铜砲铸造法(整体制范浇铸工艺),恐怕极少付诸实践。传世明清古砲,多可见明显范缝痕迹,可知主要采用传统泥模法分范铸造。个别砲体欧式徽章与阳铸汉字铭文并存,当是根据原装西砲样品翻模铸成。彼时中国的冶金加工水平较之欧洲并不逊色,加之生铁铸造技术发达,得以批量生产铸铁大砲,成本远较铜砲低廉。至于仿造火砲的品质,则主要依靠工匠的经验与技巧。

除了常见的铸铜、铸铁砲,明清战争期间出现了复合金属砲,主要是铁心铜体砲与双层铁砲。现存纪年铭文最早的铁心铜体砲,为崇祯元年(1628)京师兵仗局所制"头号铁裹铜发熕砲"。口径 7.8 厘米,通长 170 厘米,重 420 千克(704 斤),倍径 18,铳身前弇后丰,有铳耳,外形已是标准西砲样式。内膛用铁之设计,可能借鉴了嘉靖年间佛郎机子铳铁心铜体制法。天启末崇祯初,不少此类火砲被运往辽东战场。崇德八年清人制造铁心铜体砲,当是模仿缴获品。"铁心铜体的设计将可拥有重量轻、韧性佳以及安全性高等优点,且较纯铜砲便宜、耐磨损,又较纯铁砲易散热。"[⑤]

---

③ 黄一农:"红夷大砲与明清战争——以火炮测准技术之演变为例"。《清华学报》,1996 年,第 1 期。

④ 1675~1689 年间,清朝中央政府在北京地区造砲 693 门,其中南怀仁参与制造者 518 门,占总数七成以上。参见江场山起:"清初南怀仁铸造火炮的技术及其评价"。《汉学研究》(第十一集),学苑出版社,2008 年,第 309~325 页。

⑤ 黄一农:"明清独特复合金属砲的兴衰"。《清华学报》,2011 年,第 1 期。

至于西砲样式的双层铁砲,“先用椎击熟铁为筒,而后以生铁附铸,始可保无炸裂”(《祝融佐理》),同样具有内柔外刚,省费耐用的特点。崇祯十年五月至九月,密云地区至少生产了 54 门“西洋砲”,现存五门均为双层铁砲。

清朝的砲兵实力,经明清战争、三藩之乱,至 17 世纪末的准噶尔之战达到顶峰。随着大规模火器战争的结束,长期的和平状态中,火砲技术趋向衰落。第一次鸦片战争时期,清朝制造、运用火砲的能力总体上并未超过康熙年间的水平,甚至有所不及。京师八旗砲局的库存大都仍是雍正前定型的砲位,世袭砲兵传承操作技术。地方武备废弛,造砲、操砲技术等而下之。林则徐所能获得的砲学秘籍,依然是两百年前问世《火攻挈要》。火砲性能的落差,直接导致了清军接连失利。中英战争一度刺激了本土火器技术的发展,龚振麟、丁拱辰、黄冕、丁守存等人提出一些改进方案,然而这类手工业层次的技术革新有其不可逾越的限度。19 世纪后期,经过太平天国战争、第二次鸦片战争,随着洋务运动的展开,火器技术全盘西化,一大批西方军事技术手册编译出版。清朝官方投入巨资购买西方军火,进而引进生产技术,中国近代兵工业开始艰难起步。17 世纪定型的老式滑膛枪砲逐渐退出了战争舞台。

五、军用火药之发展

古代火药技术的发展大体可分为 3 个方面:硝石、硫黄的生产与提纯;配料比例;混合方法(是否制粒)。[①]

① 木炭性能因植物种类而异,容易获得,制造技术相对简单,可暂勿论。

宋金以降的爆炸性火器、元明以降的管形金属射击火器，必然需要使用高硝火药。① 洪武七年(1374)，朱元璋准许向高丽提供火药，“教那里扫得五十万斤硝，将得十万斤硫黄来这里，著上别色合用的药修合与他去。”(《高丽史·恭愍王世家》)硝、黄之比为5∶1。丘濬(1420～1495)则谓“今之火药，用硝石、硫黄、柳炭为之”(《大学衍义补》卷八八)。合理推测，元末及明朝前期的军用火药(发射药)配料必以硝、黄、炭为主，其他成分甚少。

近代黑火药硝、硫、炭的通行配比(75%∶10%∶15%)并不适宜用作判断早期发射药优劣的简单标准。由于硝黄纯度不明，古代文献记载的配料比例未必能够反映实际情况。参照欧洲早期的情况，铳手为了避免炸膛，也会调整配方，降低焰硝比例。较之看似精确的配比数字，考察硝石、硫黄的制造、提纯方法以及火药的混合方法更为重要。

1. 硝石

硝石(硝酸钾，KNO_3)，又名焰硝，是火药中最重要的成分。自然界中的硝石往往是含氮有机物在细菌作用下分解、氧化成硝酸后，与土壤中的钾质化合而成。华北地区，硝土分布广泛。寒冷时节，硝酸钾晶体自土壤析出，覆盖于地面、墙角，形成所谓地霜，刮扫收集，便是硝土。硝酸钾含量因地而异，根据《河南火硝、土盐之调查》(1932)，河北、河南、山

① 16世纪之前，传世文献中罕见《武经总要》(1047)那样年代可靠、记载详实的火药配方。现存少量古代火药样品，迄今仅见一种检测报告。晁华山.西安出土的元代铜手铳与黑火药[J].考古与文物，1981(3).该铳无铭文，推测为元代之物。铳管药室残存物质10～15克，约18%为木炭(含碳量75%)；硫黄(约2%)、硝石(<1%)含量甚少，应是环境作用，水溶变质流失所致。该文谓残留物“结块比较坚实，散成粉状的含有较大颗粒”，推测原火药本为颗粒药。这说似证据不足。

东、陕西若干产硝地区，硝土样品的硝酸钾含量大都在2%以下。[①] 有效分离杂质（泥土、碳酸钙、氯化钠、硝酸钠、硝酸镁等等），获得高纯度的硝酸钾，乃是决定火药品质的关键。

唐宋间文献反映，用作医药或丹药的硝石，系通过煎炼硝土水溶液，再结晶获得。例如宋初马志《开宝本草》谓“消石……此即地霜也。所在山泽冬月地上有霜，扫取以水淋汁，后乃煎炼而成，状如钗脚”（《政和本草》卷三）。崔昉《炉火本草》曰“消石……今呼焰硝。河北商城及怀、卫界沿河人家刮卤淋汁所就”（姚宽《西溪丛语》卷下）。今本《物类相感志》（宋明间成书）载“萝卜提硝则白，煎亦然”。《天工开物》（1637）记处理硝土，先经水溶再结晶，“欲去杂还纯，再入水，与莱菔数枚同煮，倾入盆中，经宿结成白雪，则呼盆硝。”

火药用硝提纯法，赵士桢《神器谱》（1598）记载较为详细，其说可按现代化学知识解释：萝卜与硝水同煮（可清除吸潮性很强的镁盐，防止火药变质），加入鸡卵清、水胶（可使硝水中的泥沙类杂质凝聚沉降），煮沸后冷却再结晶（可将焰硝与氯化钠分离）。硝酸钾在沸水中可全部溶解，自然冷却后，大部分成晶体析出，溶于水的氯化钠几乎不会析出。反复此工序，可令焰硝的针芒状结晶无咸味。[②]

同时期成书《利器解》（1600）记载另一种方法（后收入《武备志》）。

> 提硝。用泉水或河水、池水。如无以上三水，或甜井水用大锅添七分水，下硝百斤，烧三煎，然后下小灰水一斤。再量锅之大小，或下硝五十斤，止用小灰水半斤。其硝内有盐碱，亦得小灰水一点，自然

---

① 赵匡华、周嘉华：《中国科学技术史·化学卷》，第494页。
② 赵匡华、周嘉华：《中国科学技术史·化学卷》，第505～506页。

> 分开，盐碱化为赤水。不坐，再烧一煎。出在磁瓮内，泥沫沉底，净硝在中。放一二日，澄去盐碱水，刮去泥底。用天日晒干，宜在二三八九月，余月炎寒不宜。或欲急用，夏天入井，冬天放于暖处可也。

小灰水，即草木灰水（碳酸钾溶液），可与硝水中的各种钙盐、镁盐、铁盐反应，形成碳酸盐或氢氧化物，沉淀析出。“化为赤水”系红色胶状氢氧化铁染成。煮沸后静置冷却结晶，与前法相同。《利器解》的主要素材很可能来自武官朱腾擢。万历二十年至四十六年，朱腾擢先后在宁夏、宣府、辽东、延绥等北方边镇任职，专门负责火器。上述提硝法较《神器谱》之说更为简单方便，便于批量生产，或许是当时北方边军的惯例。实际上，用草木灰水提纯焰硝，至20世纪仍是民间颇为常见的方法。

天然硝石受风土气候影响，世界范围内分布极不平衡。14世纪末以降，欧洲国家为保证火药供应，常采取人工积肥方法制硝（所谓硝床，nitre bed）。古代中国硝石相对充足（西南地区尚有不少天然硝洞），尚未发现应用积肥法的明确记载。①

2. 硫黄

古代中国，硫黄（S）有两种来源。一为产于火山地区的天然硫黄；二为焙烧硫铁矿（FeS_2）高温分解所得人工硫黄，古代多为生产矾石（$FeSO_4$）的副产品。从传世文献看来，宋以前医药、丹药所用硫黄为天然出产，往往来自边疆、外国。北宋年间，军需硫黄来源多样。《武经总

---

① 李约瑟据姚宽《西溪丛语》引昇玄子《伏汞图》记乌苌国消石“其石出处，气极秽恶”一语，联想到欧洲的积肥硝床。参见 Joseph Needham et al. *Science and Civilisation in China*, Volume 5, Part IV, Cambridge University Press, 1980:187 - 188.

要》火砲火药方所谓“晋州硫黄”，今人考为山西硫铁矿所产人工硫黄，纯度高于天然硫黄。[①] 同时天然硫黄仍在广泛使用，甚至存在大规模的国际贸易。[②] 例如熙宁七年(1074)，“知明州马珫言：准朝旨，募商人于日本国市硫黄五十万斤，乞每十斤觔为一纲，募官员管押。从之。”(《宋会要辑稿》食货三八。)山西晋州地近北宋都城汴梁，明州(今宁波)则与盛产天然硫黄的日本隔海相望。收购何种硫黄，因地而异，看来是基于成本的考虑。

提纯硫黄之法，明代以前，仅见丹师、医家的个别记述。或研磨后入水搅拌(硫黄难溶于水)，除去水溶性杂质；或加热生华；或用植物汁液溶解杂质等。[③]

火药用硫黄的纯化方法，首见于唐顺之(1507～1560)编纂的《武编》：

> 用好硫黄十斤，将麻油先制，去油后用。去硫黄内油法：先将硫打碎荳粒样碎块，每斤硫黄，用麻油二斤，入锅烧滚。再下青柏叶半斤在油内，看柏枯黑色，捞去柏叶。然后入硫黄在滚油内，待油面上黄沫起，至半锅，随取起安在冷水盆内。倒去硫上黄油，净硫凝一(併)[饼]在锅底内者是。取起打碎，入柏枝汤内煮，洗净听用。[④]

按现代解释，麻油沸点高于硫黄熔点(112.8℃)，可令硫黄熔为液态，悬浮于麻油下层，泥沙之类杂质则沉于锅底，便于分离。待硫黄冷却凝结

---

① 张运明：“黑火药是用天然硫磺配制的吗”。《中国科技史料》，1982年，第1期。

② 山内晋次：《日宋贸易と「硫磺の道」》，山川出版社，2009年。

③ 刘广定：“中国用硫史研究：古代纯化硫磺法初探”。《中国科学史论集》，1995年，第380～381页。

④ 唐顺之：《武编·前集》(卷五)，60b～61a。刘广定指出《武编》为最早出处，参前揭书。

为块，即可与油分离。[1]

《利器解》(1600)载有一种水煎法：

> 提磺。每锅用水五七碗，烧滚，然后下磺三四十斤，煎开。出在磁盆内，澄一日，去磺底坐，用磺梢。将底坐加水入锅再煎澄，通用磺梢。

明末西法兵学著作中，硫黄、焰硝提纯方法与此前中国著作类似。提黄法多种，大同小异，除了麻油，也会使用牛油。按《兵录·西洋火攻神器说》"西洋炼造大小铳火药法"：

> 磺用生者佳，先搥碎去砂土，后用牛油煮磺，火不可太旺，以木棍旋转锅底，看磺溶化时方以麻布作滤巾，滤在缸内。则油浮居于上，磺实沉于底。去油用磺，研细听用。[2]

利用热油纯化硫黄，似乎是明清时期的主流方法。此外，康熙三十六年，郁永河奉派至台湾基隆、淡水采购天然硫黄，《采硫日记》(1697)描述了当地独特的提黄方法(油搅拌硫土粉末，并不加热)。[3]

3. 颗粒火药

16世纪，欧洲火药制造技术随其火器一并传华，最为显著的影响，

---

① 赵匡华、周嘉华：《中国科学技术史·化学卷》，第464页。

② 何汝宾辑：《兵录》(卷十三)。《四库禁毁书丛刊·集部》(第9册)，影印崇祯元年刻本。

③ 赵匡华、郭正谊："台湾土法炼硫考释"。《中国科技史料》，1984年，第1期。

当属火药制粒工艺的传播。制粒是火药制造史上的重要革新，保证了颗粒内成分稳定，颗粒间获得充分空隙，暴露面可迅速燃烧，大幅提升了爆炸能量，也可通过颗粒大小控制能量释放的速度。①

正德十二年(1517)，广东按察司佥事顾应祥自葡萄牙商船获得佛郎机铳，特别指出"其火药与中国不同"②。至16世纪中期，佛郎机铳已然成为明军的制式火器。嘉靖《广东通志》(1561)记载了2种佛郎机铳火药方，第一种为本地军器局配方，"然犹未尽其妙"；第二种则是自葡萄牙人("佛朗机夷人")询问得来。对比两种配方(表1)，可知其间的关键差异在于后者多一制粒工序——先将粉末充分混合，"擂极细，乃入碓。每斤用去衣蒜头三枚，和浓烧酒舂如面腻，作豆腐片，置屋瓦上晒极乾，用闸刀闸碎如豆大。入铳一两三四钱，只可及一千五百步矣。"③

表1　佛郎机铳火药方

	硝(%)	硫黄(%)	木炭(%)	制粒
广东军器局火药方	70.5	13.2	16.3	否
葡萄牙人火药方	70.5	9.7	19.8	是

戚继光《纪效新书》(十八卷本，1561年成书)所载鸟铳火药方与之类似④：硝、磺、炭比例为75.8%，10.6%，13.6%。过水混合，充分研磨，"舂之半乾，取出日晒，打碎成荳粒大块。"。谓之"秘法"，可见火药制粒

① 1420年前成书之 *Feuerwerkbuch* 已论及粒状火药的特性与加工方法. 参见 B. S. Hall, *Weapons and Warfare in Renaissance Europe: Gunpowder, Technology, and Tactics*, Baltimore: Johns Hopkins University Press, 1997:69－74。关于粒状火药燃烧机制与实验结果，前揭书：79～87。

② 顾应祥：《静虚斋惜阴录》(卷十二)，20b。

③ 黄佐纂：《广东通志》(卷三十二 · 军器)，18b。

④ 戚继光：《纪效新书(十八卷本)》(卷十五)，点校本，中华书局。2001年，第249～250页。

尚属新知。这个配方很可能便是嘉靖二十七年(1548)卢镗攻破宁波双屿,自“番寇”获得的鸟铳药方。① 所谓“番寇”,溯源当亦是葡萄牙人。

火药制粒工艺,东南沿海得风气之先,继而传入北方。万历二十年(1592),王鸣鹤任陕西参将时,当地边军尚未使用颗粒火药。他的回忆很能说明粉末火药的缺陷。

> 昔余练兵陕西,有阃司督造火药,分发各兵,始而试放不响,既而大响损铳。主者莫知其故,疑而问余。余曰:有说也。南方火药,对定分两,皆加水舂。其硝磺与灰三者合一,皆如菉豆子大,临时入铳甚易,无崩塞之患。今所造,止将三者碾细耳,并未入水舂过。各兵又不能分定分量,或用纸筒或用竹筒装乘,以便听用,而乃总入一大皮袋装了。兵系马兵,终日马上撞筛,其硝与磺性重而沉底,灰性轻而上浮。初放者灰也,故多不响,既放者硝黄也,磺多则铳损。此理甚明,精知火药之性,又何疑焉。②

硝、黄密度大、木炭密度小,如三物粉末仅简单混合,长期震动,容易分层,造成火药失效。制成小颗粒,则成分稳定,无此弊病。

按火器专书《利器解》(1600)所载造火药方(发射药),分“寻常药”与颗粒药,硝、黄、炭之比例同为5∶1∶1(71.4%∶14.3%∶14.3%),区别在于前者为硝黄炭粉末之简单混合,后者制成颗粒,爆炸力随之加倍。

---

① 张时彻:《定海县志》(卷七),18a,天一阁藏明代方志选刊续编影印嘉靖四十二年刻本。

② 冯应京辑:《皇明经世实用编》(卷十六),63b～64a,《四库全书存目丛书·史部第267册影印万历三十一年刻本。引王鸣鹤《火攻答[问]》(约1597)。

> 每料用硝五斤，磺一斤，茄杆灰一斤。以上硝磺共七斤，分作三槽，定碾五千八百遭。出槽，每药三斤，用好烧酒一斤，成泥仍下槽，再碾百遭。出槽拌成粒，如黄米大，或菉豆大。须入手心，燃之不觉热方可。寻常药，用一斤，此药止用半斤。因药力太迅，不可多用。如无茄灰，柳条亦可，去皮去节。南方如无柳茄，杉槁俱可。[①]

上述文字或可反映1600年前后北方边军火药制造工艺的较高水平。此时颗粒火药尚非“寻常药”，在当地尚属新事物。上述火药方后收入《武备志》，流传甚广[②]。

同一时期成书的《神器谱》(1598)，以及明末出现的一系列西法军事作品，如《祝融佐理》(约1625)、《西法神机》、《兵录・西洋火攻神器说》(1628)、《守圉全书》(1636)，收录了大量火药配方(主要分火砲药、鸟铳药、火门药三类)，均言及发射药需制颗粒。《火攻挈要》(1643)云：

> 俟药已捣成，即用粗细竹筛，其大铳药用粗筛，筛成黍米珠。狼机药用中筛，筛成苏米珠。鸟枪药用细筛，筛成粟米珠。[③]

重型火器发射药颗粒较大，轻型火器药粒较小，也是同时期欧洲火器的惯例。19世纪初，欧洲军队的火砲与步枪火药多已改用单一标准颗粒。

---

① 范涞辑：《两浙海防类考续编》(卷十)，47b。《四库全书存目丛书・史部》(第226册)，影印万历三十年刊本。按《利器解》主体部分完整收入《两浙海防类考续编》(卷十)“火器图说”。按同书，火门药不必成粒。

② 乾隆间赵学敏作《火戏略》(1780)，收录炮仗、烟火配方上百种。颗粒药仅一种，谓之“珠儿火药”，文字与《利器解》颗粒火药方略同。参见：《火戏略》(卷二)，7a～b。天津图书馆古籍部影印稿本，1985年。

③ 汤若望授，焦勗述：《火攻挈要》(卷中)。《中国科学技术典籍通汇・技术卷》(第5册)，影印海山仙馆丛书本，河南教育出版社，1994年，第1299页。

清军则延续了早期传统。1860 年，一位法国军医记载了通州附近所见清军火药："大砲的火药很大，步枪的火药却很小，呈圆粒状，就像细小的铅砂"。[2]

综上所述，我们尚不了解宋元及明代前期是否出现过军用颗粒火药。目前看来，即便曾经存在，也未能得到有效传承。16 世纪以降，铳砲发射药开始采用颗粒火药，应是受到域外知识影响。

（毛　丹）

② 参见阿道尔夫·阿尔芒著，许方、赵爽爽译：《出征中国和交趾支那来信》，中西书局，2011 年，第 319 页。

戴吾三

《天工开物》：中国古代农业和手工业的高峰

一、《天工开物》的时代背景

二、《天工开物》的作者

三、《天工开物》的篇章结构

四、《天工开物》的技术成就与特色

五、《天工开物》体现的科学精神与科学方法

六、《天工开物》的地位与传播影响

《天工开物》:中国古代农业和手工业的高峰

成书于明末清初的《天工开物》,集中国农业生产和手工业技术之精粹,在中国科技史上标志出一座高峰。

《天工开物》由明末科学家宋应星撰著,该书详细记录了中国明代中叶到明代末年农业和手工业生产技术的状况,并附有上百幅生动的插图,因作者对当时的传统技术搜罗全面,记录翔实,科技含量丰富,与当时西方的同类技术相比居于领先地位,因而有"世界上第一部有关农业和手工业生产的百科全书"[①]之美誉。

一、《天工开物》的时代背景

《天工开物》出现于17世纪30年代(1637),是为明代末期。当时的欧洲文艺复兴处于高潮,资本主义兴起,工商贸易活跃,思想文化繁荣。而在地球另一边的中国,也发生着一些显著变化。

就明代的经济看,农业生产仍占有重要地位,农作物种植呈南稻北麦的格局。在南方,浸种、育秧、插秧、耘稻、扬稻、收稻等已形成一套成熟的经验。水稻施肥方面,肥料种类多,且因土施用,改良土壤,有助于增产。在前代的基础上,明代已广泛利用各种灌溉机械,或人力,或牛力,或水力,为增产增收提供了保障。在主要水稻产区,培育出许多优良品种,如宋应星的家乡江西就有"吉安早"、"救公饥"、"喉下急"、"金包银"等品种。在北方主要种植小麦,从播种、施肥、田间耕耨到收割都形成一套完整的作业程序和经验,特别是在下种前,北方采用砒霜拌种,以

---

① 著名科技史家李约瑟评价。引自杜石然等:《中国科学技术史稿》(修订版),科学出版社,2012,第337页。

防虫蚀；而南方则用草木灰，这是明代劳动者在前代基础上取得的新经验。在南稻北麦的大格局下，黍、粟、麻、菽的生产也受到重视，蚕桑、棉花、甘蔗种植，有新的技术进步。正是这些基本的农事活动，为宋应星调查研究，撰写《天工开物》提供了重要素材。

在手工业、商业方面，明代中叶后有长足发展。商品经济的兴盛，新的生产分工和协作，孕育着资本主义的萌芽。在采矿、冶铸、造船、纺织、瓷器等行业，从技术到规模都有新的变化。明代中叶后，凡临近产煤而其煤又适于冶铸的地方，都以煤作燃料。官府和民营炼铁业呈规模化，大的炼铁工场佣工达两三千人，有六七座一丈高的炼铁炉；小炼铁工场佣工也近千人，有炼铁炉三四个。炼铁业的繁盛，使明代的铁产量超过以往任何一个朝代。造船方面，由于近海及内河交通的便利与国防的需要，使造船业成为明代重要的工业部门，从中可见当时各种手工业的综合发展。以郑和下西洋的船队为例，长度超过 100 米的宝船就有 60 多艘，其中最大的宝船长 44 丈（约 150 米），舵杆长 11.07 米。

明代中叶以后，江南地区丝织业繁盛，出现大量以织造为生的机户，并形成集聚现象。以江苏吴江县的盛泽镇为例，明初时仅为五六十户人家的村庄，至嘉靖年间（1522～1566）发展成为市镇，“镇上居民稠广，……俱以蚕桑为业。……络纬机杼之声，通宵彻夜。”①

明代中叶后的瓷器业继续扩展。宋应星的家乡江西景德镇成为当时全国最大的瓷器制造中心，面积达 10 万平方公里，人口近百万，官窑和民窑 3 000 处，白天白烟蔽空，夜间红焰熏天，瓷器从瓷土开采、加工、拉坯、成形，直到烧制出窑，诚如宋应星在《天工开物·陶埏》章中说：“共计一坯工力，过手七十二，方克成器，其中微细节目尚不能尽也。”足见分

① 冯梦龙：《醒世恒言》（卷十八）。

工细致,已形成复杂的技术链。

就明代的政治看,自朱元璋始,成祖继之,形成高度中央集权的君主专制,其结果造成宦官当权。明代中叶时,大小宦官数以万计,宦官弄权,结党营私,胡作非为。到嘉靖、万历之后,政治危机显露,虽有一些改革,但都在权贵的攻击下流产失败。天启年间,阉党魏忠贤把持朝政,罗织罪名,置东林党人于死地。复社继起,坚持与阉党斗争,这一政治事件在当时社会产生了很大影响。

明代中叶后的经济、政治变化,也反映到思想文化领域。当时的一些士大夫、文人中形成新的思潮,他们不满朝政,针砭时弊,反对科举制和八股时文,讲学著书宣传新的思想。王艮为泰州学派创始人,他强调"百姓日用条理处,即是圣人条理处",把是否合"百姓日用"作为衡量"圣人之道"的尺度,其思想与流行的存天理、灭人欲的正统思想对立。而李贽作为泰州学派后期的代表,更是表现出强烈的叛逆精神,在他的重要著作《焚书》中揭批礼教,抨击道学,自标异端。李贽的思想引起统治者的仇视,对当时的思想界起到震撼作用。

后起的东林学派以书院会讲的方式,从事具有政治色彩的集会结社活动。他们既有鲜明的学术思想见解,又有积极的政治主张,要求廉正奉公,振兴吏治,开放言路,革除朝政积弊。东林学派的主张和要求得到当时社会的广泛同情与支持,同时也遭到宦官集团的强烈抵制,两者间因政见分歧发展演变形成明末激烈的竞争局面。

与上述早期启蒙思想相呼应,在明末形成了一种注重实际、实事求是的思想。一些有抱负的知识分子,认识到传统的理性玄学"空疏顽固","欺世盗名",一反轻视实学的陋习,转向调查研究,关注生产实践,运用新的材料,著书立说。正是这样的时代特点,在宋应星前后,出现了李时珍、徐光启、徐霞客、方以智等著名学者,诞生了《本草纲目》、《农政全书》、《徐霞客游记》、《物理小识》等一批有新知新见的著作。

二、《天工开物》的作者

《天工开物》的作者宋应星，字长庚，江西省奉新县北乡人。1587年（明万历十五年）生于奉新一个官僚地主家庭。宋应星的祖先曾靠经营土地、蚕桑而发迹，至宋应星曾祖宋景（1476～1547）时，始由科第转入仕途。宋景字以贤，号南塘，弘治十八年（1505）进士，历任山东参政、山西左布政使、南工部尚书、南吏部尚书，进北都察院左都御史（正二品），卒赠吏部尚书，谥庄靖。按封建社会惯例，宋景长辈、晚辈均受封荫，从此宋氏家族为“奉新望族”。宋景生五子，长子垂庆，次子介庆，三子承庆，四子和庆，幼子具庆（幼年死去）。宋承庆是宋应星的祖父，聪颖博学，有志功名，但不幸早逝，年仅27岁，留下孤子国霖。宋国霖生无功名，成家后于1578年（万历六年）生长子应昇；1582年（万历十年）生次子应鼎；1587年（万历十五年）生三子应星；1590年（万历十八年）生幼子应晶。其中，应昇与应星是同父同母兄弟，而与应鼎、应晶为同父异母兄弟。宋氏家族到宋国霖辈时，好景不再，又因天灾火灾，到宋应星一代，便成破落之象。

1615年（万历四十三年），29岁的宋应星与兄宋应昇赴南昌参加乡试，当时考生逾万，奉新县只有宋氏兄弟二人考中。应星中全省第三名举人，应昇为第六名，一时有“奉新二宋”之誉。

乡试中举，激励宋氏兄弟再进。1616年（万历四十四年）赴京参加会试，不料未能如愿。兄弟二人并不气馁，又先后于1619年（万历四十七年）、1623年（天启三年）、1627年（天启七年）及1631年（崇祯四年）北上会试,至第五次会试时,宋应星已 45 岁,胞兄宋应昇则是 54 岁。这次会试,兄弟二人仍以失败告终。

5 次会试,从南到北千里之途,所见官场腐败,政情黑暗,使宋氏兄弟原来的梦想化为泡影,从此对科举绝望。1632 年(崇祯五年),生母病故,宋应星居家守孝。不久宋应昇"谒选得桐乡知县",赴浙江桐乡县任县令。桐乡距全国著名养蚕、丝织中心嘉兴、湖州很近,宋应星在探望哥哥时,也去嘉兴、湖州调查访问,后来撰著《天工开物》,反映出对这一地区丝织技术的特别关注。

图 1　宋应星撰《天工开物》

1616～1631 年间,为应试多次离家远游,宋应星在科举及第失意,但却开阔了视野,丰富了对各地物产的了解,获取了很多书本之外的知识。诚如他在《天工开物》序中所言:"为方万里中,何事何物不可见见闻闻"。宋应星的足迹遍及京师、江西、湖北、安徽、江苏、山东、河南、河北、浙江等省的许多城市和乡村。他还到过广东,也许还去过四川和山西。沿途他在田间、作坊了解到农业和手工业的具体知识、操作过程,并对操作实态作了素描,写下不少笔记。正是亲历的所见所闻,为后来写作《天工开物》作了充分的资料准备。

1634 年(崇祯七年),宋应星出任本省袁州府分宜县教谕,这是个未入流的九品以下文职小官,主要管理地方的学政。在此任职四年,宋应星多有闲暇,他利用先前的积累勤于著述。1636 年(崇祯九年)一年之中,宋应星便刊刻了《画音归正》(论音韵的书)、《原耗》(政治经济杂文)、《野议》(政论集)、《思怜诗》等书。第二年,宋应星在友人涂绍煃(时任河南信阳兵备道)的帮助下,刊刻了他的代表性著作《天工开物》。缘于亲身经历，宋应星看破功名，他在自序中写道："此书于功名进取毫不相关"，书末题"奉新宋应星书于家食之问堂"。"家食"是"在家自食"之意，源出《易·大畜》："不家食，吉，养贤也"。"家食之问"即指关于家常生活如吃、穿和日用物品之类的学问，可见宋应星弃绝功名，求真务实的精神。

1638年，宋应星任分宜教谕期满后，升任福建汀州府推官，这是个正七品的地方官员，他只在任两年，便辞官回乡。1643年（崇祯十六年）下半年，宋应星出任安徽亳州知州，这是个从五品的地方官。他到任时已距明朝覆灭不远，任职不及一年，时势大变，宋应星又归故里。清兵南下时，宋应星草成《春秋戎狄解》，先是制造抗清舆论，看大势已去，后来便过起了隐居生活。

宋应星的兄长宋应昇，1642年升任"广州知府"，1644年明亡后，抵触满清，辞官归乡，他厌倦尘世，两年后服毒自尽。宋应昇著《方玉堂全集》（1638年刊刻），其中记载胞弟宋应星甚详。

1655年（顺治十二年），宋应星年近古稀，应《南昌郡乘》主编、友人陈弘绪（1597～1665）之邀，他为其兄撰写了《宋应昇传》。1666年（康熙初年）宋应星去世，享年约80岁。

三、《天工开物》的篇章结构

宋应星以"天工开物"为书名，自有他的用意。"天工"取自先秦典籍《书经》，"开物"取自《易经》，两词连用，宋应星赋予新义，用今天的话解释，即"借助人工的技巧，从自然界中开发出有用之物。"

《天工开物》的明刊本分为上、中、下三卷，每卷订成一册，全书5万

3千字,插图145幅(不同版本图有出入),其中上卷6章,中卷7章,下卷5章。每一章都从典籍中找出古雅的二字组成的词来命名,每章起首都有"宋子曰"一段作引言,接下来是正文,正文之末是与该章相配的插图(各卷章名及内容要点汇总见下表)。

从《天工开物》篇目可以看出,几乎包罗了当时人们日常生活中所有物品、器具的生产技术。

以下依序概述各章的主要内容:

1.《乃粒第一》

"乃粒"一词,泛指粮食,原见《书经·益稷》:"烝民乃粒",意思是民众有粮吃。本章属于农业部分,因与民食有关,宋应星本着"贵五谷而贱金玉"的思想,将此章置于全书之首。

本章按书中小标题可分12节,其中4节记述水稻、3节记述小麦,其余几节记述黍稷、粱粟、麻类杂粮作物,并介绍几种水利灌溉农具(筒车、牛车、踏车、拔车、桔槔)。本章内容可分两大重点,一是水稻,对水稻从分类、浸种、育秧、插秧、耕作、田间管理、施肥、稻灾害及防治直到收割,作了详细记述;二是小麦,详述小麦的种类、产量地理分布、播种、锄草、施肥、麦灾害和收割,并介绍耕播兼用的农具"镪"(耧)的构造。

表1 《天工开物》各章名、内容要点及配图

卷次	章 名	内 容 要 点	配图
上卷	乃粒第一	主要农作物的种植、栽培和有关生产工具	18
	乃服第二	养蚕、丝纺、棉纺技术	19
	彰施第三	植物染料和染色技术	无
	粹精第四	稻、麦等作物的收割、脱粒和谷物加工技术	22

（续表）

卷次	章　名	内 容 要 点	配图
	作咸第五	盐产地和制盐技术	14
	甘嗜第六	甘蔗种植、制糖技术和有关工具	2
中卷	陶埏第七	砖瓦烧制和陶器、瓷器的制作	12
	冶铸第八	冶铸的技术和设备，三种特色铸造方法	7
	舟车第九	船舶、车辆的技术结构和使用	5
	锤锻第十	锤锻制造铁器、铜器的工艺	3
	燔石第十一	烧制石灰、采煤、烧制矾石、硫黄技术	6
	膏液第十二	多种油料植物子实的产油率、用途和提制油脂的技术	4
	杀青第十三	纸的种类、造纸的工艺及设备	4
下卷	五金第十四	各种金属矿的开采、冶炼、分离和加工技术	13
	佳兵第十五	弓箭、弩、干(盾)和火药及火器的制造技术	13
	丹青第十六	作颜料用的朱(硫化汞)和墨的制作工艺	6
	曲糵第十七	酒母、神曲(药用)和丹曲所用原料种类、制造技术	2
	珠玉第十八	珍珠、玉石、玛瑙等采取、加工	8

2.《乃服第二》

“乃服”即衣服，词出《千字文》：“乃服衣裳”。吃饭穿衣是民众的最基本需求，故宋应星将此章置于全书第二位。

“乃服”是全书最长的一章，按书中小标题可分 34 节。前 14 节论养蚕技术，接下来 15 节记述丝的加工、纺织和织机；此后两节记述棉和棉纺，两节记述麻和麻纺，其余部分记述皮、毛，涵盖当时所用的衣服原料。分析本章可见，重点内容在养蚕和丝织，所反映的地区以明末蚕丝业最发达的浙江嘉兴和湖州为代表。在论养蚕各节中，详细记述了从蚕种留存、浴种、保存蚕种，到蚕的种类、饲养、食料、进食禁忌、物害、蚕病、结茧吐丝的整个过程。其中介绍淘汰病弱蚕种的“浴种”法，“将白雄配黄雌”而人工杂交培育新蚕种，描述病蚕特征和淘汰病蚕和结茧时用炭火烘法加速吐丝，再如结构复杂的提花机，都反映了当时的技术成就。

3.《彰施第三》

“彰施”一词，源自《书经·益稷》：“以五彩彰施于五色，作服”，意思是用五种颜色用作五种服装。染色直接与衣料有关，故宋应星把《彰施》安排为全书第三章。

本章共分 6 节，记述从各种植物提取染料和织物染色技术，其中重点是蓝淀和红花染料。在“诸色质料”节中记述了红、黄、紫、绿、青各色及其间色所用染料及染色方法，包括套染和用明矾、青矾等媒染剂的媒染方法；“蓝淀”节介绍了 5 种制淀植物，重在记述茶蓝种植技术及造淀方法。在有关红花几节中，详述了红花种植、采集和制红花饼法，并述及用红花染色丝织物的保存。

本章的一些内容取自《本草纲目》。可能是因染色不好表现，这是全书唯一没有插图的一章。

4.《粹精第四》

“粹精”，意思是从谷物中取得精华的部分。本章内容有关粮食加工，与开篇的《乃粒第一》相联系。

本章分“攻稻”和“攻麦”两节。在“攻稻”(即加工稻谷)中,介绍了稻谷的脱粒去壳方法,同时对木砻、土砻、风扇车、水碓、石碾等加工工具的质料、规格和功效给出详细说明,并配以插图对这些工具的使用描述。在“攻麦”(即加工小麦)中,记述小麦脱壳及磨面过程时,也对水磨、面罗、筛子等工具作了介绍。

本章插图 20 余幅,在书中所占量较大。

5.《作咸第五》

“作咸”指制食盐,原见《书经·洪范》:“水曰润下……润下作咸”。食盐为日常生活所需,在中国古代开采历史久远。

本章在“宋子曰”后分 6 节,依序是“盐产”、“海水盐”、“池盐”、“井盐”、“末盐”、“崖盐”。在“盐产”节中首先根据盐产来源不同,将其分为海盐、池盐、井盐、土盐、崖盐和砂石盐 6 类,其中海盐产量居十之八。接下来三节分别重点记述海盐、山西池盐和四川井盐的提制技术和工具。介绍了淮阳、长芦和广东、浙江等沿海盐场的 3 种晒盐方法,对煮盐锅(牢盆)作了详细说明。在记述四川井盐生产时,特别介绍了用顿钻打井、用桔槔、辘轳汲取卤水的技术,以及用火井(天然气井)中的天然气煮盐的技术。

6.《甘嗜第六》

“甘嗜”,原见《书经·甘誓》:“太康失邦,……甘酒嗜音”。甘指甜;嗜即特别爱好。

本章共分 7 节,记述甘蔗种植、制蔗糖、蜂蜜及麦芽糖等技术。在

“蔗种”节中介绍甘蔗种类、种植及收割技术,特别介绍了甘蔗移栽技术。“蔗品”节中介绍蔗糖种类、强调按节气砍蔗制糖。“造糖”节详细描述了双辊式压榨机(糖车)的结构、部件尺寸和煎糖方法,并有糖车工作的示意图。“造白糖”节记述了制白糖、冰糖技术。

7.《陶埏第七》

“陶埏”指烧制陶瓷器,原出《荀子・性恶》:“陶人埏埴而为器”。

本章在“宋子曰”后分 4 节,依序是“瓦”、“砖”、“罂瓮”、“白瓷”。在“瓦”和“砖”两节中,记述了与民居有关的瓦、砖的原料、制坯及入窑烧造的全部工艺,介绍了“浇水转釉”的处理技术。在“罂瓮”和“白瓷”两节中,详细记述了所需原料、制坯、上釉和烧造技术,记述了陶车及烧窑的结构和操作,集中在明代陶瓷业中心江西景德镇的技术反映,同时也提到其他瓷器产地,并重点对制作白瓷技术作了论述。文中特别提到一些重要的技术数据,如原料和燃料的消耗量,烧窑的生产能力等。由“白瓷”节说“共计一坯工力,过手七十二,方克成器”,可见当时的细致分工。

8.《冶铸第八》

本章论述金属铸造工艺,对了解中国古代的铸造技术细节,具有珍贵的史料价值。

本章分 8 节,其中重点是有关钟鼎、釜和钱币铸造的记载,介绍了 3 种传统的铸造技术,第一种是油蜡塑造铸型的失蜡铸造;第二种是实体模型铸造;第三种是无模具铸造,可见古代铸造的特色。在介绍万斤巨型铸件时,记述了用多个小炉汇流连续浇注的方法,铸匠们要及时而准确地协同,体现了古代工匠的智巧。

9.《舟车第九》

船和车是古代重要的交通工具,当时都是用木材制作。

本章分5节,在"宋子曰"后分别为"舟"、"漕舫"、"海舟"、"杂舟"、"车"。本章重点是"漕舫"节,对用于内河的漕船构造、尺寸和使用,结合插图给予详尽的描述,为后人研究当时的造船工艺提供了准确可信的资料。在"海舟"节中主要讲运粮船,在"杂舟"节中介绍了南北各地因地制宜的七种船舶,包括江汉课船、三吴浪船、福建的小船、梢篷船、四川八橹船、黄河满篷船、广东黑楼船和黄河秦船。在"车"一节中,重点介绍了北方四轮大车、附带谈及独轮车。

10.《锤锻第十》

本章共分10节,系统介绍了用锤锻法制造铁器和铜器的工艺。铁器包括刀剑、斤斧、锄、鎛(宽口锄)、锥、锯、刨、凿、针;铜器中主要介绍了铜锣、铜鼓、丁宁(一种钟状的铃)的锤锻技术。其中对铜、铁及其合金的冶制工艺、焊接技术(如锤锻、淬火、焊接)、燃料的选用以及生铁、熟铁、铜、红铜、黄铜、白铜等不同的性能,记载精细,从重千钧的大铁锚到轻巧的绣花针,对大小器物的冷热锻造方法都有介绍。书中所论"水火健法"(即淬火技术)与"生铁淋口"(即在熟铁坯件刃部淋以生铁使其坚硬耐磨),都是中国独创,居于当时世界冶铸的先进水平。

11.《燔石第十一》

“燔石”即烧石。本章主要论述石灰、各种矾石、硫黄、砒石等矿石烧制和采煤技术。

本章在“宋子曰”后分7节,每节都详述各有关产品的产地、用途、烧制技术、设备以及所用原料和燃料,反映明代在烧石方面的技术成就。由“煤炭”节的内容知,当时采煤通过竖井,采取了两项安全作业措施(用竹筒排除井下瓦斯,巷道支护),这是十分先进的。在“砒石”节中记载,先排除井中的绿浊水,然后下凿。烧砒石时工匠应立在上风10余丈外,且工作2年后改换工种,这都是安全防护的措施。由记载知,当时砒霜产量甚大。以砒霜拌豆麦种、蘸稻秧根,是明代农业技术的一项成就。

12.《膏液第十二》

“膏液”指油脂,本章主要叙述食用和日用的植物油脂的制造技术。

本章在“宋子曰”后分“油品”、“法具”和“皮油”三节。在“油品”中首先叙述16种食用和点灯用的油料植物的种类,对各种油料的优劣、性质及用途加以品评,并在试验后详细介绍各种油料植物的出油率。在“法具”中介绍榨油方法及工具,主要提到压榨法和水代法这两种基本工艺,尤其对南方榨油机械的结构和部件尺寸作了精确描述,对操作中的诀窍也给予说明。在“皮油”中主要记述用乌桕木的仁制皮油以及制油烛的方法和设备,反映了江西广信郡(今上饶地区)发展起来的技术。

13.《杀青第十三》

“杀青”一词,见《后汉书·吴祐传》:“(吴)恢欲杀青简以写经书。”古以竹简写字,先以火烘竹片,叫杀青或汗青。后泛指书籍定稿,宋应星转意用作造纸。

本章分 3 节,在“宋子曰”后分别为“纸料”、“造竹纸”和“造皮纸”,本章重点是“造竹纸”,详细描绘了破竹、沤竹、蒸煮、舂捣、抄纸、压干和烘干的工艺程序,以及漂塘、蒸煮锅、抄纸帘、纸槽、焙炉等造纸工具。因造皮纸与竹纸工艺大同小异,故只述皮纸原料及加工。

本书在历史上第一次清楚描绘了造纸的工艺流程,具有珍贵的文献价值。

14.《五金第十四》

“五金”原指“金、银、铜、铁、锡”,后扩展到铅、锌等,故也泛指金属。

本章分 9 节,详细记述了金、银、铜、铁、锡、铅和锌等技术的产地、开采、冶炼和加工技术,也涉及胡粉(铅粉)和黄丹(铅丹)的制法,反映了中国古代的冶金技术成就及在明代的发展。如经过改进的灌钢技术,将炼铁炉与炒铁串联并直接将生铁炒成熟铁,炼铁的半连续生产过程,分金炉的使用,以煤炼铁并以大活塞风箱鼓风等。本章还记述了金属锌(倭铅)的炼制技术和利用物理性质的不同将金、银与银、铅分离的技术,在叙述金属性质时已有比重的概念,还谈到铜合金的配比。当然,也存在某些误说,如所谓黄金初采时柔软可吞食而不伤人、铁矿开采后“其中块逐日生长,愈用不穷”等。

15.《佳兵第十五》

“佳兵”一词，原见《老子》第三十一章“佳兵者，不祥之器”，此处指兵器。本章论述古代兵器的制造技术和使用方法。

本章分 7 节，前 3 节详述弓箭、弩和干（盾）等冷兵器的制造，后四节与火药和火器有关，其中“弧矢”、“火药料”是本章重点。“弧矢”指弓箭，原见《易经 · 系辞下》：“弦木为弧，剡木为矢。”在“弧矢”节中的前半部分细述制弓部件的材料、制作工艺、使用要求，特别说到定弓力的方法；后半部分细述制箭杆的材料，尾羽因取材不同（雕，鹰、鹞、雁、鹅），制成的箭飞行有差异，对此也有细致说明。在“火药料”节中用阴阳学说陈述火药爆炸和配方，介绍了火药种类和成分，但没有给出具体的火药成分配比。

16.《丹青第十六》

“丹青”，原指丹砂和青雘两种作红色和青色的颜料，后来泛指绘画颜料或绘画。本章主要叙述朱与墨的制造技术，而其他各色颜料的制作，则散见于“彰施”、“珠玉”等章，此处只附录名目。

本章分“朱”和“墨”两节。在“朱”一节，详细叙述了天然朱砂的产地、开采、研磨和升炼水银的方法，并介绍由汞、硫人工合成银朱的技术。在“墨”一节，着重介绍松烟墨的制造技术，包括除去松脂、松香和烧烟、扫烟方法，对烧烟的烟室结构和操作详细说明，反映的是古徽州（今安徽歙县一带）传统制墨技术。

17.《曲蘖第十七》

“曲蘖”一词，原见《书经·说命下》：“若作酒醴，尔惟曲蘖”。“曲”是酿酒（或制酱）用的发酵物；“蘖”本指麦芽，也作酿酒发酵物。两字连用，作酿酒用的酒母。

本章分3节，分别是“酒母”、“神曲”（药曲）和“丹曲”（红曲）。本章重点内容在“丹曲”方面，这是北宋以来发展起来的新技术，是匠人长期培育出的曲种。宋应星详细记述了丹曲对食物着色的防腐的特殊功用、所用原料及其处理、培养丹曲菌的过程以及发生的一系列颜色变化和注意事项，是古代制酒技术的珍贵文献。

18.《珠玉十八》

本章在全书之末，诚如宋应星序中所言“卷分前后，乃贵五谷而贱金玉”，明确反映出他重农业生产，轻珠宝之类奢侈物的观念。

本章分3节，分别是“珠”、“宝”和“玉”。在“珠”一节中记述了珍珠形成、采捞季节、采捞的特点以及珍珠的种类；在“宝”一节中记述了各种宝石形状、色彩、质地等；在“玉”一节中介绍了玉石产地、特点和名玉知识，简述制玉的工艺，并附带介绍了玛瑙、水晶、琉璃的产地和用途。

四、《天工开物》的技术成就与特色

《天工开物》对明代（也涉及前代）劳动人民在农业和手工业生产所

积累的经验进行了系统总结,所记载的诸多技术富有中国特色,而且与当时西方的同类技术比,明显居于领先地位。在重视生态农业,重视保护传统手工艺的今天,重读《天工开物》,可见其学术参考价值。

1. 农业生产技术

《天工开物》对水稻栽培有详细的记述,并且提到不少先前农书中从未谈及的新技术。如"乃粒"章对水稻在用浸种法育秧时写道:"秧生三十日即拔起分栽"。又说"凡秧田一亩所生秧,供移栽二十五亩"。指出秧田与本田的比例关系为1∶25,这是古代农书首次记录下来的一个重要数据,反映了南方农民的实践经验。

从《天工开物》记载可知,明代已采用砒霜拌种拌秧,以防病虫鼠害的措施,这是我国农业生产上的一项发明。见《乃粒》"麦工"一节:"陕、洛之间,忧虫蚀者,或以砒霜拌种子。"《燔石》"砒石"节记载:"宁绍郡稻田必用蘸秧根,则丰收也。"就是说,在南方宁波、绍兴一带,种稻已必须用砒霜蘸秧根,这样处理后,会使水稻丰收。用砒霜作农药,拌种、蘸根杀虫的方法,以往的农书都未提及,是《天工开物》首次予以记录。

在农业生产上,先秦时期已重视施肥,典籍中不乏有关记述。关于肥料的种类,明代以前的农书记载有:粪便、骨汁、蚕矢、旧墙土、草木灰、厩肥等,而宋应星则有意介绍用榨过油的枯饼当肥,计有七种肥饼,按优劣分是:芝麻饼、萝卜籽饼,最好;油菜籽饼,次之;油桐籽饼,又次之;樟树籽饼、乌柏籽饼、棉籽饼,最差。同时,宋应星在《乃粒》章"稻宜"节中指出,"豆贱之时,撒黄豆于田,一粒烂土三寸,得谷之息倍焉。"这不仅是细致观察和准确的统计,而且"举出了以前的农书从来未见的东西”。[①] 对于稻田施肥，宋应星进一步写道：“土性带冷浆者，宜骨灰蘸秧根，石灰淹苗足。向阳暖土不宜也。”文中“土性带冷浆者”，指冷浸田或冷浆田，一般都是山区洼地，水温和土温比较低，属于酸性土壤。这段话意思即说，在排水不良、土温较低的酸性土壤中种稻，要用动物骨灰或石灰撒在秧根，这样就可以中和土壤中的酸性成分，提高土壤的温度。骨灰蘸秧根，是对磷肥的合理使用；撒石灰于冷浆田，可以中和土壤的酸性，改良土壤。这是一种比较先进而又经济的施肥措施，也是我国农业施用磷肥的最早记载。

2. 甘蔗种植和制糖

甘蔗在中国种植的历史悠久，古农书中多有记载。如南北朝贾思勰的《齐民要术》、南宋王灼的《糖霜谱》、元朝司马司的《农桑辑要》，明朝徐光启的《农政全书》等，都从不同角度对甘蔗的种植、施肥、灌溉、收获等方面做了总结。与这些不同时期的有关甘蔗记载的农书相比，宋应星在《天工开物》中的记载有独到之处，他全面详细地记述了明代劳动者因地制宜种植甘蔗的技术(包括留种、育苗、移秧、栽培等)和甘蔗的生产规律，以及用甘蔗制糖的工艺设备(包括压榨)煎熬、脱色、结晶等工序)，并且强调要按节气种植和砍伐甘蔗。日本研究中国古代农业经济的专家天野元之助指出，在古代农书中，《农桑辑要》中关于甘蔗的栽培和制糖方法用了约 500 多字；《农政全书》借用了前书的记载，又补充了 100 多字；在王象晋的《二如亭群芳谱果谱》中，只有 250 多字。而《天工开物》

① 天野元之助：“《天工开物》和明代的农业”。《〈天工开物〉研究论文集》中译本，商务印书馆，1959 年，第 65 页。

在甘蔗"栽培方面用了六百三十字,对制糖用了五百二十一字,合计用了一千一百五十一字,正是值得注意的文章。"①天野元之助在作了深入分析、比较、研究之后,进一步指出:"根据这些,也可以知道他的记述极为详细,而且说到分栽法的,只有他一个人。从王灼开始,司马司、徐光启、王象晋都没有说到移植。"②这种"锄起分栽"的育苗移栽方法,是古代劳动人民经过长期的生产实践总结出来的,它有利于合理安排土地,繁殖良种,提高产量,至今仍是甘蔗生产的一种有效的增产途径。

关于甘蔗加工和制糖,从《甘嗜》章记载的内容可见超过其他的农书。宋应星写道,将蔗汁熬至粘手的程度后,"此时尚黄黑色,将桶盛贮,凝成黑沙。然后,以瓦溜置缸上。其溜上宽下尖,底有一小孔,将草塞住,倾桶中黑沙于内,待黑沙结定,然后去孔中塞草,用黄泥水淋下。其中黑滓入缸内,溜内尽成白霜。最上一层厚五寸许,洁白异常,名曰西洋糖西洋糖绝白美,故名。"这里说的"瓦溜",是一种陶制器皿,是利用糖膏自身重力来分离糖蜜取得砂糖的简单装置。"用黄泥水淋下",则是用一种活性黏土或含有矾土的泥调水,经过沉淀之后,将表面乳浊状液体从瓦溜内的糖膏表面覆盖的一重纸上淋下。这是利用黏土或矾土吸附脱色的物理化学性能,把黏在砂糖上未漏干净的少量糖蜜除去,而将白糖留在瓦溜之中。

3. 蚕桑技术

在《乃服》章中,宋应星以很大篇幅介绍和描述了养蚕技术。中国南

① 天野元之助:"《天工开物》和明代的农业"。《〈天工开物〉研究论文集》中译本,商务印书馆,1959年,第81页。

② 天野元之助:"《天工开物》和明代的农业"。《〈天工开物〉研究论文集》中译本,商务印书馆,1959年,第82页。

方地区有植桑养蚕的久远历史，至明代中叶，杭嘉湖地区已成为全国养蚕生产最繁盛的地区，《天工开物》有关养蚕的记载，是对明代南方养蚕情况的反映。

在《乃服》章“种类”节中宋应星写道：“凡茧色唯黄、白二种。川、陕、晋、豫有黄无白；嘉、湖有白无黄。若将白雄配黄雌，则其嗣变成褐茧。”同一节中还写道：“今寒家有将早雄配晚雌者，幻出嘉种。”宋应星将蚕种分为早、晚两种(早种一年孵化一次，晚种一年孵化二次)，这是世界养蚕史上有关人工家蚕杂交的第一次明确记载。从这两段述文中可知，有两种家蚕杂交方法：一种是将吐白丝种的雄蚕与吐黄丝种的雌蚕杂交，可得吐褐色丝的蚕种。另一种是将雄性的早种蚕与雌性的晚种蚕杂交，可得优良的品种。

欧洲蚕业史上开始家蚕杂交工作，是在18世纪，比起《天工开物》的记载晚了100多年。由此可以看出，《天工开物》所记载的家蚕杂交，无论是世界蚕业史还是世界科技史上，都有一定的意义。

在关于蚕种的合理保护和处理方面，《天工开物》记载了明代嘉湖地区的浴种方法：“凡蚕用浴法，唯嘉、湖两郡。湖多用天露、石灰，嘉多用盐卤水。”由化学知识知，食盐和石灰都具有杀菌的能力，蚕卵经过盐水和石灰水的处理，卵面得到消毒，不但可以保证蚕胚不受细菌或污物的侵害，而且可以避免蚕蚁出壳时受细菌的感染。而这一原理，在现代养蚕业中仍然适用，只不过是用漂白粉或福尔马林稀释液来代替盐水和石灰水而已。

图2 《天工开物》浴蚕图

关于蚕的病症，《天工开物》也有真实而生

动的描述："凡蚕将病，则脑上放光，通身黄色，头渐大而尾渐小，并及眠之时，游走不眠，食叶又不多者，皆病作也。急择而去之，勿使败群。凡蚕强美者必眠叶面，压在下者，或力弱或性懒，作茧亦薄。其作茧不知收法，妄吐丝成阔窝者，乃蠢蚕，非懒蚕也。"这里所言，正是患了软化病的蚕的症状。这是当时蚕业中的流行病害，即使在现代，软化病在蚕病中仍占第一位。《天工开物》的记载证明了软化病从古至今都是养蚕业的大敌。

图3 《天工开物》择茧图

4. 炼钢技术

从古代文献知，灌钢法的最早实践者是北朝的綦母怀文，他把生铁烧化，浇到叫做"柔铤"的可锻料铁上，反复几次可成钢。到宋代，灌钢法作为主要的炼钢方法已经在全国范围内流行，当时在学者的著述中已有反映，如苏颂在《本草图经》中指出灌钢就是"以生柔相杂和，用以作刀剑锋刃者为钢铁。"沈括在《梦溪笔谈》"辩证一"中详细说明了灌钢方法："世间锻铁所谓钢铁者，用柔铁屈盘之，乃以生硬陷其间，封泥炼之，锻令相入，谓之团钢，亦谓之灌钢。"文中的"柔铁"即指炒炼生铁所得的熟铁。这段述文的意思是，在炼钢炉中把熟铁条弯屈地盘绕起来，把生铁块嵌在盘绕的熟铁条中间，用泥把炉密封起来烧炼，待炼成后再加以锻打，由此灌钢就炼制成功。采用"封泥炼之"，主要是为了防止加热时氧化脱碳。

灌钢法发展到明代，又有新的提高。宋应星对此有详细介绍，在《天工开物》"五金"中他写道:"凡钢铁炼法,用熟铁打成薄片如指头阔,长寸半许,让铁片束包夹紧,生铁安置其上,又用破草覆盖其上粘带泥土者,故不速化,泥涂其底下。洪炉鼓鞴,火力到时,生钢先化,渗淋熟铁之中,两情投合。取出加锤,再炼再锤,不一而足。俗名团钢,亦曰灌钢者是也。"意思即说,先把熟铁片打成薄片,宽如指头一般,长约一寸多,把这种熟铁片束包夹紧之后,再将生铁安放在上面,用涂了泥的草鞋遮盖其上。随后放在炼钢炉中,鼓风燃烧加热,等温度到达一定的程度,生铁先熔化,渗淋到下边捆束的热铁片中,然后取出锻打。经"再炼再锤"后,才算完成。

与宋代的灌钢方法比较,可知明代的灌钢方法有创新:一是由生铁块嵌在"屈盘"的熟铁条中,改为生铁块放在捆紧的熟铁片上;二是生熟铁相合加热时不用"封泥",而是用粘有泥土的草鞋盖上。分析起来,这种新灌钢法的优点是,将熟铁打成小薄片时后,可以增大接受生铁液体的面积,使生铁液体能够均匀地渗淋到熟铁片中,而生铁中的碳分能够更快更均匀地渗入到熟铁中。同时用涂泥的草鞋盖上,可以使炼钢炉依然能够在空气中充分燃烧,让生铁在还原气氛下逐渐熔化,还可使大部分火焰反射入炉,从而使冶炼的温度得以提高。正是从宋应星关于灌钢的技术中,我们得以了解中国古代冶炼技术的创新。

《天工开物》还记载了明代的一项特色发明,这就是在灌钢冶炼法基础上发展起来的"生铁淋口"方法。见"锤锻"章记载:"凡治地生物;用锄、镈之属。熟铁锻成,熔化生铁淋口,入水淬健,即成刚劲。每锹、锄重一斤者,淋生铁三钱为率。少则不坚,多则过刚而折。"分析这种方法,就是将熟铁锻制成坯件,将生铁熔化后淋在坯件的刃部,利用熔化的生铁作为熟铁的渗碳剂。因为生铁含碳量高达4%左右,而锄头、刀刃等本体的含碳量仅在0.25%以内,彼此之间的碳分浓度相差很大,高温之下的碳元素会很快渗入到本体金属之中。这样,坯件刃部的表面便有一层一定厚度的生铁熔复层和渗碳层。再经冷锤淬火处理,成为马氏体和渗碳体的混合物,便呈“刚劲”。外表坚硬、内部柔韧正是一般农具、手工具和兵器所需的特性。在操作时,如果生铁淋多了,坯件刃部就会成为坚硬的高碳铁,质硬而易折断,正如宋应星所说:“少则不坚,多则过刚而折。”

用“生铁淋口”法制造出来的农具,锋刃快,经久耐用。这一技术自明代发明以来,几百年间广泛流传,几乎遍及全国。

5. 炼锌技术

锌,在中国古代又叫倭铅。从历史上看,宋应星是最早、并且图文并茂记述了炼锌技术的人。宋应星在《天工开物》“五金”节写道:“每炉甘石十斤,装载入一泥罐中,封裹泥固以渐呀干,勿使见火拆裂。然后逐层用煤炭饼垫盛,其底铺薪,发火煅红,罐中炉甘石熔化成团,冷定毁罐取出。每十耗去其二,即倭铅也。”

上文中“炉甘石”即碳酸锌。由化学知识知道,锌的冶炼比较难,因为锌的还原温度在1 000℃以上,而锌的沸点只有907℃,这就意味着,锌一旦从氧化物中还原出来,会立即挥发成气体,即“入火成烟飞去”,同时这种气态的锌极易被氧化成氧化锌的粉尘。这里需要指出的是,宋应星在记述炼锌工艺时,遗漏了一个重要的内容,即没有说明反应罐内的结构。据冶金史专家的分析,在反应罐中的上部应有一个用耐火泥做成的“斗”形隔板,其一边留有一个通气孔。反应罐的盖子不能盖严,必须在“斗”的通气孔相对的另一边留出一条月牙形排气空隙。加热之后,反应罐中物料达到还原温度,锌蒸汽进入盖子与斗之间的“斗室”,遇盖迅速冷凝,形成液态锌,滴下聚集到“斗”中。另一部分的锌蒸汽和一氧化碳、二氧化碳从排气孔逸出，生成氧化锌，沉积在口沿。可见，当时炼锌的方法是利用反应区和“斗室”之间的温度差，使锌蒸汽进入“斗室”后迅速冷凝，从而得到金属锌。

尽管宋应星所记述的炼锌技术有些简略，但是已清楚地表明，明代工匠已在规模化进行锌的生产，这成为古代世界的一项重要发明。

6. 采煤技术

考古发掘所见，西汉时期的冶铁遗址中有煤块、煤饼，表明两千多前中国已经用煤。明朝时，煤的使用普遍，煤矿开采已形成一套较完整的技术。然而，历史上却少有采煤技术的文献记载，由此就彰显出《天工开物》有关采煤技术记载的史料价值。

宋应星在“燔石”中详述了煤的采掘、分类、用途方面的情况，按煤的物理性状和用途，把煤分明煤(大块、易燃)、碎煤、末媒(粉末状)3 类，又把碎煤分为饭炭和铁炭 2 种，并说明饭炭是烧饭用煤，铁炭是冶铁用煤。在谈到碎煤有两种之后，宋应星指出：“入炉先用水沃湿，必用鼓鞴后红，以次增添而用。”这里说的是当时锻铁工匠的一种经验，是为了使煤屑相互粘结，防止鼓风后煤屑飞出或下沉。近代土法冶炼中也还采用这一方法。①

宋应星还特别介绍了用竹管排除毒气(瓦斯)的措施：“凡取煤经历久者，从土面能辨有无之色，然后掘挖，深至五丈许，方始得煤。初见煤端时，毒气灼人。有将巨竹凿去中节，尖锐其末，插入炭中，其毒烟从竹中透上，人从其下施钁拾取者。或一井而下，炭纵横广有，则随其左右阔取。其上支板，以防压崩耳。”述文中“毒气”，便是今天煤矿中俗称的瓦

---

① 杨宽：《中国古代冶铁技术发展史》，上海人民出版社，1982 年，第 154 页。

斯,它是一种在煤炭生成过程中伴生的气体混合物,主要成分是甲烷(即沼气,CH_4),此外还有一氧化碳、二氧化碳和硫化氢等。瓦斯无色,无味,易燃,对人体有毒害作用。当它在井下达到一定浓度时就会发生爆炸。采煤时如何排除瓦斯,保证矿工的安全,就成为重要的问题。《天工开物》所记载用凿通的大竹筒插入井下,将瓦斯从竹筒中排出井外的措施,表现了古代劳动人民的聪明才智。就古代的情况而言,这种方法操作简单,行之有效,相比同时期西方多用火烧处理的办法要先进。

图 4 《天工开物》挖煤图

井下采煤的另一个安全问题是巷道支护,即需要支板,以防煤层“压崩”,造成人员伤亡。从《天工开物》的描述可知,当时的煤矿开采已解决了瓦斯排除和巷道支护这两项重要的安全问题。

五、《天工开物》体现的科学精神与科学方法

《天工开物》之所以能记录和反映如此多的科技成就,与作者宋应星

所具有的科学精神和科学方法分不开，这主要体现在以下3方面。

1. 重视实践经验，提倡真实知识

在《天工开物》序中，宋应星明确批评了那些看似博学，实则无知的人，提倡真实知识，重视实践经验。他写道："世有聪明博物者，稠人推焉。乃枣梨之花未赏，而臆度'楚萍'；釜鬵之范鲜经，而侈谈莒鼎；画工好图鬼魅而恶犬马，即郑侨、晋华，岂足为烈哉？"意思即说，世上有聪明博学的人，众人也都认为这种人了不起。可是他们连枣花梨花都分不开，却主观猜测什么"楚萍"（楚国的浮萍）；他们连铸造锅的模型都很少接触，却大谈什么"莒鼎"（莒国的鼎）。这与画家爱画难见的鬼怪而避开画常见的狗马一样，这种人即使有春秋时期郑国的公孙侨、西晋的张华那样的名声，又哪里值得当作榜样呢？

宋应星对要论述的事物，大都经过调查，有时也亲自实验。正由于此，宋应星可见前人之未见，发前人之未发。如在《彰施》章"诸色染料"一节说到红花："凡红花染帛之后，若欲退转，但浸湿所染帛，以碱水、稻灰水滴上数十点，其红一毫收转，仍还原质。所收之水藏于绿豆粉内，放出染红，半滴不耗，染家以为秘诀，不以告人。"在《佳兵》章中描述弓的保管："凡成弓，藏时最嫌毒湿。将士家或置烘厨烘箱，日以炭火置其下；小卒无烘厨，则安顿灶突之上。稍怠不勤，立受朽解之患也。近岁命南方诸省造弓解北，纷纷驳回，不知离火即坏之故，亦无人陈说本章者。"显然，只有经过调查，从生产者（或使用者）那里了解到真实知识，才能总结于书。

宋应星对那些不经试验，妄加谈论，并著书立说者表示不满，他在《佳兵》中写道："火药火器，今时妄想进身博官者，人人张目而道，著书以

献,未必尽由实验。”宋应星认为通过实践才能获得真知,他以狼烟为例说明:“其狼粪烟昼黑夜红,迎风直上,与江豚灰能逆风而炽,皆须试见而后详之。”

通过观察,可辨真伪,排除迷信,宋应星驳斥了先前方术和本草书中的错误说法。在《乃粒》章中,他指出稻田里的所谓“鬼火”,不是什么“鬼变枯柴”,而是“此火乃朽木腹中放出”。在《五金》章“银”一节中指出:“此世宝所生,更无别出。方书、本草,无端妄想妄注,可厌之甚。”明确批判了那些讲炼丹的书和谈医药的书所无根据的注说。同章“朱砂银”节中又指出:“凡虚伪方士以炉火惑人者,唯朱砂银愚人易惑”,提醒世人不要被方士巫术所骗。

当然,由于历史局限,宋应星也很难做到“穷究试验”,因而书中也存在某些错误判断。但正如日本著名学者薮内清所说:“如果善意地来解释,也可以说是和著者的不为前人陋习所束缚的创作精神互相表里的吧。”①

2. 重视数据记录,反映定量比例

从《天工开物》可见,宋应星对生产过程中涉及的各种数据,都尽可能做了详细记录,充分反映定量比例关系,为后世留下了宝贵的资料。

在《舟车》章“漕舫”节中,有对运粮船规格的描述,宋应星详细记载道:“底长五丈二尺,其板厚二寸,采巨木楠为上,栗次之。头长九尺五寸,梢长九尺五寸。底阔九尺五寸;底头阔六尺,底梢阔五尺,头伏狮阔

---

① 薮内清:“关于《天工开物》”。《〈天工开物〉研究论文集》中译本,商务印书馆,1959年,第12页。

八尺，梢伏狮阔七尺，梁头一十四座。龙口梁阔一丈，深四尺，使风梁阔一丈四尺，深三尺八寸。后断水梁阔九尺，深四尺五寸。两厫共阔七尺六寸。此其初制，载米可近二千石。”这里，不仅对全船各主要部位的长、宽、高、深作了纪录，而且指出了船的载重量(见图 5)。

图 5 《天工开物》漕舫图

宋应星也注意生产用料和工具的尺寸，在《冶铸》章“钟”节说到铸造朝钟时指出：“每口共费铜四万七千斤、锡四千斤、金五十两、银一百二十两于内。成器亦重二万斤，身高一丈一尺五存。”在《甘嗜》章中记述糖车：“凡造糖车，制用横板二片，长五尺，厚五寸，阔二尺，两头凿眼安柱，上笋出少许，下笋出板二三尺，埋筑土里，使安稳不摇。上板中凿二眼，并列巨轴两根，轴木大七尺围方妙。两轴一长三尺，一长四尺五寸，其长者出笋安犁担。担用屈木，长一丈五尺，以便驾牛团转走。”可想若不是亲临实地，了解(甚至要测量)数据，不可能这样细致。

宋应星对农业的亩产量也很注意，大都有明确的数据，如见《乃粒》“稻”节：“凡秧田一亩所生秧，供移栽二十五亩。”在《膏液》“油品”一节中，宋应星对油料植物籽实的出油率，逐一记录：“凡胡麻与蓖麻子、樟树子、每石得油四十斤。莱菔子每石得油二十七斤。芸苔子每石得油三十斤,其耨勤而地沃、榨法精到者,仍得四十斤。樣子每石得油一十五斤。桐子仁每石得油三十三斤。桕子分打时,皮油得二十斤,水油得十五斤,混打时共得三十三斤。冬青子每石得油十二斤。黄豆每石得油九斤。菘菜子每石得油三十斤。棉花子每百斤得油七斤。苋菜子每石得油三十斤。亚麻、大麻仁每石得油二十余斤。”这样细致的记录,真实反映了当时的油料作物加工水平。

3. 重视综合研究,体现学术视野

从《天工开物》可见,宋应星以宽广的视野对农业、手工业生产技术进行考察,对矿产的地域分布、各地的主要物产多有全面的说明。

以《燔石》章“石灰”节为例,宋应星指出:温(州)、台(州)、闽(福州)、广(州)一带,沿海的石头不能烧灰,“则天生蛎蚝以代之”。说到煤时指出:明煤“燕、齐、秦、晋生之”;碎煤“多生吴、楚”。说到胆矾,“出晋、隰等州”,而昆仑矾和铁矾“皆西域产也”。关于砒石的生产,指出“江西信郡、河南信阳州皆有砒井,故名信石。近则出产独盛衡阳”。关于黄金的出产,指出“多出西南”;“水金”(即河里砂金)“多者出云南金沙江”,而“川北潼川等州邑与湖广沅陵、溆浦等,皆于江沙水中淘沃取金”。海南的儋、崖两县都有砂金矿,“金杂沙土之中,不必深求而得”。广东、广西少数民族地区的洞穴中,河南汝南县和巩县一带,江西的乐平、新建等地皆有砂金矿。在说到银的地域分布时,指出:“凡银中国所出,浙江、福建旧有坑场,国初或采或闭。江西饶、信、瑞三郡,有坑从未开。湖广则出辰州,贵州则出铜仁,河南则宜阳赵保山、永宁秋树坡、卢氏高嘴儿、嵩县马槽山,与四川会川密勒山,甘肃大黄山等,皆称美矿。”又说:“凡云南银矿,楚雄、永昌、大理为最盛,曲靖、姚安次之,镇沅又次之。“关于铜矿,

宋应星指出:“今中国供用者,西自四川,贵州最盛。东南间自海舶来,湖广五常、江西广信皆饶洞穴。其衡、瑞等郡,出最下品。”关于铁矿,宋应星写道:“西北甘肃、东西泉郡,皆锭铁之薮也。燕京、遵化与山西平阳,则皆砂铁之薮也。”

在谈到上述石灰、金、银、铜、铁等资源时,宋应星表现出丰富的知识,他不是孤立地评述某一矿物,而是着眼于全国范围的考察,比较各地区矿产的差异。

可贵的是,宋应星在记录本土技术的同时,也尽己所知,与其他国家的同类技术比较,为后世留下了有价值的资料。

在《乃服》“布衣”节,在记述了国内棉布的织造技术后,宋应星指出:“外国朝鲜造法相同,惟西洋则未核其质,并不得其机织之妙。”在《锤锻》“斤斧”节写道:“倭国刀背阔不及二分许,架于手指之上,不复欹倒。不知用何锤法,中国未得其传。”

在《珠玉》章记述玉石时,宋应星指出:“西洋琐里[①]有异玉,平时白色,晴日下看映出红色,阴雨时又为青色,此可谓之玉妖,尚方有之。朝鲜西北太尉山,有千年璞,中藏羊脂玉,与葱岭美者无殊异。”在《燔石》章中写道:“黄矾自外国来,打破中有金丝者,名曰波斯矾,别是一种。”

在《锤锻》章中谈到金属器具的锻接时,宋应星指出:“凡焊接之法,西洋诸国别有奇药。中华小焊用白铜末,大焊则竭力挥锤而强合之,历岁之久,终不可坚。故大炮西番有锻成者,中国则惟恃冶铸也。”宋应星采取客观的态度,进行中外对比,承认外国有些技术要比中国的先进。在《冶铸》章和《佳兵》章中,宋应星具体说明了从荷兰、西班牙、葡萄牙等国传来的3种火炮的制造材料、特点和用途。他写道:“凡铸炮,西洋、红

① 西洋琐里:《明史·外国传》有西洋琐里之名,在今印度科罗曼德尔沿岸。

夷、佛朗机等用熟铜造”,“西洋炮熟铜铸就,圆形若铜鼓。引放时,半里之内,人马受惊死。平地爇引炮有关捩,前行遇坎方止。点引之人,反走坠入深坑内,炮声在高头,放者方不丧命。红夷炮铸铁为之,身长丈许,用以守城。中藏铁弹并火药数斗,飞激二里,膺其锋者为齑粉。凡炮爇引内灼时,先往后坐千钧力,其位须墙抵住,墙崩者其常。大将军、二将军即红夷之次,在中国为巨物。佛朗机水战舟头用。”

宋应星的这些客观记述,对于研究当时东西方国家的生产技术、军事技术以及相关技术,于今仍有一定的参考价值。

六、《天工开物》的地位与传播影响

《天工开物》成书于明末清初,若把它与前代的有关典籍加以比较,可见其学术地位和特色。而说到它的传播影响,可谓曲曲折折。

1.《天工开物》的学术地位

在《天工开物》以前的农书中,主要有先秦时期的《管子·地员》篇和《吕氏春秋》中的《上农》、《任地》、《辨土》和《审时》4篇,此后有南北朝贾思勰的《齐民要术》(约543)、宋代陈旉的《农书》(1149)、元代官修的《农桑辑要》(1273)、王祯《农书》(1313)以及马一龙《农说》(1547)等。汉代的《氾胜之书》较为重要,但久已散佚。明代徐光启的《农政全书》是部总结性的农业巨著,但晚于《天工开物》刊行。在上述农书中,《齐民要术》是现存最早、最完整的综合性农书,共10卷92篇,近12万字,该书考察了北方黄河中下游地区,全面反映了农林牧副渔方面的情况。陈旉《农书》1万多字，总结了江南地区的水稻耕作技术，并论及水牛、蚕桑。王祯《农书》是继《齐民要术》之后，一部力图综合黄河流域和江南地区农业技术系统的著作，共37卷，约13万字，插图300余幅。而将《天工开物》与前代的上述农书比较，就会看到在广度上它虽不及《齐民要术》和王祯《农书》，但某些地方在深度上却有所超越。

再看手工业技术著作的情况。在《天工开物》以前的手工业技术著作，数目上远不如农书，主要有先秦的齐国官书《考工记》，南北朝陶弘景的《古今刀剑录》、宋代曾公亮的《武经总要》(1044)、李诫的《营造法式》(1100)、苏颂的《新仪象法要》(1090)、王灼的《糖霜谱》(约1154)、元代陈椿的《熬波图》(1330)、明代茅元仪的《武备志》(1621)、黄成的《髹饰录》(1625)、王徵的《新制诸器图说》(1627)等。还有几本重要的著作，如宋代喻皓的《木经》、薛景石的《梓人遗制》，可惜内容多有散失。在上述著作中，《考工记》是现存最早的有关手工业技术的汇集，涉及木工、金工、皮革、染织、玉石、制陶六大技术门类，有30个工种，不过记载很不均衡。而其他著作都偏重专论某一类手工艺技术，不具综合性。

可以说，就某一工艺种类《天工开物》不如前代某些著作专深，但它在广度上却超过先前的任一手工业技术著作。而就综合的观点，把农业和手工业技术放于一起，按18大类作考察，只有《天工开物》达到这样的重要地位。

明代有不少综合性的科技著作，如朱棣的《救荒本草》(1406)、李时珍的《本草纲目》(1578)、茅元仪的《武备志》(1621)、徐光启的《农政全书》(1628)等，这些书在崇祯年前均已问世或成稿，《天工开物》作为农业和手工业技术的综合著作，完全可以与上述优秀作品媲美。从东西方文化比较看，当时西方文艺复兴时期的技术代表著作是阿格里科拉(Georgius Agricola)的《论金属》(*De re Metallica*)，中国的《天工开物》

恰可与之对应，难怪世界著名科技史家李约瑟博士称宋应星是“中国的阿格里科拉”。①

2.《天工开物》的传播影响

《天工开物》问世后，逐渐产生影响。清康熙初年，福建书商杨素卿将《天工开物》翻刻，促进了该书传播。康熙年间，翰林院陈布雷主编《古今图书汇编》，雍正初年蒋廷锡受命重为编校，改名《古今图书集成》。全书1万卷，分历象、方舆、明伦、博物、理学、经济六编，乾象、岁功、历法等32典，其中考工、食货等典中大量引《天工开物》各章内容和绘图。乾隆二年(1737)，张廷玉等奉命编纂《授时通考》，共78卷，其中许多处引用《天工开物》，由此促进了该书的传播。

然而，从18世纪下半叶起，《天工开物》一段时间遭到厄运。乾隆皇帝诏令修《四库全书》，在对书籍检查时发现《天工开物》中有“北虏”、“东北夷”等反清字样，《天工开物》遂归于未收之列。嘉庆、道光年后，有解禁趋势，渐有学者公开引用《天工开物》，如著名学者吴其濬在其所著《滇南矿厂图略》(1840)和《植物名实图考》(1848)中便多次引用了《天工开物》有关内容。到同治年间，又出现清人引用《天工开物》的新高潮，如学贯中西的刘岳云在所著《格物中法》(1870)中，几乎把《天工开物》及相关科技著作的主要内容逐条摘出，再加以分类，写出按语、补充说明及注释。不过，《天工开物》整书已不见书肆或学者书案。

20世纪初中国留日潮，时为留学生的章鸿钊在东京帝国图书馆见到《天工开物》，颇为感奋，曾托人就抄。章鸿钊回国后出任北洋政府农

① 潘吉星：《〈天工开物〉导读》，巴蜀书社，第22页。

商部地质研究所所长等职，后到北京大学、北京女子高等师范学校教授矿物学、博物学。1927 年章鸿钊出版《石雅》一书，多引《天工开物》内容和插图，并借鉴了编排体例。

1914 年，英国留学归来的丁文江赴云南调查，读《云南通志・矿政篇》，见引《天工开物》冶铜等内容，引起他极大兴趣。第二年回京，便到各书店求索，竟无所得，问藏书家均告不知。直到 1922 年，丁文江在天津偶与罗叔韫先生交谈，知罗先生求《天工开物》多年，后偶遇一位日本古币收藏家，以古币换得一部大阪营生堂刊刻本《天工开物》。丁文江巧遇知音，又承罗先生热心，将《天工开物》借他研读。

民国二十年代文化热，推动了《天工开物》出版。1927 年，藏书家陶湘据《图书集成》辑录出《天工开物》大部分内容，又参照《盐法志》等书补缺，刊行《天工开物》新版，请丁文江作序，并撰写"奉新宋长庚先生传"。继陶湘本之后，1930 年，上海华通书局出版《天工开物》。1933 年，商务印书馆以两种形式出版《天工开物》，一种一册装，收入《国学基本丛书简编》；一种三册装，收入有名的《万有文库》。商务本是《天工开物》的第一个现代铅印本，为普及《天工开物》起到很大的作用。1936 年，上海世界书局又推出校勘的《天工开物》铅印本。

新中国建立后，《天工开物》出版和研究进入一个新阶段。1954 年，上海商务印书馆据 1933 年商务本重印《天工开物》。1959 年，中华书局据宁波发现的 1637 年初刻本影印出版《天工开物》，为国内外的研究提供了可靠的善本。1976 年，广东人民出版社以横排中文简体的方式推出《天工开物》，用新式标点符号标出，并加多种注释，另配现代白话译文，有力推动了《天工开物》面向大众的普及。

《天工开物》传播到海外，也产生积极的影响。早在 17 世纪末，《天工开物》便随商船流入日本，引起江户时代中期的著名本草学者贝原笃信(1630～1714)的注意，他在所著《花谱》(1694)中将《天工开物》列为参考文献，而在后来的重要著作《大和本草》(1708)中，更直接引用了《天工开物》的有关内容。18 世纪又有《天工开物》的版本传入日本，引起更多日本学者的重视。1771 年，大阪的菅生堂刊行和刻本《天工开物》，在日本广泛传播。日本科学史家薮内清写道；"整个德川时代(江户时代)读过这部书的人是很多的，特别是关于技术方面，成为一般学者的优秀参考书。"[①]1953 年，以薮内清为首的日本学者把《天工开物》全文译成现代日文，并加注释、校注和标点，同时将相关的专题论文汇集一书，以《天工开物的研究》为名出版印行，进一步扩大了影响。

18 世纪下半叶，《天工开物》引起朝鲜学者的重视。李朝学者朴趾源(1737～1805)随使团访华得见此书，回国后在其《热河日记》(1780)的"车制"一文中，介绍《天工开物》等中国书籍中所载的灌溉水车，希望本国加以仿制。此后不久，《天工开物》原著传入朝鲜，19 世纪，著名学者李圭景(1788～1862，字五洲)编撰《五洲衍文长笺散稿》(约 1850)，多次引用《天工开物》。

至迟在 18 世纪，《天工开物》也传入欧洲，首先引起法国学术界的注意。30、40 年代，著名汉学家儒莲(Stanislas Julian)将《天工开物》的"乃服"、"彰施"、"丹青"、"五金"和"杀青"五章摘引译成法文，发表在《法国科学院院刊》、《化学年鉴》等科学刊物上。部分译文后又从法文转译成英文、德文、意大利文和俄文。1869 年，儒莲与科学家商毕昂(Paul Champion)合作，用法文发表《中华帝国工业之今昔》(*Industries ancinnes et moderns de l'Empire Chinois*)，把《天工开物》中的"作咸"、

---

① 薮内清："关于《天工开物》"。《〈天工开物〉研究论文集》中译本，商务印书馆，1959 年，第 23 页。

“冶铸”、“锤锻”、“杀青”、“五金”和“丹青”等有关手工业各章摘译出来，并加注释。儒莲的译作在中西科学文化交流中起到重要作用，英国著名生物学家达尔文读过有关论蚕桑部分的译文，并把中国古代养蚕应用人工杂交选育良种的措施，作为论证人工选择和物种变异的论据之一。

1966 年，第一部《天工开物》的全译本在伦敦和美国宾夕法尼亚两地同时出版。全文由美国宾夕法尼亚大学的任以都博士与其丈夫孙守全合译为英文。译本以明版《天工开物》初刻本为底本，同时参考其他中外文版本，并加以注释，取名为《宋应星著〈天工开物〉：17 世纪中国的技术书》，《天工开物》全文的翻译出版，由此扩大了在世界的影响。

20 世纪 80 年代，中国迎来科学的春天，涌现出《天工开物》研究的新著和论文，有影响者如潘吉星编撰的《明代科学宋应星》（科学出版社，1981 年）、《天工开物译注》（上海古籍出版社，1990 年）等，反映了研究新成果。

（张善涛）

曾雄生

《农政全书》与徐光启

一、徐光启其人

二、徐光启的科学贡献

三、徐光启的农学实践

四、关于《农遗杂疏》

五、《农政全书》的内容及贡献

《农政全书》几乎融合了所有农学传统的特点，说它是官修农书，它的作者的确身居高位；说它是私人著作，因为写作农书并不是他的职责所在，它是利用业余时间写作而成的，属于非职务发明；说它是全国性农书，它的确是以天下为己任，是一本面向全国性的著作；但若说它是地方性农书，作者的确是对他家乡（松江为代表的东南地区）的农业着笔较多，而且也多少流露出一些地方保护主义的倾向。但无论如何，它代表了中国传统农学的最高水平，甚至可以说它是中国传统农学的集大成者。而它的作者徐光启更是中国古代最伟大的科学家之一，中西文化交流的先驱。他在科学的许多领域都有自己重要的贡献，最大的贡献就是《农政全书》。

一、徐光启其人

徐光启，字子先，号玄扈。明嘉靖四十一年（1562）生于上海。万历九年（1581），20 岁时，考取金山卫秀才，从此开始了教书生涯。万历二十五年（1597），36 岁时顺天乡试第一，成为举人。考中后仍以教书为生。直到 40 岁前后，徐光启的人生道路才发生了转变。

万历二十八年（1600），徐光启 39 岁，前年会试落第，是年又上北京赴考，途经南京时拜访了耶稣会士利玛窦（Mate Ricci，1552～1610），开始接触传教士。万历三十年（1603），徐光启又见识了另一名传教士罗如望（Joao de Rocha，1566～1623），并在罗如望的指点下，加入了天主教会，教名“保禄”。次年徐光启进士及第，任翰林院庶吉士，以后又历任翰林院检讨、内书房教习、翰林院纂修、左春坊赞善、少詹事、河南道监察御史等职。68 岁时任礼部左侍郎，旋即升为礼部尚书。崇祯五年（1632）任大学士，次年（1633）死于任上。

传教士以科学作为传教的手段，徐光启在接触利玛窦等人以后，便开始学习探讨西方科学知识。并与利玛窦等人共同翻译了《几何原本》、《测量法义》、《泰西水法》，以及西洋历法等，还制造了天盘、地盘、定时衡尺、璇玑玉衡等天文仪器，他自己还写了不少天文、算学和测量方面的著作，如《测量异同》、《勾股义》等。

二、徐光启的科学贡献

徐光启在科学的许多领域都做出了杰出的贡献。他主持历法的修订和《崇祯历书》的编译。《崇祯历书》的编译始于崇祯四年(1631)，成于崇祯十一年(1638)。全书 46 种，137 卷，是分 5 次进呈。前 3 次由徐光启亲自进呈(23 种，75 卷)，后 2 次是徐光启死后由李天经进呈。其中第四次还是徐光启亲手订正(13 种，30 卷)，第五次则是徐氏“手订及半”最后由李天经完成的(10 种，32 卷)。徐光启“释义演文，讲究润色，校勘试验”。负责《崇祯历书》全书的总编工作。此外还亲自参加了其中《测天约说》、《大测》、《日缠历指》、《测量全义》、《日缠表》等书的具体编译工作。《崇祯历书》采用的是第谷(Tycho)体系。这个体系认为地球仍是太阳系的中心，日、月和诸恒星均作绕地运动，而五星则作绕日运动。这比传教士刚刚到达中国时由利玛窦所介绍的托勒密(Ptolemy)体系稍有进步，但对当时西方已经出现的更为科学的哥白尼(Copernicus)体系，传教士则未予介绍。《崇祯历书》仍然用本轮、均轮等一套相互关联的圆运动来描述、计算日、月、五星的疾、迟、顺、逆、留、合等现象。对当时西方已有的更为先进的行星三大定律(开普勒三定律)，传教士也未予介绍。尽管如此，按西法推算的日月食精确程度已较中国传统的《大统历》为高。此外《崇祯历书》还引入了大地为球形的思想、大地经纬度的计算及球面三角法，区别了太阳近(远)地点和冬(夏)至点的不同，采用了蒙气差修正数值。

除天文历法的工作之外，徐光启还论述了中国数学在明代落后的原因；论述了数学应用的广泛性；还与意大利传教士利玛窦一起翻译并出版了《几何原本》。徐光启认为，宋元以后数学落后的原因有二，“其一为名理之儒士苴天下实事；其一为妖妄之术谬言数有神理，能知往藏来，靡所不效。卒于神者无一效，而实者亡一存，往昔圣人研以制世利用之大法，曾不能得之士大夫间，而术业政事，尽逊于古初远矣。”(“刻《同文算指》序”)徐光启认为数学可以在广泛的领域中得到应用。他提到了10个方面(“度数旁通十事”)，即①天文历法；②水利工程；③音律；④兵器兵法及军事工程；⑤会计理财；⑥各种建筑工程；⑦机械制造；⑧舆地测量；⑨医药；⑩制造钟漏等计时器。徐光启在数学方面的最大贡献当推《几何原本》的翻译。《几何原本》是古希腊数学家欧几里得(Euclid)在总结前人成果的基础上于公元前3世纪编成的。这部世界古代的数学名著，以严密的逻辑推理的形式，由公理、公设、定义出发，用一系列定理的方式，把初等几何学知识整理成一个完备的体系。其所代表的逻辑推理方法，再加上科学实验，是世界近代科学产生和发展的重要前提。徐光启就正确地指出：“此书为益，能令学理者祛其浮气，练其精心，学事者资其定法，发其巧思，故举世无一人不当学。……能精此书者，无一事不可精，好学此书者，无一事不可学。”(《徐光启集·几何原本杂议》)历时一年，《几何原本》译出6卷，刊印发行。

徐光启自幼关心兵事，早在刚刚被选考为翰林院庶吉士时，徐光启便在《拟上安边御虏疏》中提出了“设险阻、整车马、备器械、造将帅、练戎卒、严节制、信赏罚”数者，“于数者之中，更有两言焉：曰求精，曰责实。”基于“求精”、“责实”，徐光启还大力宣扬管仲所说的“八无敌”(材料、工艺、武器、选兵、军队的政教素质、练兵、情报、指挥），以防止晁错所说的“四预敌”（器械不利、选兵不当、将不知兵、君不择将”。徐光启尤其注重对士兵的选练，他提出了“选需实选，练需实练”的主张。万历四十八年（1620）二月开始，徐光启受命在通州、昌平等地督练新军。在此期间他撰写了《选练百字诀》、《选练条格》、《练艺条格》、《束伍条格》、《形名条格》（列阵方法）、《火攻要略》（火炮要略）、《制火药法》等等。除此之外，徐光启还特别注重制器，非常关心武器的制造，尤其是火炮的制造。徐光启还对火器在实践中的运用，对火器与城市防御，火器与攻城，火器与步、骑兵种的配合等各个方面都有所探求。

三、徐光启的农学实践

徐光启所作的天文、算学等方面的译者，并不是想要成为这些方面的专家，而目的在于为农田水利服务。他治算学，目的在于“广其术而以之治水治田之为利钜、为务急也”①。自称“若乃山林畎亩，有小人之事（即稼圃之事），余亦得挟此（指算书）往也，握算言纵横矣。”②他治天文学和历学同样也都是着眼于为农业服务的，有鉴于《管子》所谓“不知四时，乃失国之基；不知五谷之故，国家乃路”③，要求做好观象授时，以利于农，使“农桑之节，以此占之，四时各有其务，十二月各有其宜”（《农政全书·农事·授时》）。也正是由于对天文、算学等的研究，为他日后从事农学等的研究奠定了坚实的基础。

---

① 《题测量法义》，《徐光启集》（卷二），中华书局，1963年，第82页。
② 《刻同文算指序》，《徐光启集》（卷二）。
③ 《农政全书·凡例》引。

万历三十五年(1607)至三十八年(1610),徐光启回乡为他的父亲居丧,回乡的第二年正赶上江南地区特大水灾。徐光启一方面"建议留税金五万赈苏、松、常镇。发仪真盐课及税金各十五万赈杭、嘉、湖。诏从之,全活甚众。"一方面设法生产自救,"欲以树艺佐其急,且备异日"。他就在家乡开辟双园、农庄别墅,进行农业试验,总结出许多农作物种植、引种和耕作的经验。闻闽越引种甘薯利甚薄,特托人自福建莆田"三致其种种之,生且蕃略无异彼土"。于是,"欲遍布之",撰《甘薯疏》,广为宣传。[①] 又写出了《芜菁疏》、《吉贝疏》、《种棉花法》和《代园种竹图说》等农业著作。万历三十八年(1610),又作《告乡里文》,提出了应对水灾的措施,也反映了他对农业、灾害和水利的认识。[②] 全文如下:

> 近日水灾,低田淹没。今水势退去,禾已坏烂,凡我农人,切勿任其抛荒,若寻种下秧,时又无及,六十日乌可种,收成亦少。今有一法,虽立秋后数日尚可种稻,与常时一般成熟,要从邻近高田,买其种成晚稻,虽耘耨已毕,但出重价,自然肯卖,每田二亩,买他一亩,间一科,拔一科,将此一亩稻,分莳低田五亩,多下粪饼,便与常时同熟,其高田虽卖去一半,用粪接力,稻科长大,亦一般收成。若禾长难莳,须捩去稍叶,存根一尺上下莳之。晚稻处暑后方做肚,未做肚前尽好分种,不妨成实也。若已经插莳,今被淹没,又无力买稻苗者,亦要车去积水,略令湿润,稻苗虽烂,稻根在土,尚能发生,培养起来反多了稻苗,一番肥壅,尽能成熟。前一法是江浙农人常用。他们不惜几石米,买一亩禾,至有一亩分作十亩莳者。后一法,余常亲验之。近年

① 《甘薯疏序》。

② 曾雄生:"告乡里文:一则新发现的徐光启遗文及其解读"。《自然科学史研究》,2010年,第1期,第1～12页。

> 水利不修，太湖无从洩泻，戊申之水，到今未退，所以一遇霖雨，便能淹没，不然已前何曾不做黄梅？惟独今年，数日之雨便长得许多水来，今后若水利未修，不免岁岁如此，此法宜共传布之，若时大旱，到秋得雨，亦用此法，不信问诸江浙客游者，凶年饥岁，随意抛荒一亩地，世间定饿杀一个人，此岂细事，愿毋忽也。（影印本第144～145页，抄本第189～191页）

万历四十年(1612)，徐光启开始转入农业和水利方面的系统研究。他在《勾股义・序》中说明了自己由“历象之学”转攻“农田水利”的原因，他说：“方今历象之学，或岁月可缓；纷纶众务，或非世道所急；至如西北治河，东南治水利，皆目前救时至计。”[①]这一转变与徐光启生活的明代末期，天灾人祸繁仍，内忧外患交困有着密切的关系。他认为，“国势衰弱”，非“强兵”不可(见所撰《复太史焦座师》函)。要强兵就要治赋，要治赋就要明农[②]。指出“古之强兵者……未有不从农事起者”。痛心于“唐宋以来，国不设农官，官不庀农政，士不言农学，民不专农业，弊也久矣”。强调当时的战守工作，“根本之至计”只是在“农”[③]，“逢人开说”，要求重视“本业”[④]。对本业的重视还不单是为了强国，也是为了富国。“国所患者贫”致贫的原因是“不耕”，深慨“中原之民，不耕久矣”[⑤]。针对这种局面，主张以农“治本，悬方救病”[⑥]，认为不但要“设农官”，“庀农政”，“专农

---

① 《勾股议序》，《徐光启集》(卷二)。

② 陈子龙《上张玉笥中丞》函，有云：“徐相国农书……治水明农，同源共贯。欲求强兵，必先治赋。”又徐氏《拟上安边御虏疏》，有云：“臣所谓战守……无一不需财。”“农者，生财者也。”

③ 见所撰《拟上安边御虏疏》。

④ 徐光启：《复太史焦座师》。

⑤ 陈子龙：《农政全书凡例》。

⑥ 张国维：《农政全书序》语。

业”，同时读书人也要“言农学’。徐光启的门人陈子龙在评价他一生学问之旨归时说：“其(指徐光启)生平所学，博究天人，而皆主于实用。至于农事，尤所用心。盖以为民生率育之源，国家富强之本。”(《农政全书·凡例》)

万历四十一年(1613)秋至四十六年(1618)闰四月，徐光启来到天津垦殖，进行第二次农业试验。天启元年(1621)又再次至天津，进行更大规模的农业试验。在天津期间，他先后写出了《北耕录》、《宜垦令》和《农遗杂疏》等著作。这两段比较集中的时间里所进行的农业试验与写作，为他日后写作《农政全书》奠定了坚实的基础。

天启二年(1622)，徐光启告病返乡，冠带闲住。此时他不顾年事已高，继续从事试种农作物，同时开始搜集、整理资料，撰写农书，以实现他毕生的心愿。崇祯元年(1628)，徐光启官复原职，此时农书写作已初具规模，但由于上任后忙于负责修订历书，农书的最后定稿工作无暇顾及，直到死于任上。徐光启死后第六年，即崇祯十二年(1639)，徐光启的门人陈子龙从徐光启的次孙徐尔爵处得到草稿数十卷，并受松江知府方岳贡的委托，校刊修订，成《农政全书》60卷。

《农政全书·凡例》在总结徐光启的写作特点时，指出：“文定所集，杂采众家，兼出独见。”①据统计，《农政全书》征引前人文献共225种②。在征引这些文献时，徐光启注意区分精华与糟粕，决不盲目追随，在征引前人文献时，除了必要的取舍之外，还用“玄扈先生曰”的方式加以评论，指出其错误，补充其不足，据近人统计，《农政全书》中属于徐光启自己的

---

① 关于徐光启的工作方法，可以参考梁家勉：“《农政全书》撰述过程及若干有关问题的探讨”。《徐光启纪念论文集》，第78～109页。

② 康成懿：《〈农政全书〉征引文献探源》，农业出版社，1960年，第16页。

文字约6.14万字[①]。他的成就也主要体现在这些文字之中。如果说,引述前人的文献是徐光启读万卷书的结果,那么这6万多字则是徐光启行万里路的结晶。徐光启是个注重实践的科学家,他的儿子徐骥对他有这样的印象:"文定为人……于物无所好,唯好经济,考古证今,广咨博讯。遇一人辄问,至一地辄问,问则随闻随笔。一事一物,必讲究精研,不穷其极不已。故学问皆有根本,议论皆有实见,卓识沉机,通达大体。如历法、算法、火攻、水法之类,皆探两仪之奥,资兵农之用,为永世利。"[②]徐光启自己也曾说过:"少小游学,经行万里,随事咨访,颇有本末。"(《农政全书·种植·木部·乌臼》)《农政全书》就是这样写成的,"凡例"中如是说:"(他)尝躬执耒耜之器,亲尝草木之味,随时采集,兼之访问,缀而成书。"从书中他对蝗虫生活史的调查、对甘薯、棉花、乌臼、女贞、稻麦、油菜等的心得看,他总是把采访所得同亲身实践结合起来,所以他的记载较其他农书为深刻。如卷三十八中,提到关于提高乌臼结子率的问题时说:"闻山中老圃云:臼树不须接博,但于春间将树枝一一捩转,碎其心,无伤其肤,与接博者同。余试之良然。若地远无人取佳种者,宜用此法,此法农书未载,农家未闻,恐他树木亦然,宜逐一试之。"(《农政全书·种植·木部·乌臼》)

四、关于《农遗杂疏》

《农遗杂疏》系徐光启在天津垦殖时所作,被看作是《农政全书》的

① 康成懿:《〈农政全书〉征引文献探源》。农业出版社,1960年,第34页。
② 徐骥:"文定公行实"。王重民辑校:《徐光启集》(附录),中华书局,1963页。

“雏形”。王毓瑚说:“此书见于祁氏澹生堂藏书目,可知必是成于万历末年以前。原书已经失传,仅能从戴羲《养余月令》的引文中得知,书的内容涉及农艺、园艺、畜牧等许多方面,很像是作者后来的巨著《农政全书》的雏形。从书名的‘杂疏’二字来推测,本书或者是作者前此所写的各种专论的汇辑,像《甘薯疏》、《芜菁疏》、《吉贝疏》等等都包括在内的。但‘农遗’不知应作何解,值得玩味。”①

除《养余月令》曾引用之外,最新发现崇祯四年(1631)成书的《松江府志》也引用了是书。兹录如下:

麦争场,以三月种,六月熟,谓与麦争场也。松江耕农稍有本力者,必种少许,以先疗饥。《农遗杂疏》曰:此种早熟,农人甚赖其利,新者争市之价贵也。若荒年新稔则倍称矣。

一丈红,徐玄扈云:“吾乡垦荒者,近得籼稻,曰一丈红,五月种,八月收,绝能(古耐字)水,水深三、四尺,漫散种其中,能从水底抽芽,出水与常稻同熟,但须厚壅耳。松郡水乡,此种不患潦,最宜植之。”……。

再熟稻,见《吴都赋》,后无称焉。蒋堂《登松江亭》诗云:向日早青牛引犊,经秋田熟稻生孙。注云:是年有再熟之稻,考之当在皇祐间。今田间丰岁已刈,而稻根复蒸,苗极易长,旋复成实,可掠取,谓之“再撩稻”。恐古所称即此。《农遗杂疏》云:其陈根复生,所谓秜也,俗亦谓之二撩。绝不秀实,农人急垦之,迟则损田力。

松江赤,其粒尖色红而性硬,四月种,七月熟,即金城稻也。是惟高仰之所种。《农圃四书》云:松江谓之赤米,乃谷之下品。今郡中亦少,所用赤米,皆籴之楚中,《杂疏》云:其性不畏卤,可当咸潮,近海口之田,不得不种之。

---

① 王毓瑚:《中国农学书录》,第179页。

冷粒糯，种宜长田，其粒圆白而稃黄，大暑可刈，其色难变，不宜于酿酒，谓之秋风糯，可以代粳而输租，又谓之瞒官糯，《农圃四书》云：松江谓之冷粒糯。

《农遗杂疏》曰：有“不道糯”，易种多收，农人喜种之，饭则糯、酿则粳也。粜之则减价，多以之代粳输租，自是佳种。俗呼为“雌哥头”。古谓之“奸米”。

布，《农遗杂疏》曰：“南方卑湿，故作缕谨细，布亦坚实。北土风气高燥，断续不得成缕，布亦虚疏不堪用。又南中（《农政》作南方）用糊有二法：其一先将绵缏作绞，糊盆度过，复于拔车转轮作缏，次用经车萦廻成纴，土语（《农政》作：吴人）谓之浆纱；其一先将绵繀入经车成纴，次入糊盆度过，竹木作架，两端用綷急缏，竹箒痛刷，候干上机，土语（《农政》作：吴人）谓之刷纱。今（《农政》作：南）布之佳者，皆刷纱也。（影印本第146页，抄本第194～195页）

木棉，《农遗杂疏》云：中国所传木绵（《农政》作：棉），亦有多种，江花出楚中，棉不甚重，二十而得五，性强（《农政》多一“紧”字）。有（《农政》少一“有”字）北花，出机（《农政》作：畿）辅、山东，柔细，中纺织，棉稍重（《农政》作：轻），二十而得四，或得五。浙花出余姚，中纺织，棉稍重，二十而得七。吴下种，大都类此（《农政》作：是）。又有（《农政》作：更有数种）稍异者，一曰黄蒂，穰蒂有黄色如粟米大，棉重；一曰青核，核青色，细于他种，棉重；一曰墨核，核亦细，纯黑色，棉重；一曰宽大衣，核白而穰浮，棉重。此四者皆二十而得九。（《农政》此处有：黄蒂稍强紧，餘皆柔细中纺织，堪为种。）又一种曰紫花，浮细而核大，棉轻，二十而得四。（四库本《农政》此处有：其布製衣，颇朴雅，市中遂染色以售，不如本色者良，堪为种。又嘉种遗稙亦有渐变者，如吉貝，子色黒者渐白，棉重者渐轻，然其所由变者，大半因種法不合，間因天时水旱，其缘地方而变者十有一二耳。)又有深青色者,亦奇种,其传不广。(《农政》此处无此句)(农政全书,卷35,第961页)(影印本第148页,抄本第198～199页)

芋,一名土芝。《农遗杂疏》曰:"吾乡水芋今略止三种:一曰香沙芋,味胜他种,子少根株亦细;一曰椿头芋,根株高四、五尺,魁大子少;一曰鸡窠芋,根株亦高四、五尺,魁大子多。大都江南诸郡,留都、京口为胜。早(当为旱)芋亦有数,不如北土者良。或执言土各异宜,种随地变。余南还,携此种归,种之,累年亦不变也。"(影印本第153页,抄本第212～213页)

上述内容在《农政全书》中虽然也有出现,但内容有较大的出入。比如,《农政全书》中也有"麦争场"、"再熟稻"这样的水稻品种名,但内容来自黄省曾的《稻品》,曰:"其三月而种,六月而熟,谓之:麦争场。""其已刈而根复发,苗再实者,谓之:再熟稻;亦谓之:再撩。"至于此类品种在松江的种植情况则阙如。《稻品》中提到,"其粒尖,色红而性硬,四月而种,七月而熟,曰金城稻,是惟高仰之所种,松江謂之赤米,乃穀之下品。"与《杂疏》中的"松江赤"可能不同,一种于高仰之地,一则是种于咸潮之中。另外"一丈红"、"不道糯"等品种在《农政全书》中不见。

从《松江府志》的引文可以看见,徐光启对于松江地方的农业生产是很有研究的。尤其是当地盛产的水稻和棉花。《农遗杂疏》更像是一本地方性的农书,是徐光启在家乡松江课农期间所作。他在天津垦殖时作《农遗杂疏》显然是想对家乡的农业技术做些总结,并向北方推广。从上述情况来看,虽然说,《农遗杂疏》等的写作为《农政全书》做了准备,但现在所能见到的《农政全书》中并没有得到很好的体现。

五、《农政全书》的内容及贡献

1. 内容及写作特点

60卷的《农政全书》分为12目，50余万字。12目依次为农本、田制、农事、水利、农器、树艺、蚕桑、蚕桑广类、种植、牧养、制造、荒政。“农本”1目3卷，择要地列举历史上和当时有关重视农政的经史典故，诸家杂论，以及当代人冯应京的“重农考”一篇。“田制”1目2卷，收录了徐光启本人的“井田考”，以及元王祯《农书·农器图谱》中的“田制门”，主要讲述有关土地的利用方式。“农事”1目6卷，分为营治、开垦、授时、占候4个部分。讲述土壤耕作、荒地开发利用、农业生产季节和气候等内容。“水利”1目9卷，分“总论”、“西北水利”、“东南水利”、“水利策”、“水利疏”、“灌溉图谱”和“利用图谱”等部分引述各家论说，还收入了《泰西水法》，讲水利工程、农田灌溉及水源利用；“农器”1目4卷，取材于《王祯农书·农器图谱》主要叙述耕作、播种、收获、贮藏、日用等方面的农器。“树艺”1目6卷，分作谷部、蓏部、蔬部、果部四部，讨论110多种粮食、蔬菜及果树作物的栽培技术。“蚕桑”1目4卷，分为总论、养蚕法、栽桑法、蚕事图谱、桑事图谱、织纴图谱6个部分引述古农书中有关种桑养蚕技术方面的内容。“蚕桑广类”1目2卷，引述蚕桑以外的纤维作物生产技术，主要包括木棉（即棉花）和麻类。“种植”1目4卷，引述有关竹、木、茶，及药用植物的栽培技术。“牧养”1目1卷，则主要引述有关六畜、鹅、鸭、鱼、蜂等的饲养技术。“制造”1目1卷，主要引述食物加工，另附营室、去污、辟虫等家庭日用技术。“荒政”1目18卷，分为“备荒总论”、“备荒考”2部分，同时收入了《救荒本草》和《野菜谱》，叙述备荒与救荒。

《农政全书·凡例》在总结徐光启的写作特点时，指出："文定所集，杂采众家，兼出独见。"《农政全书》的内容是由两大部分所构成，一是摘引前人的文献资料，另一是徐光启自己的实践体会和思想见解，同时这两部分又是密切联系的，徐光启正是借前人文献表达自己的思想。据统计，《农政全书》征引前人文献共225种。在征引这些文献时，徐光启注意区分精华与糟粕，决不盲目追随，比如，《氾胜之书》和《齐民要术》的一些厌胜术和迷信无稽的东西，徐光启一概不录，元末的《田家五行》，徐光启也只摘录了其中有关气象谚语的部分，它如"三旬"、"六甲"、"涓吉"、"祥瑞"等一概不录。陈旉和王祯在《农书》中开辟的"祈报"篇也在《农政全书》中不见其踪影。即便是选入《农政全书》的前人文献，徐光启也是采取有分析有批判的继承方式，只要某些观点他认为不能苟同或有不同的看法，他就用"玄扈先生曰"的方式加以评论，指出其错误，补充其不足，同时，还特别注意防止以今律古的错误出现，在书中许多地方都能看到，由于古今时代不同、地域不同以及度量衡的变迁，他都注意在引文后面及时指出，要读者注意这些差异，反映了他求实的科学态度。据近人统计，《农政全书》中属于徐光启自己的文字约61 400字。即就作物的种类而言，他就在近80种作物项下，写有"玄扈先生曰"的注文或专文。[①]他的成就也主要体现在这些文字之中。

《农政全书》是继元代王祯《农书》之后，又一部大型的综合性农书。虽然，《农政全书》取材于王祯《农书》的地方很多，但从体系上比较中就可以看出《农政全书》的许多特色。其中最大的特色莫过于农本、开垦、

---

① 游修龄："从大型农书体系的比较试论《农政全书》的特色和成就"。《农史研究文集》，中国农业出版社，1999年，第154页。

水利和荒政等属于政策内容的加入。清人任树森在概括《农政全书》的内容时指出，“文定此书，大抵于民之营治、耕劳、器具、作用、树畜、种植则详焉晰焉，纤悉不遗；于长民者之兴除利弊，开垦屯田，水利荒政，则谆焉复焉，再三不倦。”概而言之，《农政全书》的内容大致是由农事和政事，也即“民事“和“官(长民者)事”两部分组成。[1] 这也就是本书之所以称为《农政全书》，而不称为“农业全书”的原因。下面将分农和政两个方面对《农政全书》进行述评。需要指出的是，将农与政分开讨论只是为了行文上的方便，实际上在《农政全书》中农与政是紧密联系在一起的，政是全书的纲，农是实现其纲领的技术措施。尽管在各目的内容上有所侧重，但政和农常常是穿插在一起的。所以，诸如风土论的问题在“农本”目中已经讨论，而在“树艺”目中又再加申述，“农事”目的重点是讨论具体的农业技术问题，却用 2 卷的篇幅讨论“开垦”的组织管理及劳力和资金问题，再如“荒政”重点论述预弭灾荒的各种政策措施，却加入了有关蝗虫发生规律及其防治措施的详细论述。正是农与政的紧密结合才构成了本书的最大特点。

2. 对于农业科学的贡献

《农政全书》，首先是一本农书，即有关农业科学技术的著作。全书 12 目，最少有 8 目是专门谈论农业技术问题的。《农政全书》继承了中国传统农学的传统，以种植业为主，同时也兼及林、牧、副、渔各业。种植业的内容包括：“田制”(土地利用)、“农事”、“农器”、“树艺”、“蚕桑”、“蚕桑广类”等 6 目；林、牧、副、渔等内容则主要见于“种植”、“牧养”、“制造”

---

① 《农政全书 · 任树森序》，贵州粮署刻本。

3 目。《农政全书》中将更多的内容放在"树艺"(即作物栽培)方面。"树艺"1 目共 6 卷,可见其核心地位。这里的树艺和《周礼》中的树艺是不同的,《周礼》中的"树艺"不包括谷物种植,谷物种植称为"稼穑",而"稼穑"以外的种植活动,才称为"树艺"。《农政全书》中则将"树艺"的对象分为谷、蓏、蔬、果等 4 部。谷部分别介绍黍、稷、稻等禾谷类粮食作物,豆类作物和麦类作物以及胡麻等作物。蓏部介绍瓜果类蔬菜、水果、杂粮等作物,如黄瓜、西瓜、瓠、甘薯等;蔬部,则是有关蔬菜作物,如葵、蔓菁、乌松、蒜、葱、韭、菌等 20 余种作物的栽培;果部亦分上下两卷,上卷以北方的果树为主,介绍了枣、桃、李、梅等 14 种果树的栽培,下卷以南方的果树为主,介绍了荔枝、龙眼、橄榄、桔、柚等 25 种果品,其中还包括甘蔗在内。和其他目一样,"树艺"目也主要取材于前人的著作,同时也加入了徐光启自己的一些经验和心得体会。其中最大的贡献便是对于大小麦、油菜、甘薯等栽培经验的总结。

(1) 对大小麦、油菜、甘薯等栽培经验的总结

大小麦是一种旱地作物,原主产于北方,自宋廷南迁以后,南方的麦作也得到了迅速的发展,以至于"极目不减淮北"[①],并行成了稻麦二熟制。稻麦二熟制是一种水旱轮作制,整地是技术的关键。虽然宋代的《陈旉农书》和元代王祯《农书》都曾对于稻麦二熟有过论述,前者提到"曝晒",后者提到"作疄",但南方地区发展稻麦二熟的问题仍然存在。在前人的基础上,徐光启又作了一些发展,他说:"耕种麦地,俱需晴天,若雨中耕种,令土坚垎,麦不易长,明年秋种,亦不易长。南方种大小麦,最忌水湿,每人一日只令锄六分,要极细,作垅如龟背。小麦,早种,每亩种七升;晚种九升。大麦,早种,种一斗,晚种一斗二升。麦沟口,种之蚕

① 庄季裕:《鸡肋编》。中华书局,1983 年,第 36 页。

豆,豆亦忌水,畏寒,腊月宜用灰粪盖之。冬月宜清理麦沟,令深直、泻水,即春雨易泄,不浸麦根,理沟时,一人先运锄,将沟中土耙垦松细,一人随后持锹锹土,匀布畦上,沟泥既肥,麦根益深矣。”(《农政全书·树艺·荞麦》)与陈旉、王祯等人的论述相比,徐光启对于南方稻田种麦的论述,不仅注意到了整地,而且还注意到了播种和播种后的田间管理,因为水湿问题不仅困扰麦作的播种,也困扰着播种后的生长和成熟,所以必须整地和田间管理结合才能最终解决南方种麦的水湿问题。

油菜是一种重要的油料作物。最初为蔬,主要用其茎叶,称为芸苔,宋元以后始有油用油菜,其栽培也有长江流域得到发展。由于油菜比较耐寒,具有经冬不死,雪压亦易长的特点,正适合于稻田冬作,而且油菜还是一种肥田作物,不但不伤地力,而且还能弥补麦子的消耗,所以有些地方交替使用油菜和大小麦与水稻进行水旱轮作。宋元时期,油菜已成为南方稻田的重要冬作物,与水稻搭配形成为稻油一年二熟的耕作制度。由于油菜也是旱地栽培,所以稻田种油菜也和稻田种麦一样存在着一个排水问题,解决这个问题的办法也是从整地开始,元代《务本新书》记载:“十一月种油菜,稻收毕,锄田如麦田法。”[①]所谓“锄田如麦田法”,大概指的就是如王祯《农书》所说的稻麦“两熟田”法。整地固然是稻油轮作的关键,但其他栽培措施没有跟上必将影响收成,所以相关的栽培技术也必须得到重视,徐光启总结的长江下游地区种植油菜的经验正好弥补了前人的不足。其曰:“吴下人种油菜法:先于白露前,日中锄连泥草根,晒干成堆,用穰草起火,将草根煨过。约用浓粪搅和,如河泥。复堆起。顶上作窝如井口。秋冬间,将浓粪再灌三次。此粪灰泥,为种菜肥壅也。到明年九月,耕菜地再三,锄令极细,作垄并沟,广六尺。垄上

① 原书佚,此据《授时通考》卷六引。

横四科，科行相去各一尺五寸。用前粪灰泥，匀撒土面，然后将菜栽移植，植之明日，粪之。地湿者，粪三水七；干者，粪一水九。如是三四遍，菜栽渐盛，渐加真粪。冬月再锄垄，沟泥锹起，加垄上，一则培根，一则深其沟，以备春雨。腊月，又加浓粪生泥上。春月冻解，将生泥打碎。正二月中，视田肥瘦燥湿加减，加粪壅四次。二月中，生苔，摘取之，糟腌听用，即复多生苔心，花实益繁。立夏后，拔科收子。中农之入，亩子二石，薪十石，薪中为蚕簇也。"(《农政全书·树艺·藏菜》)由于油菜是作为水稻的接茬作物，为了弥补水稻对于田中养分的消耗，也为了满足油菜生长自身的需要，所以对肥料的需求很大，所以吴下人种油菜法是从治粪开始的；其次，南方稻田种油菜的最大不利因素就是地湿，所以要实行垄作，并作好开沟排水工作，冬月还要锄垄，沟泥加于垄上，一则培根，一则深其沟，便于排水。解决了肥和水的问题，稻田种油菜就能顺利地进行。

甘薯原产于美洲，明代万历年间始引种到了中国。徐光启很快就认识到了这种作物在生产和加工上有许多优点，并归纳为"甘薯十三胜"，"一亩收数十石，一也；色白味甘，于诸土种中，特为夐绝，二也。益人与薯芋同功，三也。遍地传生，剪茎作种，今岁一茎，次年便可种数百亩，四也。枝叶附地，随节作根，风雨不能侵损，五也；可当米谷，凶岁不能灾，六也；可充笾实，七也；可以酿酒，八也；乾久收藏，屑之旋作饼饵，胜用饧蜜，九也；生熟皆可食，十也；用地少而利多，易于灌溉，十一也。春夏下种，初冬收入，枝叶极盛，草秽不容，其间但须壅土，勿用耘锄，无妨农功，十二也；根在深土，食苗至尽，尚能复生，虫蝗无所奈何，十三也。"(《农政全书·树艺·蓏部·甘薯》)由于甘薯具有如此之多的优点，徐光启对于甘薯的推广极为热心。万历三十六年(1608)，长江下游旱灾，徐光启曾委托一位姓徐的人从福建把薯蔓插植在水桶中，运到上海栽种，这是把甘薯从福建引种到长江流域的最早记载。

甘薯从福建引种到长江流域的关键问题是留种越冬。徐光启曾反复三次向福建求种，说明他在冬季藏种上曾一再失败，为此他进行了多次试验，提出了甘薯越冬藏种的几种方法。徐光启认识到甘薯越冬藏种有两怕，“一惧湿，二惧冻。”北方气候寒冷，甘薯无法在地面越冬，可以利用地窖贮藏。南方用地窖贮藏，虽然也可以解决冻害问题，但由于地下水位高，潮湿问题无法解决，为此，他介绍了 3 种不入土而防冻的办法。一是“以霜降前，择于屋之东南，无西风有东日处，以稻草叠基，方广丈余，高二尺许，其上更叠四围，高二尺，而虚其中。方广二尺许，用稻稳衬之，置种焉，复用稳覆之。缚竹为架，笼罩其上，以支上覆也。上用稻草高垛覆之，度令不受风气雨雪乃已。”一是“稻稳衬底一尺余，上加草灰盈尺，置种其中，复以灰秽，厚覆之。上用稻草斜苫之，令极厚”。徐光启认为这 2 种方法用来藏种藤和种薯都可以，但藏种薯更好。还有一种是福建藏种的方法，“于霜降前，剪取老藤作种。先用大坛，洗净晒干，或烘干，次剪藤，晒至七八分干。用干稻草壳衬坛，将藤蟠曲，置稻草中。次用稻草壳塞口。先掘地作坎，量湿气浅深，令不受湿。深或二尺许，浅或平地。先用稻草壳，或砻糠铺底，厚二三寸，将坛倒卓其上。次实土满坎，仍填高，令坛底土高四五寸。至来年清明后取起，即坛中已发芽矣。是说，疑诸方具可用。”关于藏种时间问题，徐光启认为“藏种必于霜降前，下种必于清明后，更宜留一半于谷雨后种之，恐清明左右，尚有薄凌微霜也”。徐光启提出这几种藏种方法，成功地解决了甘薯从华南引种到长江流域的关键问题，使甘薯得以在长江流域及其以北地区推广。除藏种之外，徐光启还总结了新的育苗和扦插方法。甘薯是一种利用扦插方法进行无性繁殖的作物。或用种薯，或用种藤，将其种于育苗地，使其发芽生长，然后剪段扦插。徐光启总结了一种切块直播的育苗法，“将薯种截断，每长三二寸种之，以土覆。深半寸许，大略如种薯蓣法。每株相去数尺。俟蔓生盛长，剪其茎，另插他处，即生，与原种不异。"切块直播，可以提高薯种的利用率。他还总结了一种剪茎分种法，"待苗盛枝繁，枝长三尺以上者，剪下去其嫩头数寸，两端埋入土各三四寸，中以土拨压之，数日延蔓矣。"

棉花，在宋代以前，主要种于华南及西南和西部的边疆地区，宋元时期，开始分南北两路传入长江流域和中原地区，元代的《农桑辑要》和王祯《农书》才开始有了简单的技术总结，明代时期植棉技术又有了进步，徐光启在《农政全书》中对此做了全面的总结。徐光启提出要种好棉，必须做到"精拣核，早下种，深根短干，稀科肥壅"(《农政全书·蚕桑广类·木棉》，下同)4 句话。

"精拣核"就是要求精选种子。书中介绍了水选方法。"临种时，用水浥湿过半刻，淘汰之。其秕者，远年者、火焙者、油者、郁者，皆浮；其坚实不损者，必沉。沉者，可种也。"有时水选之后，还需要粒选，方法是"取其沉者微撚之，羸者，壳软而仁不满，其坚实者乃佳。"

"早下种"就是提早播种期。徐光启说："凡种植以早为良，吾吴滨海，多患风潮，若比常时先种十日，到八月潮信，有旁根成实数颗，即小收矣。"又说："早种即早实早收。纵遇风潮之年，亦有近根之实，不至全荒也。"为了保证棉花早播，徐光启提出了二项措施，一是种大麦作绿肥，以麦根护棉根。他说："于旧冬或新春初耕后，亩下大麦种数升，临种棉，转耕，并麦苗淹覆之。麦根在土，棉根遇之即不畏寒，……用此法，可先他田半月十日种。"另一种是采用麦田套种的办法解决早播："预于旧冬耕熟地，穴种麦，来春就于麦陇中穴种棉。"同样能起到早播又防冻的作用。

"深根短干"就是要求棉花扎根深入，枝干短而有力。提早播种最大的不利因素就是气候，由于气候寒冷，棉花出芽之后，往往被冻死，这和水稻烂秧有相同情况，徐光启认为，早种多死的原因在于根浅。而根浅的原因又在于种病、漫种浮露、太密、太瘦四者。因此要防止早种多死，必须从择种、稀植、厚壅和穴种覆土等四方面入手，只有这样才能“令根深，能风雨，亦且能旱，即早种何虑死?”深根是早下种的保证。短干，除了与播种密度有关外，主要是要通过摘心整枝来实现。关于摘心问题，元代《农桑辑要》中早已提出，徐光启在具体技术措施上又作了发展。他说:“苗高二尺，打去冲天心者，令旁生枝，则子繁也。旁枝尺半，亦打去心者，勿令交枝相揉，伤花实也。摘时，视苗迟早:早者，大暑前后摘;迟者，立秋摘，秋后势定，勿摘矣。摘亦不复生。”

“稀科肥壅”，即稀植和施肥。徐光启认为，棉花的株距宜稀不宜密，密植有四害:“苗长不作菩蕾，花开不作子，一也;开花结子，雨后郁蒸，一时坠落，二也;行根浅近，不能风与旱，三也;结子暗蛀，四也。”因此要求稀植。稀植的标准是“一步留两苗，三尺一株”，只有这样才“能雨，耐旱，肥而多收。”稀科除了播种时要稀之外，还主要是通过中耕锄草来间苗。徐光启称之为“简别”，简别的方法有二种，一种是老农所采用的方法，“一二次，锄去大叶者，此大核少棉种也。三锄后，去小叶者，此秕不实种也，或实而油浥病种也。”这种方法适合于一般未经精选过的种子，徐光启提出，“若纯用墨核等佳种，精择之，自无大核杂种，即全去小者。”然而锄的作用还远不止于间苗，徐光启提出要早锄、细锄，他说:“锄棉须七次以上，又须及夏至前多锄为佳。”锄时要求细密，“深细爬梳，棉则大熟。”在施肥方面，徐光启主张使用基肥，“凡棉田，于清明前先下壅:或粪、或灰、或豆饼、或生泥，多寡量田肥瘠。”徐光启推荐使用绿肥，即所谓“草壅”，草壅之收，有倍他壅者。他还强调使用生泥，认为“生泥能解水土之寒，能解粪力之热，使实繁而不蠹。”但生泥必须用在下粪之后。否则“泥上加粪，并泥无力。”

徐光启除了总结了棉花丰产栽培的 4 句话之外，还总结了稻棉、麦棉轮作的经验。在稻棉轮作上，他提出："凡高仰田，可棉可稻者，种棉二年，翻稻一年，即草根溃烂，土气肥厚，虫螟不生。多不得过三年，过则生虫。三年而无力种稻者，收棉后，周田作岸，积水过冬，入春冻解，放水候干，耕锄如法，可种棉，虫亦不生。"在棉麦轮作上，他提出"凡田，来年拟种稻者，可种麦；拟种棉者，勿种也。谚曰：'歇田当一熟'，言息地力，即古代田之义。若人稠地狭，万不得已，可种大麦或稞麦，仍以粪壅力补之，决不可种小麦。"

（2）对于林牧业的拓展

《农政全书》虽然是一本以小农业为主的农书，但同时也兼及林、牧、副、渔各业。有关林业生产技术的内容主要见于"种植"目中，这一目共4卷，徐光启在汇集前人有关植树造林资料的同时，还对于一些技术问题提出了自己独特的看法。在果园防冻方面，徐光启就提出，"凡作园，于西北两边种竹以御风，则果木畏寒者，不至冻损。若于园中度地开池，以便养鱼灌园，则所起之土，挑向西北二边，筑成土阜，种竹其上尤善。西北既有竹园御风，但竹叶生高，下半仍透风，老圃家作稻草苫缚竹上遮满之。若种慈竹，则上下皆隐蔽矣。"他还介绍了30余种可作园篱的植物，包括它们各部分的用途、不足之处及移栽时间。在果树嫁接方面，不仅提出了"接树有三诀：第一衬青；第二就节；第三对缝。依此三法，万不一失"，而且对于一些具体嫁接技术都有深入细致的研究，例如对身接的砧木的开砧，就提出"宜用老鸦嘴为妙。'高如马，低如瓦'"。对于嫁接的时间，他提出："春接树，必待贴头回青，无有不活。大都在春分前后，亦有宜待谷雨者；何云'春分不接'也？种，则立夏后便不宜矣。"对于树木修剪，提出木应剪去繁枝，保留三年老枝；用材树木，应剪去旁枝；用花叶芽实者，则相反，要多生旁枝。在树木的害虫防治方面，提出"凡治树中蠹虫，以硫黄研极细末，和河泥少许，令稠遍塞蠹孔中。其孔多而细，即遍涂其枝干,虫即尽死矣。又法,用铁线作钩取之。又用硫黄雄黄作烟塞之,即死。或用桐油纸油燃塞之,亦验。如生毛虫,以鱼腥水泼根,或埋蚕蛾于地下。"(《农政全书·种植·种法》)徐光启详细介绍了30种树木的栽培技术,这些树木有的在前人的农书中没有记载,有的虽有记载,徐光启又加入的新的内容。其中对于女贞和乌臼(今写作桕)的叙述最详。

女贞是一种常绿灌木或乔木,主要分布于华南地区和长江流域各地。为习见的庭园或绿篱树种。女贞树可放养白蜡虫,以取白蜡。南宋周密在其《癸辛杂识》对白蜡虫造蜡和繁殖的交替过程已有记载,但元代以前,有关女贞树放养白蜡虫的记载很少,所以徐光启在书中写道,"女贞之为白蜡,胜国(指元代)以前,略无纪载。"只是到了元代以后,人们发现,女贞树可以用来放养白蜡虫,以取白蜡,作为照明用的燃料,开始大量的种植。对于这个新生的产业,徐光启给以了高度的重视,他不仅自己亲自试种女贞数百本,拟作蜡,并做了大量的调查研究,"女贞"一节就是他根据自己的调查、观察和实践,写出的报告。在这个报告中,徐光启除了引述前人有关女贞与白蜡的关系、蜡虫生蜡生子的过程和各项操作手续,以及取蜡技术的记载之外,对放养蜡虫关键性技术"寄子"展开叙述,"寄子者,取他杈树之子,寄此树之上也。"这是解决女贞自生蜡虫,树枯则已的最好办法,也是推广蜡虫放养的最好办法。他叙述了江浙各地区"寄子"的季节性,以及确定合理寄子时期的原则,还叙述了四川与江浙地区蜡虫作蜡与生子之间的相关变化。之后,徐光启还介绍了其他一些可以放养蜡虫的植物。(《农政全书·种植·木部·女贞》)

乌臼,为落叶乔木,是一种油料树种,种壳外层的白穰,可制成臼脂(皮油),徐光启书中称为"白油"。相传为晋代郭璞著的《玄中记》云:"荆阳有乌臼,其实如鸡头,迮之如胡麻子,其汁味如猪脂。"可见桕油的使用由来已久。宋庄绰的《鸡肋编》中也提到浙江处州、婺州的乌柏子油。[①]《癸辛杂识》续集下有“陈谔捣油”一说,说陈谔在任越学正期满之后,往婺之廉司取解由。归途偶憩山家,有长髯叟方捣柏子作油。[②] 宋代词人辛弃疾,《临江仙》也有“手种门前乌柏树,而今千尺苍苍。”可见宋代乌柏树已有人工栽培。明代柏油主要用作照明用的照明燃料。宋应星的《天工开物》中提到:“燃灯则柏仁内水油为上。”书中还提到“柏子分打时,皮油得二十斤,水油得十五斤,混打时共得三十三斤(此须绝净者)”这是指每石乌柏子的出油量。徐光启在《农政全书》中首先阐述了乌臼在经济生活中的重要意义,接着介绍了种乌臼的方法,指出乌臼不须种,野生者甚多,但必须借助于嫁接才能中用,否则采用折枝的方法亦可,最后是讲乌臼子的采收与加工。(《农政全书·种植·木部·乌臼》)

徐光启为什么要用较多的篇幅来介绍女贞和乌臼这两种重要的经济作物呢?除了前代农书对这两种作物的忽略以外,一个重要的原因就是着眼于备荒。因为日常人们用以照明燃料的都是一些草本油料作物,如麻、豆、油菜之类,徐光启想通过利用“荒山隙地”,栽培一些木本油蜡植物,为大众广开油源,供应照明材料,“省麻菽以充粮,省荏、莱之田以种谷。”(《农政全书·种植·木部·乌臼》)用白蜡制烛,可以免“淋”,可以从两方面节省油的消费量。因此,女贞、乌臼的种植,不仅可以增加收入,还有更为积极的意义。

徐光启在“种植”目中还叙述了有关竹、笋、茶、菊、红花、蓝、紫草、地黄、枸杞、茱萸、决明、黄精、百合、薏苡、芭蕉、萱、芥蓝、莼、苇、蒲、席草、

---

① 《鸡肋编》。

② 周密:《癸辛杂识》续集,中华书局,1988 年,第 204 页;蒋子正《山房随笔》中也有类似记载,不过柏油改成了桐油。(转见《中国科技史资料选编:农业机械》,清华大学出版社,第 278 页。)

灯草等22种植物的栽培和利用方法，其中多数植物在前代农书中已经有了介绍，新添的主要有五加、萱草等。五加是一位中药，主要取其根皮和茎皮，用于制酒便成有名的五加皮酒，前人已有记载，但有关栽培技术却首见于本书和同时代的《群芳谱》。萱草，又称忘忧草，花蕾作蔬，称金针菜，有关栽培技术也始见于本书。即便是原有的项目中也有不少属于徐光启的心得。如有关竹的移栽，老竹园的更新改造，竹的御寇作用等内容。(《农政全书·种植·杂种上·竹》)

《农政全书》中有关牧渔生产技术的内容主要见于"牧养"一目。所涉及的内容除了马、牛、羊、猪、狗、鸡等六畜以外，还包括猫、鹅、鸭、鱼、蜜蜂等。徐光启主张因地制宜地发展畜牧业生产，提出："居近湖、草广之处，则买小马二十头，大骡马两三头；又买小牛三十头，大牸牛三五头；构草屋数十间，使二人掌管牧养。二人仍各授一便业，以为日用饮食之资。久而群聚，增人牧守。湖中自可任以休息。养之得法，必致繁息，且多得粪，可以壅田。"徐光启这种因地制宜，综合利用的思想在养羊上得到充分地反映。他提出："作羊圈于塘岸上，安羊，每早扫其粪于塘中，以饲草鱼。而草鱼之粪可以饲鲢鱼。"又说："羊圈于鱼塘之岸，草粪则每早扫于塘中，以饲草鱼，而羊之粪，又可饲鲢鱼。一举三得矣。"现代学者称其为生态农业的先驱。

3. 对于农政的论述

如果说《农政全书》是一本农书的话，那么它给人第一个印象就是"政"。作为政书，它有别于一般意义上的农书。农政所要讨论的便是农业与政治的关系，一方面是农业对于政治统治的影响，另一方面是政治对农业生产的调节。在《农政全书》中关于农政的部分主要包括屯垦、水利和荒政3个方面的内容。

徐光启继承和发展了历代的农本思想，认为农业是政治之本、富国之本、立身之本。书中引述《亢仓子》、《管子》、《孝经》等众多前人的论述，强调农业的重要性。徐光启的贡献在于他把一些重要的农学理论问题纳入到农本思想之中。“农本”目中收录了《管子》“地员篇”，王祯《农桑通诀》“地利篇”，讲土地的分类及其所适宜栽种的植物；《吕氏春秋》“审时篇”、“任地篇”、“辨土篇”，讲农时的重要性及其耕作栽培的一些原则和措施；马一龙的《农说》，用阴阳理论阐述耕作栽培原理。最值得注意的是徐光启在引述王祯《农桑通诀·地利篇》之后有关风土的论述。

(1) 对风土论的发展

徐光启继承了元代农学家们的积极主张，用大量的历史事实证明异地之间是可以相互引种的。在《农遗杂疏》中，他以自身引种北方芋头的经验证明，引种是可行的。提到“早(当为旱)芋亦有数，不如北土者良。或执言土各异宜，种随地变。余南还，携此种归，种之，累年亦不变也。”①在《农政全书》中则用了更多的篇幅来阐述自己对风土的看法。其曰：“《周官》旧法，此可通变用之者也。若谓土地所宜，一定不易，此则必无之理。立论若斯，固后世惰窳之吏，游闲之民，偷不事事者之口实耳。古来蔬果，如颇棱、安石榴、海棠、蒜之属，自外国来者多矣。今姜、荸荠之属，移栽北方，其种特盛，亦向时所谓土地不宜者也。凡地方所无，皆是昔无此种；或有之，而偶绝。果若尽力树艺，殆无不可宜者。就令不宜，或是天时未合，人力未至耳。试为之，无事空言抵捍也。”(《农政全书·农本·诸家杂论下》)在卷二十五“树艺”目中，他还用宋代占城稻引种成功的史实，对风土不宜的学说做了进一步的批判。占城稻是一种旱稻品

---

① 影印本第153页，抄本第212～213页。

种，它成实早，耐旱，不择地而生，也适宜于高仰之地种植，所以有人认为它是旱稻，而真正的旱稻早在北魏时期贾思勰的《齐民要术》中就有记载，于是徐光启就提出了一系列的疑问。其曰："贾氏《齐民要术》著旱稻种法颇详，则中土旧有之。乃远取诸占城者，何也？贾故高阳太守，岂幽燕之地，自昔有之。尔时南北隔绝，无从得耶？抑北魏时有之，后绝其种耶？既或昔有今无，何妨昔无今有？真宗从占城移之江浙，江翱从建安移之中州。稍一展转，便令方内足食。则执言土地不宜，使人息意移植者，必不可也。"（《农政全书·树艺·谷部上·稻》）元代农学家把引种失败的原因归结为"种艺不谨"，或"不得其法"，徐光启继承了元代农学家的观点，并对引种失败或不愿引种的原因作了进一步的分析，指出懒惰保守是"美种不能彼此相通"的根源，他说："余谓风土不宜，或百中间有一二；其他美种不能彼此相通者，正坐懒慢耳。凡民既难虑始，仍多坐井之见；士大夫又鄙不屑谈，则先生之论，将千百载为空言耶？且辗转沟壑者，何罪焉！余故深排风土之论。且多方购得诸种，即手自树艺；试有成效，乃广播之。倘有附同斯志者，盍敕图焉。凡种，不过一二年，人享其利，即亦不烦劝相耳。"（《农政全书·树艺·谷部上·稻》）

其次，徐光启认为，由于受气候条件的限制，极少数物种的引种也的确存在风土不宜的问题。其曰："第其中亦有不宜者，则是寒暖相违，天气所绝，无关于地。若荔枝、龙眼，不能逾岭，桔柚橙柑，不能过淮；他若兰茉莉之类，亦千百中之一二。故此书所载二十八宿周天经度，甚无谓。吾意欲载南北纬度，如云某地北极出地若干度，令知寒暖之宜，以辨土物，以兴树艺，庶为得之。"（《农政全书·农本·诸家杂论下》）

风土论虽然是涉及作物异地引种栽培的理论，但它却与国家政策的制订有着密切的关系。因为异地之间的引种，在古代往往是国家的行为。如宋朝，朝廷就曾多次发布诏令，向北方旱作地区推广水稻种植，向南方稻作地区推广旱地作物。还曾从福建将占城稻引种到江淮、两浙地区①。而在引种的过程中，由于自然和技术等方面的原因，有些引种并没有如人们所想象的那样成功，于是就促成了一种所谓“风土不宜”的理论的产生，成为引种的阻力。元代在向中原地区引种棉花、苎麻等作物时，就曾遇到过这样的阻力。当时正值棉花和苎麻从西域和南方移种到陕西和河南并取得成功，并准备进一步推广的时候，许多人“率以风土不宜为解”②，怀疑棉花、苎麻移种至中原地区能够成功。针对这种怀疑论的思想，大司农主持修纂的《农桑辑要》阐述了自己立场。从中可以看出，风土在古代中国不仅仅是一个科学的问题，还是一个政治问题。所以徐光启将有关风土论的问题写进了“农本”一目之中，正是出于政治上的考虑。这也是《农政全书》作为政书的一个重要方面。

（2）对蝗灾的论述

从各目所占卷数的比重中不难看出，“荒政”是《农政全书》的重点。农业既是立国之本，而由于农业歉收所引发的饥荒往往威胁着国家的统治。徐光启生活在一个灾荒荐臻的年代。由于灾荒而引起的灾民暴动更是此起彼伏，并且威胁着明朝政府的统治。救民命于水火倒悬之中，以消除社会动乱的根源，也就成为徐光启写作“荒政”的目的，用《农政全书·凡例》中的话来说：“是编，凡本朝诏令，前贤经画，条目详贯，所以重民命而遏乱萌也。”这是徐光启用如此巨大的篇幅来写作“荒政”的最主要的原因。本着“预弭为上，有备为中，赈济为下”的防灾减灾原则，“备荒考”中收录的徐光启在崇祯三年（1630）六月初九日所上《钦奉明旨条画屯田疏》的第三部分有关除蝗的内容。

① 《宋史·食货志》。
② “论苎麻木棉”，《农桑辑要》（卷二）。

徐光启认为，水、旱、蝗是导致饥荒的三大原因之一，而蝗灾“其害尤惨，过于水旱也”。水旱灾害是难以抗拒的，而蝗则“可殄灭之无遗育。”水旱可以依靠个人的力量得到一定的救治，而蝗灾只能通过集体的力量才能消灭。在比较了蝗灾与水旱灾之后，徐光启得出了这样的一个结论，“蝗灾甚重，而除之则易。必合众力共除之，然后易。”何以除蝗害，徐光启认为“详其所自生，与其所自灭，可得殄绝之法矣”。于是他又对蝗虫发生的时间和地点进行了研究，并根据蝗虫生活史，提出了治蝗的办法。

关于蝗灾发生的时间和地点。徐光启研究历史上从春秋时期到元代一共 111 次蝗灾所在月份的记录，得出了蝗灾“最盛于夏秋之间”的结论。又根据历史记载和他个人的亲身经历，得出“涸泽者，蝗之原本也。”认为“蝗之所生，必于大泽之涯”，特别是“骤盈骤涸”，“暵溢无常，谓之涸泽”的地方。徐光启还对蝗虫的生活史做了详细的描述：“子生曰蝗蝻。蝗子则是去岁之种蝗，非蛰蝗也。闻之老农言：蝗，初生如粟米，数日旋大如蝇，能跳跃群行，是名为蝻。又数日即群飞，是名为蝗。所止之处，喙不停啮，故《易林》名为‘饥虫’也。又数日，孕子于地矣。地下之子，十八日复为蝻；蝻复为蝗，如是传生，害之所以广也。秋月下子者，则依附草木，枵然枯朽，非能蛰藏过冬也。然秋月下子者，十有八九；而灾于冬春者，百止一二。则三冬之候，雨雪所摧，陨灭者多矣。其自四月以后，而书灾者，皆本岁之初蝗，非遗种也。”徐光启还对蝗虫生子做了细致的观察，指出：“蝗虫下子，必择坚垎黑土高亢之处，用尾栽入土中下子。深不及一寸，仍留孔窍。且同生而群飞群食，其下子必同时同地，势如蜂窠，易寻觅也。一蝗所下十余，形如豆粒，中止白汁。渐次充实，因而分颗，一粒中即有细子百余。或云一生九十九子。不然也。”

在研究了蝗虫生活史和蝗虫发生的时间和地点之后，徐光启又提出了治蝗之法。根据“预弭为上，有备为中，赈济为下”的原则，徐光启主张“先事消弭之法”，“后事剪除之法”。所谓“消弭之法”，又包括两个方面，一是去水草；二是临时捕治。而捕打又可以根据蝗虫生活的不同阶段，分别采取不同的措施。所谓“后事剪除之法”，也就是按照宋代《淳熙令》方法，“取掘虫子”。徐光启还在书中附录了5种“备蝗杂法”，这5种方法可以归结为种植一些避蝗作物，驱赶、施药、水田、秋耕。

徐光启对于蝗灾的研究是《农政全书》中最精彩的部分之一，也是最具争论的部分之一。争议来自徐光启在《农政全书》中提出了“蝗虫为鱼子所化”的观点。万国鼎认为，这种错误的论证，不可能是徐氏自己的写作，不能叫徐氏负责，而有可能是陈子龙等修改和增加的。理由不外乎两点：一，从情理上说，徐光启是个非常注重实际，留心观察的科学家，对于一些问题的研究确实达到了“细而确”的程度，不至于得出这样一个错误的结论；二，《除蝗疏》是徐光启在崇祯三年六月九日所上的《钦奉明旨条画屯田疏》中的一段，这段中并无蝗虫为虾子所化的论证。同时这一段也和徐氏在同一疏中所描写的蝗虫生活史不符。[①] 但徐光启得出这样的观点，其实也是有原因的。首先，尽管徐光启是个非常注重实际的科学家，但出现错误也是难免的。所谓“智者千虑必有一失”。其次，虽难在原疏中没有蝗虫为虾子所化的推论，但在接下的一段末尾却有“在水为虾，在陆为蝗”之说，说明徐光启至少是相信蝗为虾所化之说的。其实，蝗为虾子所化就是徐光启所做的推断，疏中说得很明确，“或言是鱼子所化，而臣独断以为虾子”，他之所以要做这种推断，一是为了论证“蝗生之缘，必于大泽之旁”，二是为了给“捕食蝗虫”提供理论依据，所以在

① 万国鼎：“徐光启的学术路线和对农业的贡献”。《徐光启纪念论文集》，中华书局，1963年，第24页。

接下的“考昔人治蝗之法”一段中，专有“食蝗”一节，提到食蝗“质味与干虾无异”，“食蝗与食虾无异”等。再有，虽然在疏中，有关于蝗虫生活史的描述，但与“蝗虫为虾子所化”之说并不矛盾，徐光启不过是要证明，蝗与虾有同源关系，并没有说，蝗即虾。其次，徐光启对于蝗虫生活史的描述，不过是“闻之老农言”，而非亲自观察所得。在《钦奉明旨条画屯田疏》没有这段，可能是限于篇幅，或是觉得还不成熟，而被删除了，而收入到《农政全书》中的“除蝗疏”倒很可能是原稿。

(3) 关于垦荒和水利的论述

徐光启在关注“荒政”问题的同时，自然而然地关注起垦荒的问题，把农田水利当作解决问题的根本。原因很简单，因为只有开荒种地才能生产出足够的粮食，满足人口的需要，而开垦种地又必须首先解决灌溉问题。徐光启提出，“凡垦田，必须水田种稻，方准作数。”徐光启为什么要强调开垦成水稻田呢？这除了水稻产量远远高于其他旱地作物之外，一个重要的原因就在于水田更具有抵御自然灾害的能力，而不致再度荒芜。他引用晋代傅玄的话说：“陆田命悬于天。人力虽修，苟水旱不时，一年之功尽弃矣。水田之制由人力，人力苟修，则地利可尽矣。且虫灾之害，又少于陆。水田既熟，其利兼倍，与陆田不侔矣。”(《农政全书·荒政·除蝗疏·备蝗杂法》)但徐光启并不一味强调都要垦成水田，他说，“远水之地，自应种旱谷，若凿井以为水田，此令民终岁搰搰也。”(《农政全书·田制·农桑诀田制篇》)他还批评了徐贞明“只言水田耳，而不言旱田”的做法，认为“北方之可为水田者少，可为旱田者多”，(《农政全书·水利》)但旱田并非不要讲究水利，如果限于自然条件，不能完全开垦成水稻田，也必须要有水利上的保证，“若以旱田作数者，必须贴近泉溪河沽淀泊，朝夕常流不竭之水，或从流水开入腹里，沟渠通达，因而畦种区种旱稻、二麦、棉花、麦、稷之属，仍备有水车器具，可以车水救旱；筑有四围堤岸，可以捍水救潦。成熟之后勘，果水旱无虞者，依后开法例，准折水田一体作数。”（《农政全书・农事・开垦下》，下同）也就是说，所开垦的荒地必须成为旱涝保收的农田，方才可以作为垦田数，这就使得治水成为垦田的关键。徐光启进一步提出了农田水利的标准。这个标准也分为旱田和水田两个方面。旱田除原有的河道湖泊以外，要求沟渠塍岸占垦田面积的百分之十。达不到这个标准，垦田额打折认可。但最低不得少于百分之二；水田，要求沟渠路占到总面积的百分之五以上，临近大河、水源丰裕的地方可减三分之一。只能超过、不能低于这个标准。

徐光启认为，“水利，农之本也，无水则无田”（《农政全书・凡例》），提出“凡地得水皆佃”的观点，同时还提出水利是提高土地生产率的重要条件，认为“其不能多生谷者，土力不尽也。土力不尽者，水利不修也。能用水，不独救旱，亦可弭旱。……能用水，不独救潦，也可弭潦。”（《农政全书・水利・浙江水利》）水利是解决灾荒和开垦等诸多问题的关键。水利必须为农业生产服务，治水与治田必须紧密结合起来。“开垦”两卷，也体现了徐光启治水为治田服务的这一思想，其中所收录了的一些文献，如《开荒十议》、《海滨屯田疏》、《山东营田疏》、《开荒申》等，虽然都是谈论开荒问题，但除《山东营田疏》以外，其余 3 个文件的核心都是水利。《开荒十议》的首条便是“筑塘坝以通水利”，尾条则是“役徒夫以供开浚”；《海滨屯田疏》中所谈的关键问题也是“穿渠灌水”；而耿桔在《开荒申》中在谈到常熟县出现田地荒芜的原因时，首先指出的也是“水利未修，旱涝未备”。《开荒申》本身就是作者在《常熟县水利全书》，即前述徐光启在本书“东南水利”中所引“大兴水利申”的一个附录。这些都不难看出水利与开荒的关系。也代表了徐光启自己的观点。即便是书中收录《泰西水法》一书也是着眼于为农业服务，“凡例”中如是说：“泰西之学，输墨逊其巧矣。水法数卷，采其有裨于农者。”徐光启主张大兴水利目的就在于从根本上消除漕运所带来的严重的社会后果，增强北方的粮食自给能力，减少甚至消除对于南方粮食的依赖。书中以大量篇幅来讨论水利问题正是基于这个原因。

徐光启将当时的水利问题分为西北和东南两个方面，但这两个方面其实关系到一个问题。自唐宋以来，中国的经济重心南移，而政治中心却长期处在北方，于是出现了“仰江淮以为国命”局面，南粮北调，日甚一日。漕运成为政治统治的生命线。水利为农业服务，还是为漕运服务成为一时人们争论的问题。特别是明王朝迁都北京以后，由于政治中心同经济中心远离，“军国大命，独倚重于漕储”(《农政全书·农本·国朝重农考》)，为此，明政府一贯奉行水利为漕运服务的方针，“漕运第一，灌田次之”，“灌田者不得与转漕争利”[①]。这个方针的长期实行，带来了严重的社会后果。一是加剧了河患。从正德元年至崇祯十七年(1506～1644)黄河在河南，山东、南直隶境内决溢195次，平均每八个半月一次，使得大片田地荒芜，给北方农业生产造成巨大的灾难，“内则关、陕、襄、邓、许、洛、齐、鲁，外则朔方、五原、云、代、辽西，皆耕地也，弃而芜之，专仰输挽，国何得不重困?”(《农政全书·凡例》)。二是耗费了大量水资源。南北大运河的中段，水源匮乏，为满足漕运需要，沿线水源多被用以济运，仅山东境内用来接济运河的泉水就达100多处。“涓滴皆为漕用”，使大片农田无水灌溉，成为荒漠，“齐鲁之间，方四五千里之地，一望赤地”(《农政全书·农本》)。“东南生之，西北漕之，费水二而得谷一”[②]，是对水资源的巨大浪费。三是飞挽转输，劳民伤财，使南北重受其困。由于不注意发展北方的农业生产，只集中榨取东南地区，每年都需从东

① 《明史·职官志》。
② “漕河议”，《徐光启集》(卷一)。

南漕运四百多万石粮食及其他物资，加上各级官吏的贪婪、层层盘剥，“东南转输，每次数石而致一石”，东南人民的赋税负担日益加重。《农政全书》卷十五引录常熟知县耿桔的《大兴水利申》，开端说：“窃照东南之难，全在赋税。”耿桔计算了当时常熟县农民的赋税负担，已达什四之多，也就是说每收一石粮食，要上缴四斗的税收。徐光启补充说：“苏松大率如此，常镇嘉湖次之。”如此大的税收负担，“以故为吾民者，一遇小小水旱，辄流四方。”进而影响到农业生产的正常进行，书中卷八又引耿桔《开荒申》说：“以故田多荒芜，萧条满野。”最后的结果，如书卷十二引徐贞明《请亟修水利以预储蓄疏》所说：“东南之力竭矣”。东南本是财富之乡，可是徐光启在书中写道：“余生财富之乡，感慨人穷”。这一切都是由于漕运引起的。漕运不仅使北方经济益发凋敝，而且又使东南渐趋贫困，成为社会的最大的不安定因素。所以徐光启断言：“漕能使国贫，漕能使水费，漕能使河坏。”①由此不难看出，漕运是当时最大的社会问题，并业已成为当时有识之士的共识。

如何解决这一问题，徐光启继承了徐贞明、耿桔等人的观点，主张用开源节流的办法来解决漕运问题。一方面是繁荣江南经济，以继续维持北调；另一方面就是发展西北地区的粮食生产，增强自给能力，减少对于漕运的依赖。而当务之急便是兴修水利，开垦荒地。他认为苏杭等“六郡之水利修，可以当天下之半；不知天下之水利修，皆可为六郡。”明确提出水资源首先要用于发展农业的观点，必须采取措施节水用水，包括原来用于漕运的水源，用来灌溉农田，增加粮食生产。根据当时的政治、经济和军事形势，他极力主张在北方兴修水利，屯垦荒地，先京畿而后向西北推展，希望通过发展北方农业生产的途径，以扭转南粮北调的不合理

① “漕河议”，《徐光启集》(卷一)。

局面，同时还可以起到保护边防，增收节支的作用。他选定在京畿附近的天津进行屯垦试验，也就是出于此种目的。在“水利”1目9卷中，灌溉及利用图谱各1卷，泰西水法2卷，属于泛论性质；其余为西北水利1卷（内附总论3条），东南水利3卷，浙江水利1卷（内附修筑海塘、滇南水利及旱田用水疏），除《用水疏》为系统性的用水理论外，都是具体谈论地方水利问题的。

《农政全书》首先讨论“西北水利”，显示了作者对于西北水利的关心。徐光启认为：“水利，农之本也。无水则无田矣。水利莫急于西北，以其久废也。西北莫先于京东，以其事易兴而近于郊畿也。”（《农政全书·凡例》）这里所说的西北，和现在一般人们概念上的西北有所不同，有人认为这里的西北，包括整个黄河流域，西起甘肃，东至河北、山东的海边[①]。也有人认为，徐光启对真正的“西北”并不熟悉，他所谓的“西北”所指只是北京之西，即太行山地到河南一带，至多包括陕西，并不包括甘肃、青海和新疆[②]。

“西北水利”一卷主要收入了郭守敬传记，邱濬对于古代井田制的评论，以及徐贞明关于西北水利的有关论述。郭守敬（1231～1316）是元代著名的科学家，他在天文学和水利工程学等方面都卓有成就，倡议在北方兴水种田，被元成宗誉为“神人”。邱濬认为，井田之制虽不可行，而沟洫之制则不可废。这主要是针对北方夏季雨量集中，容易产生水害，而提出的泄水防涝措施。徐光启自己也曾作《井田考》一篇，收录在《农政全书》卷之四“田制”中，目的就在于“著古制，以明今用。”希望这种古老的田制能在开垦西北荒地中发挥作用。徐贞明是明代中叶著名的水利

① 万国鼎：“徐光启的学术路线和对农业的贡献”。《徐光启纪念论文集》，中华书局，1963年，第27页。

② 石声汉：“徐光启和《农政全书》”。《徐光启纪念论文集》，中华书局，1963年，第65页。

专家。主持过京畿附近的农田水利开发工程。《农政全书》中所引的徐贞明《请亟修水利以预储蓄疏》中，最早提出了兴修水利，发展北方农业生产，以减轻或免除对于东南依赖的建议。《农政全书》中所引的“徐贞明西北水利议”，进一步阐述了开发西北水利的设想。提出了 13 条理由，说明开发西北水利是当时最大最急的国家大计。值得注意的是，徐光启在抄录这篇文章时所加的一些按语，例如，徐贞明在谈到兴修西北水利，发展农业生产，对于东南的影响时说，“惟西北有一石之入，则东南省数石之输。所入渐富，则所省渐多。”徐光启加了这样一条按语，“此条西北人所讳也，慎勿言！慎勿言！”又如徐贞明认为，在北方兴修水利较之南方要容易，徐光启则说：“说南北难易利害，未尽事理。”据粗略统计，在“西北水利”一卷中，有这类按语达 30 余处。这些按语构成了徐光启对于西北水利的独特看法。

徐光启对于西北水利的看法不同于徐贞明等人之处，就在于徐光启非常注重从西北的实际出发，提出因地制宜地发展西北水利。一方面强调大力发展灌溉，说“天地之间无一处不宜兴修水利者”，另一方面也很重视旱作农区的蓄水保墒，认为“北方之可为水田者少，可为旱田者多”，批评徐贞明只注重水田，不注重旱田的片面观点。徐光启还认识到，在水资源少的北方，都统统依靠灌溉解决农业用水问题，显然是不现实的。因此，他在积极倡导凿井，开发利用地下水的同时，还特别重视蓄水保墒的问题。《农政全书》中引录了大量有关资料，并总结出不少保墒防时的经验。就用水的角度来看，其中最重要的是 3 条：一是积雪；二是冬灌；三是夏末秋初深翻蓄水。这 3 条都是针对北方秋冬雨、雪多，春季干旱的基本特点提出来的。

所谓“东南水利”，实际是指苏松水利，间或稍为扩大，则包括太湖四周的苏、松、常、杭、嘉、湖 6 府。自隋唐以来，随着经济重心的南移，“仰江淮以为国命”成为主要的经济格局，而太湖地区的苏、松、常、杭、嘉、湖六府更是国命所系，这里赋税收入几乎占了全国的一半。但太湖地区像碟形，中部低洼，易被水淹；四周较高，容易受旱。而当时的情况是，由于水利年久失修，一遇小小水旱，百姓往往背井离乡，四处流散，偷税漏税严重，严重影响到国家的财政收入。在这种情况下，有识之士大声疾呼，“惟有水利大兴，俾岁时无害，为今日救时之急务。”(《农政全书·水利·东南水利下》)

“东南水利”分上、中、下3部分。上部分摘录了宋代范仲淹、元任仁发，以及明代刘凤、吴恩等有关苏州等地水利的议论，其中加上了徐光启自己关于太湖水利的议论。东南水利的核心问题是“太湖泄水”。徐光启推崇范仲淹疏导太湖通江达海港浦，排泄洪涝的主张。(《农政全书·水利·东南水利上》)他也赞成任仁发扩大太湖出水，冲刷吴淞江淤泥，畅通水路的说法。(《农政全书·水利·东南水利上》)中部分则收录了明代有关太湖水利的诏令和奏疏。并加入了徐光启本人的“量算河工及测验地势法”和“看泉法”。“量算河工及测验地势法”是徐光启在万历三十一年(1603)，即他进士及第前一年，在家乡所呈送上海县官刘邑侯一爌作水利参考用的，这也是现存徐光启最早的一篇科学著作。下部分全文收录了耿桔《大兴水利申》。“大兴水利申”重点讨论水利工程的建设，包括“开河法”9条，讲兴修水利时劳务的组织和管理，“筑岸法”5条，讲具体的围田筑堤技术。

东南，本应包括浙江在内，但是《农政全书》在“东南水利”之外，另立“浙江水利”一目，主要谈论浙东绍兴的镜湖、上虞的夏盖湖、宁波的东湖、广德湖、东钱湖等的筑堤蓄水工程，以及淤湖为田的为害问题。与一般反对围占湖田破坏川泽调节平衡的主张不同，徐光启认为湖荡淤狭是自然淤淀的结果，不是人力造成的，所以不可浚治；其次，他认为湖荡可以围垦，但不宜过多。在“浙江水利”这卷中，最值得注意的还是徐光启自己的“旱田用水疏”。“旱田用水疏”原本是徐光启在《屯盐疏》中“用水疏”一节，这节简明而又系统地阐述了用水的理论和措施。徐光启认为，用水不仅能救旱潦，且能弭旱潦，即所谓“用水一利，能避数害”。强调必须把水用好。至于在如何用好水广大方面，徐光启根据历史经验，吸取当时西方的技术成就，结合自己的实践体会，提出了著名的“用水五术”，主张依据实际情况，因地制宜，用水之源、之流、之潴、之委，以及作潴作原以用水，以达到“水无涓滴不为用”的目标。所谓“用水五术”，一曰“用水之源”，是指利用山上的流泉、平地的喷泉及山涧的溪流；二曰“用水之流”，是指利用江河港浦干支流的水源；三曰“用水之潴”，是指利用沼泽荡漾的水源；四曰“用水之委”，是指利用潮汐顶托、引用入海河口段的水源；五曰“作源作渚以用水”，是指开发地下水和利用雨雪水。他认为用水之术，不越这五种方法。“尽此五法，加以智者神而明之，变而通之，田之不得水者寡矣，水之不为田用者亦寡矣”。

怎样“尽此五法”？徐氏针对不同情况，提出一系列具体措施。归纳起来，主要的有 7 种，分别见于《农政全书》卷十六和十九：一为引水。其法有二：水源高于农田，采用无坝引水，即“于上源开沟，引水平行，令自入于田”，“江河之流自非盈涸无常者”，采用有坝引水，即于河流中“为之闸与坝，酾而分之为渠，疏而引之以入于田”，二为蓄水，修筑陂塘水库，拦蓄当地径流或河川水流，以供农田之用。平地有仰泉，“盛则疏引而用之，微则为池塘于其侧，各而用之”；山原无水源，“为池塘以蓄雨雪之水而车升之”。三为调水。某一地区水源匮乏，采取措施“挹彼注此”，即所谓“泉在于此，用在于彼，中有溪涧隔焉，则跨涧为槽而引之’。四为防水。即“江河塘浦之水溢人于田，则堤岸以卫之”，不使洪水侵入农田。五为疏水。疏通利导，避害趋利，“湖荡之上，不能来者，疏而来之；下不能去者，疏而去之”。“来之者免上流之害，去之者免下流之害，且资其利也”。六为凿井取水。“高山平原，水源之所穷也，惟井可以救之”。主张在地面水源不足的地区，开发利用地下水。他说“高地植谷，家有一井，纵令大旱，能救一夫之田。数家共井，亦可无饥饿流亡之患”。“近河南及真定诸府大作井以灌田，旱年甚获其利，宜广推行之也”，为推广井利，他还专门介绍了觅泉和凿井的方法。七为提水。即在水低田高，不能自流灌溉的地方，根据具体条件，利用人力、畜力、水力、风力带动提水机具，提水灌田。

徐光启于“用水五术”之后，还提出了“取水四术”，即括、过、盘、吸四种方法。括，是将水由低处打向高处；过，即将水由高处定向流进低处；盘，则是用水车等机械提水；吸，则是采用虹吸原理，用机械方法取水。徐光启对每术所适用的条件、方法及优劣进行了分析。其曰：“括之道有二：一曰独括，急流水中加逼脱，可括上数丈也。二曰递括，不论急缓，但有流水，以三轮递括，可利出入也。过之道有二：一曰全过，今之过山龙，必上水高于下水，则可为之，至平则止。二曰二过，以人力节宜，随气呼吸。苟上流高于下流一二尺，便可激至百丈以上也。盘之法至多，此书所载，凡有轮轴者皆是。其妙绝者，递互轮泻，交轮叠盘，可至数里山顶。但括法必须流水。过法不论行止，必须上流高于下流。盘法在流水，用水力，在止水，必须风及人畜之力。独吸法不论行止缓急，不拘泉池河井，不须风水人畜，只用机法，自然而上。但所取不能多，止可供饮，倘用溉田，必须多作，顾亦易办。”徐光启所总结的“取水四术”，是对引水灌溉技术的第一次总结。“取水四术”和“用水五术”构成徐光启水利思想的重要组成部分。

徐光启已经认识到，水的作用不仅仅可以用来饮用和灌溉农田，同时还是重要的自然能源。因此，他在重点讨论农田灌溉的同时，还用了一卷的篇幅来讨论把水当作一种动力，即“水力”，加以利用的问题，即本书的第十八卷“利用图谱”，这卷也主要取材于元代《王祯农书》，从中可以看出，水力在古代中国已被广泛用于鼓风、粮食加工、甚至于纺织等以许多领域，走在世界的前列。但是到了徐光启生活的时代，西方科技开始突飞猛进，而中国传统科技却没有得到相应的发展。作为当时的一个先进的科学家和思想家，徐光启在继承传统技术的伟大成就的同时，积极介绍西方科学技术知识。所以在《农政全书》水利部分，徐光启又两卷的篇幅采入了《泰西水法》一书。《泰西水法》一书原本是意大利传教士熊三拔在北京口述，徐光启笔记的。原书共 6 卷。《农政全书》中收录的 2 卷，上卷介绍了一种用江河之水的器具“龙尾车”，两种用井泉之水的器具“玉衡车”和“恒升车”；下卷则主要介绍了水库的修筑方法，并附录了找泉源、打水井以及测试水质的方法。

4. 历史地位

《农政全书》作为农书，在农学上有着极其重要的价值。首先，《农政全书》系统地总结了南方稻田的旱作技术。水稻是中国南方最主要的农作物，但自唐宋以后，由于人口的大量增加，单纯的水稻种植已经很难以满足人们的衣食所需，于是原来稻田在种水稻的同时，还种上了麦类、油菜，甚至棉花等旱地作物，虽然宋代的《陈旉农书》、元代的《王祯农书》和鲁明善的《农桑衣食撮要》等农书对于南方旱作技术都有记载，但都比较零散。明代后期，南方水旱轮作技术，特别是稻田冬作技术有了很大的发展，徐光启对此作了系统的总结，主要包括稻田种麦，稻田种油菜和稻田种棉花等技术。极大地丰富了水旱轮作技术的内容，其中一些技术措施至今仍被人认为是南方稻田旱作必须遵循的技术原则。其次，《农政全书》全面总结了甘薯、棉花、女贞、乌臼等的栽培经验,丰富了传统作物栽培学的内容。甘薯是明朝新引进的一种粮食作物,徐光启在积极推广的同时,对其栽培经验即时加以总结,为甘薯的推广和粮食的增产做出了贡献。棉花、女贞等虽然在明代以前就已栽培利用,但其经济价值还没有充分地被人们所利用,有关的栽培技术,特别是江南地区的棉花栽培技术还没有得到全面的总结,徐光启将其写入农书之中,填补了前人的空白。《农政全书》记有栽培植物 159 种①,其中半数,近 80 种的作物项下写有"玄扈先生曰"的注文或专文,这是前人所没有的。徐光启还把作物的收获部分(谷实),扩大到茎秆等整体,从经济产量发展为生物量的概念②。

《农政全书》作为政书,虽然是站在维护王朝统治的立场,有时也难免流露出地方保护主义的倾向。但他以民为本,关注老百姓的生存、生活和生产。他对东南地区人民的疾苦感触尤深,所以非常强调减轻东南人民负担,这从他的书中的许多地方都能体现出来。他继承了中国传统的重农思想,认为农业是"生民率育之源,国家富强之本"(《农政全书·凡例》),试图以发展农业生产来挽救时局的危亡,这在当时是很有见地的。《农政全书》中以大量篇幅来写作"荒政"、"开垦"和"水利"即体现了徐光启对于民瘼的关心。"荒政"问题说到底就是粮食问题和温饱问题。粮食问题是中国历朝列代最大的政治问题,徐光启以一个政治家的眼光提出了解决之道,这就是开垦荒地,而要开垦荒地,首先又必须兴修水利。这些论述对于指导农业的发展具有永恒的价值。

---

① "《农政全书》一百五十九种栽培植物的初步探讨",1813 年,《农政全书校注》(附录二)。

② 游修龄:"从大型农书体系的比较试论'农政全书'的特色和成就"。《中国农史》,1983 年,第 3 期。

徐光启的远见卓识在他生前由于政治因素未能有所建树，但他留下的《农政全书》却在历史上产生了巨大的影响。当陈子龙首次从徐光启的次孙处得到徐光启的原稿时，就“慨然以富国化民之本在是，遂删其繁芜，补其缺略”，完成了本书的修订工作，完成之后，当时的大中丞张国维和松江知府方岳贡等人对此书大加会尝，认为徐光启的《农政全书》是“所谓缓则治本，悬方救病者也”(《农政全书·张国维序》)，若能“仿而准之，庶几天下无石田，穰凶无艰食。”(《农政全书·方岳贡序》)下令印刷发行。《农政全书》问世之后，在当时就被誉为“经济中谟，事久弥验……有补邦本”的“经国之书”，问世的第二年，正赶上中原大饥，方岳贡等人便依据书中的一些农政措施，平抑粮价，在以后的任上方岳贡等又多次依照书所说进行农田水利建设，方岳贡自己说：“文定公之书，余虽未得尽行，而祖其意不忘。”问世之后的第五年，崇祯十六年(1643)徐光启的儿子奉诏入朝谢恩，进献上《农政全书》60卷时，崇祯皇帝即便下诏命令有关部门刊刻颁布。清中叶以后，本书又多次刊刻，流传益广，其影响益大，甚至于漂洋过海。

5. 对世界的影响

至迟在清初顺治、康熙之交(17世纪中叶)，《农政全书》就已传到东邻日本，并引起了学者的注意。日本江户时代(1603～1868)的著名学者中村惕斋(1627～1700)在宽文六年(1666)发表的《训蒙图汇》一书所列参考文献中便有此书。其后农学家宫崎安贞(1623～1697)于元录九年(1696)出版的《农业全书》中再三引用《农政全书》。本草学大师松冈玄达(1668～1746)于享保元年(1716)将《农政全书》中所附《救荒本草》及《野菜谱》加上“训点”，附以注释，在京都刊行。尽管此前，《齐民要术》等中国农书虽早已传入日本,但《农政全书》更受欢迎,理由有二:第一,《农政全书》的作者徐光启为上海出身,该书记载了许多江南湿润地带的农业情报,这对于有相同气候的日本而言,更便于应用;第二,因为有宫崎安贞这样优秀的农学者,所以其书的翻译真切严谨。[①] 1697 年,宫崎安贞撰写的《农业全书》就是以徐光启的《农政全书》为蓝本写成的。宫崎安贞在序文谈道:"研究以《农政全书》为首的中国农书,且旁窥本草学,凡中华农法用于我国而有益者选之,加以集录"(《日本农书全集》第 12 卷 24 页)。它是以日本全国为对象的综合性大型农书,经贝原益轩校订后,元禄十年(1697)在京都出版,全书 11 卷,即农事总论、五谷之类(19 种)、菜之类(共 56 种)、山野菜之类(19 种)、三草之类(11 种)、四木之类(4 种)、果木之类(15 种)、诸木之类(13 种)、生类(家畜、家禽、鱼类)养法、药种类(20 种)、附录(由贝原乐轩执笔,叙说农事之由来及救荒方法等)。总论部分分耕作、种子、土地处理法、时节、芸锄、粪、水利、收获、积蓄及节俭、山林之总论等 10 节。在总论的 10 节中,耕作与施肥所占篇幅近半,耕作的大部分是征引自《农政全书》。有关肥料的种类与施肥方法虽极富日本特色,但对于施肥的作用与功效则多据中国农书移译而成,其他有关田间耕耘过程也大多从中国农书转录移译而来。卷二以下的作物各论部分,共收作物 109 种(较《农政全书》相对应的 88 种,多出 21 种),虽然其中有些内容完全是依据日本情况撰写而成的。但也有更多的内容或多或少地,甚至全部引自《农政全书》。《农政全书》又经由《农业全书》对日本此后其他农书的写作产生了影响。

在朝鲜,《农政全书》深受 18 世纪思想家朴趾源(1737～1805)的推

① 渡部武:"关于〈齐民要术〉在日本的传播与接受"。中国科学院自然科学史研究所"中国传统工匠技艺与民间文化"学术研讨会报告论文,2008 年 6 月 21 日。

崇,并在其所著的《课农抄》中再三引用此书。徐有榘(1766～1847)所著《种薯谱》引中、朝、日三国文献共17种,其中最多的为徐光启《甘薯疏》,达31次之多,其次是朝鲜金某《甘薯谱》(22次)、明王象晋《群芳谱》(11次),朝鲜姜某《甘薯谱》(10次)。《种薯谱》可能是直接引述徐光启的原《甘薯疏》,而未必经由《农政全书》转引。徐光启的原《甘薯疏》在收入《农政全书》时又适当加以补充①。徐有榘另撰有《林园经济十六志》123卷52册,全书征引中朝古书及文献共845种,其中也包括《农政全书》。

《农政全书》最迟在18世纪传到了欧洲。1735年,在巴黎用法文出版了一部4卷本《中华帝国及华属鞑靼全志》,其中卷二转载了《农政全书》卷三十一～三十九《蚕桑》篇法文摘译。在欧洲产生了巨大的影响。19世纪,《农政全书》仍为欧洲人所注意,1849年英国汉学家麦华陀(Walter Henry Madhust)重新将"蚕桑"篇译成英文,作为单行本在上海发行,题为《制丝栽桑概论》,译自徐光启的著作。1864年,肖氏(C. show)将《农政全书》卷35植棉部分译成英文,题为《上海地区植棉概论》。1865年,俄国人安东尼又将《农政全书》和《农桑辑要》二书中有关蚕桑部分译成俄文,题为《论中国人的养蚕术》。《农政全书》在欧洲被称为"农业百科全书"。②

(张善涛)

① 篠田统:"《种薯谱》和《朝鲜甘薯》"。载《金薯传习录》与《种薯谱》合刊本附录,农业出版社,1982年。

② 潘吉星:"徐光启著'农政全书'在国外的传播"。《新华文摘》,1984年,第11期。

《中国科学技术通史》总目录

Ⅰ-源远流长

Ⅱ-经天纬地

Ⅲ-正午时分

Ⅳ-技进于道

Ⅴ-旧命维新

《中国科学技术通史》总目录

后记

《中国科学技术通史》(五卷本)是由国家领导人提议,上海市新闻出版局立项的重点出版项目,委托上海交通大学科学史与科学文化研究院院长江晓原教授与上海交通大学出版社联合开展本项工作。

依托上海交通大学科学史与科学文化研究院,同时吸纳全国科技史研究各科研单位力量,组建了以江晓原教授为总主编,国际科学史学会主席刘钝、中国科技史学会理事长廖育群为学术顾问的权威编委会。傅熹年院士、刘兵教授、石云里教授等40多位来自国内科技史各个领域的一流学者也都欣然加入作者团队。

为保障《中国科学技术通史》(五卷本)编辑出版工作,社长韩建民博士亲自领导项目组,刘佩英、张善涛任项目统筹,同时吸纳多位科技史专业背景编辑人员,使得编辑团队既有出版经验,又有科技史专业背景。特别是宝锁博士的加入,极大地提高了编辑队伍的学术水准。同时还要感谢吴慧博士、毛丹博士、孙萌萌博士的审稿及大事年表、名词简释写作过程中的付出,感谢李广良、耿爽在编委会会议组织过程中的卓越贡献。

3年组稿、编辑,40多位作者,300余万字,现在呈现在作者眼前的《中国科学技术通史》(五卷本)是集合了国内一流学者在各自研究领域的代表作品。编辑团队在审稿、编辑方面做了很多努力,但是限于时间紧迫、水平有限,难免会出现一些错误,望读者在阅读过程中,不断指正。

《中国科学技术通史》(五卷本)项目组

2015年11月